第三版
地球に学ぶ
人、自然、そして地球をつなぐ

中山　智晴　著

the blessings of nature

北樹出版

第三版 はじめに

　生活満足度、富、健康、自然破壊度などから算出される「地球幸福度指標」や「世界幸福度」を見ると、世界一の長寿国、世界第三の国民総所得など健康面や経済面では幸福なはずの日本人は、世界で 90 位前後の国に住んでいる。

　食卓に目をやると食べ物の多さに驚く。我々は食べ物の 3 割を食べ残しや賞味期限切れで捨てる「食料廃棄率世界一」の国民である。家庭からの廃棄量は世界全体の食料援助量と同量に及ぶゴミと化している。

　そもそも「ゴミ」とは何だろか。ゴミとは人の世界にだけ存在する用語であり自然生態系の中ではすべての物が他の物に必要とされる関係にある。自然から学べば、あるものにとってはゴミでも、別のものにとってゴミは宝の山となる。ゴミは誰がその物体をゴミと考えるかに依存した相対的な定義なのだ。

　私たち日本人は、3.11 東北大震災を機に「豊かさ」を考え直し始めてきた。何かを「得ること」だけでは満たされず、自ら社会や周囲の人に「与える」ないしは「分かち合う」ことを求める時代になったのである。もともと日本人には「結、もやい」といった相互扶助の精神が綿々と受け継がれてきた。私たちはすべての人が必要とされる社会に暮らすことを希望しているのである。すなわち、人にも自然にも物にも、必要とされないものなどない社会づくりが大切であることに気づいたのではないだろうか。

　人から受けた恩は返したくなるのと同じに、空気や水や木など自然から借りているものを使わせていただけば、それはきれいにして返す必要がある。自然を再生させること、ゴミを減らしていくこと、そして、地域の誰もが必要とされる社会をつくること、すべてが根を同じくする大切な問題である。

　私たちの今後の生き方は、ゴミとよばれるものに対して価値をいかに見出すかであり、そのために先ずライフスタイルを改善し、それでも出てしまったものは自然再生や人のつながりを形成する仕組みにより誰もが必要とされる交流の場を作っていくことで、ゴミの減量、そして豊かなまちづくりが形成されていくのである。生きるヒントは、自然の仕組みの中にある。

　今回の改訂第 3 版の作成にあたり、本質的に大きな変更は加えていない。データをできるかぎり最新のものへ変更している。この書が、読者のライフスタイルを見直すきっかけとなれば幸いである。

　改訂版の作成にあたり、引き続き北樹出版の福田千晶様に大変お世話になりました。ここに改めてお礼申し上げます。

2015 年 9 月　　　中山　智晴

はじめに

　私たちはいったいどこへ向かって走っているのだろう。目的地を忘れ、水平線の向こうから地平線の彼方まで、果てしない旅路をさまよい続けているのだろうか。地平線の彼方には、いったい何が待っているのだろう。そこで見つかるのは、走り始めたときにいた、あの水平線なのかもしれない。

　地球上では、すべてのものがつながり循環している。まるで、体中を巡る血液のように。私たちの何気ない行為は、血管を通じ遠い国の生き物たちを絶滅へと追いやる。私たちのライフスタイルが自然環境に負荷を与え、劣化した自然環境は地球の環境を蝕み、そして再び私たちの生活環境を劣悪なものへと変えていく。

　環境を考えるとき、それは人、自然そして地球が有機的につながり、そしてその輪の中をすべてのものが循環している、という現実を理解することから始まる。そして、そのつながりの一部が壊されたとき、いったいどのような問題が生じ、どのようにして解決していこうかを検討することが、環境問題を考えることになる。

　環境問題は考えるだけのものではない。考えた後に、実際にそれを行動に移していくことがもっとも重要である。

　自分一人の存在はちっぽけであり、取るに足りない存在かもしれない。しかし、他の人が感動するような取組みであれば、心の共鳴が共鳴をよび、思わぬ変化が次々と起こり、そして世界に広がっていくことになる。どんな大河も最初は一滴のしずくから始まるように、正しい方向に歩き出せば、小さなことが共鳴の連鎖を生み出し、継続がこれを大河にしていく。「小さなことから始める勇気、それを大河にする継続」が時代を切り拓き、新しい価値を創造するのである。

　本編は、人、自然そして地球が有機的につながり循環していることを理解するための「導入編」である。しかし、導入編の目的は、習得した知識を現場で活かせる知恵に変えることにある。机上の勉強だけに終わらず、第一線で活躍するNGO、NPOの活動の場へ参画したり、自分自身のライフスタイルを見つめ直しより良い暮らしを模索する、といった新たな自分を探し出す旅の始まりになることを願っている。

目次

はじめに

第1章　私たちの地球
1　宇宙誕生　　6
2　生命のゆりかご　地球　　7
3　地球　生命の維持装置　　9
4　複雑系でカオスな地球　　12

第2章　環境保護の思想　～その流れ～
1　環境保護の思想　　13
2　ディープ・エコロジー　　14
3　ディープ・エコロジーへの批判　　15
4　バイオ・リージョナリズム　　19

第3章　私たちを取り巻く環境
1　環境とは　　21
2　環境問題とは　　23
3　地球の限界　　46

第4章　生き物と人のバランス　～生活環境の問題～
1　大気汚染　　49
2　水質汚濁　　59
3　土壌・地下水汚染の問題　　78
4　化学物質　　83
5　ゴミ問題　　91

第5章　人と地域のバランス　～社会環境の問題～
1　都市・農村のあり方　～ハワードの田園都市構想～　　104
2　都市・農村のあり方　～パーマカルチャー～　　106
3　生き物と共存する地域づくり　　108
4　環境負荷の小さな都市づくり　　109
5　里地里山における自然再生とそれを支える地域づくり　　116
6　都市　～農村をつなぐ生態的回廊づくり～　　129

地球に学ぶ

第6章　地域と生態系のバランス　〜自然環境の問題〜

1　多様な自然環境からなる日本　　137

2　生物多様性　　140

3　森　〜川と海を育てる〜　　143

4　川　〜森と海をつなぐ〜　　155

5　海　〜森と川を育てる浅海域〜　　171

第7章　生態系と地球のバランス　〜地球環境の問題〜

1　地球で起きていること　　211

2　生態系の分断・破壊　　228

3　生態系の汚染　　252

4　生物多様性の減少　　314

第8章　人、自然そして地球　〜つなぐ〜

1　私たちの進むべき道　〜持続可能な循環型社会を実現するために〜　　340

2　循環型社会への法的取組み　　356

3　自然再生型社会への法的取組み　　366

4　環境技術の現状と未来　　372

第9章　美しき地球の姿

1　ホットスポットを巡る旅　　379

2　世界自然遺産を巡る　　383

おわりに　〜この美しき星に生まれて〜　　392

参考文献　　393

索引　　399

地球に学ぶ

［第三版］
地球に学ぶ
人、自然、そして地球をつなぐ

the blessings of nature

Chapter 1 私たちの地球

・✛・✛・✛・✛・✛・✛・ 1．宇宙誕生 ✛・✛・✛・✛・✛・✛・

「クェーサー」とよばれる天体から地球に光が届いている。この光は、今からおよそ150億年前の遠い過去から発せられた光である。150億年、距離にすると150億光年の遥か彼方の光を私たちは今捕らえたのだ。光は1秒間に30万km進む。1秒間に地球7.5周をする速度である。1光年は光が1年間に進む距離のことで、9.5兆kmということになる。クェーサーは現在観測できるもっとも遠い天体であり、宇宙の一番外側に位置するものと考えられている。したがって、宇宙の年齢は最低でも150億歳ということになる。

2013年3月21日、欧州宇宙機関 (ESA) は「宇宙の誕生時期は約138億年前である」と発表した。これはESAの人工衛星プランクにより観測された宇宙誕生から間もない時期に放たれた「最古の光」を詳しく解析、そのデータから作成した初期の宇宙の温度分布をもとに結果を算出した結果である。

それでは、今から138億年前に宇宙でいったい何が起きたのだろうか。宇宙誕生の瞬間、そしてそれ以前の宇宙とは、どのようなものであったと考えられているのだろうか。

宇宙誕生の瞬間に「ビッグバン」とよばれる大爆発が起こり、時間と空間が誕生したと考えている研究者が多いようだ。宇宙誕生の100分の1秒後には宇宙は小さな点であり、その中に超高温・超高密度で超大量のフォトン（光子）、ニュートリノ、電子の中に少数の陽子や中性子が存在する混沌とした状態であったと考えられている。この小さな点の中の物質が現在の全宇宙の素になっている。残念ながら、それ以前に関しては詳しいことはわかっていない。

その後、4分ほどで9億℃に冷えた宇宙はヘリウムや水素の原子核を形づくり、30万年後には3,000〜4,000℃の空間でヘリウムや水素の原子核が周囲の電子を捕らえ安定した原子をつくれるようになってきた。その結果、フォトンは電子の影響を受けずに光として直進できるようになり、宇宙が澄み渡る「宇宙の晴れ上がり」という時期を迎える。やがて宇宙空間のヘリウムや水素がガスとなり、巨大な塊を形成し始め原始の銀河が誕生した。この1,000億個以上はあると考えられている銀河系のひとつが、天の川として見える私たちの「天の川銀河系」なのである。

宇宙はビッグバン以降、現在も光の速さで膨張を続けていると考えられている。このまま永遠に膨張し続けていくと考える人もいれば、いつかは膨張が止まり収縮に転じ、最後には、あのビッグバンの一点に戻っていく、そう考えている人もいる。いずれにしても宇

宙に関しては未知が多い。「ビッグバン以前の宇宙は？」「宇宙の始まりの点の周りは？」「膨張する宇宙の外側には何があるの？」

宇宙を考えると「無限」という言葉に行き当たる。「宇宙に果てはあるの？」「果てがあるとしたら、その外側はどうなっているの？」「何もない世界とは、どんな世界なの？」、研究者はこう答える"光速よりも速く遠ざかる天体から発せられた光は決して地球に届くことはない。私たちの方へ向かってくるよりも速く、光は宇宙の膨張によって遠ざかってしまうのだ。光が届かなければ見ることはできない。見ることの不可能な世界、そこが「果て」なのである"と。

私たちの頭上には理解を超えた空間が存在しているのだ。そのような理解を超えた宇宙に漂う私たちは、夢の中にいるのだろうか。

Column：古代インドのウパニシャッド哲学

ウパニシャッドの根本思想は「梵我一如」であり、それは宇宙＝梵と自分＝我の本質はまったく同じということを意味している。

ある日、バラモンの子供が父に「梵我一如」とは何かを問うた。すると父は、「この器の水の中に塩を入れよ。そして、かき混ぜよ」と命じた。そのようにすると、「塩はどうなったか」と聞くので、子供は器の中に目をやり、「見えなくなりました」と返答した。「なくなった、それでは飲んでみよ。味はどうだ」と聞く。子供は「塩辛いです」と答えた。父は言った、「塩は目では見えないが器の中にある。このように、目に見えないくらい小さなものからわれわれも、宇宙も成り立っているのだ。これが梵我一如ということだ」と。

梵我一如とは、ブラフマン（梵）とアートマン（我）とが本質的に一体であるという思想であり、ブラフマンは宇宙の最高原理として、アートマンは個体の本質として、大宇宙と小宇宙との等質的対応の思想なのである。

2. 生命のゆりかご　地球

果てしない宇宙という波間に浮かぶ地球は、太陽と太陽の周りを駆け巡る天体を合わせた太陽系に位置している。太陽系は8つの惑星で形づくられ太陽の周りを規則正しく回っている。「水の惑星」地球は表面の7割を海に覆われ、多種多様な生命体を育む生きている星である。

太陽の周りを回っていた岩石、金属粉やガスなどが互いの引力により集まり始め、今から46億年前に原始の地球が誕生した。誕生から1億年ほどで大気が生まれ、大気は雲を、雲は雨を、雨は海を創り出していった。大気の組成は全体の98％が二酸化炭素（CO_2）、1.9％が窒素（N_2）、残りは酸素（O_2）などで、表面温度は290±50℃、気圧は現在の60倍という高圧であったと推測されている。海の中ではバクテリアや藍藻が光合成を行い酸素を大

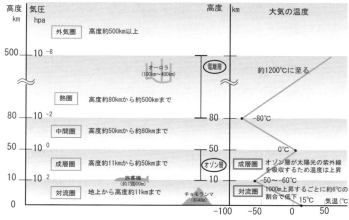

図1-1 地球を覆う大気の構造

気中へ放出していく。地上でも植物の光合成により酸素が作られ、生き物の生息できる環境が整っていった。

現在では、地球を取り巻く約500kmの厚さの大気は、全体の78％が N_2、21％が O_2、アルゴン（Ar）0.9％、CO_2 0.03％、残りの微量が一酸化炭素（CO）、ネオン（Ne）、ヘリウム（He）などで構成されている。

月は地球の周りを回るとき、地球を基点とすると太陽に近づいたり遠ざかったりしているが、その際の月面温度は125℃から−170℃へと変化する。このことからすれば、地球がもう少しだけ太陽に近ければ灼熱の星に、少しだけ遠ければ氷の星となっていただろう。地球は偶然にも水を蓄え、生命体を育むに最適の位置に存在していたのである。

太陽から地球に注ぐ光は、エックス線や赤外線、テレビやラジオの電波といった電磁波の一種である。この太陽からの電磁波によるエネルギー伝達のことを「太陽放射」とよんでいる。地球大気の上端に届く太陽放射はその99.9％が波長0.2〜7μm（マイクロメートル）という可視光（人間の目が反応する波長域の光）の領域の電磁波である。

地球の上端に届いた太陽放射は宇宙空間に反射されたり大気に吸収され、残りが地表に到達する。大気中のオゾンは波長0.4μm以下の紫外線を選択的に吸収する。これに対して、地球から宇宙空間に出ていく電磁波を「地球放射」という。地球放射はモノを暖める性質をもつ赤外線を中心とした波長4μm以上の範囲の電磁波である。大気は地球放射をよく吸収する。

地球の表面付近の温度が一定なのは、地球に入ってくるエネルギー（太陽放射）と出ていくエネルギー（地球放射）が釣り合っているためである。地球の地表面付近の平均的気温は理論計算上−18.5℃となるが、観測値は約14.5℃である。この差はいったいどこから生じたものであろうか。主な原因は大気の温室効果によるものである。温室効果とは、地球大気が太陽放射に対しては紫外線以外はあまり吸収しないのに対し地球放射をよく吸収することであり、この温室効果のため14.5℃という温度で保たれているのだ。当然ながら、温室効果が高まれば地球を取り囲む大気の温度は上昇する。

私たちは、果てしない宇宙に漂う、偶然にも太陽との位置バランスのとれた星「地球」に暮らしている民なのである。

46億年を経た現在、地球上には多種多様な生き物が暮らし生命のゆりかごとなってい

る。太陽から降り注ぐ光は生命に活力を与え、地球は呼吸を可能にする大気、酸素を生産する植物、そして海をはじめとする水を湛えている。

　生命を育む太陽系で唯一の星"地球"、この地球の未来は私たち人間の手に委ねられているという……。

★　長さの単位　★
1 Å（オングストローム）＝ 10^{-10}（m）
1 nm（ナノメートル）＝ 10^{-9}（m）
1 μm（マイクロメートル）＝ 10^{-6}（m）
1 mm（ミリメートル）＝ 10^{-3}（m）
1 cm（センチメートル）＝ 10^{-2}（m）
1 km（キロメートル）＝ 10^{3}（m）

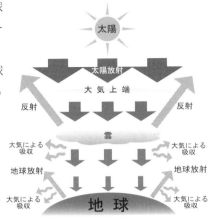

図 1-2　太陽放射と地球放射

Column：太陽と地球の関係が氷期・間氷期・四季をつくる

　地球は太陽の周りを規則正しく回っているが、その軌道は正確な円を描いているわけではなく実際には楕円形である。しかも、他の惑星の引力の影響を受けているために、長期的に見れば楕円軌道そのものも変動しているため、太陽と地球の距離は周期的に変化している。また、地球の自転軸は回転するコマの軸のように歳差運動をしているため、太陽と地球の距離は絶えず変化している。この太陽と地球の距離の周期的変動を「ミランコビッチ・サイクル」とよんでいる。

　寒冷な「氷期」と温暖な「間氷期」が4万年または10万年周期で繰り返されているが、これはミランコビッチ・サイクルが原因で起こる現象とされている。すなわち、太陽と地球の距離が遠ざかると、太陽から地球表面に届く日射量が減少するため寒冷化するし、逆に近づけば日射量が増大し温暖化する。現在の地球は間氷期の終わりの時期にあると考えられている。

　また、地球は1年かけて太陽の周りを公転する。その軌道は楕円形で自転軸は約23.4度傾いている。その結果、冬には太陽は南半球の真上から、北半球は斜めから光が当たるので、南半球は夏、北半球は冬になる。夏はその逆で、南半球は寒い季節に、北半球は暑い季節となる。春や秋はその中間にあたる時期なので、太陽は真横から光を照らし夏と冬の中間の季節となる。

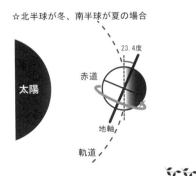

3．地球　生命の維持装置

3-1　太陽と地球の水循環に支えられた生命

　地球は原始生命が誕生してから40億年もの間生命を維持し続けている。ここには太陽系の中でも地球にしか存在しない、生命維持の仕組みが隠されている。

　基本的で重要なことは、「地球は太陽光からエネルギーを受け取り、そのエネルギーで

地球上のさまざまな活動が営まれ、その結果生じた不要な物質やエネルギーを再利用（物質循環）したり、宇宙空間に捨てる機構をもつ」ことである。

植物は地球から CO_2 と水（H_2O）を、太陽光からエネルギーを受け取り、光合成によって炭水化物を合成する。そして、酸素や葉から蒸発していく水、生命活動により生じた熱などを吐き出す。熱は宇宙空間へ放出され、そして酸素は草食動物の生命活動を支えることになる。さらに、食物連鎖に従い草食動物は肉食動物のエサとなり、死骸は土壌中の微生物により分解されていく。動物は植物体そして植物が放出する酸素を糧に、植物は動物が吐き出す二酸化炭素を糧に生命活動を維持している。

このように、動植物が存在していることで、動物、植物体そして酸素や二酸化炭素といった物質が再利用され、生命活動に伴い発生した廃熱は宇宙空間へ放出することにより、地球は安定的かつ定常的な環境を維持することができるのである。

地球という限られた系内では、生命活動を維持・成長・増殖させるために必要な資源は有限であり、物質の循環利用が不可欠である。例えば、ある生命体の活動の結果生じた廃物（呼吸、排泄物、死骸など）が再利用されないゴミとして地球上に蓄積され続けるならば、この地球の生命維持機構はいずれは終焉を迎えることになる。生命を維持し続けるためには、ある生命体の廃物が他の生命体にとっては有用な資源となり、生態系として見るとすべての物質が過不足なく循環することが重要である。

Column：地球の誕生から現在までを1日のドラマに仕立てると

表 1-1　地球カレンダー

現在から	時　刻	内　容
46億年前	00：00：00	地球誕生
40億年前	02：29	原始生命誕生
35億年前	05：44	バクテリア誕生
30億年前	08：29	光合成を行う生物の出現
23億年前	12：00	酸素を取り込む細菌の出現
12億年前	18：16	動植物の共通の祖先の誕生
4億年前	22：07	安定したオゾン層の形成
3.6億年前	22：22	シダ植物、昆虫の繁栄
2.1億年前	23：09	恐竜の時代の始まり
1億年前	23：44	被子植物の出現
6500万年前	23：55	恐竜の絶滅
300万年前	23：59：59	アウストラロピテクスの出現
1万年前	23：59：59	農耕の始まり

3-2　エントロピー増大の法則

自然現象の変化に関して「エントロピー増大の法則」がある。これは、「自然界では物質の拡散と熱の移動（エネルギーの拡散）は高温から低温に向けて起こり、その逆は決して起こらないという法則」である。「エントロピー」とは無秩序さを表す尺度のことで、熱

力学では「温度 T の物体がエネルギー Q を受けると、Q/T だけ増大するという量」である。

図 1-3 に示すように、エネルギーの流れを水槽内の水の移動に置き換えて考えると理解しやすい。はじめは A と B の間に水位差（温度差）があるが、A–B 間の仕切りに設けられた穴を通して、時間の経過とともに右図 C の状態へと移行し、最後には平衡状態となる。水の流れには方向性があり、その逆の流れは決して起こらない（不可逆）のである。これが「エントロピー増大の法則」であり、自然現象の変化はこの法則に従うとされている。

下図の水位差がある状態を秩序ある状態とよび、「エントロピーが低い（小さい）」といい、右図の水位差のない状態を無秩序な状態とよび、「エントロピーが高い（大きい）」という。この考えに従い、現在の宇宙もビッグバンというエネルギー爆発以降、不可逆な過程をたどってエネルギーを放出し続け、最終的には無秩序な状態を経験し活動が終わる（熱的な死）と予想している研究者もいる。

自然現象は「エントロピーが増大する方向」に変化していく。生命の成長・増殖といった活動も、周囲の環境から太陽光、水、さらにはそれらを利用した光合成により得られるエントロピーの低い物質を取り入れ、宇宙空間にエントロピーの高い物質や熱を捨てているので「エントロピー増大の法則」に従っていると考えられる。

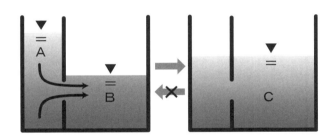

図 1-3　エネルギーの流れとエントロピー増大の法則

Column：太陽の火は消えないの？

50 億年間燃え続け光や熱を放射している太陽。でも、いつかは消えてしまうのだろうか。空を見上げると、ふとそんなことを考えてしまう。

太陽は 90％が水素（H_2）、残り 10％がヘリウム（He）で形成されるガスの球体であり、地球のように固体や液体でできているわけではない。ヘリウムは水素の次に軽い元素で、風船を膨らませたり、吸うと声が変わるガスとして身近なものではあるが、地球上にはあまり存在していない。地球上にはあまりないが太陽の中にはたくさん存在している。そもそもヘリウムとはギリシャ神話の太陽神「ヘリオス」にちなんで名づけられている。

中心の温度は約 1,500 万℃、表面でも約 6,000℃というこの燃えているガスの球体は、核とよばれる中心部分で水素原子とヘリウム原子が核融合という反応を繰り返し、膨大なエネルギーを放射する大爆発を繰り返している。核融合とは「原子同士が合体して重い原子が作られる際に、重さが少し減り、その減った分が莫大なエネルギーを生み出す」現象で、人間もこの核融合反応を利用して莫大なエネルギーを得ようとしている。この爆発に伴い放射されたエネルギーが太陽の周囲のガスを燃やし輝き、地球を照らし暖めてくれている。自らの力で光り輝く太陽のような星は「恒星」とよばれる。

核融合反応から理論的に計算すると太陽の寿命は 100 億年なので、あと 50 億年は燃え続けていくのである。

「植物は低エントロピーのエネルギーを高エネルギー・低エントロピーの炭水化物に変換し植物体を形づくり、そして動物に提供する。動物は、その高エネルギー・低エントロピーの物質と酸素を消費して植物が利用できる形に変換する。どちらの過程も、発生するエントロピーを生命系の外に廃棄するのに、またそれを宇宙空間に熱放射するときに、低エネルギー・低エントロピー物質である水が必要となる」（A.Katsuki, N.Kawamiya. etc"Twenty Perspectives on Building a Society Embedded in Natural Cycles" The Society for Studies on Entropy　Selected Papers On Entropy Studies Vol/7,No.1,pp.4-5,2003）。このように、生命が存在し続けられるのは、太陽の存在と地球に備わった水の循環、そしてエントロピーの高い物質や熱を捨てることのできる環境があるからなのである。

・❖・❖・❖・❖・ 4．複雑系でカオスな地球 ・❖・❖・❖・❖・

　私たちの暮らす地球は、まさに複雑系でありカオスである。複雑系そしてカオス（理論）とは、最初の入力値の小さな違いが、結果として大きな違いを生み出す、という考え方を基本とする。

　複雑系は、部分の小さな変化が全体の大きな変動をもたらす「摂動敏感性」という性質をもつ。すなわち、「たくさんの要素がつながりあっていて思いがけないことが起こるのが複雑系」であるといえる。人間社会にたとえれば、多くの個人から構成される集団は、個人が他の個人と絶えず相互に作用する結果、全体としてみれば、集団は各個人の総和以上の予測不可能な振る舞いを示すことをいう。

　一方、"混沌"と訳されるカオスとは、「一見無秩序に見えるが、その背後に無数の秩序だった構造をもつもの」のことであり、「予測不可能な複雑系の変化の過程」を明らかにしようとするものがカオス理論である。

　複雑系、ならびにカオス現象では、その対象物の「初期状態」がきわめて大きな影響をもつ。つまり、初期状態での取るに足りないようなわずかな差異や変化が時間の経過とともに次第に増幅され、最後にはまったく異なる結果になるのだ。極端な例は「北京の蝶」である。「北京で小さな蝶々がはばたくと、遠く離れたニューヨークでハリケーンが生じる」というたとえ話である。

　地球はまさに複雑系でありカオスである。地球の中の自分一人の存在はちっぽけであり、取るに足りない存在かもしれない。しかし、他の人が感動するような取組みであれば、心の共鳴が共鳴をよび思わぬ変化が次々と起こり、そして世界に広がっていくことになる。はじめにも述べたが、どんな大河も最初は一滴のしずくから始まるように、正しい方向に歩き出せば、小さなことが共鳴の連鎖を生み出し、継続がこれを大河にしていく。「小さなことから始める勇気、それを大河にする継続」が時代を切り拓き、新しい価値を創造するのである。

環境保護の思想
～その流れ～

❖・❖・❖・❖・❖・❖・❖　1. 環境保護の思想　❖・❖・❖・❖・❖・❖・❖

　環境保護とは何だろうか。20世紀の冒頭、アメリカでこのような問いに激論が交わされている。これが、有名なジョン・ミュアー（植物学者、探検家、作家）とギフォード・ピンショー（森林局初代長官）の、ヘッチヘッチー・ダムの建設を巡る論争である。ミュアーにとっての自然とは原生自然を意味していた。自然は神が創り出したものであり、原生自然を構成する一員として人間が存在しているのである。原生自然は手つかずのまま保存されるべきであり、ヘッチヘッチー峡谷にダムを造ることは、神に対する冒とくであったのである。

　一方、ピンショーにとっての自然とは地球とその資源そのものであり、環境保護とは地球とその資源を人間の永続的な経済発展のために開発・利用することにほかならなかった。したがって、市民に水や電力を供給するためにダムを造ることは、彼にとっては自然の正しい利用の方法であった。結局、この「実利主義」とよばれた保全思想が繁栄を急ぐ国そして国民に受け入れられ、ミュアーの思想を凌駕し、テネシー川やコロンビア川の水資源開発に代表される大規模自然改変を支えるイデオロギーとなったのである。

　しかし、ミュアーの努力は国立公園という形で将来世代に残されていく。1890年（明治23年）にはヨセミテ国立公園の制定が国会で承認され、以降相次いでセコイヤ、グランドキャニオン等の国立公園の制定に携わり、「国立公園の父」とまでよばれるようになった。1903年（明治36年）には当時の第26代大統領セオドア・ルーズベルトがミュアーの愛したヨセミテを訪れ、二人きりで3泊4日の旅をしている。ここでの親交が5つの国立公園と23の国立記念物の指定を実現させることとなる。

　ミュアーやルーズベルトは「環境保護の流れ」を系統立てることとなったが、彼らの思想を形づくったのはラルフ・ウォルドー・エマーソンそしてヘンリー・デヴィッド・ソローであるといわれている。1803年（享和3年）生まれのエマーソンは牧師を経て創作活動に従事するようになる。当時のアメリカは開拓の時代であり自然は切り開く対象と考えられていた。しかし彼は、自然と人間の密接な関係の必要性を人々に説いて回った。

　彼の名言に以下のような言葉がある。

　「明けても暮れても考えている事柄、それがその人なのだ」

　「偉大であるということは、誤解されるということだ」

　一方のソローは、28歳のときにボストン郊外のコンコードのウォールデン湖のほとりで26ヵ月に及ぶ簡素な森の生活を始める。これは自給自足の生活そしてそこでのさまざ

まな生活実験を通し、自然と人間の精神的つながりや人生の意義などについての答を模索するための取組みであった。この体験は、第1章「衣食住の基本問題」から第18章「こうしてぼくの森の生活が終わった」から構成されている「森の生活」という有名な著作にまとめられている。

　彼は、森の生活を通じて以下のような名言を残している。

　　「僕たちには野性という強壮剤がいる」

　　「人間はなしですまされるものが多いほど、それに比例して生活は豊かになる」

　　「楽しみに金のかからない人が最も幸せである」

　1960年代に入ると、従来の運動とはまったく異なる新しい環境保護運動が展開されるようになる。自然環境ならびに野生生物の命を自らの思想で操ることに疑問を抱き始めた多くの人間が、実利主義的思想から脱却することになる。自然環境と自分自身のかかわりが明らかになるにつれて、人は生態系を構成する一員にすぎず、全階層の生き物が暮らしていくことのできる社会の中でしか生きてはいけないという危機感が高まってきた。人間の活動ができるだけ自然の物質循環を損なわないように配慮し、環境を基調とする社会システムを構築していく経済社会、すなわち、持続可能な循環型社会の構築の気運が高まることになる。こうした認識を説得力あるものにしたのが、生態学的知見の発達やその普及であった。

❖・❖・❖・❖・❖ 2. ディープ・エコロジー ❖・❖・❖・❖・❖・

　「ディープ・エコロジー」とは、エマーソン、ソロー、ミュアーなどに代表されるアメリカの伝統的な自然保護思想を背景に、1960〜70年代のエコロジー運動の影響を強く受けて成立した哲学的思想のことである。1980年代アメリカを中心に盛り上がりをみせている。

　アメリカ西海岸ではカウンター・カルチャーとよばれる若者が牽引する反体制的な運動が隆盛を極めていた。今までに形づくられてきた文化の潮流に対する反発であると同時に、その背景にある強固なモダニズム的価値観への批判という側面をもつ。とくに先鋭的なものは「アンダー・グラウンド（アングラ）」とよばれることもある。このカウンター・カルチャーの波に乗り、道元禅や鈴木大拙の禅、福岡正信の「自然農法」などの東洋思想やインドのヒンズー思想、ネイティブ・アメリカンの思想などが強く影響を与えている。さらにそのルーツをたどると、宮沢賢治、南方熊楠などを経て、はるか近世の日本における思想にまで行き着くのである。そんな「ディープ・エコロジー」が90年代の日本にも逆輸入され始めている。

　ノルウェーの哲学者アルネ・ネスは、エコロジー運動を「浅いもの（シャロウ）」と「深いもの（ディープ）」に分類し、「深いもの」すなわち、「ディープ・エコロジー」の重要性を説いている。

「ディープ・エコロジー」とは、人間中心主義から人間非中心主義への転換を説く実践型の環境保護思想である。

「環境問題の解決には現代の社会経済システムと文明を変革することが不可欠であり、その実現に向けては、西洋の自然支配主義から生命相互が共生する社会へ変換することが重要で、人と自然のつながりを感じ取り、生きることの真の意味を問い、ライフスタイルを変換することにより、正しい世界観を再発見することなしには解決されない」とするものである。具体的には、

　　○ウィルダネス（原生自然）に触れ、そのエネルギーを感じ取ること。
　　○自分たちが暮らす地域の自然を真剣に見つめ、その地域独自の自然に適応したライフスタイルを構築すること。

などを求めている。後述するように、前者は「スピリチュアル・エコロジー」や「トランスパーソナル・エコロジー」へ、後者は、「バイオ・リージョナリズム」とよばれる思想へと発展していく。

「ディープ・エコロジー」で重要なことは、「自然とわたしのかかわりとは」「自然の中に生きる私とは」「どのように自然とかかわりをもつべきなのか」といった精神的に深い問いかけを繰り返し、その過程で得た答えを実行に移していくプロセスである。

一方、「シャロウ・エコロジー」とは、「環境保護への意識を唱えるだけの非現実的エコロジー」や「先進国に住む人々の健康と繁栄を持続するために環境汚染と資源枯渇に反対するうわべだけのエコロジー」思想のことで、環境問題を最終的な解決には導かない取組みを意味している。

環境問題を引き起こした現代文明、経済システムに対する思想的な反省が「ディープ・エコロジー」という潮流に乗り、先進国のとくに NPO を中心に広がりを見せつつある。

「ディープ・エコロジー」運動でよく使われるスローガンには、「TAKE　ACTION NOW!　行動に移そう、いますぐに！」「賢く生きよう、そうすれば地球も生き残ることができる」といったものがある。

❖・❖・❖・❖ 3. ディープ・エコロジーへの批判 ❖・❖・❖・❖

「ディープ・エコロジー」の思想では、「現在の先進国に住む人々が享受している生活レベルや思想、社会制度などを継続、あるいは大きな変更を加えないことが大前提で"環境問題"を解決しようとしている点」に大きな欠点があるといわれている。このような中、「ディープ・エコロジー」に対して先鋭的な批判を行い衝撃を与えた思想が「ソーシャル・エコロジー」と「エコ・フェミニズム」である。

3－1　ソーシャル・エコロジー

人間社会に階級が存在するかぎり、一部の人間による自然支配は続くと主張する思想で

あり、私たちの内面の宇宙観や人生観、価値観こそが環境問題の根本であると考える「ディープ・エコロジスト」に対し、私たちが暮らす社会構造こそが根本問題であると考えるマレイ・ブクチンの影響下に誕生した思想である。

　西欧の合理主義と産業第一主義が自然環境を破壊し、生命を抑圧する支配の構造をつくり上げてきた。これは女性や少数民族を差別してきた歴史と同じ根をもっている。「ディープ・エコロジー」は人という種が環境問題を引き起こしたというが、環境問題を解決するためには、植民地支配、第三世界搾取、性差別（ジェンダー）などの支配構造を明確にし、人間が他の人間を抑圧し搾取するような構造「人間による人間支配」を根本的に是正することが重要である。なぜならば、人はさまざまな制度、組織を通して他の人間と関わり、そして自然と関わっていくからである。この点を見逃してはいけないと批判している。ジェンダーとは、社会的・文化的に形成された性別のことで、「女とは、男とは」という通念を基盤にした男女の区別として用いられる。

3－2　エコ・フェミニズム

　一般的に「フェミニズム」とは「男女同権を実現し性差別的な抑圧や搾取をなくす運動」と解釈される。1960 年代から 70 年代にかけて、西欧諸国でフェミニズムの運動が隆盛を極めていく。この運動を第二派フェミニズムとよんでいる（第一派は 19 世紀から 20 世紀初頭にかけての女性参政権運動をいう）。

　フェミニズムの影響力はエコロジー、自然保護にも及び「エコ・フェミニズム」とよばれるようになる。これは、一言で表現すれば「女性の立場から環境問題を根本的に見直そう」という思想であり、1974 年（昭和 49 年）にフランスの作家であるフランソワーズ・ドボンヌにより提唱された思想である。この思想の背景には、1892 年（明治 25 年）、「環境破壊を解決するためには、一人一人のライフスタイルを見直すことが大切である」と進歩的な考え方を説いたヘレン・スワローや、1962 年（昭和 37 年）に『沈黙の春』を出版したレイチェル・カーソンたちのエコロジー運動など、女性からの発言が大きく影響している。

　「エコ・フェミニズム」は現在の環境問題を引き起こした根本を西欧の合理主義と産業第一主義にあるとし、その背景には、自然を支配し搾取し、女性を支配する哲学と価値観をつくり上げた「男性」の存在があると考える。この思想によれば、環境破壊問題と男性の女性支配の問題は同根となる。人間による自然支配の構造と男性による女性支配の構造が同根である以上、この支配の構造を解消しないかぎり環境問題も解決しない、という主張に行き着いたのである。

　男性による女性支配と男性による自然支配が同根であるという思想は、1980 年（昭和 55 年）のキャロリン・マーチャントの『自然の死』により体系づけられ、アメリカのエコ・フェミニズム運動を牽引してきたイネストラ・キングに受け継がれていった。

　キングは「地球の環境破壊と核による人類滅亡の脅威の背景には、過去から綿々と継続されてきた男性優位社会、すなわち家父長制度がある。家父長制度によって支えられてき

た男性社会にとって自然は対象化され、支配者とは異なる他者として従属させられるようになっていく。自然と同一視される女性も同様に対象化され従属させられてきた。女性と自然は男性社会からは他者として扱われてきた」（ジョアン・ロスチャイルド『女性vsテクノロジー』新評論、1989、P67）と考える。

「エコ・フェミニズム」は欧米の先進諸国の女性により提唱され活動されてきたが、1970年代にインドの女性たちが木に抱きついて木を伐採から守ろうとする「チプコ」とよばれる運動などが活発となり、第三世界の女性たちの環境保護運動へも思想は影響を与えている。

1980年代には「エコ・フェミニズム」思想が日本にも上陸し、青木やよひ、上野千鶴子らが活躍するが、海外で見られる大衆からの支持を得るまでには至っていない現状にある。

さて、この「エコ・フェミニズム」思想が「ディープ・エコロジー」を「社会問題を切り捨てている思想」として真っ向から批判したのである。「ディープ・エコロジー」では「環境破壊となる行為をしなければ生きてはいけない貧しい国々の人々をどう考えているのか」といった点に思想の限界があり、その思想を「社会問題を切り捨てている」としている。

「ディープ・エコロジー」が説くように「人類が環境を破壊してきた」のではなく、正しくは「人類のうちの先進諸国の男性」が破壊し続けてきたのであると考える。自然と共生してきたがために差別されてきた先住民や女性までをも環境破壊をしてきた人間に含めようとする思想には、大きな誤りがあることを指摘している。

「ディープ・エコロジー」と「エコ・フェミニズム」の論争は、今後も展開し続けていくのであろうか。

3－3　ディープ・エコロジーの将来

「ディープ・エコロジー」の思想は、東洋の思想を取り込みながら西欧諸国の人々、とくに中産階級の白人男性を中心に形成されていく。この事実に思想の限界を感じ取る人たちがいる。

この思想は、「社会の仕組みを改革することにより環境問題を解決するためには、私たち人類の心のあり方を成熟させることにより内側から解決させていこう」という点に特徴を有すが、この内面的思想は、ともすれば現代の経済システムや環境開発を批判し産業都市を捨て田園や森の中に生きることを夢見ている人たちの集まりとみなされる。その結果、精神世界に入り込んでしまい思想のまま自己を凍結させ、社会の現実を直視していない思想と批判されるのである。

「ディープ・エコロジー」が将来に生き残れるのかは、内面的思想を具体的なエコロジーの実践活動と関連づけることができ、エコ・フェミニズムの思想の長所を取り込むだけの柔軟性を有したときであろう。

多くの課題を抱いている「ディープ・エコロジー」の思想ではあるが、その主題である「人間中心主義から人間非中心主義への転換」を遂げる取組みとして、内面的思想を具体的なエコロジーの実践活動と関連づけるために「原生自然に触れ、そのエネルギーを感じ取る」手法に求める思想も現れている。

（1）スピリチュアル・エコロジー

1988 年（昭和 63 年）に出版された『地球の夢』の中で、著者のトーマス・ベリーはネイティブ・アメリカンの母なる大地との交歓やシャーマニズムの儀礼などの素朴な神秘主義を例にあげ、「自然界に偏在する " 心的エネルギー " と交歓できるような霊的次元での人間の成長の必要性」を唱えている。そして、精神的な交流を取り戻すことにより、生命のつながりの深遠さ、不可思議さを感じ取ることによってこそ環境問題は真の解決へと向かうのである、と結論づけている。

一方で、イルカやクジラ、オオカミなどの野生動物との対話を試みているジム・ノルマンは、その異種間コミュニケーションを通じ、生命のつながりや自然との関係の精神的な側面に気がつき、「スピリチュアル・エコロジー」を通じ自然に対する人間の責任を自覚し、共生への道を模索しようと提唱している。

チンパンジー研究の第一人者であるジェーン・グドールも、動物そして自然と関わる中で生命のつながりを感じ、人間はどうあるべきかを問い直し、「スピリチュアル・エコロジー」の思想を抱きながら環境教育の実践的活動に身を投じているのである。

（2）トランスパーソナル・エコロジー

1990 年、ワーウィック・フォックスは著書『トランスパーソナル・エコロジー』の中で、ディープ・エコロジーとトランスパーソナル心理学を結合させた「トランスパーソナル・エコロジー」を提唱している。

ディープ・エコロジーの内容を吟味して、単に「深い」とするだけでは誤解を招く恐れがあるとして、ネスの示した自己実現の意味をより正確に表現するために、パーソナル（個的）な自己を超えるという意味を踏まえて、「トランスパーソナル・エコロジー」という名称をあて、エコロジーの心理学化と人間中心主義を脱しきれていないトランスパーソナル心理学のエコロジー化を目指している。

この思想は、「人間の深層の意識の世界では、人間たちの心は相互につながっている。さらに人間以外の生命体ともつながっている。したがって、自我のレベルを超え深層の意識を追及していくことで、エコロジーは本当の意味で人間中心主義を超え人間非中心主義を迎えることができるのである」というものである。

心理学の観点から人間と環境との関係をとらえ直すというアプローチは注目されている。

✢・✢・✢・✢・ 4. バイオ・リージョナリズム ・✢・✢・✢・✢

　生命地域主義とも訳される「バイオ・リージョナリズム」は、1970 ～ 80 年代にかけて展開された思想および運動である。もともとは地理学者や生態学者の研究から始まったものであるが、「ディープ・エコロジー」などの影響を受けて進化していった。

　「ディープ・エコロジー」では、その中心主題である「人間中心主義から人間非中心主義への転換」を遂げるための方法を精神的側面に関心を向けているのに対し、自分たちの暮らす地域の自然を見つめ直し、その地域独自の自然に適応したライフスタイルを確立させていくという具体的手法に関心を向けている点が特徴的である。さらに、支配や階級制度の問題に焦点を当てている「ソーシャル・エコロジー」の概念を含む統合的で具体的な思想へ発達している。

　「バイオ・リージョナリズム」は、国境、県境といった行政的な境界で区切られた地域ではなく、集水域や河川流域といった生態的つながり、あるいは歴史や風土といったまとまりをもつ地域（バイオ・リージョン）の特徴や環境特性を保つための制約条件に、食糧、エネルギー、産業、交通などあらゆるものを人間側が適合させることにより、地域を持続的に運営していこうとするものである。

　その際、地域内の資源を活用しながら地域の循環型システムを構築し、地域独自の自然資源や環境といった素材を活かした地域独自の産業や教育を確立し、持続可能な営みを達成しようとするものである。

　さらには「バイオ・リージョナリズム」の視点からパーマ・カルチャーを実践する人たちも増えている。いまや、「ディープ・エコロジー」と並び環境問題への取組みとしてもっとも現実的な方法のひとつとされている。

　環境問題に関して「Think Globally, Act Locally」というスローガンがある。これは 60 年代にバーバラ・ウォードとルネ・デュポスという環境研究者がつくった言葉だといわれている。環境問題を解く鍵は「Think Globally, Act Locally」すなわち「世界的な視点で考え、地域的な視点で行動すること」であるという。しかし「バイオ・リージョナリズム」の考え方では、むしろ "Think Locally, Act Locally" である。自分の住んでいる地域のことを十分に理解していなければ具体的な行動を起こすことができない、あるいは、行動を起こしても結果は出ないという見方をしている。地域ごとの問題解決の蓄積が、地球規模の問題の解決につながるのだというのである。

　大切なのは、「地球規模」で物事を考えたり「地域レベル」で考えたりすることではなく、両方の側面を視野に入れた「正しい」生き方を構築することである。「バイオ・リージョナリズム」において志向されるこのような生き方は「再定住」あるいは「リインハビリテーション」とよばれている。日々の暮らしが地域と切り離されがちな現代において、再び地域に根ざすことが必要だと主張しているのである。

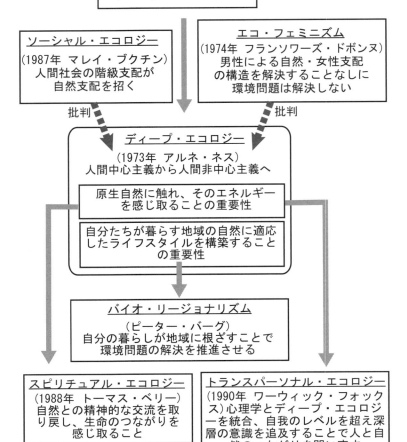

図 2-1　環境思想の流れ

私たちを取り巻く環境

1．環境とは

　一般的にいえば、「環境」とは「まわりを取り囲んでいる外界」を意味し、とくに主体を生き物（動物・植物）において、「生き物を取り囲み、それとある関係をもって、直接、間接の影響を与える外界」と定義される。環境は、その主体や対象によってさまざまな区分が可能であるが、ここでは「地球環境」、「地域環境」に大別し、さらに「地域環境」を「自然環境」、「社会環境」、「生活環境」に分類し扱うことにする。

1－1　地球環境とは

　「地球環境」とは生き物の活動範囲と生き物の生存に関わる物質が循環する範囲のことを意味し、地球本体とその表面にある大気－海洋－大地そして生き物の生息空間が相互にバランスし合って構成するひとつの巨大な有機体である。
　この地球環境は地球上で生命が誕生して以来大変な時間をかけて生命と自然との相互作用を形成し、その中で生命にとって安定な条件が形づくられてきており、物質的な構成がそれぞれの場所でほぼ一定に保たれてきたと考えられている。
　ここでは地球環境とは、生き物が地球上で永続的な暮らしを続けていくために地球規模で保全するべき環境（例えば、気候、大気の組成、水の大循環など）と定義する。

1－2　自然環境とは

　「自然環境」とは、太陽光、大気、水、大地およびこれらに育まれた多種多様な生き物を総合的にとらえたもので、生き物の生存基盤となる環境をいう。自然環境は、具体的には森林、原野、河川、海洋などさまざまな形態を呈し、生態系の重要な一部を構成している。かつては守るべき「自然環境」とは考えられていなかった人里近くにある里山や棚田といった人間活動の影響を受けた環境も自然環境として取り扱う。
　ここでは、山、川、海、そしてそこに息づく多様な生き物を保全・創出するべき環境（例えば、森林、原野、河川、海洋、里山や棚田、多様な野生生物など）と定義する。

1－3　社会環境とは

　「社会環境」とは、人間が集まり地域社会を形成し、人間同士が協調し合って生活している環境をいう。
　ここでは、人の心を豊かにする国土の美しさやゆとりなどの環境（例えば、都市・農村景観、

歴史・文化、土地利用、レクリエーション施設、環境教育など）と定義する。

1-4 生活環境とは

「生活環境」とは私たちの身の周りを取り巻くモノや状況のことを指し、人の生活に密接な関係のある資源ならびに人の生活に密接な関係のある動植物およびその生育環境を含むものをいう。

ここでは、人間が快適な生活を送るために保全すべき環境（例えば、大気、水質、土壌、化学物質、廃棄物、リサイクルなど）と定義する。

― ・ POINT! ・
①地球環境とは：生物が地球上で永続的な暮らしを続けていくために地球規模で保全するべき環境（例えば、気候、大気の組成、水の大循環など）
②自然環境とは：山、川、海、そしてそこに息づく多様な生き物を保全・創出するべき環境（例えば、森林、原野、河川、海洋や多様な野生生物など）
③社会環境とは：人の心を豊かにする国土の美しさやゆとりなどの環境（例えば、都市・農村景観、歴史・文化、土地利用、レクリエーション施設、環境教育など）
④生活環境とは：人間が快適な生活を送るために保全するべき環境（例えば、大気、水質、土壌、化学物質、廃棄物、リサイクルなど）
環境は自然・社会・生活環境に見られるように地域性があるとともに、地球や宇宙へつながる連続性がある。

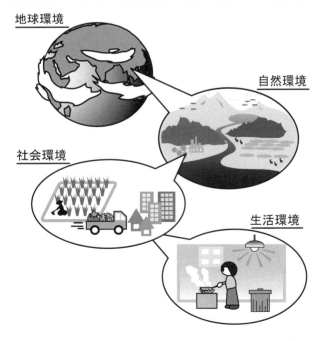

地球環境－自然環境－社会環境－生活環境のつながり

３　私たちを取り巻く環境

❖・❖・❖・❖・❖・❖・　２．環境問題とは　❖・❖・❖・❖・❖・❖・

　環境問題とは、"生き物にとってそれを取り巻く状況が好ましくない状態になりつつある"ことを意味する用語である。「平成13年版環境白書」では「社会経済活動は物質循環を通じて相互に関係しており、これらの物質循環が歪んだ結果が環境問題である」としている。

　生活環境、社会環境、自然環境そして地球環境は互いに有機的につながり、そしてその中をすべてのものが循環してこの地球が成り立っている。このつながりや循環の輪がどこかで歪められ断ち切られたとき、そこに環境問題が発生し、有機的なつながりを通してすべての環境に波及していくのである。

　環境問題は、私たちの日々の生活によって発生するゴミ問題や水質汚濁などの地域的な問題から、地球温暖化、オゾン層破壊といった地球的規模の問題まで広範囲にわたっている。

２−１　大きくなりすぎた人間社会

　私たちは、大量生産・大量消費・大量廃棄の経済システムの中で、地質学的年代にわたり蓄えられた資源とエネルギーを急激に消費し、快適な生活を守ってくれている環境を破壊しつつある。人間以外の生き物は「生命のゆりかご」地球を維持するべく物質の循環利用を継続しているが、私たちの暮らしはどうなっているのだろうか。空気、水といった身近な環境ですら、すでに無限の存在ではない。このことは、将来世代の人々の生き方に大きな制約を課す可能性が高いことを意味している。どうやら私たちは、"人間は自然を構成する一員にすぎない"という基本原理を忘れ、自然を支配するかのように振る舞っているようだ。

　このような状況が続けば、環境はもとより地球自体の存続が困難になるであろうことは容易に想像できる。私たちには将来にわたり生き続ける望みがあるのだろうか。

　地球は急増する人口を抱え困惑している。すべての人を賄うだけの食糧を供給し、資源を物質循環の範囲で利用し続けること、そして、次世代の生き物たちへ素晴らしい地球の環境を受け渡すこと、これこそが私たちの時代の最大の課題である。

（１）大量生産・大量消費・大量廃棄の経済システム

　私たちが住むこの現代の先進国経済の特徴はいったいどのようなものだろうか。第一の特徴は大量生産・大量消費・大量廃棄である。このシステムによって私たちはあらゆる物を安く大量に手に入れ、技術を進歩させ、社会・経済基盤を確立し、「便利で快適な」生活、物質的な豊かさを謳歌してきた。しかし、まさにこの大量生産・大量消費・大量廃棄を進めてきたがゆえに、有限な地球の資源を食いつぶし、地球環境を破壊、汚染し、それが環境問題として現れてきている。そして今多くの開発途上国も経済的豊かさを求めてこの道

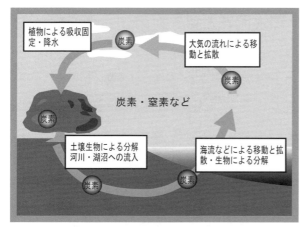

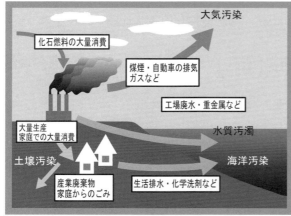

図 3-1　物質循環（上）と循環の分断（下）

（出所：平成 13 年版環境白書「第 1 節　地球環境問題は人類社会に方向転換を迫っている」（図 2-1-4　自然における物質循環、図 2-1-4　人間社会における物質循環）より作成）

を追随しようとしている。まさに全人類が総出で物質循環の輪を断ち切ろうとしているかのようだ。

　私たちが直面している環境問題の原因は、人口の増加と経済活動の活発化が自然が修復できる限度を超えて自然を使い尽くしつつあることである。世界の人口は 20 世紀に入って 4 倍弱に、世界の GNP は 20 世紀後半だけで 5 倍に、エネルギー消費は 8 倍になっている。この間に、私たちは地球の財産である天然資源の使い方を誤り、自然生態系を乱し、地球を収容能力の限界まで追い詰めている。

　このかつてない人口と経済活動の増大が環境に重大な影響を与えている。人間と他のすべての生き物を支える地球の能力は極端に低下している。世界の人々を養う食糧は限界に達している。あらゆる大陸で汲み上げ過剰から地下水が枯渇し始めている。熱帯雨林の多くも壊滅寸前である。大気中の CO_2 はこの 16 万年で最高レベルに達している。このような傾向が続けば地球自体の存続も危ぶまれる。

　ここでは、私たちが直面している地球規模の環境問題の主要因とされている、「人口の増加」「食糧問題」そして「エネルギー問題」に関して、世界そして日本の視点から現状を概観する。

（2）人口の増加

1）世界の視点から

　地球の歴史は 46 億年の時間を有する。この長い時間の中で、人間が地上に立ち現れたのは 200 万年ほど前である。そして約 1 万年ほど前に、人類がいわゆる農耕・牧畜を始めるに至ってようやく安定的な生活を獲得し、この頃から人口も増えてきたと考えられて

いる。その後、千数百年にわたって人口は食糧、気候、戦争、病気などさまざまな理由によって、急速に伸びることもなく少しずつ増加してきた。ところが20世紀に入って爆発的に増加し、1900年に16億人だった人口は世紀半ば25億人に、1999年（平成11年）では60億人に達し、2011年時点では70億人を突破した。1分間に140人が増えている。

国連人口開発委員会によると、世界の人口は2050年には97億人になると予測している。

2014年の世界の総人口は72億4,400万人であり、1位は中国の13億9,400万人、2位はインドの12億6,700万人で、この2ヵ国で世界人口の約4割を占めている。3位以下はアメリカ（3億2,300万人）、インドネシア（2億5,300万人）、ブラジル（2億200万人）、パキスタン（1億8,500万人）、ナイジェリア（1億7,900万人）、バングラディシュ（1億5,900万人）、ロシア（1億4,300万人）、そして10位が日本（1億2,700万人）である。

国連人口基金「世界人口白書2007」によると、2008年は史上初めて世界の人口の半数が都市で生活する時代を迎えた。その後も世界的に都市部への人口集中が続いている。都市部に住む人口の割合を都市化率とよぶ。国連「世界都市化予測2014」によると、2014年現在、世界人口の54％が都市部に居住している。そして、2050年には66％まで増加すると予測されている。先進国においては、2010年時点ですでに70〜80％に達しており、2050年には90％と大部分が都市に住むことになる。アジア・アフリカ地域は2010年時点では50％以下だが、2050年にはアジアは65％、アフリカでも60％近くまで都市化が進むと予測されている。

この人口の大幅な増加、そして都市への集中こそ、今や21世紀の世界の環境や人類社会の秩序を激変させる最大の要因と考えられている。

2）日本の視点から

日本では戦前の多産型の社会から、戦後のきわめて短期間に少産型の社会に転換した。国立社会保障・人口問題研究所の「日本の将来推計人口（平成24年1月推計）」の出生中位推計結果に基づけば、総人口は、長期の人口減少過程に突入している。2030年（平成42年）の1億1,662万人を経て、2048年（平成60年）年には9,913万人となり、2060年（平成72年）には8,674万人になると推計されている。

日本の戦後の合計特殊出生率（1人の女性が一生の間に産む子どもの数）は、戦争直後は結婚の急増によって出生率が4以上を記録した。その後、出生率は急速に低下し、1957年（昭和32年）には2.04となった。すなわち、わが国は1950年（昭和25年）から57年までのわずか7年間で急速な出生率の低下を経験したのである。その後、1958年から1974年（昭和49年）にかけては、出生率は2前後のおおむね安定した動きをしている。

しかし、1974年以降は再び出生率が低下傾向をたどり、1989年（平成元年）に人口動態史上最低の1.57を記録した。その後も低下に歯止めがかからず、1995年（平成7年）は1.42とドイツ（94年1.24）、イタリア（94年1.26）に次ぐ低水準となり、2005年（平成17年）の1.26を底に、2014年（平成26年）まで1.42前後で推移している。合計特殊出生率が2.08人を下回れば総人口は減少するといわれている。

Column：世界で進む少子化傾向

国連「世界人口推計 2010 年版」では、1950 年に世界の人口比率 21.6%を占めていたヨーロッパは 10.7%にまで低下している。また、アジアは 2000 年の 60.7%をピークにその比率を減らし、2100 年には 45.4%になると予測されている。世界人口は増大していくが、地域ごとに人口増加率が大きく異なるという現状がある。

2011 年（平成 23 年）、シンガポールでは 1 人の女性が出産する合計特殊出生率が 1.24 と日本並みに落ち込んだ。現在の人口を維持するに必要な合計特殊出生率は 2.08 とされているので、今後の人口減少は避けられない模様である。シンガポールは脅威の高度成長を遂げているが、その裏には、子育てより経済的に豊かな生活を優先させたいと考える大人が増え続け、結婚しない女性の割合も 30%と急増し続けている。また、同じように脅威の成長を続ける中国の上海でも同様で、出生率は 0.89 までに落ち込んでいる。上海での少子化の原因は急速な都市化や市場経済化にあり、住宅事情や教育費の高騰といった家計を圧迫する要因にあるようだ。

世界に共通して見受けられる傾向として、経済・都市化の影響が見逃せない。少子化が進めば世界の人口が減り地球とバランスのとれた数になるのではと、良いことのように思われる場合がある。しかし、急激な人口減少のもとで労働力不足が深刻化したドイツの例や、人口減を埋め合わせるために移民政策を奨励し、民族間の対立を深めた例などがある。そのような現状の中、自国経済を安定化させることもままならず、自国の文化を維持することさえ困難となる場合もあるのである。

世界の人口は多すぎるといいながら、一方で、急激に減ることは多くの困難をもたらすという。問題は、豊かさを求めた結果、人は都会に生活の場を移し、市場経済の場に嫌でも組み込まれて生きていくこと、そして、農村には働き手がいなくなり、自国の自然環境や文化、食料自給などを放棄し始めたことにあるのではないだろうか。

（3）食 糧 問 題

1）世界の視点から

18 世紀の末、イギリスのマルサスは『人口の原理』（トーマス・ロバート・マルサス、1885）の中で次のように指摘している。「人口は幾何級数的に増加するのに反し、食糧などの生活資源は算術級数的にしか増加しえない」。その後 130 年の月日が流れ、世界の人口はマルサスの時代の 10 億人足らずから現代では 72 億人を突破した。 穀物の総耕地面積が 1981 年以降減り始めてきたという事実（日本環境会議「アジア環境白書 1997/98」、FAO, FAOSTAT Agricultural Data1996 など）を考慮すると、人類の食糧確保に関し危険信号が点滅し始めたのは間違いない。21 世紀には、農業がこれまでとまったく違った重要性を帯びることは確実と思われる。「食糧」とは、小麦や大豆、トウモロコシなどの穀物を中心とした主食物を指し、「食料」とは、食べ物全体のことで、穀物以外を含む用語である。

歴史は繰り返す、とよくいわれる。ここで「緑の革命 (Green Revolution)」から得た教訓を思い出してみる。1960 年代から 1970 年代にかけて、アジアに代表される第三世界は急激な人口増加に食料生産が追いつかず、大きな食糧需給危機に遭遇した。第三世界とは、米国を中心とする西側先進資本主義国家群（第一世界）とソ連を中心とする東側社会主義国家群（第二世界）に対し、第二次世界大戦後に独立を達成したアジア＝アフリカ諸国、そしてラテン＝アメリカ諸国の発展途上国国家群を指す。

このような状況の中、ノーマン・ボーローグ (Norman Ernest Borlaug) を代表とする科学者や政治家は、世界の食料生産を高め、食糧不足から人類を救済することを目的とした農

3　私たちを取り巻く環境

業革命を実行した。これがいわゆる「緑の革命」とよばれるものである。肥料を多くして
も倒伏しにくい品種が開発され、食糧生産を単一化することで、単位土地面積あたりの収
穫を数倍に上げることに成功した。この成功を機に、高収穫品種は第三世界に急速な普及
を遂げることとなった。1974年（昭和49年）にはインドが全穀物の自給化を達成するなど、
飢餓に苦しむ人々の数は減少傾向をみせ、この革命は大成功を遂げているかのようにみえ
た。

　ところが、その後「緑の革命」が進むにつれ下記に示すようないくつかの問題点が浮上
してくる（例えば、ヴァンダナ・シヴァ、1997；スーザン・ジョージ、1984）。

　一つ目は、所得格差の拡大である。従来から生産し続けてきた在来種を扱う農法では
必要としなかった大量の化学肥料・農薬を用いる新しい農業技術であったため、これらを
買い揃えることのできる上・中層農家は恩恵を受けたが、貧農に属する多くの小農家に恩
恵はなく、次第に没落していくという所得格差の拡大化が起こった。

　二つ目は、環境への影響である。元来その土地の気候・風土に適した在来種を蒔き、
家畜の糞を肥料とし、家畜の力で耕し作物を得るといった、いわば自然農法が継続されて
いた土地に大量の化学肥料・農薬を投入したため、生態系の破壊や水質汚濁などの環境問
題が顕在化してきた。さらに、新しい農業技術は大規模灌漑施設を必要としたため、急激
な地下水の汲み上げが地下水の減少、さらには砂漠化を促す結果となった。

　三つ目は、伝統的作物の変化により、人々の食生活に変化が起きたことである。例えば、
インドでは緑の革命以前はトウモロコシやキビなどを口にしていたが、小麦に取って代わ
ることになった。その結果、伝統的作物だけでなく伝統的料理や調理法といった文化まで
もが衰退していくこととなった。

　このように、「緑の革命」は食糧増産という目標は達成したが、その代償はとても大き
いものとなった。

　　2）日本の視点から

　世界的に食糧が不足している状況の中で日本の現状はどうであろうか。他の先進国の
多くの国が自給できているのに対し、日本はといえば供給熱量自給率はわずか39％で主
要先進国中、最低の水準であり（図3-2）、穀物自給率は、178の国・地域中125番目、
OECD加盟34ヵ国中29番目という低水準である（農林水産省、平成26年度世界の食料自給率）。

　供給熱量自給率とは、国民に供給された食料の総熱量のうち国内で生産された食料の熱
量の割合のことである。畜産物については飼料の大部分を輸入穀物に依存しているので、
供給熱量自給率を算出する際に飼料自給率をかけて輸入飼料による供給熱量部分を除いて
いる。

　ここ数十年前の日本では、その地域で収穫された野菜や魚介類が食卓に上がっているこ
とが一般的であったが、今では欧米型の食生活を楽しむ家庭が増え、肉が主流となった食
事をとっている。現在の家庭では日本国内で生産されている食材が食卓に上がるほうが珍
しい状況にある。

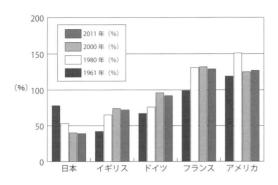

図 3-2　主要先進国の供給熱量自給率
(出所：農林水産省『平成 26 年度世界の食料自給率』2015 年、
http://www.maff.go.jp/j/zyukyu/zikyu_ritu/013.html より作成)

この原因の大きなひとつに、国際分業論（前田、2006；柳田他、1987 など）という考えがある。これは一言で表現すれば「日本は、食糧生産性の高い国に工業製品を輸出し、その見返りとして安い農産物を輸入すればよい」というもので、戦後、日本が推し進めていった政策である。その結果、国内での食糧生産は衰退し続け、残された農家は安いコストの輸入品に対抗するため高生産性を図ることによって低コスト化を推し進めることを余儀なくされた。高生産性を実現するために、「緑の革命」同様、大量の化学肥料・農薬に依存する農法を実践することとなり、生態系を破壊する農業へと変貌していった。さらに、農村を離れる若者の数も増大し、伝統的な農村の文化、コミュニティが手つかずのまま荒れていく結果も招いてしまった。一方、食糧輸出側の国々では、安い農産物を生産し続けていく中で、日本と同様の理由で地域の自然、生態系を破壊し続けていくこととなった。一例として、日本人をはじめとするアジア諸国の人々が欧米型の食生活へ移行していく中で、ハンバーガーが世界的に安く大量に継続供給され続けてきたが、この理由のひとつに、安い牛肉を大量に得るために、中南米の熱帯雨林地帯を焼き払ってつくられた放牧場の牛を原料にしてきた時代があった（図 3-3）。有名な環境保護論者ノーマン・マイアーズ博士 (Dr. Norman Myers) は、この過程を「ハンバーガー・コネクション」とよび、環境破壊の国際的なつながりを表現した（Norman Myers、1982）。試算によると、「ハンバーガー 1 個を食べると、約 9m^2 の熱帯雨林を消滅させたことと同じ行為となる」（Rainforest Action Network など）という。

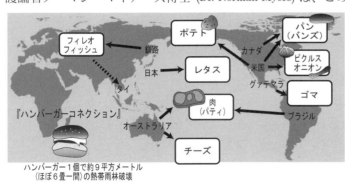

図 3-3　ハンバーガーと森林破壊の一例

（4）エネルギー問題

1）一次エネルギー

人間が利用するエネルギーのうち、変換・加工する以前の、自然界に存在するものを「一次エネルギー」とよぶ。薪、炭、石油、石炭、天然ガス、水力、原子力の燃料であるウラン、太陽熱などが含まれる。これに対し、「二次エネルギー」は加工または変換されたエネルギー

で、電気、ガソリン、都市ガス、水素エネルギーなどが含まれる。

世界の一次エネルギー需要は、表3-1に示すように、過去約30年間で2倍という伸びを示している。この間の人口増加が2倍弱であったことを考えると、需要は人口に比例して増加している計算となる。

最近34年間の主要10ヵ国の一次エネルギー消費量の推移を見ると（図3-4）、とくに米国、中国、日本の消費量の増加が目立っている。米国の消費量は日本の5倍にも達している。中国の伸びは、過去34年間で7倍に増大している。世界全体の一次エネルギーの約4割は中国、米国で消費されている。

それでは、国民1人あたりの一次エネルギー消費量を考えてみよう（図3-5）。国別に見ると、米国、カナダが石油換算で7.0トン／人前後と大きいことがわかる。世界平均が1.9トン／人であるので、両国はその4倍弱というエネルギーを利用しているエネルギー消費

表3-1 世界における一次エネルギー需要の見通し

単位：石油換算百万トン

	1971年		1980年		1990年		2000年		2010年	
石炭	1,441	26.1	1,788	24.8	2,231	25.4	2,379	23.6	3,476	27.3
石油	2,436	44.1	3,101	43.0	3,232	36.8	3,655	36.2	4,107	32.3
ガス	895	16.2	1,234	17.1	1,668	19.0	2,072	20.5	2,728	21.5
原子力	29	0.5	186	2.6	526	6.0	676	6.7	719	5.7
水力	103	1.9	148	2.1	184	2.1	226	2.2	296	2.3
新エネルギー	4	0.1	12	0.2	36	0.4	60	0.6	112	0.9
再生可能ｴﾈﾙｷﾞｰ他	618	11.2	747	10.4	904	10.3	1,029	10.2	1,280	10.1
合計	5,526	100%	7,216	100%	8,781	100%	10,096	100%	12,717	100%

（出所：経済産業省資源エネルギー庁『平成24年度エネルギーに関する年次報告（エネルギー白書2013）』2015年、http://www.enecho.meti.go.jp/about/whitepaper/2013html/2-2-1.html より作成）

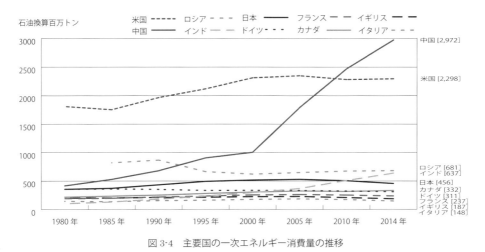

図3-4 主要国の一次エネルギー消費量の推移

（出所：BP『BP Statistical Review of World Energy June 2015』http://www.bp.com/content/dam/bp/pdf/Energy-economics/statistical-review-2015/bp-statistical-review-of-world-energy-2015-full-report.pdf より作成）

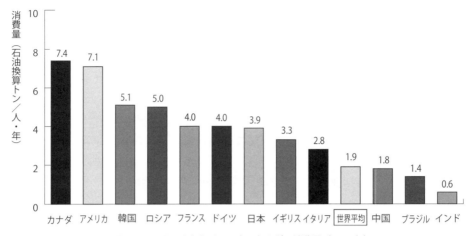

図 3-5 国民1人あたりの一次エネルギー消費量（2010年）

（出所：IEA『ENERGY BALANCES OF OECD COUNTRIES（2012 Edition）』、『ENERGY BALANCES OF NON-OECD COUNTRIES（2012 Edition）』）

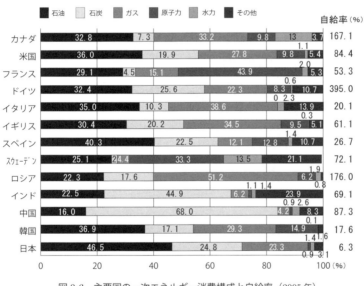

図 3-6 主要国の一次エネルギー消費構成と自給率（2005年）
（出所：OECD/IEA より作成）

大国である。日本は、フランス、ドイツとほぼ同量の一次エネルギーを消費している。この値は世界平均の約2倍である。中国は国全体の消費量は大きいが、人口1人あたりになると1.8トン／人と低い値となる。先進国と途上国の間で国民1人あたりの消費に大きな格差が生じていることがわかる。

図 3-6 は、主要国の一次エネルギー消費構成とエネルギー自給率を表している。自給率とは、国内エネルギー総消費量に占める総生産量の割合を示している。主要国のエネルギー消費構成はさまざまであり、石油、ガス、石炭といったエネルギーを組み合わせて使用することによりエネルギー需要を安定させているが、概して石油に依存する国が多く見受けられる。

カナダのように水力の割合が高く、自給率100％を超えている国もあれば、日本のように自給率が6.3％と極端に低い水準の国もある（図3-6）。

自給率の差はエネルギー資源の偏在が大きな原因である。図3-8を見てわかるように、石炭はアメリカ、ロシア、中国、オーストラリアやインド、石油は中東、米州、天然ガス

3 私たちを取り巻く環境

は中東、ロシア、旧ソ連・欧州、ウランはオーストラリア・カザフスタンなどに偏って分布している。自国にほとんどエネルギー資源をもたないイタリアや日本は輸入に頼る現状にある。世界の国々がエネルギー資源を輸入している割合を図3-9に示す。イタリアや日

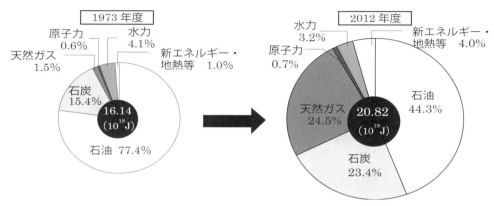

図3-7 日本の一次エネルギー供給の推移
（出所：資源エネルギー庁『総合エネルギー統計』）

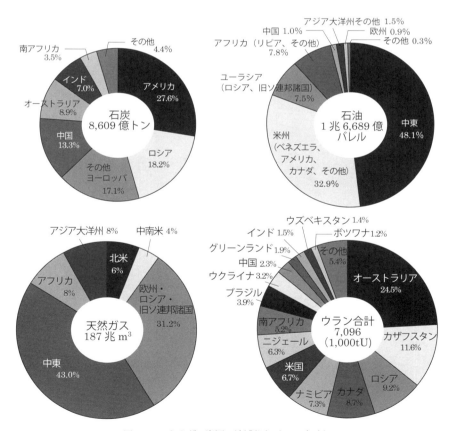

図3-8 エネルギー資源の地域分布（2012年末）
（出所：経済産業省資源エネルギー庁（エネルギー白書2014）『平成25年度エネルギーに関する年次報告 第2節 一次エネルギーの動向』より作成）

31

本が輸入に依存している一方で、ロシアやカナダは自国の石油や天然ガスなどに依存し、残りを輸出用に回している。日本は石油（原油）のほぼ100％を輸入に頼っているが、その86％（2000年）を中東からの輸入に頼っている。

日本の化石燃料の輸入相手国は図3-10のようである。

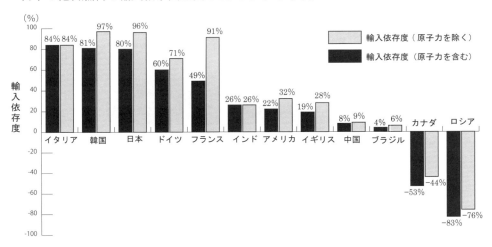

（出所：IEA『ENERGY BALANCES OF OECD COUNTRIES（2011 Edition）』、『ENERGY BALANCES OF NON-OECD COUNTRIES（2011 Edition）』より作成）

図3-9　主要国のエネルギー輸入依存度（2011年）

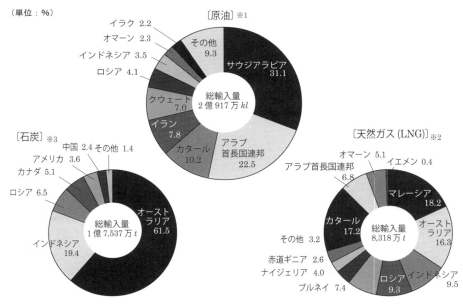

（注）四捨五入の関係で合計値が合わない場合がある。

図3-10　日本が輸入する化石燃料の相手国別比率（単位％）

（出所：※1資源エネルギー庁『資源・エネルギー統計年報』、※2日本関税協会『日本貿易月表』、※3財務省『日本貿易統計』より作成）

①石炭輸入相手国

オーストラリアからの輸入が61.5%と突出している。

②石油輸入相手国

サウジアラビア、UAEからそれぞれ31.1%、22.5%、次いでカタール、イランから10.2%、7.8%の順である。中東から85〜90%を輸入しているが、この地域は紛争地帯が多く緊張状態にあるので、石油の輸出は常に不安定にさらされている。UAEとは、アラブ首長国連邦のことで、アブダビ、ドバイ、シャルジャ、アジマン、ウム・アル・カイワン、フジャイラ、ラス・アル・ハイマの7つの首長国より構成されている。

③LNG輸入相手国

気体の天然ガスを効率よく運搬するために、天然ガスを–162℃まで冷やして液化したものをLNG（Liquid Natural Gas）という。液化するとき、硫黄（S）や一酸化炭素などが取り除かれるため、石炭、石油に比べれば環境への影響が少ないエネルギーといわれている。インドネシア、マレーシアなど東南アジア諸国、そしてオーストラリアが中心である。

2）再生可能エネルギー

世界のエネルギー消費量が、過去約100年間で10倍強と急激に伸びている中、世界の国々の多くは、そのエネルギー源を石油、石炭、天然ガスといった化石燃料に依存してきた。化石燃料は、数億年という長い年月を経て利用可能な状態となった資源であり、使用した分を短期間で再び地球がつくり出すことは不可能である。

現状の速度で消費し続けていけば、近い将来、必ずや地球から得ることはできなくなる限りある資源である。これら有限な資源の可採年数は、

石油：53年（BP統計2013）

石炭：109年（BP統計2013）

天然ガス：56年（BP統計2013）

ウラン：93年（URANIUM 2011）

と予想されている。ここで、可採年数とは技術的・経済的に回収可能である確認埋蔵量を現在の生産量で割ったもので、ひとことでいえば、地球から消え去るまでの年数というこ

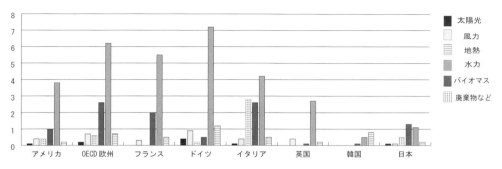

図3-11　各国の再生可能エネルギー等の一次エネルギー供給に占める割合（％）

（出所：IEA『ENERGY BALANCES OF OECD COUNTRIES（2012 Edition）』、『ENERGY BALANCES OF NON-OECD COUNTRIES（2012 Edition）』より作成）

とになる。ただし、可採年数は将来の技術進歩や社会経済の変動などにより変化するものである。

このような現状の中、枯渇資源の代替となる資源として再生可能エネルギーが注目されてきた。「再生可能エネルギー」とは、使用してもエネルギーが補給され枯渇しないエネルギー源のことで、例えば、太陽エネルギー、水力、風力、波力、潮力、バイオマス、地熱などを指す。

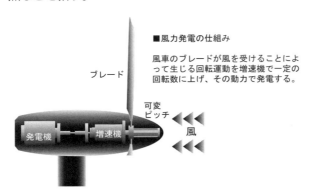

図3-12　再生可能エネルギーの仕組み　～風力発電の仕組み～

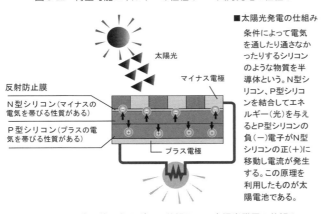

図3-13　再生可能エネルギーの仕組み　～太陽光発電の仕組み～

図3-11は、各国の一次エネルギー供給量に占める再生可能エネルギー構成比を表したものである。中国の再生可能エネルギー構成比は12%と大きいが、その内、バイオマスが9%と大きな比重を占めている。

エネルギー自給率のきわめて低い日本は将来的に再生可能エネルギー構成比を高める必要があるが、現在で3.5%、その内訳は地熱・太陽エネルギーなどが0.6%、バイオマス1.1%と低調なものとなっている。消費量を抑制し再生可能エネルギー構成比を高めていくこと、選択の余地はないように思われる。

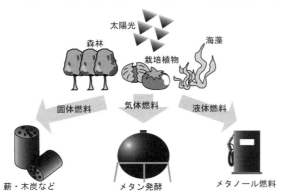

図3-14　再生可能エネルギーの仕組み　～バイオマス発電の仕組み～

Column：エネルギー関連の用語

○一次エネルギー：人間が利用するエネルギーのうち、変換・加工する以前の、自然界に存在するものを一次エネルギーとよぶ。薪、炭、石油、石炭、天然ガス、水力、原子力の燃料であるウラン、太陽熱などが含まれる。

○二次エネルギー：加工または変換されたエネルギーで、電気、ガソリン、都市ガス、水素エネルギーなどが含まれる。

○バイオマス・エネルギー：農産物や食品などの廃棄物、家畜の糞尿、間伐材や廃材などの有機物を利用したエネルギーのこと。バイオマスは「生きもの(bio)」と「量(mass)」の造語で、生物資源の意味で使われている。直接燃焼したり、分解してガスを発生させたり、発酵させてエタノール化させるなどの利用方法がある。バイオマスは太陽エネルギー、空気、水、土壌の作用で生成されるため、正しく使用すれば何度でも再生できる特徴をもっている。地球上には石油・石炭の埋蔵量に匹敵するバイオマスが存在していると予測されている。スウェーデンでは、最終エネルギー消費量の約32％（2010年）をこのバイオマスで賄っている。

○クリーン・エネルギー：使用することにより大気汚染物質の排出がない、きれいなエネルギーのことで、太陽エネルギー、地熱、風力、水力など、自然現象から得られるエネルギーおよび水素エネルギーなどをいう。廃棄物による環境汚染の影響が少ない。

○新エネルギー：1994年12月に閣議決定した「新エネルギー導入大綱」によれば、以下の8項目をいう。
①太陽光発電、②太陽熱利用システム、③廃棄物発電、④クリーン・エネルギー自動車、⑤コジェネレーション、⑥燃料電池、⑦未利用エネルギー活用型熱供給システム、⑧その他の再生可能エネルギー（風力発電など）

○再生可能エネルギー：使用してもエネルギーが補給され、枯渇しないエネルギー源のことをいう。石油や石炭、天然ガスといった化石燃料は一度しか利用できないが、再生可能エネルギーは太陽エネルギー、水力、風力、波力、潮力、バイオマス、地熱などのエネルギーで、これらは自然の中に常に存在することから自然エネルギーともよばれる。

　水力：太陽熱により蒸発した水を高所に溜め、低所へ落下させることにより生じるエネルギーを利用する。
　風力：太陽熱による気流の変化で起きる風の力を利用する。
　波力：風の力により発生する波を利用する。
　地熱：地球内部のマグマに蓄えられた熱エネルギーを利用する。
　潮力：太陽と月の引力による海の干満を利用する。

○原油：ガソリンや軽油、灯油など各石油製品の原料となるもので、油田から産出されたままの状態のもの。

3）発電の仕組み

　金属線を何重にも巻いたコイルの中に磁石を通すと、その磁力によって金属線の中で電子が決まった方向に流れる。磁石の上下の動きを速くすれば、それだけ強い電流が発生する。これを「ファラデーの法則」という。また逆に、磁石を固定しコイルを回しても同様に電流が発生する。これは「発電機」とよばれるもので、自転車のライト用発電機から火力発電所の発電機まで、大きさは異なっても仕組みは同じである。

　火力発電所では、石油や石炭を燃焼することによって、原子力発電所では、放射性核分裂物質が核分裂する際に出す熱エネルギーを利用することによって水を沸騰させ、発生する水蒸気の力でタービン（水車のようなもの）を回転させ、その回転力を発電機に伝えている。水力発電所では、高所に溜めた水を低所に落下させ、そのエネルギーでタービンを回転させている。

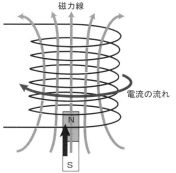

図3-15　ファラデーの法則

4）原子力発電の仕組み

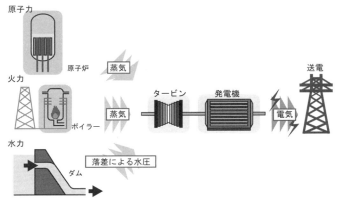

図 3-16　発電所　タービンを回転させ発電する仕組み

主に、ウランが核分裂する際に出す熱エネルギーを利用して水蒸気を作るのが、原子力発電である。ウランには中性子の数が異なる「ウラン 235」と「ウラン 238」があり、天然に存在するウランの 99.3％は核分裂しにくいウラン 238 で、0.7％が核分裂しやすいウラン 235 である。

ウラン 235 に中性子が当たると原子核が割れて「核分裂生成物」とよばれる 2 つの小さな原子核に分裂し、その際に 2～3 個の中性子を放出する。核分裂する前のウランとウランに当たった中性子の質量の合計（m_1）と、分裂した後の核分裂生成物と分裂のときに放出された中性子を合わせた質量（m_2）を比べると、分裂した後の質量が軽くなっている。この差（$m_1 - m_2$）が熱エネルギー（E）となる。

$E = (m_1 - m_2) C^2$ ：C は光速（30 万 km/ 秒）

これはアインシュタインが相対性理論で明らかにしたことである。

分裂後、放出された中性子は次々と別のウラン 235 に衝突を繰り返し核分裂の連鎖反応が続くので、膨大なエネルギーを生み出すこととなる。そのため、制御棒とよばれる中性子吸収材を用い、原子炉内の中性子の数をコントロールしている。

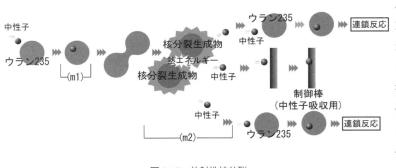

図 3-17　放射性核分裂

（5）一日の暮らしから日本を考える

食料、エネルギーといった暮らしに必要な多くのものを海外からの輸入に依存している日本、その日本で暮らす私たちの生活が遠い国々の環境を改変した上に成り立っている事実を知らなければならない。

私たちの何気ない日々の暮らしが遠い国々とつながっていることを理解するために、一般的（？）と思われる一日の行動を表にまとめてみた。

3 私たちを取り巻く環境

表 3-2 一日の暮らしから日本を考える

時間	行動	関連品	原材料		輸入国
	起床	トイレットペーパー	紙（木）		東南アジア
6時	朝食	食器	粘土		中国
			プラスチック（石油）		中東諸国
		パン	小麦粉		中国・米国
		卵	トウモロコシ（飼料）①		米国
		コーヒー	コーヒー豆		コロンビア・ベネズエラ・タンザニア・インドネシア
7時	通勤準備	洋服	綿花		インド・中国
			化学繊維（石油）		中東諸国
			ウール		オーストラリア
8時	通勤	バス 電車	車体（鉄・アルミ）		オーストラリア・インド・ブラジル・ニュージーランド
			タイヤ（ゴム（石油））		
			動力（ガソリン）		中東諸国
10時	連絡	携帯電話	プラスチック（石油）		中東諸国
			金		アフリカ・ロシア
			銀		メキシコ・オーストラリア
			銅		ペルー・フィリピン
			マグネシウム		ノルウェー・中国
			タンタル ②		コンゴ
12時	昼食	てんぷら定食	エビ ③		インド・インドネシア・タイ
			カボチャ		トンガ・ニュージーランド
			タマネギ		台湾・韓国・米国・タイ
			米		日本
13時	就業	ノート	紙（木） ④		ロシア・ブラジル・中国・カナダ・東南アジア
		机・イス・棚	木材		東南アジア
		筆記用具	合成樹脂（石油）		中東諸国
15時	おやつ	ハンバーガー	牛肉 ⑤		ブラジル・米国・オーストラリア
			パン（小麦粉）		カナダ・米国
			ポテト		米国
			チーズ		オーストラリア
			ピクルス・オニオン		米国
			ゴマ		グアテマラ
			フィレオフィッシュ		日本・タイ
			レタス		日本
		チョコアイス	ヤシ油 ⑥		タイ・マレーシア
19時	夕食	ご飯	米		日本
		味噌汁	味噌（大豆）		米国・ブラジル・カナダ
			ワカメ		日本・中国・韓国・台湾・インドネシア
		マグロ刺身	マグロ		ホンジュラス・スペイン
		サラダ	ブロッコリー		米国
			インゲン		中国・台湾
			アスパラガス		メキシコ・カナダ
			ホウレンソウ		中国
20時	テレビ	テレビ	電力 ⑦	石油	中東諸国
	メール	パソコン		石炭	中国・ロシア・南アフリカ・カナダ・ブルネイ・オーストラリア
	ゲーム	ゲーム機		天然ガス	インドネシア・マレーシア
	音楽鑑賞	ＭＤ		原子力（ウラン）	南アフリカ・カナダ・オーストラリア
	読書	雑誌	紙（木）		東南アジア
22時	入浴	シャンプー	合成界面活性剤（石油） ⑧		中東諸国
		歯磨き	合成界面活性剤（石油）		中東諸国
23時	就寝	布団	綿		中国・インド
			羽毛（アヒル）		中国・オーストラリア

一日の行動を順に追って眺めてみる。

一日の行動表　──①～⑧の説明──

①ニワトリのエサ（トウモロコシ）は、ほとんどが米国から輸入される。1トンのトウモロコシを生産するために6トンもの表土が失われる。

②携帯電話には、タンタルというレアメタル（希少金属）がコンデンサーとして使われている。このタンタルは、マウンテンゴリラなどの生息するコンゴ民主共和国に全世界の約6割が埋蔵されているため、携帯電話が売れれば売れるほど、採掘によりジャングルが荒らされゴリラたちの生活を脅かすこととなっている。また、タンタルの利権を巡る紛争、ブッシュミート（森の肉）として貧困に苦しむ人による密猟により、その数を減らしている。

③エビの養殖はマングローブ林を切り開き池をつくり、病気にならないように大量の抗生物質など薬をまいて養殖されている。過去20年間で25％のマングローブ林が失われ、そのうち3分の1はエビの養殖地によるものと考えられている。

④熱帯雨林の伐採による生態系への影響、ユーカリ単一栽培による土壌被害が発生している。

⑤牛や豚、ニワトリを効率よく育てるためにはエサとしての穀物が大量に必要なため、焼畑農業、過放牧による大量飼育が不可欠となっている。ハンバーガー1個の牛肉を育てるために6畳分の熱帯雨林が伐採され放牧場に改変されているとの指摘もある（ハンバーガー・コネクション）。

⑥環境にやさしいとされているヤシ油であるが、現地ではヤシを栽培するために大規模な森林伐採が行われ、大量の農薬が散布されている。

⑦エネルギー輸入依存度（石油99.1％、石炭100％、天然ガス96.2％、ウラン100％）。オーストラリア北部、カカドゥ国立公園という自然保護区の中のウラン鉱山で採掘されたウランの多くが、原発で使われている核燃料として日本に輸入されている。生態系への影響が懸念されている。

⑧合成洗剤は細胞を破壊する作用があるため、河川に生息するバクテリアの生存に影響を与える。バクテリアは有機物を分解し河川を浄化するため、バクテリアへのダメージは河川汚染を促進する。また環境にやさしいとして人気のあるヤシの実洗剤はパーム油（アブラヤシの実から採取）やココナツ油が原材料であるが、生産国である東南アジア諸国では、日本向け輸出が増加するに伴い畑をアブラヤシやココナツの単一栽培に変え、地元民の食料供給や自然環境を悪化させている。

このように、私たちの暮らしは、日本以外の国々からもたらされる自然の恵みの上に成立していることを忘れてはならない。

3　私たちを取り巻く環境

Column：金属資源　〜指輪物語〜

★貴金属の種類
○純金（K24）：他の金属の混入がない純粋な金。財務省の品位検定区分で K24 と表現。
○18 金（K18）：75% が純金、残り 25% が銀・銅で作られた合金。
○純プラチナ（Pt1000）：純粋なプラチナ。1,000 分率で表現。全体を 1,000 としてプラチナを含んでいる割合が 1,000 のものを純プラチナ（Pt1000）という。Pt900 とか Pt850 とは純度 90%、85% のこと。
○イエローゴールド（K18YG）：割り金を変えることにより金をさらに黄色っぽく仕上げた K18。
○シルバー（SILVER）：純度は 1,000 分率で表示。SV とは、一般に純度 92.5% のスターリングシルバー。
○18 金（K18）の商品への表示方法：18 金を表す刻印として「K18」と「750」がある。「750」とは 18 金（純金 75%）を 1,000 分率で表したもの。
○素材の表示方法：素材が複数の場合は、使用量の多い素材順に表示している。
（例）K18+Pt、Pt+K18PG　※ PF、GF、GP：メッキのこと。　例：プラチナ PF・18 金 GF・K18GP

★貴金属相場
　金 1g ＝約 4,900 円、プラチナ 1g ＝約 4,400 円
　銀 1g ＝約 70 円（2015 年 8 月）

★ダイヤモンドの 4C
○ Carat（ct　カラット）：重さの単位で 1 カラットが 0.2g。品質を表すものではない。0.3ct ＝ 0.3 カラット ＝ 0.06g
○ Color（カラー）：無色のダイヤモンドを D カラーとし、以下アルファベット順に Z カラーまで、わずかな黄色味の濃さに応じて等級づけられる。
○ Clarity（クラリティー）：ダイヤモンドには天然の内包物が含まれている。光の透過を妨げる内包物の量、程度によって FL（フローレス）、IF（インターナリーフローレス）、VVS1、VVS2、VS1、VS2、SI1、SI2、I1、I2、I3 の 11 段階に等級づけられる。
○ Cut（カット）：カットはきらめきや輝きを引き出す重要な要素で、形（プロポーション）と仕上げ（フィニッシュ）の総合的な評価。Excellent（エクセレント）、Very Good（ベリーグッド）、Good（グッド）、Fair（フェア）、Poor（プア）の 5 段階に等級付けされる。表示は EX・VG・G・F・P だがカラーグレードの G や F と間違えないように。

【表示例】
0.325ctG-VS2-G ＝
「0.325 カラット、ジーのヴイエスツー、グッド」
0.520ct-F-VVS1-EX ＝
「0.52 カラット、エフのヴイヴイエスワン、エクセレント」

2－2　南北問題と環境問題

　この地球上には富の偏在がある。世界の約 16％ の人間が世界の約 80％ の GNP を独占している。そして、この「富める者」は先進国の人間である。豊かな国々（先進国）が世界地図上で北半球に、貧しい国々（途上国）が南半球に多いことから、この問題を「南北問題」とよんでいる。

　結論からいえば、北の繁栄は南の犠牲の上に成り立ち、南の貧困は北の収奪によるところが大きい。貧困の定義にはさまざまな考え方が存在している。世界銀行の「世界開発報告」（1990 年）では、次のように定義している。
○貧困：年収 370 ドル以下で暮らす人々、世界に 11 億 1,600 万人いると推測される。開発途上国人口の 33％ に相当する。
○極度の貧困：年収 275 ドル以下で暮らす人々、世界に 6 億 3,300 万人いると推測される。開発途上国人口の 18％ に相当する。
　「世界開発報告」では、絶対貧困を「人間としての条件に関するどのような妥協的な定義に照らしても、ほど遠い栄養不良、非識字率、疾病、高い乳幼児死亡率、短い平均寿命

39

の水準を脱却できない状態」と定義している。

　以下に、先進国から貧しい国々と見られている「途上国」について概説する。

（1）「途上国」の分類

　途上国の分類は、世界銀行、経済開発協力機構（OECD）の開発援助委員会（DAC）、国連（国連開発計画：UNDP）といった組織ごとに独自の基準を設けており、統一された定義はないが、一般的には DAC が作成する「援助受取国・地域リスト」に記載されている国および地域を指す。

表 3-3　DAC 援助受取国・地域リスト（2011 ～ 2013 年）

後発開発途上国（LDCs）	1 人あたりの NGI（2010 年）が 992 ドル以下
低所得国（LICs）	1 人あたりの NGI（2010 年）が 1,005 ドル以下
低中所得国（LMICs）	1 人あたりの NGI（2010 年）が 1,006 ～ 3,975 ドル以下
高中所得国（UMICs）	1 人あたりの NGI（2010 年）が 3,976 ～ 12,275 ドル

LDCs：Least Developed Countries
LICs：Low Income Countries
LMICs：Lower Middle-Income Countries
UMICs：Upper Middle-Income Countries

1）後発開発途上国（LDCs）

　国連開発計画委員会（CDP）が認定した基準に基づき、国連経済社会理事会の審議を経て、国連総会の決議により認定された途上国の中でもとくに開発の遅れた国々を指す。2014年では、世界には以下の 49 ヵ国が LDC と認定されている。なお、近年では 2007 年にカーボヴェルデが、2011 年にモルディブが LDC から卒業した。また、2012 年に南スーダンがリストに追加された。

★ LDCs　全 49 ヵ国（2014 年 12 月現在）

アフリカ（34）：アンゴラ、ベナン、ブルキナファソ、ブルンジ、中央アフリカ、チャド、コモロ、コンゴ民主共和国、ジブチ、赤道ギニア、エリトリア、エチオピア、ガンビア、ギニア、ギニアビサウ、レソト、リベリア、マダガスカル、マラウイ、マリ、モーリタニア、モザンビーク、ニジェール、ルワンダ、サントメ・プリンシペ、セネガル、シエラレオネ、ソマリア、南スーダン、スーダン、トーゴ、ウガンダ、タンザニア、ザンビア

アジア（9）：アフガニスタン、バングラデシュ、ブータン、カンボジア、ラオス、ミャンマー、ネパール、イエメン、東ティモール

大洋州（5）：キリバス、サモア、ソロモン諸島、ツバル、バヌアツ

中南米（1）：ハイチ

2）重債務貧困国（HIPC：Heavily Indebted Poor Countries）

　世界でもっとも貧しくもっとも重い債務を負っている途上国のことであり、貧困度および債務の深刻度に関する以下の基準に従い世界銀行および国際通貨基金（IMF）により96 年に初めて認定された。

① 93 年の一人あたりの国民総生産（GNP）が 695 ドル以下。

② 93 年時点における現在価値での債務残高が年間輸出額の 2.2 倍もしくは GNP の 80%
以上。

　債務を持続可能な水準まで引き下げる国際的な債務救済措置イニシアティブ（HIPC イ
ニシアティブ）、さらには、より手厚い債務救済を実施することが合意されたことを受けた
拡大 HIPC イニシアティブに基づく債務救済では、決定時点と完了時点の 2 段階に分け
て実施される。まず第 1 段階 として、HIPC 認定国は、債務救済により利用可能となる
資金の使途についての指針を盛り込んだ PRSP を策定し、世界銀行/IMF 理事会は当該
HIPC 認定国に対する同イニシアティブ適用の是非を決定する。これが決定時点である。

　決定時点に到達した HIPC 認定国に対しては、中間救済としての債務救済が行われる。
その後、第 2 段階として、新たな経済社会改革プログラムが実施され、良好な実績を示
したと認められた場合には、完了時点を迎える。完了時点に到達した国に対して、債務残
高の 90% 削減、もしくはそれ以上の債務救済が実施されることになる。

★完了時点到達国（35 ヵ国）HIPC イニシアティブの完了時点に達している。

アフリカ（29）：ウガンダ、エチオピア、ガーナ、カメルーン、ガンビア、ギニア、ギニア
　　ビサウ、コートジボアール、コモロ、コンゴ共和国、コンゴ民主共和国、サントメ・
　　プリンシペ、ザンビア、シエラレオネ、セネガル、タンザニア、中央アフリカ、トーゴ、
　　ニジェール、ブルキナファソ、ブルンジ、ベナン、マダガスカル、マラウイ、マリ、モー
　　リタニア、モザンビーク、リベリア、ルワンダ

中東（1）：アフガニスタン

中南米（5）：ガイアナ、ニカラグア、ハイチ、ボリビア、ホンジュラス

★決定時点到達国（1 ヵ国）決定時点と完了時点の間。

アフリカ：チャド

★決定時点未到達国（3 ヵ国）決定時点に達していない。

アフリカ：エリトリア、ソマリア、スーダン

（出所：2014 年版 政府開発援助（ODA）白書『日本の国際協力　第 3 節　重債務貧困国（HIPCs）一覧』）

　「失われた 10 年」とは、1980 年代に発展途上国に与えられた言葉である。1973 年（昭
和 48 年）に始まる石油価格の値上がりにより、莫大な資金が産油国に流れ込んできた。そ
の資金は、ヨーロッパ、米国、日本などの銀行に預けられ、銀行は豊富な預金を貸し出す
先を第三世界へ求め、各国の政府に働きかけ巨大プロジェクトを次々と実施させることに
なる。しかし、米国はその後金利を引き上げ、世界中に散ったドルを自国へ集める行動に
出た。その結果、アフリカ諸国や南米、アジア諸国は利息さえ払えない極度に疲弊した状
況に追いやられた。これが 80 年代を襲った債務危機であった。そして、さらに飢餓、自然
災害などが追い討ちをかけ、人口増加を賄うだけの経済成長を遂げることができなかった。

　成長率を高めたアジア NIES と一部の石油輸出国はこの停滞から抜け出したが、その他
の多くの途上国は今なお債務危機や食糧危機に悩み続けている。アジア NIES とは、新興
工業経済群の韓国、台湾、香港、シンガポールを指す用語である。

（2）どうして南北問題が起こるのだろうか

多くの条件が複雑に絡み合う問題ではあるが、いくつかの原因を取り上げると、以下のようである。

1）貿易の不均衡

先進国は主として工業製品を途上国へ、途上国は農産物、水産物、鉱産物などの未加工で自然から採取したままの産物である一次産品を先進国へ輸出しているが、工業製品の価格は独占力のある先進国に引き上げられるのに対し、独占力のない一次産品は価格の下落傾向にあり、より少ない工業製品で、より多くの一次産品と交換されていること。

2）資本力の不均衡

南に進出した北の大資本が、南の資本を排除し独占的に多くの利益を上げている。

3）モノカルチャー経済

途上国の経済は数種類の、付加価値の小さい一次産品の輸出に頼らざるをえない状態にある。これを「モノカルチャーの経済構造」という。多くの途上国が植民地として先進国向けの特定の食料、嗜好品、工業原料の生産に限定されていたことに起因している。

4）賃金格差

北は南の安い労働力を利用することができる。さらに、21世紀の初頭には、社会経済の構造変化を加速させる大きな2つの世界潮流である「情報化」と「グローバル化」が台頭する。情報化・グローバル化の裏には、資金・モノ・人・情報の国境を越えた流れが、人々の価値観に多大な影響を及ぼしている。その結果、産業構造や個人のライフスタイルの変化が起こり、その周りを取り巻く環境も同時に変容し続けている。

世界銀行では2005年の購買力平価(PPP)に基づき、国際貧困ラインを1日1.25ドルと設定している。この基準によると、世界には、1日1.25ドル未満で生活する貧しい人々が12億人以上いる。

貧しい国々の人々は、貧しさのため自然から得られる資源に依存し環境を悪化させている。森林を畑に変え、さらに燃料としての薪を得るため森林を切り開く、といった悪循環に陥っている。貧困と環境問題は表裏一体なのである。

表 3-4　国際貧困ラインに基づく地域別貧困率（2010年）

地域	貧困率（％）	貧困層の数（百万人）	総人口（百万人）
東アジア・太平洋州	12.48	250.90	2010.44
ヨーロッパ・中央アジア	0.66	3.15	477.06
ラテンアメリカ・カリブ海	5.53	32.29	583.89
中東・北アフリカ	2.41	7.98	331.26
南アジア	31.03	506.77	1633.15
サブサハラ・アフリカ	48.47	413.73	853.57
全体	20.63	1214.98	5889.37

（出所：World Bank『Regional aggregation using 2005 PPP and $1.25/day poverty line』http://www.worldbank.org/content/dam/Worldbank/Feature%20Story/japan/poverty/poverty-rate-region.pdf より作成）

（3）南北問題：開発途上国と先進国との立場の相違

表 3-5　途上国と先進国の立場の違い

対立の論点	開発途上国の主張・立場	先進国の主張・立場
環境問題の責任論	経済発展を追及するあまり、枯渇性資源等を過剰に消費し、大量の廃棄物を放出してきたのは先進国であり、先進国にこそ今日の環境問題の責任がある。 　開発途上国では、人口の増加とそれに伴い加速する貧困により生存のためにやむなく自然を犠牲にし、自然環境の悪化がさらに貧困を加速するという悪循環がある。このような悪循環からの脱却のためにも経済的発展を必要としている。したがって先進国に起因する環境問題を理由に、開発途上国の工業発展や森林伐採を制約することには強く反発する。	今日の環境問題は全世界共通の問題であり、地球環境悪化による被害は、先進国、開発途上国の区別なく受けるのだから協力して取組まなければならない。開発途上国が、かつての先進国のように経済発展を優先して環境保全対策を怠ることになれば、近い将来の地球環境への負荷の大半を途上国が占め、先進国の負荷と相まって地球環境の悪化は取り返しのつかないほど進んでしまうという懸念がある。そのために、環境問題に対する途上国の取組みが重要である。
開発の権利の問題	自国の資源は、自国の環境・開発政策に従って自由に利用する権利を尊重されるべきであり、地球上のすべての人間は適切な生活水準を享受する権利があり、そのために開発する権利を有する。	環境上の制約から開発が制限されることもありうる。
環境対策に関わる資金の問題	温暖化等の地球環境問題はもとより、貧困などの途上国の問題は先進国にその原因があるため問題解決に必要な資金は「補償」的な性格を有しており、先進国は義務としてこれを拠出すべきである。 　また、この資金は途上国の意見が反映される新たな国際的資金供給メカニズムを通じてもたらされるべきである。	追加的資金の必要性は認めるが、資金供給は先進国の義務として負うものではなく、資金供給メカニズムの創設についても、2 国間および多国間の既存の援助システムの活用が重要である。
技術移転の問題	環境保全のための技術の移転は地球環境問題の解決に不可欠であるため、移転は非営利的条件で行うべきであり、民間の保有する技術であっても、金利や返済期間等の条件が緩和された譲渡的な条件での移転を行うべきである。	技術移転については受け入れ側の能力向上が重要である。民間に対して非営利的条件での技術移転の要求は不可能であり、技術開発の停滞を防ぐためにも知的所有権の尊重が必要である。

（出所：環境省『平成 11 年版環境白書』）

Column：人々の豊かさを示す指標？　GDP と GNP

　ある国の人々の豊かさを単純に示す場合、GDP（Gross Domestic Product）という指標がよく使われている。

　GDP すなわち「国内総生産」とは、「国内で 1 年間に生み出されたすべての財・サービスの付加価値の合計」であり、企業が原材料や機械を購入したり、ビルを建設したり、また個人がモノを購入したり家を建てたりしている。こうした活動に企業や個人はお金を使う。要するに GDP とは、国内で使われたお金の合計だといえる。

　GNP（Gross National Product）は「国民総生産」とよばれ、日本人が使ったお金の合計であり、モノを国内で購入しようが海外で購入しようが、そのすべてが含まれることを意味している。

　GDP や GNP は、その国の人々の豊かさを正確に反映しているものではないが、経済的豊かさを示すものとしては一般的である。

　2010 年までの 15 年間、高所得国（先進国）の 1 人あたり GDP が 1.5 倍以上の伸びとなっているのに対し、低・中所得国（途上国）のそれは 30% 弱と低水準の伸びに留まっている。南北間の格差は縮まるどころか、逆に現在も広がっている状況にある。

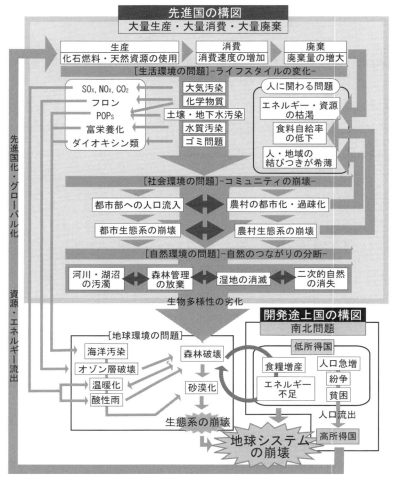

図 3-18　環境問題のつながり

2−3　複雑に絡み合う環境問題

　2014 年、日本は世界第 4 位（支出総額ベース）の政府開発援助（ODA）給与国である。2001 年以降は米国が日本に代わり世界最大の援助国（トップ・ドナー）の地位を確保している。開発援助とは開発途上国の経済・社会発展のために行う援助で、政府が国民の税金を用いて行う援助をとくに「政府開発援助（ODA）」という。そのほかにも開発援助として、企業の海外投資の促進を通して多額の開発資金が途上国へと流入している。

　DAC は ODA の基準を、
1. 政府または政府の実施機関によって供与される資金
2. 途上国の経済発展や福祉の向上が目的
3. 資金協力の条件が途上国にとって負担とならない
の 3 つとしている。

ODA には開発途上国に対して直接援助を行う「二国間援助」と世界銀行や IMF などの国際機関を通して行われる援助がある。このうち「二国間援助」は贈与としての「無償資金援助」と「技術援助」、二国間貸付としての「有償資金援助（円借款）」がある。とくにLDCs に対しては途上国の負担にならないように無利子・無返済の贈与「無償資金協力」を行うことが多い。

日本の二国間政府開発援助を形態別にみると、最大給与相手国（上位5ヵ国）は、2013年時点で、無償資金協力（債務救済を含む）では、ミャンマー、アフガニスタン、タンザニア、コートジボワール、マダガスカル、無償資金協力（債務救済を除く）では、アフガニスタン、ミャンマー、エチオピア、コンゴ民主共和国、カンボジアである。また、技術協力では、ベトナム、インドネシア、アフガニスタン、フィリピン、ミャンマーとなっている。

表 3-6　二国間政府開発援助の所得グループ別実績（支出純額ベース、単位：百万ドル）

受取国グループ	2012 年	2013 年	供与相手国・地域数（2013 年）
後発開発途上国（LDCs）	3,023.0	5,582.0	49
低所得国（LICs）	206.4	326.9	4
低中所得国（LMICs）	2,504.9	2,287.0	40
高中所得国（UMICs）	-1,163.8	-1,254.1	50
分　類　不　能	1,831.7	1,669.7	-
合計	6,402.2	8,611.4	143

（出所：2014 年版 政府開発援助（ODA）白書『二国間政府開発援助の所得グループ別実績』より作成）

ここで問題なのは、私たちの税金である巨額な公的資金を投入して実施される大型プロジェクトは、時として受入れ国に大きな自然環境破壊をもたらしたり、地元住民の生活環境を大きく変えてしまう結果を招くということである。さらには、受入れ国の政府関係者は賛同しても地元住民には受け入れがたいプロジェクトも多く見受けられる。また膨大な対外債務を負わせる構図を生み出してもいる。

環境 NGO「FoE Japan」は「日本輸出銀行（現・国際協力銀行）」が融資したフィリピン水力発電事業に対し、撤回を求め激しく抗議する地元住民の姿を日本へ伝え続けた。

フィリピン、ルソン島北部を流れるアグノ川に建設のサンロケ水力発電事業は、アジアでも屈指の規模を誇る巨大ダムであり、フィリピンでは日本との経済協力として最優先の国家プロジェクトとなっている。鉱山開発や輸出用農業・工業、観光産業等のために安定した電力を供給することを目的としている。

しかしダムが造られ河川がせき止められることで流域沿いに暮らす先住民たちの暮らしは崩壊し、豊かな生態系は失われていくのである。日本でも同様の構図を見ることができるが、異なるのは日本の援助資金を使い海外の地元民が要らないといっているモノを造り、そして海外の自然環境が破壊されていくことである。

さらには、プロジェクト事業を実施するのは日本の商社、電力会社と米国の企業といった事例もある。すなわち、日本が給与する援助金で実施されるプロジェクトを日本の企業

が受託し、利潤を上げるという構図ができているという。国内事業の不振を払拭するためにODA絡みで海外事業を拡大する日本企業、との批判がされている。

環境影響評価も十分に行わずに融資を決定する日本政府、そしてプロジェクトを受注する日本企業、この構図はケニアのソンドゥ・ミリウ川に建設されている水力発電用ダムやタイなど世界各地で見受けられる姿なのである。

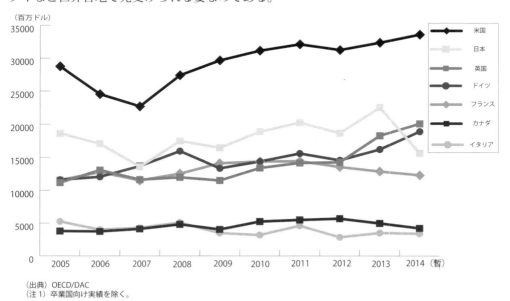

図3-19　主要援助国のODA実績の推移（支出総額ベース）
（出所：外務省ODA（政府開発援助）『主要援助国のODA実績の推移（支出総額ベース）』http://www.mofa.go.jp/mofaj/gaiko/oda/shiryo/jisseki.html より作成）

３．地球の限界

今までの私たちの生活は、途上国の自然の恵みを先進国が収奪することの上に成立してきた大量生産・大量消費・大量廃棄の社会経済システムの中で営まれてきた。その結果、先進国は物質的な豊かさを手に入れると同時に、途上国は貧困にあえぎ、両者の経済的格差は年を追うごとに拡大しつつあることを知った。

貧困問題の解決を目標とする国際NGO「オックスファム」が2015年1月に発表したレポートによると、2014年、世界の上位1％の最富裕層が世界全体の富の48％を所有していた。16年には50％を超えると予想している。また、最富裕層のうち、上位80人の大富豪が所有する富の合計は1.9兆ドルに上り、これは世界の下位50％、35億人が所有する富にほぼ等しいという。

国連環境計画(UNEP)の「地球環境概況第5次報告書（2012）」によると、温室効果ガスの排出は今後50年間で倍増し、今世紀の終わりには世界の平均気温が3～6度上昇する可能性があると予測している。1980年代〜2000年代にかけて、洪水の回数は230％、

干ばつの回数は38％増加している。また、世界の取水量は、農業、工業および家庭用の需要を満たすため、過去50年間で3倍となった。水域の90％で有害化学汚染物質が確認されている。生物にとって重要な生息地は減少し続け、2000〜2010年の間に1,300万haの森林が消失、種の絶滅は21世紀も高い割合で続くと予測されている。

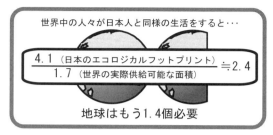

図3-20　2010年の各国のエコロジカル・フットプリント
（出所：WWF『生きている地球レポート』2014より作成）

　私たちは将来にわたって、このような生活を続けていくつもりなのだろうか。地球はこれからも人類にそして生き物のために食糧やエネルギー、水などを供給し続けてくれるのだろうか。

　生活スタイルの改善を図り、将来世代へこの素敵な地球を受け渡したい、そう考えるのならば、私たちは目で見える部分以外に表には出てこない部分で発生している環境への影響を明らかにして、その改善を図る必要がある。この目に見えない部分を明らかにするために、「エコロジカル・フットプリント」や「エコロジカル・リュックサック」などの指標が提案されている。

　「エコロジカル・フットプリント」は、"各国間の自然資源の消費を、地球の生物学的な資源の再生能力に照らし合わせ比較したものであり、人間活動が「踏みつけた面積」"を表している。1人の人間が自らの活動を行うために、直接あるいは間接的に消費している土地面積として指標化される。具体的には、エネルギーや食糧、木材などを得るために依存している生態系の面積などを1人あたりに換算した数値で表される。

　エコロジカル・フットプリントを検討していけば、例えば日本経済が必要とする生態系の面積はどれくらいなのかを推定することができる。

　「エコロジカル・リュックサック」は、"製品が背負った重荷"という意味で、具体的には化石・鉱物資源の採取・精製の際に廃棄される総物質量のことである。石油1トンのリュックサックは0.1トン、石炭は6トン、セメントは10トン、鉄は14トンという試算がある。これは、鉄を例にとると、鉄1トンを消費することは、同時に見えない部分で14トンの物質を消費していることになる、ということである。

　WWFのエコロジカル・フットプリントの試算によれば、人間活動は1970年代に地球が再生可能な許容量を超え、現在も人間活動が地球の財産を食いつぶし続けていることがわかる。その結果、地球のあちらこちらでさまざまな環境問題が起きている。

　「WWF生きている地球レポート2014」によると、2010年の世界のエコロジカル・フットプリントは181億ghaであり、1人当たりに換算すると2.6ghaとなる。1グローバルヘクタール（gha）は世界平均の生産性を持つ土地面積の単位を表す。地球の総生物生産力は120億gha、1人当たりに換算すると1.7ghaであるのに対し、人間活動が踏みつけ

た面積は 2.6gha である。すなわち、現在では、地球の全人類を養うエネルギー、食糧や木材などを得るために必要な生態系は、現在の 1.5 個（2.6/1.7）を要する計算になる。すなわち、地球の家計は赤字状態にあるのだ。

日本人 1 人あたりのエコロジカル・フットプリントは 4.1gha であるので、全人類が日本人並みの生活を営むこととなれば、2.4 個（4.1/1.7）分の地球が必要となり、地球は崩壊することになる。

従来は、地球環境が地域の自然環境を創出し、自然のもつ元の状態への復帰可能な潜在能力の範囲内で人々の暮らしが営まれていた。しかし、現代は人々の暮らしがあまりにも大きなストレスを自然環境に与え、自然環境のもつ復帰可能な潜在能力の範囲を超えてしまっている。その結果、地球環境が再生困難な状況を招いている。

環境問題とは人間活動の所産であり、地球、自然そして人の間のバランスが崩れることにより生じるものなのである。

Column：イースター島の悲劇

無限の宇宙の中にポツンと浮かぶ地球、その地球の中に、やはりポツンと浮かぶ島、日本から 1 万 5,000km 先の南太平洋ポリネシアにそんな孤島がある。周囲約 60km、現地語で"現存するもの"を意味するイースター島は、およそ 900 体のモアイ像で世界的に有名である。

この島にモアイ像をつくったポリネシア系住民が住み着いたのは 5 世紀頃であると考えられている。8 世紀頃からモアイ像は盛んにつくられるようになったが、そのモアイ像だけを残し、17 世紀に忽然と文明が消滅したのである。現在でも、島の大部分は荒れた土地のままである。

いったいこの島に何が起こったのであろうか。この謎に科学が挑んだ。島の堆積物中の花粉を分析することにより、かつてはヤシの森林に覆われた緑深い島であったことが判明したのである。科学者や考古学者、そして島の古老の話を基に、イースター島の歴史を紐解いてみよう。

10 世紀頃島の人口は 7,000 人程度であったのが 16 世紀には人口 2 万人以上に膨れ上がり、急激な人口を支えるため、農業と漁業が隆盛期を迎えていた。そして 17 世紀頃、繁栄を極めていたモアイ文明は忽然と姿を消すことになった。その背景には、急激な人口増加と、それを養うべく主食のバナナやタロイモを増産するためにヤシの森林を切り開き畑を開拓していったことがあげられる。切り開かれたヤシが再生する速度は遅く、島から木々が急激に減少していく結果を招いた。土地はやせ、畑からの収穫は激減していった。さらに、調理用の薪も手に入らなくなり、漁業をするための木船を造る材料にも事欠くようになった。そのような状況にもかかわらず人々はモアイ像をつくり続け、像を運搬するためのコロをつくるために、残されたわずかな森まで手をつけていった。森は見る影もなく消えていった、と同時に、イースター島の文明も消え去っていったのである。

人口の急増、資源の収奪、森林破壊、生き物の絶滅・・・、私たちにこの島の歴史は何を物語っているのだろうか。

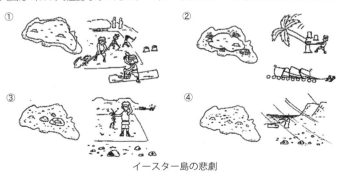

イースター島の悲劇

Chapter 4 生き物と人のバランス
～ 生活環境の問題 ～

　私たち一人一人の日々の何気ない暮らしは、人が集まり地域を形成していくことで思いも寄らない環境への影響を与えることがある。そして、その地域同士が結びつくことにより、環境への影響は森から川、そして川から海へと拡散し、ついには地球規模の問題として顕在化していくのである。このような罪を、私たちは知らず知らずのうちに犯しているのである。私一人が気をつけても……、自分だけならいいや……といった意識こそが、現代の環境問題の主な原因なのではないだろうか。

　ここでは、私たちのライフスタイルが及ぼす環境への影響について考える。ここで取り上げる「生活環境の問題」とは、生き物が快適な生活を送るために必要な環境を乱す人間の行為を指し、具体的には大気汚染、水質汚濁、土壌汚染、有害化学物質、廃棄物処理に関わる問題を取り扱う。

❖・❖・❖・❖・❖・❖・❖・ 1. 大 気 汚 染 ・❖・❖・❖・❖・❖・❖・❖

　私たちは毎日のように電車やバス、あるいは自家用車を利用する。それは、快適な小空間にいながらにして目的地へ、それも早く到達するためである。また、毎日のように買い物をするが、それらの多くは工場で加工され店頭に並んだ商品である。この日々の行為が大気を汚し続けている。

　大気汚染（atmospheric [air] pollution）とは、「産業・交通などの人間活動によって排出される有害物質が広範囲の大気を汚染し、生き物の健康に悪影響を生じさせるような状態」のことである。大気汚染の発生源は、工場、事業所や家庭などの「固定発生源」と、自動車などの「移動発生源」がある。排出される有害物質には、「一次汚染物質」とよばれ化石燃料の使用などによって発生源から直接発生した汚染物質や、「二次汚染物質」とよばれ、それらの物質が大気中に拡散して化学反応を起こし生成された物質がある。

　大気汚染の直接的要因は、大量生産・大量消費・大量廃棄に伴うエネルギー消費量の急激な増大にある。生産・消費の諸活動を支えている石油、石炭などの燃焼によって発生する炭化水素（炭素と水素で構成されているもの）、硫黄酸化物、窒素酸化物、浮遊粉じん、二酸化炭素などの一次汚染物質により大気は蝕まれている。さらに、ある種の一次汚染物質が紫外線の作用

大気汚染で困る人たち

49

を受けて二次汚染物質のオキシダントを生成し、これが刺激性の強い「光化学スモッグ」とよばれる問題を引き起こしている。

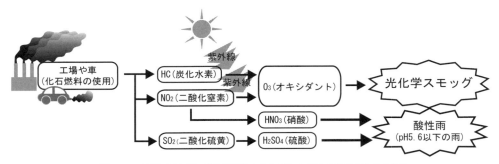

図 4-1 工場や自動車から酸性雨やオキシダントがつくり出される仕組み

1-1 代表的な汚染物質

(1) 硫黄酸化物 (SOx)

硫黄の酸化物の総称で、SOx（ソックス）とよぶこともある。一酸化硫黄（SO）、二酸化硫黄（SO_2）、三酸化硫黄（SO_3）などが存在する。工場や発電所で石炭、石油などを燃焼する際、その燃料中に含まれる微量の硫黄分が酸化し硫黄酸化物（大部分は SO_2）となり、排出ガス中に含まれ大気を汚染する。

硫黄酸化物は水によく溶けるので、鼻や喉、気管などの上部気道を刺激するし、大気中の水蒸気と反応して酸化すると硫酸（H_2SO_4）となり、これが雨に溶けて酸性雨となる。

(2) 窒素酸化物 (NOx)

窒素の酸化物の総称で、NOx（ノックス）とよばれることもある。燃料中の窒素原子が燃焼して生成するものと、その際、自然界の大気の 70% を構成する窒素が燃焼して生成するものがある。

発電所や工場のボイラー、自動車エンジンなどの高温燃焼の際、窒素酸化物の 90~95% が一酸化窒素（NO）、残りが二酸化窒素（NO_2）として発生する。排出された一酸化窒素はさらに酸化され、安定した状態の二酸化窒素となり大気へ排出される。

窒素酸化物には、NO、NO_2、N_2O、N_2O_3 などがあるが、大部分は NO と NO_2 で、通常この 2 つを合わせて窒素酸化物とよんでいる。

窒素酸化物は水に溶けにくく、大気中の水蒸気と反応して酸化すると硝酸（HNO_3）となり、これが雨に溶け酸性雨となる。

(3) 浮遊粒子状物質 (SPM)

SPM とは「Suspended Particulate Matter」の略で、大気中に浮遊している粒径 $10\mu m$ 以下の固形物を指す。工場や火力発電所の排煙中や、自動車（とくにディーゼル車）

から出される排気ガス中に含まれている。

　そのほかにも、海水に溶けている塩分が海水とともに飛散したものや、火山の噴煙中に含まれる火山灰、中国大陸から運ばれる黄砂やスパイクタイヤで削り取り舞い上がったアスファルト、花粉などがある。SPMはアレルギーを起こす物質が付着しており、花粉症同様の症状を起こす人も多いことがわかっている。

1−2　国内における大気汚染の現状

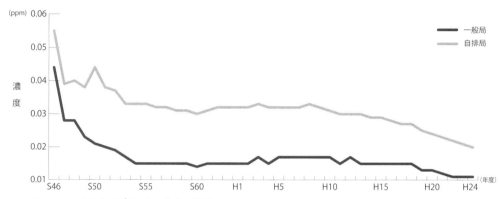

図 4-2　二酸化窒素濃度の年平均値の推移（出所：環境省『大気環境モニタリング実施結果』2015 より作成）

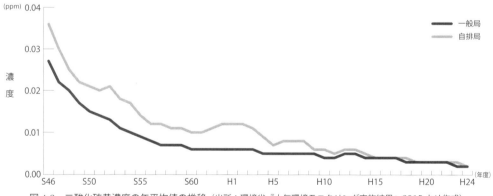

図 4-3　二酸化硫黄濃度の年平均値の推移（出所：環境省『大気環境モニタリング実施結果』2015 より作成）

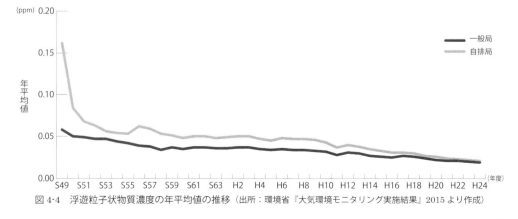

図 4-4　浮遊粒子状物質濃度の年平均値の推移（出所：環境省『大気環境モニタリング実施結果』2015 より作成）

1-3　大気汚染による植物への被害と大気浄化

　人間が感知できる二酸化硫黄（SO_2）の濃度は 3ppm 前後といわれるが、植物の中には大麦、アルファルファのように 0.4ppm の SO_2 環境に数時間さらされると、葉に斑点が現れるものがある。針葉樹の葉は赤褐色となり落葉しやすくなる。また、酸性雨は直接樹木を枯らせてしまうことがある。米や麦、果実の花が SO_2 の被害を受けると、収穫量が著しく減少することも知られている。植物の二酸化硫黄抵抗性は、木本植物＞草本植物、常緑樹＞針葉樹、落葉広葉樹＞常緑広葉樹である。また、大気汚染への耐性が強い樹木には、サカキ、イチョウ、トウカエデ、マテバシイなどが、逆に弱い樹木には、ポプラ、ケヤキ、クヌギ、コナラなどがある。

　光化学オキシダントが発生すると、酸化力の強い刺激性の過酸化物オキシダントが生じるので樹木に被害が発生する。植物がオキシダントを葉から吸い込むと、植物中にある脂質が酸化され有害な過酸化脂質ができるためである。

　最近の研究によると、大部分の植物は生育に支障のない汚染濃度の範囲内で、光合成や蒸散の際に二酸化炭素（CO_2）の吸収に伴って二酸化硫黄（SO_2）や二酸化窒素（NO_2）等の大気汚染物質も吸収していることが明らかになっている。

　光合成や蒸散は葉面の気孔を通じて行われるため、気孔の開きが大きく光合成を活発に行う植物で、さらに葉量の多いほど SO_2 や NO_2 等の汚染物質の吸収効果が高いことになる。

　単木の年間汚染物質の吸収量を求めるには、対象とする樹木の 1 枚の葉の年間 CO_2 吸収量を測定し、単木の総葉量をかけ合わすことで年間総 CO_2 吸収量（年間総光合成量）を推定することから始める。しかし、個々の樹木において上記のデータを取得するには限界があり、一般的には既存のデータを用いて概算する簡易法をとることが多い。

　地球大気の CO_2 濃度を最近の動向から一律 $0.63\ \mu g/cm^3$（350ppm、25℃）と仮定すると、単木が 1 年間に吸収する SO_2、NO_2 の吸収量は次のように簡易に計算できる（公害健康被害補償予防協会『大気浄化植樹マニュアル』1995）。

　　$U(SO_2) = 12.7 \times C(SO_2) \times U(CO_2) \times K$　　　　……式（1）

　　$U(NO_2) = 9.5 \times C(NO_2) \times U(CO_2) \times K$

　　ここで、$U(SO_2)$：年間 SO_2 吸収量（g/ 年）

　　$U(NO_2)$：年間 NO_2 吸収量（g/ 年）

　　$U(CO_2)$：年間の総光合成量（kg-CO_2/ 年）

　　$C(SO_2)$：大気中の SO_2 濃度（$\mu g/cm^3$）

　　$C(NO_2)$：大気中の NO_2 濃度（$\mu g/cm^3$）

　　K：地域補正係数（気候条件の異なる他地域に適用するための光合成能の補正係数）

　$U(CO_2)$ は 10 種類の樹木の調査結果をもとに、単位葉面積あたりの年間総 CO_2 吸収量を樹種にかかわらず $3.5kg/m^2$ とし、総葉面積を落葉広葉樹高木、常緑広葉樹高木、中・低木の 3 つに樹種区分をして計算した値である。$U(CO_2)$、K は表 4-1 により求める。

4　生き物と人のバランス　〜生活環境の問題〜

表 4-1　単木の年間総 CO_2 吸収量（総光合成量、U（CO_2））概算表　（単位：kg-CO_2/ 年）

胸高直径（cm）	樹高（m）	落葉広葉樹高木	常緑広葉樹高木	中・低木
2	2 〜 2	18	11	2
3	2 〜 2	32	21	5
4	3 〜 3	53	35	11
5	3 〜 3	70	53	14
10	4 〜 5	250	180	53
15	6 〜 7	530	320	140
20	8 〜 10	700	530	−
25	10 〜 13	1100	700	−
30	12 〜 16	1400	1100	−
40	16 〜 21	2500	1800	−
50	20 〜 25	3500	2500	−

（出所：公害健康被害補償予防協会『大気浄化植樹マニュアル』1995）

表 4-2　気候による光合成能地方較差の補正係数

地　　方	補　正　係　数（K）
北　海　道	0.6
東　　北	0.8
関　　東	0.9
北　　陸	0.9
東　　海	1.0
近　　畿	1.0
中　　国	1.0
四　　国	1.0
九　　州	1.1
沖　　縄	1.3

（出所：公害健康被害補償予防協会『大気浄化植樹マニュアル』1995）

　さて、一例として以下のような環境を設定し、樹木による CO_2、SO_2 および NO_2 の年間吸収量を計算してみよう。

＜設定＞

　埼玉県大宮市の A 児童公園には次のような樹木が植栽されている。大気中の SO_2 濃度を 0.011ppm、NO_2 濃度を 0.028ppm として、樹木の大気浄化能力を試算してみよう。

表 4-3　埼玉県さいたま市 A 児童公園の植栽状況

	胸高直径（cm）	本　　数
（落葉広葉樹高木）		
ハクモクレン	15	5
ヒメシャラ	5	6
（常緑広葉樹高木）		
キンモクセイ	10	3
（中・低木）		
ツ バ キ	5	10
サ ツ キ	3	30

※　胸高直径とは：地表面から 1.3m の高さの幹の直径のこと

53

表4-1に従えば、全樹木の年間総CO_2吸収量は表4-4のように求められる。

表4-4　全樹木の年間総CO_2吸収量

樹　種	年間総CO_2吸収量（kg-CO_2/ 年）
ハクモクレン	530×5
ヒメシャラ	70×6
キンモクセイ	180×3
ツ バ キ	14×10
サ ツ キ	5×30
合　計	3,900

　さて、ここで式（1）を適用するために、ppmをμg/cm^{3}に換算する必要がある。SO_2、NO_2の分子量は64、46であり、標準状態（0℃、1気圧）のもとでは両気体の体積は1molあたり22.4ℓであることから、

　　C（SO_2）=0.011ppm（SO_2）：$(64\times0.011\times10^{-6})$ / $(22.4\times10^3\times(273+25)/273)$ =

　　2.9×10^{-5} μg/cm^3

　　C（NO_2）=0.028ppm（NO_2）：$(46\times0.028\times10^{-6})$ / $(22.4\times10^3\times(273+25)/273)$ =

　　5.3×10^{-5} μg/cm^3

　これらの結果と、埼玉県の地域補正係数（関東圏=0.9）を式（1）へ代入すると、

　　U（SO_2）=$12.7\times2.9\times10^{-5}\times3900\times10^3\times0.9$=1293g/ 年

　　U（NO_2）=$9.5\times5.3\times10^{-5}\times3900\times10^3\times0.9$=1767g/ 年

となる。こうして、A児童公園に植栽された樹木が1年間に吸収するSO_2、NO_2の量を推定することができる。

　乗用車1台から排出されるNOx量は、平成4年NOx規制適合車で0.25g/kmなので、1767÷0.25=7068km分、すなわち、この自動車が1年間に約7,000km走行して排出するNOx量を吸収している計算になる。

　「ppm」とは「parts per million」の頭文字で「100万分の1」を意味し、微量の物質の含有量を表す単位である。1ppmを％で表すと0.0001％となる。気体の場合は体積比、その他の場合は重量比となる。水質汚濁の場合は、1ℓが1kgなので、mg/kgとmg/ℓを同一とみなしmg/ℓ=ppmで表すことがある。「ppb」とは「parts per billion」の頭文字をとった「10億分の1」を意味している。1ppbは、1ℓの水の中に0.001mgの物質（溶質）が解けている状態である。

　水の場合は1ℓが1kgなのでわかりやすいが、大気中の濃度は少々わかりにくい。大気の場合、濃度は体積を基準に考えmg/m^3、μg/m^{3}など「大気1m^{3}中に含まれる物質の質量」で表したり、「大気中に、その体積の100万分の1の体積の成分を含む濃度」を1ppmで表したりする。このとき、やっかいなことは「0℃、1気圧」とか「25℃、1気圧」というように温度と気圧が記されていることである。

　気体は温度と気圧で体積が大きく変わるため、基準となる温度、圧力を決めておき、その温度、圧力に換算して濃度を表現することになる。

さて、ここで濃度 0.011ppm の二酸化硫黄（SO_2）を $\mu g/cm^3$ に換算してみよう。その前に、分子量について簡単に説明しておこう。分子量とは C12 を基準にした分子の相対的な質量のことで、分子を構成する元素の原子量の総和として求めることができる。例えば、SO_2 の分子量とは、S の原子量 32 と O の原子量 16 より 32 ＋ 16 × 2 で計算され 64 となる。

0.011ppm ＝ 0.011$m\ell$ $/m^3$ であり、これを X $\mu g/cm^3$ に換算するわけだが、0℃、1 気圧の条件下では、SO_2 や NO_2 などの気体は 1mol（分子 6 × 10^{23} 個が集まった状態）で体積にして 22.4 ℓ となる。そのときの分子の質量が SO_2 では 64g ということになるので、

22.4 ℓ ：64g ＝ 0.011$m\ell$ ：X'g

すなわち、

22.4 ℓ ：64000000 μg ＝ 0.000011ℓ ：X' μg

X' ＝ 31.4 μg

すなわち、1m^3 に 31.4 μg 含まれていることになる。したがって、これを $\mu g/cm^3$ に換算するためには、1m^3 を cm^3 に換算し 3.14 × 10^{-5} $\mu g/cm^3$ となる。

上記の話は、0℃、1 気圧の条件下で成立する話である。温度が 25℃の条件下では温度増加による膨張を考慮する必要がある。

圧力が一定のとき、一定量の気体の体積は絶対温度に比例する（シャルルの法則）。絶対温度とは K（ケルビン）と表記され、摂氏温度（℃）との間に、

t［℃］＝（273+t）［K］

の関係がある。気圧は一定で温度が 0℃から 25℃に上昇したとすれば、気体である SO_2 は、シャルルの法則に従い膨張し、22.4 ℓ から、

22.4×（273+25）/273 ＝ 24.5（ℓ）

に増大する。すなわち、25℃では 1mol が占める気体の体積は 24.5 ℓ となる。この結果を式（1）に代入すると、

24.5 ℓ ：64000000 μg ＝ 0.000011ℓ ：X' μg

X ' ＝ 28.7 μg

となり、同様にして 2.87 × 10^{-5} $\mu g/cm^3$ となる。

いろいろな物理量の大きさを、全世界共通な単位系で表すことを SI（国際単位系）を使用するという。SI とは、フランス語 "Le Systeme Internationald' Unites" の略称で、他の量を定義するために基本として用いられてきた以下の 7 個の基本単位のことである。

表 4-5　7 個の基本単位

長　さ	質　量	時　間	電　流	熱力学温度	物 質 量	光　度
メートル	キログラム	秒	アンペア	ケルビン	モ ル	カンデラ
m	kg	s	A	K	mol	cd

そして、以下の 2 個の補助単位がある。

表4-6　2個の補助単位

平　面　角	立　体　角
ラジアン	ステラジアン
rad	sr

基本単位を用いて乗除計算で表す組立単位からなるもので、これらの単位を10の整数乗倍で示す場合、接頭語というものを定めている。

表4-7　10の整数乗倍で示す接頭語

倍数	10^{24}	10^{21}	10^{18}	10^{15}	10^{12}	10^{9}	10^{6}	10^{3}	10^{2}	10^{1}
記号	Y	Z	E	P	T	G	M	k	h	da
接頭語	ヨタ	ゼッタ	エクサ	ペタ	テラ	ギガ	メガ	キロ	ヘクト	デカ
倍数	10^{-1}	10^{-2}	10^{-3}	10^{-6}	10^{-9}	10^{-12}	10^{-15}	10^{-18}	10^{-21}	10^{-24}
記号	d	c	m	μ	n	p	f	a	z	y
接頭語	デシ	センチ	ミリ	マイクロ	ナノ	ピコ	フェムト	アト	ゼプト	ヨクト

例えば、μm（マイクロメートル）は 10^{-6}m のことである。

Column：秋になるとどうして木の葉の色が変わるの？

春から夏にかけて樹木の葉は緑色をしている。これは葉の細胞に光合成を行う葉緑体という器官があり、二酸化炭素と水を酸素と炭水化物に換えるためのエネルギーを供給する。この葉緑体の中にクロロフィルとカロチノイドという色素が含まれている。

クロロフィルとカロチノイドが同時に葉の中に存在していると、太陽の光の三原色である赤、緑、青の三色の中から、赤と青の光を吸収する。緑の光は吸収されずに反射されるため、葉は緑色に見える。

カロチノイドはクロロフィルより安定している物質で、気温が低くなってクロロフィルが合成されにくく

なる秋にはカロチノイドが残ることになる。カロチノイドは青の光を吸収するため、吸収されない赤と緑色が反射され葉は黄色に見える。これが黄葉である。

気温が下がり落葉する前に、細胞液の中に解けている糖とタンパク質間の反応によりアントシアニンが生成されると、それは青そして緑の光を吸収するため、赤い光が反射され葉が赤く見えるようになる。これが紅葉である。アントシアニンが生成する条件は気温8℃以下の低温と十分な光が必要である。

1－4　指標生物とは

自然を図るものさしのことで、「一定の環境基準を必要とし、その生物の生息状況によって環境の質や変化を推定するために用いられる生物」のことである。樹皮上に生育する「蘚苔類」や着生植物の「地衣類」は、大気の汚染に著しく敏感であり樹木が枯死するより早く消失することから、大気汚染の指標生物として利用されている。

地衣類とは、樹木などの植物体の表面で生育する「着生植物」に含まれる下等植物である。一般の植物とは異なり単一の生き物ではなく、真菌（キノコやカビの仲間）と藻類（藻の仲間）が共生関係のもとで共存している。蘚苔類（コケ類）と混同されるが、地衣類は灰色や茶褐色を呈し根や茎の分化が見られないのに対して、蘚苔類は鮮やかな緑色で根、茎、葉状のものが明瞭に区別できる点が異なっている。蘚苔類は維管束（水や養分の通り道）をもたず胞子で増殖する植物であり、スギゴケやゼニゴケの仲間が含まれる。

着生植物の地衣類は土壌の影響を受けにくく主に大気汚染に反応する植物である。したがって、大気汚染の指標としては有効な植物である。とくに梅や桜あるいは墓石表面に生えるウメノキゴケは SO_2 に対する耐性は低く、0.02ppm 以上の濃度の地域からは消滅することが確認されている。

ネギやホウレンソウ、アサガオなどはオキシダントに対する耐性が低いため、光化学スモッグの下では 2 ～ 3 ヵ月もすれば葉の表面に白い小さな斑点が生じ、被害が大きくなると黄白色～茶色の不規則なそばかす状のしみになる。また、アサガオの花に酸性雨が当たると、表面に白い斑点が現れる。

指標生物による環境調査は、その地点の一時的な環境の状態を表しているのではなく、長期間にわたっての汚染の影響を反映しているものであり、長い時間スケールでその地域の環境の将来を検討する上でも有効な手段となる。

Column：燃えるって？

「燃焼」とは、「光と熱の発生を伴って物質が酸素と化学反応すること」を意味する。例えば、天然ガスの主成分である有機物のメタン（CH_4）が燃焼する現象は、化学式で表すと、

$CH_4 + 2O_2 \rightarrow CO_2 + 2H_2O +$ エネルギー（光や熱）

となる。炭素（C）と水素（H）から構成される物質を燃焼させると、必ず二酸化炭素（CO_2）と水（H_2O）が生成し、光や熱といったエネルギーを放出する。この熱エネルギーを人間は利用している。

石油や石炭、そして石油を精製してつくるガソリンなども主成分は炭素と水素であるが、その中に微量の硫黄（S）や窒素（N）が混じっているので、左式以外の反応、すなわち、

$S + O_2 \rightarrow SO_2$

$N_2 + O_2 \rightarrow 2NO$

などが起こり、硫黄酸化物や窒素酸化物を発生させる。「酸化」とは、「物質が酸素と化合して酸化物を作る化学反応」のことである。

不完全燃焼とは、酸素不足で燃焼させ黒煙が発生してくるような状態のことであり、反応生成物として一酸化炭素を発生する。

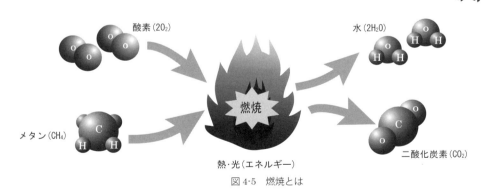

図 4-5　燃焼とは

1 － 5　その他の大気に関わる生活環境の現状

（1）ヒートアイランド現象

環境省『平成 14 年版環境白書』によると、「都市では高密度のエネルギーが消費され、また、地面の大部分がコンクリートやアスファルト等で覆われているため水分の蒸発によ

る気温の低下が妨げられ、郊外部に比べ気温が高くなっている」。この現象は、等温線を描くと都心部を中心とした「島」のように見えるため「ヒートアイランド現象」とよばれている。

　都市部の気温が郊外に比べて高くなるこのヒートアイランド現象が大都市を中心に起こっている。建築物などが日中蓄えた熱を放出する夕方から夜間にかけてこの現象が顕著に現れる。とくに夏季は、冷房等による排熱が気温を上昇させ、それによりさらに冷房のためのエネルギー消費が増大するという悪循環を生み出している。良好な大気生活環境を確保するためヒートアイランド対策が必要となっている。

（2）光害

　環境省『平成14年版環境白書』によると、「光害とは、良好な照明環境の形成が、漏れ光（照明器具から照射される光のうち、その目的とする照明対象範囲外に照射される光）によって阻害されている状況またはそれによる悪影響」をいう。

　過度の夜間照明の使用は、天体観測等の人間の諸活動やホウレン草・水稲等の作物の生育不良、ホタル、ウミガメ、鳥類等の生育に影響を及ぼす。また、夜間の屋外照明は安全確保や防犯のため不可欠だが、周辺環境に悪影響を及ぼす可能性がある夜間における過度の屋外照明はエネルギーの浪費にもつながることから、地球温暖化対策推進大綱でも事業者の取組みとして夜間屋外照明の上方光束の削減を求めている。

（3）有害大気汚染物質

　OECDの定義によれば「大気中に微量存在する気体状、エアロゾル状又は粒子状の汚染物質であって、人間の健康、植物又は動物にとって有害な特性（例えば、毒性及び難分解性）を有するもの」とされており、種々の物質及び物質群を含むが、この用語は、古くから問題となり規制の対象とされてきたNOxやSOxなどの大気汚染物質とは区別して用いられている（環境省『平成13年版環境白書』）。一般に大気中濃度が微量で急性影響は見られないが、長期的に曝露されることにより健康影響が懸念される。日本の大気汚染防止法では、「継続的に摂取される場合には、人の健康を損なうおそれがある物質で大気の汚染の原因となるもの」と定義されている。

Column：世界三大花粉症

○イネ科花粉症：主に欧州各地に見られる症状で、家畜の肥料として利用されるイネ科の外来種である牧草チガヤが原因である。日本では4〜6月頃に、北海道や東北で見られる。
○ブタクサ花粉症：主に米国で見られる症状で、土地開発等の改変により人為の影響を受けた土地に外来種

であるキク科の多年草ブタクサが侵入してきた頃から見られる。日本では9〜10月頃に全国的に見られる。
○スギ花粉症：日本固有の植物スギの花粉を原因とする花粉症である。1〜4月にかけて大量に飛散し、花粉症の約8割の原因となっている。

4 生き物と人のバランス ～生活環境の問題～

2. 水質汚濁

2-1 水の循環

　雨は森林や田畑などへ降り注ぎ、一部は川へ流れ込んだり土壌に保水される。川や海そして土壌から蒸発する水は空へ昇り雲を作り、再び森林や田畑に降り注ぐ。このように水は絶え間なく循環を繰り返している。

　水循環は自然の営みに必要な水量の確保や水質の浄化、生態系の維持など様々な機能を有している。しかし、人々は農村を捨て都市へと集まり、地下水や河川水を大量に使用する産業構造が主流となりつつある。そのような状況の中で地下水や河川水が著しく減少し、水量不足は水質浄化の機能を弱め水質汚濁が大きな問題となっている。水量不足そして水質汚濁は、とくに水辺の生態系に大きな影響を与えている。さらに、ダムや河口堰の存在により自然な水循環が妨げられている。

　昔から日本には、「三尺下がれば水清し」や「水に流す」といった言葉がある。これは、古来から日本は水が豊富で、しかも清らかであるという印象から自然発生したものなのであろう。四方を海に囲まれ、大小さまざまな川が海へと注いでいる。海や川は、私たちの営みから排出されるさまざまな廃物を無限に飲み込み、どこか知らぬ果ての世界へ運び去ってくれるもの、そう感じていたのだろう。

　遠い昔はそれでよかったのかもしれない。しかし、現代の廃物である家庭系有機ゴミや工場廃水中には、生き物にとって有害な物質が多量に含まれている。さらに、田畑からは

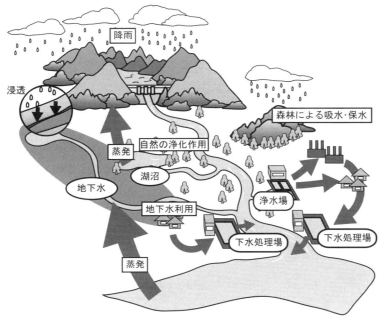

図4-6　健全な水循環

図 4-7　河川汚濁の仕組み

化学肥料や農薬の過剰投入によって植物が吸収したあまりが、川そして海へと流れ続けている。「廃水」とは使用した後の捨てる水のこと（例えば工場廃水）であり、「排水」とは地表や地中、あるいは施設内などから過剰または不用な水を排除すること（例えば排水管）を表す用語である。

「三尺下がれば水清し」は、川や海が本来有している汚染浄化力の範囲内での話であり、浄化能力を超え、なおも廃物を流し込めば三尺下がっても水汚しという結末に終わる。水質汚濁とは家庭や工場などから排出される汚水によって、河川や湖沼の水質が汚染されることをいうが、川を流れる河川水の汚染の 7 〜 8 割は台所や洗濯機、風呂などから流れる家庭排水が原因であるといわれている。家庭排水の中には、残飯などの有機物や洗剤中に含まれる窒素や燐などがある。

以降、有機や無機といった用語が登場するので、ここで、これら用語の解説をしておく。

「有機」とは、一般的に生命をもち、生活機能や生活力を備えていることを意味する。そして、それ以外を無機とよんでいる。

「有機物」とは、タンパク質、脂肪、炭水化物、アミノ酸など生き物の体を構成する炭素を主成分とする生物体によってつくり出される物質のことで、有機化合物の略称である。燃えて二酸化炭素を発生する。ただし、炭素は含んでいても一酸化炭素、二酸化炭素、炭酸化合物などの少数の例外は除く。現在、約 1,000 万種が知られ、プラスチック、繊維、石油製品、そして植物や動物を構成している糖類、タンパク質、脂質など日用品から工業製品、医薬品などの素材として広く利用されている。これに対し、「無機物」とは、有機物以外のすべての物質であり、金属、鉱物、水、水素や酸素などの気体のことである。

塩素を含む炭素化合物はとくに「有機塩素化合物」とよばれ、DDT、PCB、ダイオキシン、塩化ビニールなど、その多くは生き物に有害な物質である。

Column：有機栽培って？

　最近では、農薬や肥料を使用しないか、使用量を減らして安全な食料生産を目指す農業が盛んになっている。農水省のガイドラインによると、「有機栽培」とは木灰・堆肥・厩肥・油粕・糞尿などの植物質や動物質からなる肥料、すなわち有機肥料を用いた栽培のことであり、化学合成農薬、化学肥料などを使用しないものを指す。「無農薬栽培」という表示を目にすることが

あるが、これは農薬を使用しないで農産物を栽培することであり、化学肥料は使用することもあることを意味している。ただし、化学肥料を使用した場合には、その旨を付記して示す必要がある。また、「減農薬栽培」という表示もあるが、これは通常より約50%以下に農薬の使用量を削減して栽培することを意味している。

2－2　水質汚濁の原因

（1）富栄養化とは

　家庭排水の中には、残飯などの有機物や洗剤中に含まれる窒素、燐などがある。湖沼や湾などの外界との水の出入りが比較的少ない閉鎖性水域に窒素や燐など植物の成長には欠かすことのできない栄養塩類が多くなることを「富栄養化」とよぶが、この状況では植物プランクトンが異常繁殖し、湖沼や湾内の生態系のバランスを著しく崩すと同時に、水はにごり悪臭を発したりする。

　富栄養化は海域で植物プランクトンが異常に増殖して海水が赤褐色に変色する現象である「赤潮（red tide）」を引き起こす。赤潮が起きると海域の環境が急変するため、その水域の生き物に被害を与えることもある。また、赤潮で異常増殖したプランクトンが死んで海底に溜まるとプランクトンという有機物を分解する微生物が活動するが、このとき酸素を消費するので海底の酸素濃度が低下する。その後、水温の上昇や海流の影響で海底の冷たい海水が上昇し海表面で温められると、海水中にたくさん含まれている硫酸イオンが化学反応を起こし硫黄ができる。この硫黄が太陽熱を散乱させるために、海面の色が乳青色や乳白色に見える。この一連の現象を「青潮」という。

（2）石けん、合成洗剤

　石けん、合成洗剤は「界面活性剤」の作用で汚れを落とすものであるが、石けんと洗剤は原料が異なっている。石けんは牛脂やヤシ油などの油脂から、合成洗剤は主として石油からつくられている。洗剤には、界面活性剤のほかに界面活性剤の働きを助けたり、汚れを落とす性能を上げるための成分である助剤が入っている。その成分は、水軟化剤、蛍光増白剤、酵素、香料などである。

　石けんや洗剤の主成分であり、本来溶け合わない水と油を溶けるようにする性質をもつものを「界面活性剤」という。界面活性剤は水と油のような2つの物質の表面に作用し、それぞれの性質を変える働きがある。

　汚れの落ちる仕組みであるが、界面活性剤は1つの分子の中に油に溶ける部分（親油基）

図4-8 界面活性剤の構造

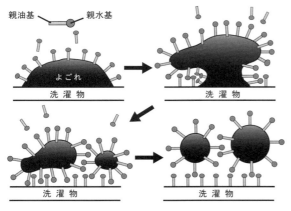

図4-9 汚れの落ちる仕組み

と水に溶ける部分（親水基）をもつ化合物で、油の中に親油基を差し込み油表面を親水基で覆い尽くすことで、油を水に溶けるようにする。

合成洗剤に含まれている界面活性剤の主成分はLAS（直鎖アルキルベンゼンスルホン酸ナトリウム）やAS（アルキル硫酸エステルナトリウム）といったもので、主として原油の生成過程から産出されるナフサから合成される。石けんと比べると「生分解性（微生物の作用により水と炭酸ガスに分解されること）」に劣り、とくに水中の生き物に与える影響が持続する欠点をもつ。また、富栄養化の原因となっていたリン酸塩（洗浄力アップのため添加）の代わりに使用されている助剤のひとつ、水軟化剤（アルミノケイ酸）は、低濃度でも汚濁物質を水に溶かす働きをもち、さらに浄化微生物の活力を低下させるため、河川や下水処理場の浄化能力を低下させる恐れがある。

石けんと合成洗剤ではどちらが環境にやさしいのかといった議論がある。「生分解性」や浄化能力の低下という側面から判断すれば、石けんがより環境に影響が少ないとなるが、実際の洗濯では合成洗剤よりも石けんのほうが量としてより多くを使用し、水の汚れは石けんのほうが大きいともいえる。このように一長一短があり、どちらを使えば環境にやさしいかという問いに答えることは難しい。

(3) DO、BOD、CODとは

水質の汚濁の程度を定量的に示す指標としてDO、BOD、CODがある。

① DO（溶存酸素）

酸素（O_2）の水に対する溶解度のこと。DO（Dissolved Oxygen）の略である。DOは1気圧20℃で8.84mg/ℓであり、その値は水温上昇とともに減少し、気圧上昇に対しては増加する。

② BOD（生物化学的酸素消費量あるいは要求量　単位はmg/ℓ）

水中の有機性汚濁物質が微生物により酸化分解され、水と二酸化炭素などに分解されるときに必要となる酸素の量のこと。微生物が汚れ（有機物）を食べるときに消費した酸素の量といえる。この数値が大きいほど汚濁が進んでいることを表している。微生物がすべ

ての有機性汚濁物質を分解するわけではないので真の汚濁濃度を測っているのではない。流れのある河川などの水域での測定に用いられる。

　生活雑排水の BOD はおおよそ 200mg/ℓ、汚染の少ない山間部の清流などでは 0.5mg/ℓ 以下である。魚が生息する川の BOD の上限は、一般にヤマベ、イワナなどが 2mg/ℓ、サケ、アユなど 3mg/ℓ、コイ、フナなど 5mg/ℓ といわれる。
　③ COD（化学的酸素消費量あるいは要求量　単位は mg/ℓ）
　水中の有機性汚濁物質を微生物の代わりとなる化学薬品（酸化剤）で処理して分解されるときの、酸化剤の消費量をもって汚濁の濃度とする。海や湖沼での測定に用いられる。海や湖沼のように川に比べて流れの緩やかなところでは、植物プランクトンが流されずに生育する。このプランクトンは微生物のように有機性汚濁物質を分解はしないが、呼吸のため水中の酸素を消費する。そのため、海や湖沼では汚濁物質が分解されるときに使われる以上の酸素が消費されることとなり、汚濁の目安として BOD は使えない。

　魚が生息する川の COD は 10mg/ℓ 以下であることが多く、アユなどが生息するのは 3mg/ℓ 以下といわれる。

（4）食べ残しが水を汚す

　毎日の生活の中で何気なく捨てている食べ残しの数々、これらが河川や湖沼の水質を悪化させている。ラーメンの残り汁を排水口へ捨てるとする。すると、魚が棲める環境にまで BOD 値を下げようとすれば、浴槽（300ℓ）3.3 杯分のきれいな水を必要とする計算となる。食事後に合成洗剤を使用して器を洗うとすれば、さらに浴槽 0.1 〜 0.4 杯分の水を要することになる。問題はそれだけではない。薄めれば環境への影響がなくなるのかというと、実はそうともいえないのである。

　すでに、工場や下水処理場では「水質総量規制」が実施されている。閉鎖性水域の水質環境基準を確保するために、環境に排出される汚濁物質の総量を一定量以下に削減する制度である。工場などの排水に含まれる汚濁物質量を、濃度ではなく含有量に着目して規制するもので、濃度による規制基準では水で薄めれば基準値をクリアできるという側面があるため、公共用水域の水質汚濁に与える影響が大き

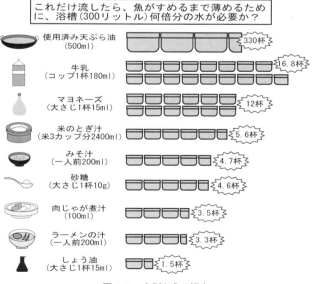

図 4-10　台所からの汚水

い COD について、東京湾、伊勢湾、瀬戸内海で昭和 54 年から総量規制が実施されている。そして、この 3 水域およびこれらに流入する河川等へ排水している工場や下水処理場などが規制対象になっている。

　2001 年（平成 13 年）12 月 1 日に施行された「水質汚濁防止法施行令」の一部改正により、第五次総量規制においては、従来の COD を指標とする有機汚濁物質に加え、新たに窒素・燐が汚濁物質として指定された。

　閉鎖性水域の有機汚濁は、流入する有機汚濁（総量規制対象の COD) と窒素・燐に由来する有機汚濁から形成されており、このうち内部生産に由来するものが全体の約 4 割に達している。このような理由から、閉鎖性水域の水質環境基準確保のため、窒素・燐の総量規制が計画された。

　しかし、川を流れる河川水の汚染の 7 ～ 8 割は台所や洗濯機、風呂などから流れる家庭排水が原因であるといわれている現在、工場や下水処理場を規制するだけではなく、私たちの日々の生活を自分自身で規制することが大切なのである。

2－3　汚濁の現状

　公共用水域の水質は、昭和 45 年 12 月に制定された「水質汚濁防止法」の規定に基づき環境基準が定められている。公共用水域とは河川、湖沼、港湾、沿岸海域その他公共の用に供される水域及びこれに接続する公共溝渠、灌漑用水路その他公共の用に供される水路のことである。

　環境基準の項目は、以下のようである。
○健康項目：カドミウム、全シアンといった人の健康の保護に関する項目（全 27 項目）
○生活環境項目：有機汚濁の代表的指標である BOD、COD や pH、全窒素、全燐などの生活環境の保全に関する項目（全 12 項目）

　平成 25 年度の「公共用水域水質測定結果（環境省）」によれば、健康項目の環境基準の達成状況は 99.2% となっており、河川、湖沼、海域とも、ほぼすべての地点で達成している。生活環境項目については、全国 3,337 水域（河川 2,560、湖沼 187、海域 590）について河川では BOD、湖沼および海域では COD の環境基準の達成率は、河川 92.0%、湖沼 55.1%、海域 77.3% となっている。生活排水が流入する都市内の中小河川では水質改善がなかなか進まず、湖沼、内湾などの閉鎖性水域では依然として達成率が低くなっている。

　全窒素および全燐の環境基準

表 4-8　健康項目に関する環境基準（全 27 項目中 10 項目に関して）

項　目	基　準　値
カドミウム	0.03mg/ℓ 以下
全 シ ア ン	検出されないこと
鉛	0.01mg/ℓ 以下
六価クロム	0.05mg/ℓ 以下
ヒ　素	0.01mg/ℓ 以下
総 水 銀	0.0005mg/ℓ 以下
Ｐ Ｃ Ｂ	検出されないこと
トリクロロエチレン	0.03mg/ℓ 以下
テトラクロロエチレン	0.01mg/ℓ 以下
硝酸性窒素及び亜硝酸性窒素	10mg/ℓ 以下

（備考）全シアンを除き、環境基準値は年間平均値とする。
（出所：環境省『水質汚濁に係る環境基準について』）

（2012年）の達成状況を見ると、とくに湖沼での達成率が低く、全窒素は39水域中に5水域で達成（12.8%）、全燐は119水域中65水域で達成（54.6%）と低い水準になっている。

表 4-9　生活環境の保全に関する環境基準（河川）

項目類型		AA	A	B	C	D	E
基準値	水素イオン濃度（pH）	6.5以上8.5以下	6.5以上8.5以下	6.5以上8.5以下	6.5以上8.5以下	6.0以上8.5以下	6.0以上8.5以下
	生物化学的酸素要求量（BOD）	1mg/ℓ以下	2mg/ℓ以下	3mg/ℓ以下	5mg/ℓ以下	8mg/ℓ以下	10mg/ℓ以下
	浮遊物質（SS）	25mg/ℓ以下	25mg/ℓ以下	25mg/ℓ以下	50mg/ℓ以下	100mg/ℓ以下	ごみ等の浮遊が認められないこと
	溶存酸素量（DO）	7.5mg/ℓ以上	7.5mg/ℓ以上	5mg/ℓ以上	5mg/ℓ以上	2mg/ℓ以上	2mg/ℓ以上
	大腸菌群数	50MPN/100mℓ以下	1,000MPN/100mℓ以下	5,000MPN/100mℓ以下	—		
生息可能な魚種		ヤマメ、イワナなど		サケ科、アユなど	コイ、フナなど	ドジョウなど	

（備考）基準値は日間平均値とする。
（出所：環境省『水質汚濁に係る環境基準について』）

表 4-10　生活環境の保全に関する環境基準（海域）

項目類型		A	B	C
基準値	水素イオン濃度（pH）	7.8以上8.3以下	7.8以上8.3以下	7.0以上8.3以下
	化学的酸素要求量（COD）	2mg/ℓ以下	3mg/ℓ以下	8mg/ℓ以下
	溶存酸素量（DO）	7.5mg/ℓ以上	5mg/ℓ以上	2mg/ℓ以上
	大腸菌群数	1,000MPN/100mℓ以下	—	—
	n－ヘキサン抽出物質	抽出されないこと	抽出されないこと	—
	生息可能な生き物	マダイ、ブリ、ワカメなど	ボラ、ノリなど	—

（備考）基準値は日間平均値とする。
（出所：環境省『水質汚濁に係る環境基準について』）

表 4-11　生活環境の保全に関する環境基準（湖沼）

項目類型		AA	A	B	C
基準値	水素イオン濃度（pH）	6.5以上8.5以下	6.5以上8.5以下	6.5以上8.5以下	6.0以上8.5以下
	化学的酸素要求量（COD）	1mg/ℓ以下	3mg/ℓ以下	5mg/ℓ以下	8mg/ℓ以下
	浮遊物質（SS）	1mg/ℓ以下	5mg/ℓ以下	15mg/ℓ以下	ごみ等の浮遊が認められないこと
	溶存酸素量（DO）	7.5mg/ℓ以上	7.5mg/ℓ以上	5mg/ℓ以上	2mg/ℓ以上
	大腸菌群数	50MPN/100mℓ以下	1,000MPN/100mℓ以下	—	—
生息可能な生き物		ヒメマスなど		サケ科、アユなど	コイ、フナなど

（備考）基準値は日間平均値とする。
（出所：環境省『水質汚濁に係る環境基準について』）

表 4-12 平成 25 年度河川の BOD 上位水域（ベスト 5）

順位	類型指定水域	都道府県	年間平均値（mg/L）
1	斜里川上流	北海道	0.5 以下
〃	歴舟川下流	北海道	0.5 以下
〃	佐幌川上流	北海道	0.5
〃	小林川	北海道	0.5
〃	芽室川	北海道	0.5

（出所：環境省『平成 25 年度公共用水域水質測定結果（平成 26 年 12 月）』より作成）

表 4-13 平成 25 年度河川の BOD 下位水域（ワースト 5）

順位	類型指定水域	都道府県	年間平均値（mg/L）
1	飛鳥川	大阪府	15
2	見出川	大阪府	10
3	岡崎川	奈良県	8.8
4	春木川	千葉県	8.6
5	猪名川下流	大阪・兵庫	7.9

（出所：環境省『平成 25 年度公共用水域水質測定結果（平成 26 年 12 月）』より作成）

表 4-14 平成 25 年度湖沼の COD 上位水域（ベスト 5）

順位	類型指定水域	都道府県	年間平均値（mg/L）
1	支笏湖	北海道	0.6
2	洞爺湖	北海道	0.9
3	岩見ダム	秋田県	1.3
4	然別湖	北海道	1.5
〃	有峰ダム貯水池（有峰湖）	富山県	1.5

（出所：環境省『平成 25 年度公共用水域水質測定結果（平成 26 年 12 月）』より作成））

表 4-15 平成 25 年度湖沼の COD 下位水域（ワースト 5）

順位	類型指定水域	都道府県	年間平均値（mg/L）
1	印旛沼	千葉県	12
2	伊豆沼	宮崎県	10
3	手賀沼	千葉県	9.5
4	本明川（調整池）	長崎県	8.1
5	春採湖	北海道	7.4

（出所：環境省『平成 25 年度公共用水域水質測定結果（平成 26 年 12 月）』より作成）

表 4-16 日本の主な湖沼

湖沼名	都道府県（支庁）	成因	汽水／淡水	面積（km²）	標高（m）	周囲長（km）	最大水深（m）
琵琶湖	滋賀	構造	淡水	669.2	86	241	103.6
霞ヶ浦	茨城	海跡	淡水	168.2	0	120	7.0
サロマ湖	北海道（網走）	海跡	汽水	150.3	0	87	20.0
猪苗代湖	福島	構造	淡水	104.8	514	50	94.6
中海	鳥取・島根	海跡	汽水	86.8	0	105	8.4
屈斜路湖	北海道（釧路）	カルデラ	淡水	79.4	121	57	117.0
宍道湖	島根	海跡	汽水	79.2	0	47	6.4
支笏湖	北海道（石狩）	カルデラ	淡水	78.7	250	40	363.0
洞爺湖	北海道（胆振）	カルデラ	淡水	70.4	84	50	180.0
浜名湖	静岡	海跡	汽水	65.0	0	114	16.6

（出所：『平成 8 年版理科年表』より作成）

4　生き物と人のバランス　〜生活環境の問題〜

表 4-17　一級河川水系（一部）

	水 系 名	幹川流路延長（km）	流域面積（km²）	流域関係都道府県
北海道	石 狩 川	268	14,330	北海道
	天 塩 川	256	5,590	北海道
	十 勝 川	156	9,010	北海道
	計 13 水系	1,729	42,720	
東　北	北 上 川	249	10,150	岩手県、宮城県
	阿 武 隈 川	239	5,400	宮城県、福島県
	最 上 川	229	7,040	山形県
	計 12 水系	1,569	40,973	
関　東	利 根 川	322	16,840	東京、埼玉、千葉、茨城、栃木、群馬
	荒　　川	173	2,940	東京都、埼玉県
	多 摩 川	138	1,240	東京都、神奈川県、山梨県
	計 8 水系	1,187	31,685	
北　陸	信 濃 川	367	11,900	新潟県、群馬県、長野県
	阿 賀 野 川	210	7,710	新潟県、群馬県、福島県
	神 通 川	120	2,720	富山県、岐阜県
	計 12 水系	1,332	29,319	
中　部	木 曽 川	227	9,100	愛知、長野、岐阜、滋賀、三重
	天 竜 川	213	5,090	静岡県、愛知県、長野県
	大 井 川	168	1,280	静岡県
	計 13 水系	1,292	22,865	
近　畿	新 宮 川	183	2,360	和歌山県、奈良県、三重県
	紀 の 川	136	1,660	和歌山県、奈良県
	九 頭 竜 川	116	2,930	福井県、岐阜県
	計 10 水系	988	22,191	
中　国	江 の 川	194	3,870	島根県、広島県
	斐 伊 川	153	2,070	鳥取県、島根県
	旭　　川	142	1,800	岡山県
	計 13 水系	1,279	19,458	
四　国	渡　　川	196	2,270	高知県、愛媛県
	吉 野 川	194	3,750	徳島、香川、愛媛、高知
	那 賀 川	125	874	徳島県
	計 8 水系	882	10,757	
九　州	筑 後 川	143	2,863	福岡、佐賀、大分、熊本
	川 内 川	137	1,600	宮崎県、鹿児島県
	球 磨 川	115	1,880	熊本県
	計 20 水系	1,488	19,962	

（備考）幹川流路延長が上位 3 河川について（出所：『平成 13 年度環境省資料』）

2-4 水域の浄化作用

　通常、河川や湖沼に汚濁物質が流入すると、一時的には汚濁しても、河川や湖沼自身のもつ浄化作用によりまもなく回復する。その機構であるが、まず物理的作用として汚濁物質の希釈・拡散、そして沈殿が起こり水は澄んでくる。続いて生き物による分解により水質は清浄となる。水中の微生物は水域の有機性汚濁物質を分解し、分解によって得たエネルギーや栄養分で生命を維持している。

　河川や湖沼に溶存している窒素は、雨などの降下物の中に硝酸イオン（NO_3^-）の形態で存在する無機態窒素と、生き物の死がいや動物のし尿、生活排水や農薬・肥料に含まれている有機物がバクテリアや動物の捕食を通して分解され、アミノ酸や尿素の形態で存在する有機態窒素がある。

　窒素は、リン酸やカリウムとともに植物の三大栄養素のひとつである。主に窒素は植物体の成長・生育全般に、燐は体づくりに、カリウムは根や実に必要な物質であるが、この有機態窒素が大量に水域に流入すると窒素が過剰となり水質は富栄養化の状態となる。

　有機態窒素は水中に存在する「腐敗菌」により分解され、アンモニアの状態となった窒素「アンモニア性窒素（NH_4-N）」となり、さらに好気性微生物の「ニトロソモナス（亜硝酸菌）」により分解（酸化）され亜硝酸の状態になった窒素「亜硝酸性窒素（NO_2-N）」、さらに好気性微生物の「ニトロバクター（硝酸菌）」により酸化されて「硝酸性窒素（NO_3-N）」へと変化していく。これは、好気的な条件下で活動する「硝化作用」とよばれている。

　亜硝酸性窒素は酸素の多い水中では酸素と結合し硝酸性窒素となり、酸素の少ない環境下ではアンモニア性窒素となる不安定な物質である。水中の亜硝酸性窒素が硝酸性窒素に

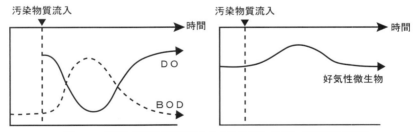

図4-11　河川に汚濁物質が流入したときのDO、BOD、微生物量の変動

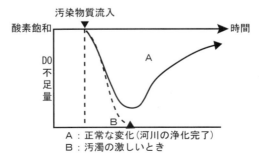

図4-12　河川に汚濁物質が流入したときのDOの変動

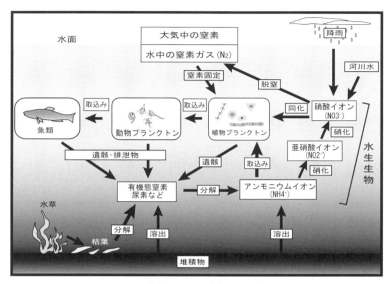

図 4-13　湖沼における窒素循環と水の浄化

酸化されるときに大量の酸素が消費されるので、水中は酸欠状態となり水生生物へ影響を与える。亜硝酸性窒素、硝酸性窒素は生体内で食物中のタンパク質に含まれるアミン類と結合し、強力な発がん性物質であるニトロソアミンをつくり出す毒性のある物質である。アンモニア性窒素、亜硝酸性窒素、硝酸性窒素を総称して「窒素化合物」とよぶ。

一方、水中の溶存酸素がほとんどなくなる還元状態になると、硝酸性窒素は嫌気性微生物の「脱窒菌」の働きで還元され、亜酸化窒素（N_2O）を経て窒素ガス（N_2）となり、大気中へ放出され有機汚濁成分の窒素の分解が完了する。この過程を「脱窒作用」とよぶ。脱窒は水域上層の溶存酸素がほとんどなくなったときに始まる現象である。硝化と脱窒の反応メカニズムは生活排水などの汚濁水から窒素を分解・除去する重要な浄化作用である。

河川では水は酸素を取り込み、川底の石などの表面に付着した好気性微生物が有機汚濁物質を分解していく。また、水辺の植物や水中の藻類は窒素や燐などの栄養塩類を吸収し水中から除去している。しかし、水量が減り多量の有機汚濁物質が流入する河川では汚濁濃度が高まり、分解活動の速い好気性微生物は水中の酸素を消費し尽くし、水生生物や好気性微生物自身は死滅していく。残された嫌気性微生物だけでは水質を浄化する力に乏しく、その結果、悪臭が立ち込める汚れた川となってしまう。「水道水基準（水道法第4条）」では、硝酸性及び亜硝酸性窒素は 10mg/ℓ 以下である。

燐は窒素とともに植物の栄養源であり、富栄養化の原因のひとつとなっている。このうち無機燐は、リン酸塩としていろいろな形のイオンとして水に溶けていて、存在する水のpH に応じて、$H_2PO_4^-$、HPO_4^-、PO_4^{3-} のイオンになる。

リン酸イオンは岩石の成分であり、雨水によって溶け出したり、動植物の死骸がバクテリアなどによって分解して生成する。また、洗浄能力を高めるために助剤として添加されていた合成洗剤やボディーシャンプーなども、生活排水、化学肥料や農薬、動物のし尿な

どに含まれている。現在は無燐化洗剤の普及により水域中のリン酸イオンの濃度は減少傾向にある。

Column：ギリシャ語で放浪者を意味するイオンとは

地球上に存在する多くの化合物は、水に溶かすとプラスの電荷をもつ陽イオンとマイナスの電荷をもつ陰イオンに分かれる。例えば、海水中の塩分は主として塩化ナトリウム（NaCl）だが、水中ではナトリウムイオン（Na⁺）と塩化物イオン（Cl⁻）の形で溶けていて、イオンは水中を自由に動き回っている。

Column：好気性、嫌気性

○好気状態：酸素が存在する状態。酸素が微生物に与えられ、有機物を酸化し分解。亜硝酸菌や硝酸菌などの硝化菌が存在すれば、アンモニアを硝酸に酸化する。
○嫌気状態：酸素が少ない状態。水中にDO（溶存酸素）も硝酸性窒素などの結合酸素もほとんどない環境。DOのない状態では、脱窒菌が硝酸イオン中の酸素を利用し有機物を酸化、窒素ガスに還元する。

○好気性微生物：酸素のある状態で活動する微生物。多くの細菌、ラン藻や放線菌、カビ、原生動物、藻類など。
○嫌気性微生物：酸素のない状態で活動する光合成細菌などの微生物。有機物を食べて、脱窒などを行う。
○脱窒：嫌気条件下での「硝酸」から「窒素ガス」までの還元過程のこと。これは脱窒菌の働きであり、最終的に、排水中の窒素成分が無害な窒素ガスとして大気中に放出される。

2-5 浄化槽の役割

生活排水は最終的には河川などを通り海へと流れていく。昔は河川などの水域の浄化作用を期待して直接放流を行っていたが、現在では家庭からの排水はいったん浄化槽で処理をしてから公共水域に流されている。

浄化槽には、トイレの排水のみを処理する「単独浄化槽」と、トイレだけでなく台所や風呂などの生活雑排水等も処理する「合併浄化槽」があるが、2001年（平成13年）4月1日より「浄化槽法」が改正され単独浄化槽の設置は禁止された。

生活排水の1人1日あたりのBOD量は40gであるが、合併浄化槽のBOD除去率は通常90%以上といわれ、浄化水のBODは10分の1の4g以下となっている。合併浄化槽は家の周りの地中に埋め込まれているので、地面にマンホールのような蓋が1つか2つついている所があれば浄化槽を設置していることがわかる。設置は義務ではなく任意である。

浄化槽は「生物処理法」とよばれ、生活排水をバクテリアや原生動物（単細胞

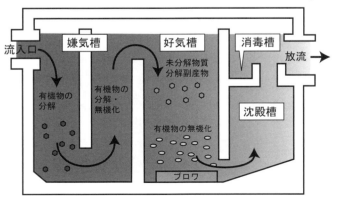

図 4-14　浄化槽の構造

生物であり、真核生物（核膜をもっている）に分類される生物）などの微生物の力により処理している。一般的な構造は図4-14のようで、分離槽で固液を分離した後、その汚水は嫌気槽とよばれる部屋に送られる。

好気性微生物は、酸素と有機物があると急速に増加し、非常に早く有機物を分解してしまう性質をもつのに対し、嫌気性微生物はゆっくりと活動するが、いろいろな種類の有機物を分解する特徴を有しているため、多種多様な有機性汚濁物質が混入している生活排水に対しては、まずは嫌気層を通過させる。その後、汚水は好気槽へと送られる。この部屋は酸素がないと活動しない微生物のために、ブロワとよばれるポンプで全体に空気を送り込み、汚水中に十分な酸素が溶存している状態にしておく必要がある。

嫌気槽から送られた汚水は、好気槽でさらに分解され、有機物を二酸化炭素と水に変換する。これを「無機化」というが、人間が栄養（有機物）と酸素（呼吸）からエネルギーを取り込み二酸化炭素と水に変換しているのと同様な活動を微生物もしているのである。

水質汚染の7～8割が家庭からの生活排水といわれている中、浄化槽の役割は重要であるが、汚水を減らす・出さない暮らしを心がけることが一番の水質浄化法なのである。

Column：微生物、バクテリア

微生物とは、顕微鏡を用いてしか見ることのできないような微小の生き物の総称で、ウィルス、細菌類、カビ（真菌類）、バクテリアなどを指す。

バクテリアとは、大きさ1mmの千分の一ほどの単細胞、あるいは単純な細胞の集合体で、カビなどはっきりとした膜で覆われた核をもった真核細胞（動植物はすべてここに入る）と区別し、膜で覆われた核をもたない原核細胞でできた大腸菌などの生き物の総称である。

2－6　下水処理場の役割

浄化槽は個々の家に処理槽を設置して汚水を処理するのに対し、下水処理は家庭からの汚水を下水管を使って下水処理場に集めて処理をするものである。し尿に多く含まれ、浄水場でトリハロメタン生成の原因となるアンモニア性窒素と燐は下水処理場では十分な除去ができないのが現状であり、また、アンモニア性窒素に関しては合併浄化槽の方が減らせるので、各家庭での合併浄化槽の設置を推進し、その処理水を下水処理場に送ることが望ましい姿である。

日本の下水処理場では、処理効率の高い「活性汚泥法」という微生物を利用した分解処理法が多く用いられている（図4-15）。まず、最初沈砂池で汚水に含まれている砂などの固形物を沈め、大きなゴミはスクリーンという櫛状の柵で取り除く。さらに、最初沈殿池でさらに細かい汚れをゆっくり時間をかけて沈めていく。

次に、汚水を反応タンク（ばっ気槽）に送り込む。ここでは、ブロアによりエアレーション（空気の泡を強制的に送り込むこと）し、好気性微生物を増殖させる。繁殖した微生物は汚水中の有機物と凝集し「フロック」とよばれる細かな綿のような柔らかいかたまりを形成

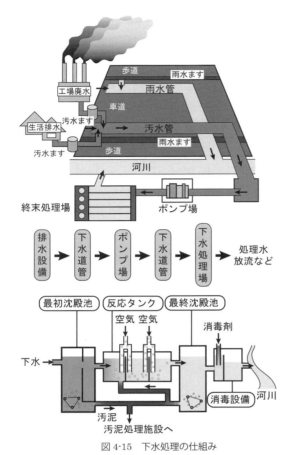

図 4-15　下水処理の仕組み

する。これが「活性汚泥」とよばれるもので、このフロック中の微生物は酸素存在下で汚水中の有機物を分解し、大きな集団となっていく。

このタンクを通過した汚水は最終沈殿池に送られ、フロックとなった活性汚泥を沈殿・除去し、汚れを 90% 以上なくした上澄み液は消毒のため消毒設備に送り込まれ川に放流する。

以上の過程を経て得た処理水は「二次処理水」とよばれるが、近年では二次処理水以上の水質が求められるようになり、二次処理中の窒素や燐などを除去する「高度処理」を行う処理場も増え始めている。

沈殿させた活性汚泥の一部は、再びタンク中に「返送汚泥」として戻すが、残りは濃縮槽で重力を利用して濃縮し、脱水機で水分を絞られた「脱水ケーキ」となる。これは土壌改良剤、セメントの原料、レンガ等として利用されている。下水処理が進む中、そこから産出される脱水ケーキの発生量は急速に増大している。そのまま産業廃棄物処分場で埋立て処分している地区もあるのが現状である。脱水ケーキを貴重な資源として、私たちの社会で再利用される日を構築していく必要がある。

ちなみに、「下水」とは、「家庭や工場から捨てられる汚水や廃水および雨水」のこと、「中水」とは、「雨水や下水を浄化処理し、別の管で水洗便所・散水などの雑用に利用する水道」のこと、「上水」とは、「飲料その他のため、溝や管などを通して供給される水」のことである。

2－7　簡易水質測定法について

水中の有機汚濁物質の濃度や、溶存酸素、pH などを継続的に測定することにより、対象とする水域の水質汚濁の現状と進行状況を把握することができる。JIS（日本工業規格）や環境省によって定められている「公定法」や特別な設備を必要とせず、現場で迅速にしかも安く測定できる「簡易法」などがある。

以下では、簡易法であるパックテストと底生生物による水質判定法について概説する。

（1）パックテスト

pH や COD、DO やアンモニウム性窒素、亜硝酸性窒素などの測定は、全国で多くの学校や環境団体が実施しているパックテストにより測定できる。この方法は、比色による水質検査法で、試薬の入った小指大のポリエチレンチューブに決められた量の水を吸い込ませ、色の変化によって濃度を測定する方法である。簡易だが精度に問題があるため目安の測定法である。

Column：海が青く見えるわけ

人間の目は直接光は見られず、散乱光や反射光を感じ取る。すなわち、補色（二種の色の光を混合して白色光となるとき、一方の色を他方の色の補色という。例えば赤と緑など）を感じ取っている。木の葉は赤い光を吸収するので、その補色である緑色に見える。雪はすべての波長の光を反射するので白、黒は逆にすべての波長の光を吸収するので黒に見えるし、熱も吸収する。

地球に向かった太陽光は地面から100kmも手前で大気を感じ始める。太陽光線に含まれる波長の短いX線や紫外線は大気の上層部で大部分が吸収されて消えてしまう。それより波長の長い可視光線は空気に吸収さ

れず地面まで届く。その間に、可視光線の一部は空気の分子に当たって散乱を繰り返す。散乱の程度は波長によって異なり、青い光のほうが赤い光より強く散乱される。そのために晴れた日の空は全体が青い色をしている。

青い光が海に届き、海水面で青が反射されるため海も青く見える。海は100m程度まで光が届くが、それ以深は光の届かない世界、すなわち"グラン・ブルー（神の住む世界）"となる。

（2）底生動物による水質判定

水生生物（とくに川底の生物）を利用した測定は、水域の長期的な環境変化を把握するのにもっとも有効な方法である。というのも、高価な測定装置を使用して測定してもその採水時点での水質環境が測れるだけだが、水生生物は長期間そこの水質環境にさらされているため、長期的な環境変化を受け生育しているからである。

「優占種法」、「Beck-Tsuda法の生物指数」ならびに「Buckの汚濁指数」の3方法が比較的よく使われているので、以下にこの3方法について生物学的水質判定方法の概略を示す。

一般的な水質階級とその水域に対応する生息種を表4-18にまとめて示した。

表4-18　水質階級と生息種

水質階級	水質	生息種
貧腐水性水域（OS）	大変きれいな水域	サワガニ、ウズムシ、ヨコエビ類、カワゲラ類、ヒラタカゲロウ類、ヘビトンボ、ヤマトビケラ、ナガレトビケラ類、ブユ類　など
β中腐水性水域（β ms）	ややきれいな水域	コカゲロウ類、キイロカワカゲロウ、ヒメカゲロウ類、コガタシマトビケラ、オオシマトビケラ、ゲンジボタル、スジエビ、イシマキガイ、ヤマトシジミ、ヒラタドロムシ　など
α中腐水性水域（α ms）	やや汚れた水域	ミズムシ、マツモムシ、タイコウチ、ミズカマキリ、ミズカゲロウ、ミズスマシ、モズクガニ、タニシ　など
強腐水性水域（Ps）	汚れた水域	イトミミズ類、サカマキガイ、アメリカザリガニ、セスジユスリカ、オオユスリカ、チョウバエ　など

1）優占種法

　全出現種のうち第一優占種に着目し、優占種に与えられた生物学的水質階級（水質汚濁に対する指標性）をその地点の水質階級と代表するとみなすものである。日本では、環境省・国土交通省「川の生きものを調べよう」による方法が広く普及している。

　例えば、ある川の上流・中流・下流域で水生生物調査を行った結果が、以下の表のようであったとすると、その地点での水質階級は表4-20に示す結果と判定できる。

表4-19　調査結果

指標生物	上流域（匹）	中流域（匹）	下流域（匹）
ウズムシ類	5	—	—
カワゲラ類	6	—	—
ナガレトビケラ類	11	—	—
コカゲロウ類	9	3	—
ヒラタドロムシ	—	10	—
オオシマトビケラ	—	8	—
ミズムシ	—	6	—
サカマキガイ	—	—	12
セスジユスリカ	—	—	21
イトミミズ類	—	—	8

○大変きれいな水域

　　サワガニ　　　　　ウズムシ　　　　ヒラタカゲロウ　　モンカワゲラ

○ややきれいな水域

ヒゲナガカワトビケラ　ゲンジボタル

○やや汚れた水域　　　　　　　　　　　○大変汚れた水域

　タイコウチ　　　　ヒラタドロムシ　　　ユスリカ

4 　生き物と人のバランス　〜生活環境の問題〜

表 4-20　底生動物による水質判定

水質階級		指　標　生　物	出現した指標生物の欄に○印を 最も多かったものに●印を付け水質階級判定欄へ		
			上 流 域	中 流 域	下 流 域
見つかった指標生物に○を、その内最も数が多かった種（上位2種類程度）に●を付ける					
Ⅰ 貧腐水性水域	Ⅰ 大変きれいな水域	サワガニ			
		ウズムシ類	○		
		ヨコエビ類			
		ヒラタカゲロウ類			
		カワゲラ類	○		
		ヘビトンボ			
		ブユ類			
		ヤマトビゲラ			
		ナガレトビケラ類	●		
β 中腐水性水域	Ⅱ ややきれいな水域	コカゲロウ類	●	○	
		キイロカワカゲロウ			
		ヒメカゲロウ類			
		コガタシマトビゲラ			
		オオシマトビゲラ		●	
		ヒラタドロムシ		●	
		ゲンジボタル			
		スジエビ			
		イシマキガイ			
		ヤマトシジミ			
α 中腐水性水域	Ⅲ やや汚れた水域	ミズムシ		○	
		マツモムシ			
		タイコウチ			
		ミズカマキリ			
		ミズカゲロウ			
		ミズスマシ			
		モズクガニ			
		タニシ			
強腐水性水域	Ⅳ 汚れた水域	イトミミズ類			○
		サカマキガイ			○
		アメリカザリガニ			
		セスジユスリカ			●
		オオユスリカ			
		チョウバエ			

水質階級の判定	水質階級	Ⅰ	Ⅱ	Ⅲ	Ⅳ	Ⅰ	Ⅱ	Ⅲ	Ⅳ	Ⅰ	Ⅱ	Ⅲ	Ⅳ
	1.出現指標生物の種類数 （○＋●）の数	3	1	0	0	0	3	1	0	0	0	0	3
	2.最多数の指標生物の種類数 （●）の数	1	1	0	0	0	2	0	0	0	0	0	1
	合計（1＋2）	4	2	0	0	0	5	1	0	0	0	0	4
	その地点の水質階級	Ⅰ				Ⅱ				Ⅳ			

（出所：環境省・国土交通省『川の生きものを調べよう』より作成）

2）Beck-Tsuda 法の生物指数

環境条件が良好な場所では生き物の種類が多く、条件が悪くなると減少するという生態学の原則に基づいている。貧腐水性水域の指標種を A、それ以外の水域（β、α中腐水性水域および強腐水性水域）の指標種を B とし、生物指数（Biotic Index）を次式により算出する。

生物指数 = 2A + B

3）汚濁指数による方法

汚濁指数（Pollution Index）は汚濁階級指数既知種の個体数（h）と汚濁階級指数（s）を用い、汚濁指数を Σ（s×h）/Σh により算出する。

```
s：汚濁階級指数        h：出現頻度
s＝1  貧腐水性種       h＝1  10% 以下
s＝2  β中腐水性種      h＝2  11%~29%
s＝3  α中腐水性種      h＝3  30% 以上
s＝4  強腐水性種
```

表 4-21　生物指数および汚濁指数による水質階級

階　級	略　語	水　質	生物指数（BI）	汚濁指数（PI）
貧腐水性	os	きれい	20 以上	1.0 ~ 1.5
β中腐水性	β m	少し汚れた	11 ~ 19	1.6 ~ 2.5
α中腐水性	α m	きたない	6 ~ 10	2.6 ~ 3.5
強腐水性	ps	大変汚い	0 ~ 5	3.6 ~ 4.0

2－8　生物濃縮

生き物が外界から取り込んだ物質を体内に高濃度で蓄積する現象を「生物濃縮」という。生き物は外界から生存に必要な物質を摂取する際、必ずしも選択性が働くわけではなく、不要のもの、あるいは有害なものまでも取り込んでしまう。物質によっては、吸収速度に比べ排出速度が遅いこともあり、有害物質が生体内に蓄積していく。

一般に、人為的に排出された有害物質の水中での濃度は非常に希薄であるが、例えば海水中に含まれる DDT、有機水銀、PCB などの生体内で分解しにくく蓄積性のある化合物質や放射性物質が小魚の体内に蓄積され、その小魚を大型魚が多量に食べ、その大型魚を哺乳類が食べるという食物連鎖を繰り返す間に、自然状態の数千倍から数万倍、時には数億倍にまで濃縮され、生体に悪影響を及ぼすようになる。

物質の生体内の濃度と生息する環境水中の濃度との比を「濃縮比」という。

濃縮比＝生体内の濃度 / 環境水中の濃度

　　　　生体内の濃度：生体重量 kg あたりの mg

　　　　環境水中の濃度：mg/ℓ

シーア・コルボーンの名著『奪われし未来』の中に、オンタリオ湖での PCB 生物濃縮の事例が紹介されている。水中の PCB 濃度を 1 とすると、食物連鎖により、

動物プランクトン		植物プランクトン		アミ	キュウリウオ	マス	カモメ
（250 倍）	→	（500 倍）	→（4 万 5,000 倍）	→（83 万 5,000 倍）	→（280 万倍）	→（2,500 万倍）

と濃縮されていく過程が描き出されている。有害物質は薄めて捨てればよいとの考えは、もはや通用しない。

　① DDT（dichloro diphenyl trichloroethane）：化学式は $C_{14}H_9Cl_5$ である。有機塩素化合物の殺虫剤のひとつで、第二次大戦後から各国で害虫駆除に広く使われたが、最終的に人体の脂肪組織に蓄積されて残留毒性が持続するため、日本では 1971 年（昭和 46 年）から使用が禁止されている。

　② PCB（polychlorinated bipheny〔ポリクロロビフェニル〕の略）：化学式は $C_{12}H_{10-n}Cl_n$ である。ベンゼンの二量体であるビフェニルに 2 個以上の塩素が置換した化合物。化学的に安定で絶縁性にすぐれ、絶縁油・熱媒体・可塑剤などに広く用いたが、毒性および化学的安定性による人体蓄積・廃棄処理難のため、日本では 1972 年（昭和 47 年）から製造・使用が禁止されている。

　③有機水銀：水銀原子が直接炭素原子と結合している有機化合物からなる医薬・農薬・防腐剤の総称である。広く使われたが、その毒性のため多くのものは現在使用されていない。

2－9　世界の水問題

　地球は水の惑星といわれるが、その水の 97％ は海水で残り 3％ は淡水である。しかし、人間が利用できる川・湖・降雨などの表層水は地球上のわずか 0.006％ にすぎない。今その水を巡って途上国を中心に世界各地で大問題が起きている。

　途上国での急激な人口増加や工業化に伴い、世界の水資源の状況は悪化の一途をたどっている。

　過去 50 年で水の需要は約 3 倍に膨らんでいる。国連の「水資源報告書」によると、2011 年現在、世界人口の 11％ に相当する 7 億 7,000 万人が水不足の状況にあり、不衛生な水しか得られないため毎年約 180 万人の子供が亡くなっている。

　乱開発による水資源の破壊は深刻で、インドでは 1 億 7,500 万人分、中国では 1 億 3,000 万人分の穀物生産のため、過剰な地下水の取水が行われている。中国の北東部では地下水の水位が低下し、年間 2,300 平方キロメートルが砂漠化している。

　国連によると、国際河川 276 の 60％ が流域の国々による共同管理体制もなく、紛争の火種となる危険性がある。アメリカ政府は 2012 年 3 月の水問題に関する報告書で、今後 10 年間で水不足によって世界各地で国家や地域間の緊張が高まる可能性があると警告している。

　穀物を生産するのには大量の水が必要となる。水不足はそのまま食糧難に直結する。食糧の大半を輸入に頼っている日本は、海外の水を大量に間接消費している。小麦 1 キログラムをつくるためには 1,000 ～ 2,000 リットルの水が、米 1 キログラムであれば 2,000 ～

5,000 リットル、牛肉 1 キログラムであれば 2 万リットルの水が必要となる。海外で作られた農産物や衣料を輸入するということは、世界の水を消費していることと同じである。

表 4-22　水問題に関する世界の動き

1992 年	地球環境サミット
1996 年	世界水会議（WWC）設立、世界水パートナーシップ（GWP）設立
1997 年	第 1 回世界水フォーラム（モロッコ・マラケシュ）
1998 年	水と持続可能な開発に関する国際会議（フランス・パリ）
2000 年	第 2 回世界水フォーラム（オランダ・ハーグ）
2003 年	第 3 回世界水フォーラム（日本・京都など）
2006 年	第 4 回世界水フォーラム（メキシコ・メキシコシティ）
2009 年	第 5 回世界水フォーラム（トルコ・イスタンブール）
2012 年	第 6 回世界水フォーラム（フランス・マルセイユ）
2015 年	第 7 回世界水フォーラム（韓国の大邱市および慶州市）

✣・✣・✣・✣・　3. 土壌・地下水汚染の問題　・✣・✣・✣・✣

3－1　土壌・地下水汚染

　地下水は水量・水温が安定しており、土壌を通過する間に汚染物質が吸収されたりするために一般に汚染しにくい。そのため、昔から人間に広く利用されてきた。井戸水に浸したスイカはほどよく冷え、子供たちののどを潤してくれた。

　一方で、目には見えぬ地中に存在するため汚染状況が把握しにくい。また、一度汚染されると回復には長期間を必要とする。地下水は地下水脈とよばれるように、地中で複雑な水のネットワークを形成している。そのために、1 ヵ所の汚染が広範囲に拡散しやすく、また、拡散した地域を限定することも難しい。近年では、地下水の過剰な汲み上げが原因で地盤沈下が起きたり、沿岸地域では海から地下水のほうへ水が逆流するために塩水の被害が生じている。

　一方、土壌とは、一般に第四期（180 万年前～現在）という地質年代のうちの更新世の時代に形成された洪積層と完新世（1 万年前～現在）の時代に形成された沖積層、および岩盤の風化帯を指し、土粒子、地下水、空気から構成された未固結状態の不均質な堆積物のことである。地質年代とは、古生物の進化や地殻変動に基づいて地質学の上から区分を行ったものである。

　土壌は、土粒子の大きさにより、粒の小さいものから、

　○粘土：粒径 0.004mm 以下で水をもっとも通しにくい。

　○シルト：粒径 0.004 ～ 0.075mm で、水を通しにくい。

　○砂：粒径 0.075 ～ 2.0mm で、水を通しやすい。

　○礫（れき）：粒径 2.0 ～ 75mm で、水をもっとも通しやすい。

と分類される。

　地下水は、これら土粒子の間隙に存在するもので礫や砂のように間隙の多い層に存在し、「帯水層」とよばれる流れの緩やかな地下河川を形成している。一方、シルトや粘土は間隙が少ないため「難透水層」あるいは「不透水層」とよばれる水の通りにくい、あるいは通らない層を形成している。

　土壌・地下水汚染は、こうした地盤が有害物質により汚染されることをいうが、地表面から有害物質が土壌中に浸透し帯水層まで達すれば、地下水の流動方向に向かって有害物質が拡散し広域汚染を引き起こすことになる。とくに、トリクロロエチレンやテトラクロロエチレンのような揮発性有機化合物（常温で蒸発・気化する有機化合物の総称）は、水より重く粘性（粘り気）が小さいサラサラした液体なので、浸透速度が速く地下水を広域に汚染する可能性が高いものである。

代（界）	紀（系）
新生代	第 四 紀 第 三 紀 （6500 万年前）
中生代	白 亜 紀 （1 億 4500 万年前）
	ジュラ紀 （2 億 800 万年前）
	三 畳 紀 （2 億 4500 万年前）
古生代	二 畳 紀 （2 億 9000 万年前）
	石 炭 紀 （3 億 6250 万年前）
	デボン紀 （4 億 850 万年前）
	シルル紀 （4 億 3900 万年前）
	オルドビス紀 （5 億 1000 万年前）
	カンブリア紀 （5 億 7000 万年前）
先カンブリア時代	

代	紀	世（統）
新生代	第 四 紀	（180 万年前）
	第 三 紀	鮮 新 世 （520 万年前）
		中 新 世 （2330 万年前）
	古第三紀	漸 新 世 （3540 万年前）
		始 新 世 （5650 万年前）
		暁 新 性 （6500 万年前）

代	紀	世（統）
新生代	第 四 紀	完 新 世 （1 万年前）
		更新世（洪積世） （180 万年前）

図 4-16　地質年代

　1982 年（昭和 57 年）に環境庁が実施した地下水調査によると、トリクロロエチレンなどの化学物質に汚染されている井戸が多数発見された。トリクロロエチレンやテトラクロロエチレンは有機塩素化合物の一種で、水より重く化学的に安定しているため分解しにくいものである。脱脂洗浄力が強いため半導体の洗浄やドライクリーニングで使用され、

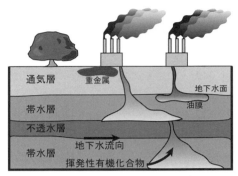
図4-17 地下水汚染のメカニズム

1980年代に排出基準が制定されるまでは規制のかかっていない物質であった。

地下水汚染の中でも硝酸性窒素による汚染は特に深刻で、環境省が発表した平成25年度の全国の地下水質測定結果においても、硝酸性窒素および亜硝酸性窒素による汚染が他の汚染物質に比べて圧倒的に高くなっており、全国各地での徹底した対策への取り組みが求められている。

都市化の進行に伴い土壌を覆うコンクリートやアスファルト構造物の占める割合が増大し、雨水が地中に浸透する割合が減少している。さらに、管理放棄で放置された森林はすでに保水力を失い、田畑も休耕田となっているところが多い。その結果、地下水そのものの水量も大きく減少しているのである。

3－2 土壌・地下水を汚染する物質

土壌・地下水を汚染する物質は、先に述べた揮発性有機化合物をはじめ、重金属、油、硝酸性・亜硝酸性窒素など多種多様である。揮発性有機化合物は揮発性が高く油を溶かす力が高いため、IC基盤や電子部品の洗浄、ドライクリーニング用の溶剤等のさまざまな用途に用いられている。しかし、不適切な使用・管理の過程で地中に漏出したり、あるいは意図的に不法投棄されてしまうことにより汚染を拡大させている。

重金属も同様で、原材料の加工や薬品の保管、煙突からのばい煙の降下、排水等の不適切な管理の過程で漏出したり、あるいは意図的に不法投棄されてしまうことにより汚染を拡大させている。一般に重金属は水に溶けにくく、水銀や鉛、カドミウム等のように土壌に吸着されやすい物質は表層土壌に集積しやすい。そのため、地下水汚染が発生する範囲は広範囲には至らないことが多い。しかし、土壌の吸着能力を超えた場合には、雨水等の地下浸透とともに地下深部まで拡散・汚染することもある。

油汚染は、比重が水より軽く水に溶けにくい物質のため、地下水面に達すると地下水面上に浮いた形で地下水面に沿って地下水流動方向に拡散していく。一般的に、有機物質である油類は好気的な条件で微生物による分解を受けやすい特徴をもっている。

硝酸性・亜硝酸性窒素により農業地域における地下水汚染が顕在化している。これは、過剰な施肥や家畜のし尿の不適切な管理、生活排水の地下浸透などが原因と考えられている。

環境基本法第16条に基づく環境省告示による「土壌の汚染に係る環境基準について」および「地下水の水質汚濁に係る環境基準について」に指定されている化学物質は、土壌環境基準が27項目、地下水環境基準が26項目となっている。両基準に指定されている化学物質は、「重金属等」と「揮発性有機化合物」とに大別されている。

4　生き物と人のバランス　～生活環境の問題～

表 4-23　土壌環境基準及び地下水環境基準の対象物質（重金属等）

	重金属等	土壌環境基準	地下水環境基準	主 な 用 途
1	カドミウム	○	○	合金、メッキ
2	全シアン	○	○	メッキ、触媒
3	有機燐	○	—	農薬
4	鉛	○	○	合金、はんだ、水道管
5	六価クロム	○	○	合金、酸化剤、メッキ
6	砒素	○	○	半導体製造、農薬
7	総水銀	○	○	電解電極、水銀灯
8	アルキル水銀	○	○	農薬、医薬、有機合成
9	PCB	○	○	熱媒、電気絶縁体
10	銅	○	—	原材料
11	チウラム	○	○	農薬
12	シマジン	○	○	農薬
13	チオベンカルブ	○	○	農薬
14	セレン	○	○	半導体、光電池

表 4-24　土壌環境基準及び地下水環境基準の対象物質（揮発性有機化合物等）

	揮発性有機化合物	土壌環境基準	地下水環境基準	主 な 用 途
1	ジクロロメタン	○	○	溶剤、冷媒、消化剤
2	四塩化炭素	○	○	ドライクリーニング
3	1.2—ジクロロエタン	○	○	塗料溶剤、殺虫剤
4	1.1—ジクロロエチレン	○	○	溶剤（油脂、樹脂）
5	シス—1.2—ジクロロエチレン	○	○	溶剤（油脂、樹脂）
6	1.1.1—トリクロロエタン	○	○	溶剤、金属洗浄
7	1.1.2—トリクロロエタン	○	○	溶剤、金属洗浄
8	トリクロロエチレン	○	○	溶剤、脱脂
9	テトラクロロエチレン	○	○	ドライクリーニング
10	1.3—ジクロロプロペン	○	○	農薬
11	ベンゼン	○	○	有機合成原料、燃料
	その他（※）	土壌環境基準	地下水環境基準	主 な 用 途
1	硝酸性窒素及び亜硝酸性窒素	—	○	肥料、火薬、ガラス
2	フッ素	○	○	フッ化物原料、冷媒
3	ホウ素	○	○	ガラス原料、染料

土壌環境基準対象物質：全 27 項目、地下水環境基準対象物質：全 26 項目
※その他の物質は、平成 11 年の地下水環境基準の改定、平成 13 年の土壌環境基準の改正により追加された物質である。

　その他の物質として、ダイオキシンについても、ダイオキシン類対策特別措置法に基づく「ダイオキシン類による大気の汚染、水質の汚濁及び土壌の汚染に係る環境

表 4-25　ダイオキシン類の環境基準

媒　体	基 準 値
土　壌	1,000pg−TEQ/g 以下
水　質	1pg−TEQ/ℓ 以下

※大気の汚染に係る環境基準は 0.6pg− TEQ/m³ 以下

基準」において土壌の汚染に係る環境基準、水質の汚濁に係る環境基準が定められている。
　焼却施設などから排出され、風によって拡散し地表に降下したダイオキシンは、ほとんど水に溶解しないため、多くの場合、地表表面だけが汚染される。

また、必ずしも有害物質とはいえないため環境基準項目に取り上げられていないが、ガソリン等の油類が土壌・地下水を汚染する物質としてあげられる。

表 4-26　平成 24 年度ダイオキシン類に係る環境調査結果

環境媒体	地点数	環境基準超過地点数	平均値	濃度範囲
大　気	676 地点	0 地点 (0.0%)	0.027 pg-TEQ/m^3	0.0047〜0.58 pg-TEQ/m^3
公共用水域水質	1,571 地点	30 地点 (1.9%)	0.20 pg-TEQ/L	0.0084〜2.6 pg-TEQ/L
公共用水域底質	1,296 地点	5 地点 (0.4%)	6.8 pg-TEQ/g	0.042〜700 pg-TEQ/g
地下水質	546 地点	2 地点 (0.4%)	0.049 pg-TEQ/L	0.0084〜1.6 pg-TEQ/L
土　壌	917 地点	0 地点 (0.0%)	2.6 pg-TEQ/g	0〜150 pg-TEQ/g

（出所：環境省『平成 24 年度ダイオキシン類に係る環境調査結果について』より）

3－3　汚染対策

揮発性有機化合物や重金属等による汚染土壌に関わる対策は、将来にわたって雨水等の浸入により対象物質が溶出し、それが周辺の土壌・地下水に広がらないようにすることを目的としている。

土壌・地下水汚染が発生している場合、その対策法としては、対象物質を除去することを前提とした「浄化」とよばれる方法と、周辺環境から隔離してしまう「封じ込め」という方法が一般的である。揮発性有機化合物で汚染された土壌に対しては「浄化」の処理が、重金属類で汚染された土壌に対しては「浄化」、「封じ込め」のいずれかの処理方法がとられる。

「浄化」とは、土壌の掘削を伴う「掘削除去」と、掘削を伴わない「原位置浄化」に分類される。「掘削除去」は汚染土壌を掘削し除去し、汚染土壌中の有害物質を熱化学的方法などを用い分解、または洗浄などを通して分離する方法である。浄化された土壌は元の場所に埋め戻されるか、非汚染土で埋め戻し、浄化された土壌は処分場へ搬出される。「原位置浄化」は汚染土壌や地下水に含まれる有害物質を地下（原位置）で浄化する方法で、次の 2 つに分類される。「原位置抽出法」は土壌中のガスを地上から吸引したり、地下水の揚水等により抽出した汚染土壌中の有害物質を分解または分離する方法である。他方、「原位置分解法」は汚染土壌中の有害物質を原位置で、微生物等の働きにより分解する技術である。

次に「封じ込め」についてであるが、土壌の掘削を伴う「掘削除去後封じ込め」と掘削を伴わない「原位置封じ込め」に分類される。「掘削除去後封じ込め」は汚染土壌を掘削により除去し、重金属等の「固型化」、「不溶化」処理を

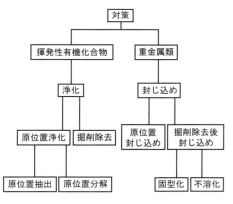

図 4-18　土壌・地下水汚染の対策法
（出所：環境省『土壌・地下水汚染に係る調査・対策指針および運用基準』）

行った後、対象地の内外に設置した遮水構造物の内部に封じ込める方法である。「固型化」とは汚染土壌にセメント等の固型剤を混合して固める技術で、「不溶化」とは不溶化剤を混合して溶け出しにくくする技術である。

「原位置封じ込め」とは、汚染土壌のある区域の側面に、もっとも浅い位置にある不透水層の深さまで地下水漏出の防止のための遮水構造物を設置する方法である。

以上をまとめると図 4-18 のようになる。

❖・❖・❖・❖・❖・❖・ 4. 化 学 物 質 ・❖・❖・❖・❖・❖・❖

大量生産・大量消費・大量廃棄の経済システムが進行していく中、地球上には人間がつくり出した化学物質が 3,000 万種を超え、商品化されているだけでも 10 万種に上ると推測されている。日本では、そのうちの約 7 万種が日常的に利用されている。現在でも、毎年 2,000 ～ 3,000 種程度が新たに生み出されている。

しかし、製造が中止されてから 40 年以上も経つ PCB（ポリ塩化ビフェニール）が北極のアザラシの体内から検出されるなど、これら有害化学物質による環境への影響は一向に消えようとはしていないのである。

「有害化学物質」とは、人の健康を損なう恐れのある化学物質をいい、後述するように、ダイオキシン類、第 1 種および第 2 種特定化学物質のほか、PRTR 制度などにより指定される有害性の判明している化学物質を指す。環境ホルモンといった物質も入る。有害化学物質は、低濃度でも長期間暴露することにより慢性的な影響を及ぼし、分解反応が遅いため環境中に長期間にわたり残留する恐れがある。また、一度体内に取り込まれると、母から子、子から孫へとヘソの緒を通して代々受け継がれていく性質をもった物質も多い。

これらの事実は、50 年ほど前にアメリカの海洋生物学者レイチェル・カーソンがその著書『沈黙の春』の中で指摘していたことなのである。

4－1　有害化学物質に指定された物質

有害化学物質はさまざまな法律で規定されている。「化審法」、「労安法」、「PRTR 法」、「オゾン保護法」、「廃掃法」等のほかにも、「水質汚濁防止法」、「大気汚染防止法」等がある。しかし、有害化学物質は、その種類が膨大な上に日々数を増しているため、現時点ではすべての物質に環境基準を設定して規制することは不可能といってもよい状況にある。

○化審法＝化学物質の審査及び製造等の規制に関する法律

○労安法＝労働安全衛生法

○ PRTR 法＝特定化学物質の環境への排出量の把握等及び管理の改善の促進に関する法律

○オゾン保護法＝特定物質の規制等によるオゾン層の保護に関する法律

○廃掃法＝廃棄物の処理及び清掃に関する法律

(1)「PRTR法」とは

有害化学物質については、上記の化審法等で排出や使用が規制されていたが、これらの法では「どのような物質が、どこから出ているのか」といった詳細を私たちが把握することはできなかった。

そのような現状の中、2001年（平成13年）4月「PRTR法」が施行される。「PRTR」とは「Pollutant Release and Transfer Register（環境汚染物質　排出・移動登録）」の略称である。この法律では、人の健康や生態系への影響を生じる恐れのある354種類の化学物質について、製造業を中心とした23業種の一定規模以上の事業所からの排出・移動量を都道府県を経由して国の主務大臣へ届け出ることになっている。

さらに2003年（平成15年）3月、「化学物質管理促進法」に基づくPRTRデータが公表され、一般市民が環境中に排出されている有害物質の種類や量を把握できるようになった。これにより、市民やNGOは化学物質の排出の現状や、「環境リスク」に関する理解を深めることができるようになり、自分自身の暮らしを見つめ直し、事業者や行政の取り組みを評価、あるいは監視することができるようになった。「環境リスク」とは、人の健康や生態系に悪影響を及ぼす可能性のことである。

「PRTR」という制度が実施されたため「リスクコミュニケーション」を実行することも可能となった。これは、リスクが発生する可能性のある活動を行う場合（例えば生産者）、リスクを負う可能性のある関係者（例えば消費者）に対して、そのリスクの性質・内容等について周知させ関係者を喚起し、関係者からの質問や意見に対して答えるとともに、関係者からの指摘を自社のリスク管理に取り入れることによりリスクの削減を図る努力をすることである。

- ○「PRTR法　第1種指定化学物質」全462種類（2015年8月現在）：例えば、アセトアルデヒト、石綿、キシレン、クレゾール、六価クロム化合物、カドミウム、クロロホルム、有機スズ化合物、スチレン、水銀およびその化合物、ダイオキシン類、トリクロロエチレン、鉛およびその化合物、ノニルフェノール、ベンゼンなど。
- ○「PRTR法　第2種指定化学物質」全100種類（2015年8月現在）：例えば、アセドアミド、ビフェニール、p−クロロフェノールなど。

(2)「化審法」とは

「化審法」はPCBなどの難分解性の性質を有し、人の健康を損なう恐れのある化学物質による環境汚染を防止するため、新規化学物質の製造または輸入に際して事前審査を行う制度であり、化学物質ごとの製造、輸入、使用等について規制を行うことを目的としている。

- ○「化審法　第1種特定化学物質」全30種類（2015年8月時点）：難分解性、高蓄積性及び長期毒性を有する化学物質。ポリ塩化ビフェニール、ヘキサクロロベンゼン、ディルドリン、エンドリンなど。
- ○「化審法　第2種特定化学物質」全23種類（2015年8月時点）：高蓄積性は有しない

ものの、難分解性、長期毒性を有する化学物質。トリクロロエチレン、テトラクロロエチレン、トリフェニルスズ、トリブチルスズなど。

（3）POPs 条約

環境中での残留性が高い PCB、DDT、ダイオキシン類等の POPs（Persistent Organic Pollutants；残留性有機汚染物質）の廃棄、削減については、地球環境の汚染防止に対し国際的な協調が必要であるとの認識から、2001 年（平成 13 年）5 月、POPs 条約（残留性有機汚染物質に関するストックホルム条約）が採択された。

リオ宣言第 15 条原則に掲げられた予防的アプローチに留意し、POPs に対して人の健康の保護および環境の保全を図ることを目的としている。

リオ宣言とは、正式には、「環境と開発に関するリオ・デ・ジャネイロ宣言」という。1992 年 6 月、ブラジルのリオ・デ・ジャネイロで開催された「環境と開発に関する国連会議（通称：地球サミット）」で発表された宣言である。持続可能な発展の理念が提唱され、この理念を実現するための 21 世紀に向けた具体的な行動計画として、「アジェンダ 21」が策定された。その中では、地球環境問題やその解決策の多くが、地域の現状や対処に根ざしていることから、自らの環境及び開発政策により自らの資源を開発する主権的権利を有し、自国の活動が他国の環境汚染をもたらさないよう確保する責任を負うなど 27 項目にわたる原則によって構成されている。

POPs は、毒性、難分解性、生物蓄積性、長距離移動性の 4 条件をすべて有すると解され、28 物質（2015 年 8 月現在）が本条件の対象物質として規定されている。
（1）PCB 等 21 物質（附属書 A：廃絶）
（2）DDT 等 2 物質（附属書 B：制限）
（3）ダイオキシン等 5 物質（附属書 C：非意図的生成物）

4－2　環境ホルモンとは

現在、一部の野生動物にメスのオス化現象、あるいはオスのメス化現象が起きている。アメリカではワニの生殖器に異常が発見されている。国内では多摩川のコイにメスが多いことがわかっている。オスでも普通はメスのみに生成する卵黄となるタンパク質のビテロゲニンが生成していたり、オスの精巣が貧弱であったりと、オスのメス化現象が報道されている。このほかにも国内外で多くの事例が報告され続けている。

このすべての現象が環境ホルモンという物質の影響かどうかは今のところ明らかになってはいないが、その因果関係に深いつながりがあることは間違いのないことであろう。

「ホルモン」とはギリシャ語に起源をもち「刺激するもの」といった意味をもっている。国語辞典によると、「体内の特定の組織または器官で生産され、直接体液中に運ばれて特定の組織や器官の活動をきわめて微量で調節する生理的物質の総称。甲状腺ホルモン、副腎皮質ホルモンなどがある（大辞林第二版　三省堂）」。

ホルモンは、レセプターとよばれる受容体に結合して、細胞に組み込まれているプログラムを起動する働きをしている。ホルモンとレセプターは鍵と鍵穴の関係にたとえられ、レセプターを「鍵穴」とすれば、ホルモンは「鍵」という関係にある。

ところが、ホルモンの「鍵」の形とそっくりな擬似ホルモンが体内にあったとしたら、これがレセプターと結合する現象が起こり正常なホルモン作用に影響を与える。この擬似ホルモン物質を、一般に「環境ホルモン」とよんでいる。環境ホルモンは、科学的には「外因性内分泌攪乱化学物質」という名称で使われている。

環境ホルモンとは、環境庁（現・環境省、1998）によると、「動物の生体内に取り込まれた場合に、本来、その生体内で営まれている正常なホルモン作用に影響を与える外因性の物質」のことである。

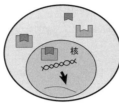
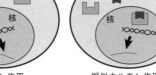

図4-19　環境ホルモンの作用メカニズム

1. 本来ホルモンが結合すべきレセプターに化学物質が結合することによって、遺伝子が誤った指令を受けて本来のホルモンと類似の作用がもたらされる。または、本来のホルモンの作用が阻害される。
2. 化学物質がホルモンレセプターに直接結合するのではなく、細胞内のシグナル伝達経路に影響を及ぼすことによって、遺伝子を活性化し機能蛋白の生産などをもたらす。

海外では環境ホルモンを、Endocrine Disruptors(EDs)、Endocrine Disrupting Chemicals(EDCs)、Environmental Endocrine Disruptors(EEDs)　と表現する。

（1）内分泌攪乱作用が疑われる主な化学物質

「環境ホルモン戦略計画 Speed'98（環境庁）」では、67の物質を内分泌攪乱化学物質を有する化学物質としてリストアップしている。その一部を以下に示す。SPEED '98 の成果を受け、環境省では平成17年（2005年）3月に、「化学物質の内分泌かく乱作用に関する環境省の今後の対応方針について –ExTEND2005–」を策定し、環境リスク評価、評価手法の確立の実施を推進している。

表4-27　「環境ホルモン戦略計画 Speed'98（環境庁）」

ビスフェノールA	ポリカーボネート樹脂やエポキシ樹脂の原料で、食器や哺乳ビンの素材となっている。
ノニフェノール	非イオン界面活性剤として一部の家庭用洗剤と工業用の洗浄剤に用いられている。
フタル酸エステル	ポリ塩化ビフェニールなどのプラスチック製品に、柔らかくしたり加工性を高めるための可塑剤として用いられている。プラスチックは石油から作り出され、精製所で蒸留された原油のうちのナフサとよばれる液体が、プラスチックの原料となる。
トリブチルスズ	有機スズ化合物の一種で、船底塗料や魚網の防汚剤として使用されている。日本では、現在「化審法」により第1種特定化学物質に指定され製造・輸入が禁止されている。この物質はイボニシなどの海産巻貝類のメスに作用し、オスの生殖器を形成させるといわれている。
DDT	殺虫剤として使用されていたが、現在日本では使用禁止となっている。
PCB	電気絶縁体などに使用されていたが、現在日本では製造禁止となっている。
ダイオキシン類	廃棄物の燃焼などにより、非意図的に発生する。

（2）野生生物への影響

　現在までに、環境ホルモンが主原因と考えられている生態系への影響が世界中から報告されている。アメリカではワニの生殖器が極端に萎縮した個体が相次いで発見されている。これはDDT等の有機塩素系農薬の影響の可能性が高いと指摘されている。またPCBの影響で、五大湖のカモメのオスのメス化や、サケの甲状腺肥大そして個体数の減少が明らかになっている。

　シーア・コルボーン博士は、この五大湖に生息する生き物と環境ホルモンの関係を詳細に調査・分析し、1996年（平成8年）に米国で出版された『奪われし未来』という書物を通し、環境ホルモンを次々と生み出し続ける人間へ警笛を鳴らし続けている。

　彼女が世界中を駆け巡り講演しているように、今や人間は体内に少なくとも500種類の化学物質を保有しているという。1920年代には誰の体中にも存在していなかった物質がである。五大湖に蓄積したPCBに代表される環境ホルモン物質は、まずはプランクトンに摂取され、そのプランクトンを食べた小魚、そして大魚と食物連鎖が進むにつれ体内濃縮を続けながら（生物濃縮）、最後には人間の体内へ取り込まれていく。その過程で母親は胎盤を通じ、お腹の子へと環境ホルモンを与え続けている。この有害物質は脳と行動の発育を蝕み、内分泌系、免疫系、生殖系に大きなダメージを与え、しかも母から子、子から孫へと受け渡されていくものなのである。

　しかも驚いたことに、環境ホルモンの影響とは無関係に思える北極やカナダのネイティブ・アメリカンの母親や子供たちは、五大湖周辺で暮らす母親たちの7倍もの高濃度の化学物質を保有していたのである。化学物質には、周辺温度が下がるほど大気から水中へと移動する特性をもっている。陸上で発生した化学物質は大気に乗って拡散し、北極へ近づくほど気温も下がり、水温の低い海域に集まっていくと考えられる。化学物質は海や空を渡り北極にまで移動していたのである。

　安全性が確認されないまま毎年2,000～3,000種類の新しい化学物質が製造されていく世界に私たちは暮らしている。そして、この環境ホルモンのうちの一部の物質には、従来の有害な化学物質と比べると数ppt（1兆分の1という濃度の単位）といったきわめて微量で生き物に影響を与えるものがあるのだ。

　1991年（平成3年）、オランダの研究グループは次のような調査結果を報告した。「1940年には精液1ミリリットルあたり1億1300万個あった精子の数が、90年には6600万個と半減していた。また生殖能力に支障が出るレベルとされる精子数2000万個以下の男性の数は3倍となった」。また、1998年（平成10年）には以下のような報告がされている。「日本人の健康な若者でも、精子の濃度や運動率が世界保健機関（WHO）の基準を満たしたのは、34人中1人しかいなかった（98年3月9日　朝日新聞）」。

　現在のところ、環境ホルモンと生殖能力の低下との関係を明言するだけの資料は出揃ってはいないが、先進諸国で進む少子化の要因のひとつに、この環境ホルモンの影響をあげる研究者は多い。

4－3 ダイオキシン類とは

ダイオキシン類とは塩素を含む有機化学物質の一種で、①ポリ塩化ジベンゾ－パラ－ジオキシン（PCDD）、②ポリ塩化ジベンゾフラン（PCDF）、③コプラナ－ポリ塩化ビフェニール（Co-PCB）の3物質群（化学的に類似した構造をもつ物質）を「ダイオキシン類」と定義する（「ダイオキシン類対策特別措置法」環境省、平成12年1月施行）。

ダイオキシン類は図4-20のような構造の化合物で塩素のつく位置や数によって形が変わるため、PCDDは75種類、PCDFは135種類、Co-PCBは12数種類の仲間があり、これらのうち29種類が毒性をもっていると考えられている。

常温では無色の固体で、水に溶けにくく油や溶剤には溶けやすい性質をもっている。また、800℃以上の高温ではほとんどが分解してしまう。発ガン性や奇形を発生させる催奇形性の性質を有し、免疫力の低下やホルモン代謝障害を誘引し、アトピーなどの原因となる化学物質である。北極圏のアザラシや南極圏のオットセイなどの皮下脂肪から高濃度のダイオキシンが検出されており、汚染は地球規模で広がっている。

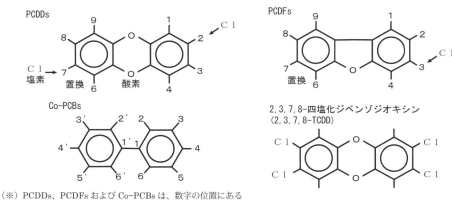

（※）PCDDs、PCDFsおよびCo-PCBsは、数字の位置にある水素原子（H）のいくつかが塩素原子（Cl）に置換している。

図4-20　ダイオキシン類の構造

（1）ダイオキシン類の発生

ダイオキシン類はモノを800℃以下の比較的低温（300℃程度）で燃やしたり、塩素を含む有機化合物（例えば、塩素系プラスチックや農薬類など）を製造する過程などで非意図的に生成してしまう副生産物である。タバコの煙や自動車の排ガス中にも含まれている。

ダイオキシン類の発生は、燃やす物質にベンゼン核（C_6H_6）と塩素イオン（Cl^-）が含まれているかどうかによる。ベンゼン核とは6個の炭素原子が六角形につながっているもので、沸点が高く燃えにくいため大気汚染の排気ガスや黒煙の原因となったり、内燃機関の燃焼効率を悪化させる原因となっている。

ベンゼン核と塩素を含む塩化ビニル樹脂や塩化ビニリデン樹脂は、燃やせばダイオキシン類が発生する。また、塩素は含まないがベンゼン核をもっているPET樹脂、ポリス

チレンや ABS 樹脂などは、焼却炉内で塩素を含む生ゴミや有機塩素系農薬、食塩などから出る塩素イオンと反応するとダイオキシン類が発生する。さらに、ベンゼン核と塩素を含んでいないポリエチレンやポリプロピレンは完全燃焼ではダイオキシン類を発生しないが、これらの物質は不完全燃焼では煤（すす）が発生し、この煤に多くのベンゼン核が含まれているので、ダイオキシン類が発生しやすくなる。

表 4-28　プラスチックの用途と焼却時に発生する物質

プラスチックの種類	用　途	焼却時の発生物
ポリエチレン	スーパーのレジ袋、ポリ容器など	不完全燃焼でダイオキシン発生の可能性
ポリプロピレン	洗剤ボトル、バケツ、食器など	不完全燃焼でダイオキシン発生の可能性
PET 樹脂（ポリエステル）	ペットボトル、ビデオテープ	塩素を含む物と燃やせばダイオキシン発生
ポリスチレン	カップ麺容器、トレイ、玩具など	塩素を含む物と燃やせばダイオキシン発生
ABS 樹脂	自動車、冷蔵庫内部、家電製品など	青酸ガス＋塩素を含む物と燃やせばダイオキシン発生
AS 樹脂	自動車、家電製品、ライターなど	青酸ガス＋塩素を含む物と燃やせばダイオキシン発生
塩化ビニール樹脂	卵等のパック容器、ラップ類、ビニールシート、パイプ、ホースなど	ダイオキシン
塩化ビニリデン樹脂	卵等のパック容器、ラップ類、ビニールシート、パイプ、塗料など	ダイオキシン

表 4-29　マークでわかるプラスチックの選別

⟲1⟳ PET	ペット樹脂	ペットボトル、ビデオテープ等のフィルム等
⟲2⟳ HDPE	高密度ポリエチレン	バケツ、灯油缶、弁当箱等
⟲3⟳ V	ポリ塩化ビニル樹脂	ラップ、ホース等
⟲4⟳ LDPE	低密度ポリエチレン	ポリ袋、農業用シート等
⟲5⟳ PP	ポリプロピレン	収納用ケース、植木鉢、家電部品等
⟲6⟳ PS	ポリスチレン	食品容器、玩具等
⟲7⟳ OTHER	その他	

2013年（平成25年）に全国の廃棄物焼却施設から排出されたダイオキシン類総量の推計は約49g-TEQ/年であり（一般廃棄物焼却施設：約30g-TEQ/年、産業廃棄物焼却施設：約19g-TEQ/年）、これは2012年の排出量約57g-TEQ/年から約14％の削減となっている。TEQとは毒性等量（TEQ：Toxic Equivalent）である。

　ダイオキシン類対策特別措置法では、一般廃棄物においては33g-TEQ/年、産業廃棄物においては35g-TEQ/年を目標としているが、平成25年度の実績では目標を達成している。

（出所：環境省報道発表資料『廃棄物焼却施設の排ガス中のダイオキシン類濃度等の測定結果について』、2015年3月）

Column：お勧めの一冊

○ *Our Stolen Future*（原書）：Theo Colborn, Dianne Dumanoski, John Peterson Myers
　『奪われし未来』（日本語版）：シーア・コルボーン他著、翔泳社、1997
○ *Silent Spring*（原書）：Carson,Rachel,Econo-Clad Books Published,1999
　『沈黙の春』（日本語版）：レイチェル・カーソン著、新潮文庫
○ *The Feminization of Nature;Our Future at Risk*（原書）：Deborah Cadbury,Hamish Hamilton Ltd.,1997
　『メス化する自然』環境ホルモン汚染の恐怖（日本語版）：デボラ・キャドバリー著、集英社、1998

（2）ダイオキシン類の一日摂取量

　厚生労働省『平成24年度食品からのダイオキシン類一日摂取量調査等の調査結果について（2015年11月）』によると、2012年度（平成24年度）の食品からのダイオキシン類の国民平均一日摂取量は、0.69pg TEQ/kg/日と推定され、前年度とほぼ同程度であった。摂取量推定値の最大値（1.22 pg TEQ/kg/日）の場合でも、日本における耐容一日摂取量（TDI：4 pg TEQ/kg/日）より低く、その30％程度であった。1999年度の一日摂取量は1.92 pg TEQ/kg/日であることから、ここ10数年で3分の1まで減少していることがわかる。

　ダイオキシン類は脂溶性であるため、農産物から摂取さ

図4-21　ダイオキシン類の拡散のメカニズム

れるダイオキシン類の量は魚介類や肉に比べて非常に少ない。野菜類からのダイオキシン類摂取量を耐容一日摂取量と比較すると 百分の一未満と低かったため、野菜類から摂取されるダイオキシン類による健康リスクは小さいと考えられる。

ダイオキシン類の発生を抑制するために効果的な方法は、なんといってもゴミを出さないことが一番で、それでも出てしまうゴミの中からダイオキシンの原料となる塩素（プラスチックなど）を取り除くこと、800℃以上の高温で焼却することである。

表4-30　ダイオキシン類対策特別措置法に関わる環境基準

媒　体	基　準　値
大　気	0.6pg−TEQ/m³ 以下
水　質	1pg−TEQ/ℓ 以下
水底の底質	150pg−TEQ/g 以下
土　壌	1,000pg−TEQ/g 以下

（補足）

1. 基準値は2,3,7,8−四塩化ジベンゾ−パラ−ジオキシン（2,3,7,8−TCDD）の毒性に換算した値である。
2. 1pg（ピコグラム）は、1兆分の1グラムである。
3. TEQはダイオキシンの毒性を評価する単位で、毒性のもっとも強い2,3,7,8−TCDDの毒性を1としたときの、他のダイオキシンの毒性を示している。

✛・✛・✛・✛・✛・✛　5. ゴ ミ 問 題　✛・✛・✛・✛・✛・✛

「ゴミ」とは常用漢字ではないが「塵」あるいは「芥」と書く。「物のくず、不用になったもの、役に立たないものなどの総称（大辞林第二版　三省堂）」を意味する言葉である。

不用あるいは役に立たないものとはモノを使う側の判断であり、すなわち人間の価値観が「ゴミ」をつくり出している。生態系を構成する生き物の中でゴミを排出するものは多いが、そのゴミは排出された瞬間に、必ず他の生き物にとって有用な役に立つ資源となる。しかし、プラスチックや空き缶のような人間が捨てるゴミは概してすべての生き物にとって不用で役に立たないものばかりなのである。この現状が「ゴミ問題」を深刻にしているのである。

5−1　世界一のゴミ捨て場

（1）世界一遠いゴミ捨て場

「スペース・デブリ」、この聞きなれない言葉は「宇宙空間に浮かぶゴミ」のことである。地球を取り囲むように10cm以上の大きさの人工物体のゴミが9,000個ほど、そして数mm程度のものを含めると4,000万個程度が漂っているのである。宇宙開発が開始されてからすでに40年程が経過し、人工衛星など4,000回以上の打ち上げが実施され1万個以上の人工物が地球を周回しているが、稼動中の人工衛星はたった5%程度にすぎない。残りの95%は不用となった衛星やロケットなどの残骸などである。このままでいくと、人工衛星などの打ち上げは増大していくであろうし、宇宙ゴミ同士の衝突によってその数は増え続けていくことになり、ゴミの雲により地球は覆われていくことになる。

（2）世界一高いゴミ捨て場

　世界一高いゴミ捨て場は先に述べた宇宙空間となるであろうが、ここで述べる「世界一高い」とは地球上での話である。世界一高いといえばヒマラヤ山脈にある標高 8,848m のエベレストである。この山はネパールと中国・チベット自治区にまたがり、イギリス人がつけた名称は「エベレスト」、チベット側では大地の母神・世界の母神を意味する「チョモランマ」、ネパール側では世界の屋根を意味する「サガルマータ」とよばれている。

　エベレスト登頂は世界のクライマーたちの夢であったがなかなか達成されず、初登頂は1953 年（昭和 28 年）のイギリス隊のエドモンド・ヒラリーとシェルパのテンジン・ノルゲイまでお預けとなった。それから 60 年ほどが過ぎた現在でも、世界中のクライマーたちはエベレストを目指して体力づくりに日夜努力を惜しまない。しかし、「人間が足を踏み入れたところは、たった数十年で汚れてしまった」というヒラリーの言葉が意味するように、今や神々のすむエベレストは世界一高いゴミ捨て場と化している。

　エベレストのゴミ問題は、米国のクライマーのボブ・ホフマンが 1992 年（平成 4 年）に清掃登山を始めたことから注目を集めていく。登山隊が捨てていった酸素ボンベやバッテリー、燃料タンクに生ゴミなど、多種多様なゴミが集められ、たった 1 回の清掃で 1トンを超えるゴミが回収されている。

（3）世界一大きなゴミ捨て場

　かつてフィリピンのマニラ北部に「スモーキー・マウンテン」とよばれる山があった。1995 年（平成 7 年）に政府の命により撤去されるまで、その山は噴煙を上げる活火山のようであった。実は、この山はゴミの山である。巨大都市マニラから毎日排出される大量のゴミはこの集積場へと運び込まれ、放置され腐敗しメタンガスが発生し、自然発火した炎が生ゴミやプラスチックを燃やし燻っていたのである。

　その山の麓に多くの子供たちが暮らしていた。子供たちは 1 本 1 ペソ（2.6 円程度：2015年 8 月現在）で業者が買い取るジュースの空きビンをかき集め、1 キロ 1 ペソで売れる鉄くずを拾い集めながら生計を立てていた。スモーキー・マウンテンが撤去されても第二のゴミの山「スモーキー・バレー」が作り出されている。20m 程に積み上げられたゴミの山が崩壊し、麓の数百世帯の人たちが生き埋めになったというニュースは、私たちに何を語りかけているのだろうか。

5－2　ゴミ問題の現状

　2013 年度の日本のゴミ（一般廃棄物）量は 1 年間で約 4,487 万トン、これは東京ドーム121 杯分（ゴミの比重を 0.3 トン／m³ として算出）に相当する膨大な量である。国民 1 人あたりに換算すると毎日 958 グラム以上ものゴミを出していることになる。このゴミの処理にかかる費用は 1.8 兆円であり、国民 1 人あたり 1 万 4,000 円が税金から払われている。ゴミ処理量は 2000 年の 5,483 万トンをピークに減少傾向にあるが、2009 年あたりから

4 生き物と人のバランス　〜生活環境の問題〜

Column：シェルパとは

　シェルパとは16世紀にチベットから渡ってきた、農業・牧畜業などで生計を立てている民族のことである。しかし、近年では外国人のトレッカーや登山家が急増したことにより、外国人相手に登山の仕事をする人たちが増えていった。その結果、シェルパといえば案内人や荷運びという印象が定着している。

　シェルパたちの間に「イエティ」にまつわる民話が残っている。イエティとは雪男ということになるのだろうが、彼らの話ではヒマラヤにはビッグ・イエティとスモール・イエティの2種類が棲んでいるという。ビッグ・イエティの体は人間を一回り大きくさせたほどで気が弱く、人を見かけると逃げ出してしまうという。そして驚くことに彼らの足は人の反対方向に、すなわち足の指先が背中側に向いているという。これには訳がある。ビッグ・イエティは臆病な性格のため山の中腹から絶えず麓の様子を窺っているが、そこに人影を見つけると山頂目がけて慌てて逃げ出す。その際、相手の動向を見ながら逃走するために合理的な形態に進化しているのだという。

　一方、スモール・イエティは人間の半分ほどの背丈しかないが、俊敏で獰猛な性格である。人間を見つけるや否や襲いかかり食べてしまうという。シェルパの人々はこのスモール・イエティを恐れ、山の奥には分け入らないという。

　これらの話の真実のほどはわからないが、どうやらエベレストの美しさ神々しさは、このスモール・イエティが守ってくれていたようだ。しかし、そのような民話あるいは信仰を知らない私たち外国人は、岩陰から狙われていることすら知らないで、今日も山の奥へ奥へと入り込んでいく。

Column：高山病とは

　地球上のすべてのものには大気の圧力がかかっている。高所へ登るほど気圧は下がり、単位体積あたりに含まれる酸素量は減少し、海抜5,500mでは大気圧や酸素量は地表の半分ほどになる。このような状況では、人体に摂取される酸素量は減少し低酸素症になる。これが高山病である。

　初期症状は「山酔い(AMS:Acute Mountain Sickness)」である。山酔いは3,000m以上の高さに急に登ったときに起きることがあるが、1,500m程度の高度でも発症することがある。二日酔いに似ていて、嘔吐、咳、脈拍増加などの症状が現れる。そんなときには、体を休め低酸素状態に慣らすことが大切である。これを「高度順応」といい、登っては休みを繰り返すことで体への負荷を軽減させる。ここで重要なことは、無理は禁物ということである。吐き気や頭痛等が治まらないときには、その場に停滞しないで500m以上高度を下げることが命を救うことにつながる。

　脳に水がたまった状態で激しい頭痛を伴う「高地脳浮腫（HACE：High Altitude Cerebral Edema）」は、山酔いが激しくなったもので倦怠感が強くなりまっすぐ歩けなくなる。肺に水がたまった状態であり呼吸困難となる「高地肺水腫(HAPE:High Altitude Pulmonary Edema)」を併発する場合もある。このようなときには、すぐに高度を下げることが不可欠である。

　高所へ登るときには「高度順応」を守りマイペースで、そして体調に変化が現れたら下山するということである。

図4-22　ゴミ問題

減少傾向が横ばいとなっている。

　日本人は裕福になり大量生産・大量消費・大量廃棄の経済システムに浸かり込んで暮らしている。使い捨てカメラに使い捨てカイロ、使い捨てオムツ、使い捨てコンタクトなどなど、このような商品を捨てた後のことなど考えずに購入し続けてきた。このような環境にあっては、ゴミ排出量を減らすことなど難しいのではないか。紙コップ、紙皿などは日本国内のアウトドアブームやファーストフード店の増加、自動販売機での使用増と増え続ける一方である。

Column：江戸時代のごみ事情

　19世紀初頭、パリの人口が約60万人、ロンドンが約90万人という時代にあって、江戸の町は最盛期には130万人ほどの人口を抱える世界一の人口過密都市であった。パリのセーヌ河は排泄物で汚染され悪臭を放ち、伝染病が蔓延していた。江戸の町も、当初はゴミを屋敷内に埋めたり川や堀に捨てていたという。このために川底が浅くなり船の運航に支障をきたしたため、「川筋へゴミ捨て禁止」のお達しが出ることとなった。

　そのような時代を経て、江戸の町は循環型の社会を形成していくこととなる。太陽の恵みで育った植物繊維で着物を織り、実を採った後の藁でムシロやワラジを作り、残ったカスは肥料に使った。し尿は有機肥料とされ農家に買い取られていった。お金を出して買う肥料は特別に金肥とよんでいた。このように、し尿や生ゴミが貴重な肥料となり、紙屑や木屑や灰などが有用な資源であることを知るとリサイクル産業が発達し、紙屑買い、古着屋、肥汲み、灰買い、生ゴミ取りなどの回収専門業者や鋳かけ、下駄の歯入れなどの修理・再生専門業者がこれで生計を立てていくようになった（参考：石川英輔著『大江戸リサイクル事情』講談社1994）。

　江戸の時代は現代とは比較にならないほどゴミの量が少ない時代ではあったが、都市（ゴミ排出）と農村（ゴミ再利用）のネットワークによるし尿・生ゴミリサイクルやモノの徹底した活用によるゴミそのものの減量化が産業と結びつくことにより、ゴミの出ない社会をつくり上げていったのである。

5-3　廃棄物の分類

（1）廃棄物処理法による分類

　日本では、「廃棄物処理法（廃棄物の処理及び清掃に関する法律）」により廃棄物を「一般廃棄物」と「産業廃棄物」の2つに分類している。

　本法律によると、「廃棄物」とは「ゴミ、粗大ゴミ、燃え殻、汚泥、ふん尿、廃油、廃酸、廃アルカリ、動物の死体その他汚物または不要物などであって、固形状または液状のものをいい、放射性物質およびこれによって汚染されたものは除く」とある。

4　生き物と人のバランス　〜生活環境の問題〜

「一般廃棄物」とは、産業廃棄物以外のすべての廃棄物であると定義されているが、具体的には主に家庭から排出される生ゴミやビン、ペットボトルそして粗大ゴミなどの「家庭廃棄物」と、オフィスから排出される紙屑などの「事業系一般廃棄物」である。

「特別管理一般廃棄物」とは、一般廃棄物のうち爆発性、毒性、感染性など人の健康に影響を及ぼす恐れのあるものである。たとえば、廃エアコンディショナー、廃テレビジョン、廃電子レンジなどに含まれる PCB やゴミ処理施設で生じたばいじん、病院等で生じた感染性廃棄物（特別管理産業廃棄物以外の）などがある。

「産業廃棄物」とは、製造業などの事業活動に伴って工場等から排出されたり、輸入された廃棄物のうち、大量に排出されたり、質的に処理が困難なもので、石炭がらや焼却炉の残灰などの燃え殻、下水処理場や製造工程で発生する汚泥、廃プラスチックなど、20 種類（図 4-23 参照）が定められている。

「特別管理産業廃棄物」とは、産業廃棄物のうち爆発性、毒性、感染性などの恐れのあるものであり、揮発油類、灯油類や病院等で発生する感染性の汚泥、廃酸、金属屑などがある。

その他、「金属等を含む産業廃棄物」を「特定有害産業廃棄物」という。金属等としては、水銀、カドミウム、鉛、有機燐、六価クロム、PCB、トリクロロエチレンなど.23 種類が指定されている。

「一般廃棄物」は各市町村が収集、運搬・処分することになっており、一方「産業廃棄物」は排出した者が自ら責任をもって処理するか、都道府県知事の許可を受けた産業廃棄物処理業者に委託して処理することになっている。

一般廃棄物は、直接埋め立てられるもの、焼却されるもの、焼却以外の方法で中間処理されるものに大別される。中間処理とは、粗大ゴミを破砕や圧縮などにより処理したり、資源化を行ったり、たい肥を作ったりする工程である。

産業廃棄物の排出量は、平成 24 年度は約 3 億 7,914 万トンであり、産業廃棄物の処理の割合は、全体の 55％が再生利用、42％が中間処理等での減量化、3％が最終処分と推計されている。

一般廃棄物および産業廃棄物を埋立て処分するのに必要な場所および施設・設備を最終処分場とよぶ。平成 23 年 3 月現在、最終処分場の残余年数は 13.6 年と算出されており、さらに首都圏、近畿圏で排出される産業廃棄物をそれぞれの圏内で処分するとした場合、残余年数は首都圏で 4.0 年、近畿圏で 14.0 年と試算され、厳しい状況にある（一般社団法人泥土リサイクル協会『最終処分場実態調査報告』2013 年 3 月）。

環境省の『産業廃棄物の不法投棄等の状況（平成 25 年度）について』によると、平成 7 年度に投棄件数 670 件、投棄量 44.4 万トンであったものが毎年増大し続け、平成 15 年度には投棄量がピークを迎え 74.5 万トンとなる。しかし、その後は減少傾向にあり、平成 25 年度では、投棄件数 159 件、投棄量 2.9 万トンにまで減少している。

95

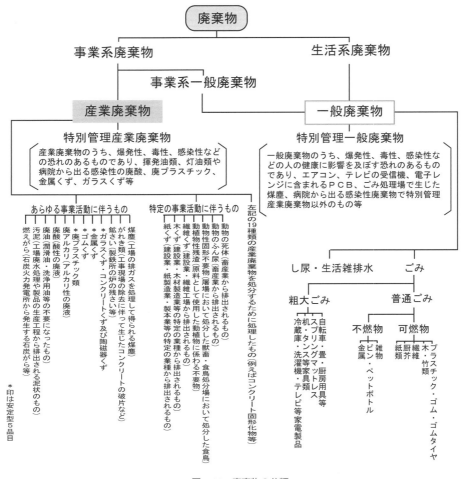

図 4-23　廃棄物の分類

（2）不法投棄に関わる罰則

　1990 年（平成 2 年）11 月、兵庫県警が産業廃棄物処理法違反の容疑で事業者を摘発するという事件が発生した。この摘発を機に国内最大級の産廃不法投棄の実態が明らかとなった。近畿地方の各地域から集められた大量のシュレッダー・ダストとよばれる自動車の破砕プラスチック、大量の廃油や廃酸が瀬戸内海の東部に位置する人口 1,500 人足らずの小島「豊島」の海岸に野焼きされ埋め立てられていたのだった。

　そもそも他人から委託を受けて産業廃棄物の収集、運搬または処分を行う者は、その区域を管轄する都道府県知事の許可を受けなければならないが、豊島の不法投棄で摘発された業者は、有害産業廃棄物を処分する際申請内容を有害物から無害物に変更していたり、許可外のシュレッダー・ダストを野焼き・埋め立てを行ったりしていたにもかかわらず、行政がその実態を見抜けなかった。しかし、その裏には都市部のゴミを過疎地域へ押しつける構造、生産第一主義の陰で忘れられていく廃棄物といった、私たち市民の意識にも大

きな原因があるのだと考えられる。

豊島は1970年代後半から10年以上にわたって放置されてきた。その結果、産業廃棄物の総量は50万トンにまで達し、鉛やカドミウム、PCBやヒ素といった9種類の有害物質が検出され、禁止されている野焼きは1g当たり約40ngというきわめて高濃度のダイオキシン類を排出することになる。

「廃棄物処理法」の中では、「第25条　該当者は5年以下の懲役もしくは1000万円以下の罰金に処し、またはこれに併科する」とある。違反行為を繰り返す悪質な行為には懲役刑と罰金刑が両方同時に科せられる扱いもある。悪質行為が法人の場合、行為者が罰せられることとは別に、その法人も罰金刑が科せられ、不法投棄の場合は1億円以下の罰金刑と規定されている。しかしである、この事件の結末はこうである。事業者は事実上倒産して産廃を撤去する意思も能力もないということで、結局は県と国の費用約150億円ほどがゴミを中間処分して島外へ運び出す作業に費やされたのである。

Column：有害廃棄物の越境移動

一国で発生した膨大な量の有害廃棄物を、国境を越え排出国以外の国において処分するという行為が増加している。日本国内では廃棄物に関わる規制がやかましい上に処理費が高く、将来、その行為が原因で環境汚染が生じた場合の被害補償が高額であるとの理由からである。

越境移動を適切に管理することにより環境汚染を防止することを目的に、1992年（平成4年）「バーゼル条約（有害廃棄物の国境を越える移動及びその処分の規制に関するバーゼル条約）」が発効される。日本では、この条約に基づき、韓国、ベルギー、ドイツや米国にハンダ屑やニッカド電池等から鉛、亜鉛、スズ等の有用金属の回収再利用を目的として、毎年数百トンから数千トンの有害廃棄物を輸出している。一方で、オーストラリア、カナダ、米国、韓国、シンガポールなどから年間数千トンから1万トン程度の貴金属の粉、写真フィルムの屑、廃水処理汚泥、蛍光体等を輸入し、銅や銀、ヒ素等の回収・再生を行っている。

そのような現状の中、2001年（平成13年）9月、日本の産廃業者は2,300トンの古紙をフィリピンに向け輸出した。しかし、そのコンテナの中から廃プラスチックや紙おむつ、点滴用チューブ等がたくさん見つかり、バーゼル条約に基づき回収の要請がなされるという事件が発生した。フィリピン市民からは「日本は車だけでなくゴミまで輸出をするのか」という不満の声が上がった。最終的には、この産廃業者は回収を履行する力がなく、国が行政代執行を行い処理するという結果となった。

先に述べた「豊島の不法投棄問題」といい、この問題といい、「やった者勝ち」という悪習は、いつかどこかで絶たねばならない。

5－4　暮らしの中のゴミ

私たちは、毎日の何気ない暮らしの中でモノを購入し、使用し、そして捨てている。1年間に100万トン以上の服が捨てられ、リサイクルされるものは、その1割にも満たない。フリーマーケットが盛んに開催されてはいるが、服は安く買える量販店で新しいものを、ということであろうか。

1年間に食べ残して捨てられた残飯の量は約640万トンであり、成人3,700万人が1年間に消費するカロリーに相当する（環境省資料）。残飯とはいえ、賞味期限切れ等の理由で

手つかずのまま捨てられていく食材は多い。

食料自給率が極端に低い日本、食材を海外からの輸入に依存しているこの日本で食べ残しが多い、という現象が日本のゴミ問題を考える上で重要な点であろう。

「ゴミは出さない」ことがゴミ問題を解決する最善策である。そのためには「ゴミとなるものは買わない（Refuse）」、「モノを活用してゴミは極力減らす（Reduce）」、「ゴミとなった資源を再利用する（Reuse）」、「ゴミとして捨てたものを再資源化する（Recycle）」の「4つのR」を実行することが何よりも大切なのである。

以下に、日本におけるリサイクル事情を概観し、"4つのR"を考えてみる。

（1）紙

以前、オフィスのOA化はペーパレス社会の到来を促進させるといわれていた頃があった。しかし、現実は逆の方向の大量消費・大量廃棄へと加速していった。コンピューターの打ち出し用紙やコピー用紙が安価で売られるようになり、大量に捨てられている。

経済産業省「紙・パルプ統計」によると、2012年の紙・板紙（ダンボール等）生産量は約2,600万トンに達し、中国、アメリカに次ぐ世界第3位である。この値は、4年間で350万トン減少している。一方、紙・板紙の消費量は約2,800万トンであり、中国、アメリカに次ぐ世界第3位である。中国の紙消費量は10,030万トンと、日本の3.8倍に達している。

2014年の紙・板紙合計の古紙利用率は63.9%と前年同程度であり、古紙回収率は80.8%で、前年から若干上昇している。日本は古紙回収システムが整備されており、2013年では世界第3位の高い回収率を維持している。世界第1位は韓国の96%、世界第2位はフランスの81%である。（日本製紙連合会『古紙の利用率及び回収率の推移』2014）

再利用（Reuse）や再資源化（Recycle）は国内で浸透し始めてきたが、買わない（Refuse）、減量する（Reduce）への取組みが今後の課題である。

（2）ガラスビン

日本では、1年間に約65億本のガラスビンが生産されている（2013年）。ガラスビンにはビールや牛乳ビンのように使い終わったら回収され、洗浄して再利用（Reuse）する「リターナブルビン」と、1回使用したら砕かれ、ビンの原料となる再資源化（Recycle）の「ワンウェイビン」がある。何回も使い回すリターナルビンは、むだの少ない容器である。90年代の始めには、一升びんの回収率は85%、ビールびんは95%といわれていたが、ペットボトルや缶に比べ重いこと、回収に手間がかかることなどから毎年利用量が減少している。2000年にはリターナルビンが約270万トンに対し、ワンウェイびんが約170万トン利用されていたが、2012年では、リターナルビンが約100万トンに対し、ワンウェイびんが約130万トンと逆転している。

（3）スチール缶、アルミ缶

缶ジュースなどの飲料缶をはじめ、缶詰やお菓子の缶など身の回りにはたくさんの缶が存在している。缶にはスチール缶とアルミ缶がある。

2013年の世界のアルミ缶需要量をみると、アメリカが940億缶と飛び抜けて多く、続いてブラジルの198億缶、日本の195億缶となる。リサイクル率は算出方法が国ごとに異なるため参考程度であるが、それぞれ2012年で66.7、97.9、94.7％である。

日本では、アルミ缶は、1997年（平成9年）に施行された「容器包装リサイクル法」によって分別回収や再資源化が進められ、リサイクル率は2005年から、ほぼ90％代を維持してきた。しかし、2013年度には前年比で約11％も減少し83.8％に落ち込んでしまった。その理由は、約5万トンの使用済みアルミ缶が外国に輸出され、リサイクルされたものと考えられている（アルミ缶リサイクル協会、2014）。

2013年の日本における飲料用スチール缶は約102億缶で、国民一人が1年に約81缶飲んだ計算になる。使用済みのスチール缶はプレスされ、スクラップとして電炉・転炉用の原材料として使用されたり、缶に再利用されたりする他、鉄筋などの建設用鋼材や自動車、家電、スチール缶用などの鋼板に生まれかわる。リサイクル率は、2013年で約92.9％、であり、2007年の85.1％から毎年増加傾向にあるが、今後は102億本より減少すると推測されている。その理由として考えられているのは、アルミ缶の方がスチール缶より軽いため輸送に有利であること、錆びにくいことがあげられる（スチール缶リサイクル協会、2014）。

（4）ペットボトル

ペットボトルのペットはPET、すなわちポリエチレン・テレフタレートというプラスチックの種類を意味している。

ペットボトルのリサイクル率は、国ごとに算出方法が異なるため単純に比較することはできないが、欧州全体のリサイクル率が40.7％、米国のリサイクル率が22.6％である。日本が輸出量を含めると85.8％であり、欧米に比較して高いレベルにある。なお、回収率は、2013年度の国別データではノルウェイが98.6％、ドイツが93.8％、スイスが91.5％と、日本の従来の回収率91.4％よりも高くなっている。ちなみに欧州全体の回収率は55.9％、

Column：消費期限、賞味期限について

手つかずの食材が大量に捨てられているが、捨てる際の目安として、「消費期限」や「賞味期限」が判断基準となっている。両者の相違はなんなのだろう。食品衛生法には以下のように記されている。

〇消費期限：未開封の容器包装に入った製品が、表示された保存方法に従って保存された場合に、腐敗・変敗等による食中毒が発生する恐れがないと認められる期限をいう。

〇賞味期限：未開封の容器包装に入った製品が、表示された保存方法に従って保存された場合に、その食品として期待されるすべての品質特性を十分保持しうると認められる期限をいう。品質保持期限ともいう。

品質が劣化しやすく、製造後おおむね5日以内に消費すべき食品には「消費期限」、それ以外の食品には「賞味期限（品質保持期限）」が表示される。

米国の回収率は 31.2% である。（PET ボトルリサイクル推進協議会『リサイクル統計』2015）

　回収されたペットボトルは、分別→選別→圧縮の工程を経て粉砕され、フレークとよばれる 8mm 角の小片にされたり、フレークを一度溶かしてペレットとよばれる小さな粒状に加工される。フレークは作業服や卵パック、成型品の原料として、ペレットは主に繊維として再利用される。

5－5　海外ゴミ事情

　近年、日本国内においても廃棄される紙類、缶やビン、プラスチックなどのリサイクルが声高に叫ばれ、10 年前と比べるとリサイクル率が格段と向上している。世界の国々と比較しても最高水準のリサイクル率を誇る国となった。

　一方で、紙類、缶やビン、プラスチックなどの生産量は増大の一途をたどっている。結局のところ、リサイクル率は上がっているものの、新たにつくられるモノが増え続けているのでゴミは減らない。それどころか増えているのである。

　ゴミ問題の根本的な解決策は、"4 つの R" の実践にあり、とくに大事なことは、消費抑制すなわちゴミとなるものを買わない（Refuse）である。以下に、海外のゴミ事情を概観し、今後の日本の進む道を模索することにする。

（1）ドイツの事情

　ドイツは世界 1、2 の環境先進国といわれている。その理由のひとつとして、1991 年（平成 3 年）に公布された「包装廃棄物規制令（別名　テグファ法令）」が大きな効果をもたらしたことがあげられる。この法令の狙いは、家庭から排出されるゴミの容積の 50% ほどが包装材であったことから、包装ゴミの発生を抑制しリサイクルを徹底させると同時に、ゴミの発生者・製造者の責任を明確にし、官・民・企業の協力関係を促進させていくことにある。毎日の暮らしの中で排出されるビン、缶、紙、トレイなどの包装ゴミは、その製品をつくったメーカーや販売している企業が責任をもって回収し、再資源化（Recycle）しなければならないというものである。例えば、回収され洗浄されたペットボトルが何回も店頭に並んだり、飲料用ビンはリターナルビンが多く、再利用（Reuse）しやすいように同じ形、大きさに統一するよう努力している。店頭からプラスチックのトレーやラッピングが見当たらないスーパーマーケットもある。肉や野菜も必要な分だけ量り売りし、家庭からタッパー容器を持参し、その

■グリーンマーク
　グリーンマークのついている包装容器は、製造業者に代わって『DSD社』の委託業者が回収・分別・リサイクルを行う。
　包装業者は『DSD』にライセンス料を払って製品にグリーンマークを印刷する。

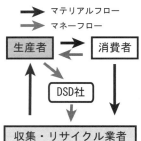

図 4-24　ドイツ　グリーンマーク

場でそこに食材を入れてもらう人もいる。スーパーの出入口にはリサイクル・コンテナが設置され、買い物に来たついでにゴミをリサイクルすることができる仕組みになっている。

　家庭からのゴミの分別は自治体によりさまざまである。資源ゴミ、生ゴミ、家庭ゴミの3分別の自治体もあれば、資源ゴミ、生ゴミ、紙、ガラス（緑、茶、透明の3種類）、粗大ゴミ、その他の6分別のところもある。パソコンなどはゴミ持ち込みセンターへ自分で持っていったり、衣類・靴などを回収するコンテナが街中に設置されているところもある。衣類などの回収は福祉協会や赤十字などの団体が運営・管理している。

　ドイツには「デュアルシステム・ドイチュラント（以下DSD）」が設立されている。デュアルとは自治体の行う廃棄物処分とは別に第二の措置があることを意味し、DSDは政令で定められたメーカーや販売店の回収・再利用の義務を代行して行う非営利団体である。グリーンマークのついたプラスチックやブリキ、アルミ、複合材といった軽包装材はDSD回収用の黄色い袋へ入れられ回収・再利用されていく。ビンはほぼすべてデポジット制（返却時にビン代が返却されるシステム）で、ほぼ完全にリサイクルされている。

　一方で、DSDシステムはDSD社の独占体制であり、コストが高い点が批判されてきた。1993年のDSD社の財政危機を契機に、「競争概念」の導入によりコスト低減を図ることを狙った政令の改正により、2003年にはDSDが完全に民営化され、2004年アメリカの投資会社KKRに経営権を握られる。その結果、EU各国の廃棄物の回収、選別処理やリサイクル事業において、廃棄物マネジメント会社による国際化、大規模化が急速に進んでいる現状にある。

（2）スイスの事情

　スイスも自治体によりさまざまな分別形態をとっている。ジュネーブは家庭ゴミ、粗大ゴミ、生ゴミ、紙・ダンボール、ペットボトル、ビン、アルミ・スチール缶、電池、衣類、その他特別なものの10分別であり、街中に衣類のリサイクル・コンテナが設置されている。この中に衣類、靴、カバンなどを入れる。ドイツ同様、福祉協会や赤十字などの団体が運営・管理している。

　環境先進国といわれるドイツやスイスでも、国民全員が分別に協力的かといえば実際はそうでもないが、全体的にみると分別に対する意識は高い。これは、小学校から行われている環境教育の徹底が礎となっているといわれている。

（3）オーストラリアの事情

　オーストラリアはゴミのほとんどを埋め立てており、リサイクル率は数％と低水準である。分別は自治体により異なるが、一般ゴミ、リサイクルゴミ（ガラスビン、缶など）、古紙、グリーンゴミ（木屑、芝など）、粗大ゴミ、危険ゴミ（薬品など）の6分別が基本形のようである。

　2010年までにゴミの出ない社会を形成しようという、首都キャンベラの「The No

Waste by 2010,Waste Management Strategy for Canberra（キャンベラ・ゴミ処理戦略）」が実施された。その結果、資源回収量は増加し、埋め立てゴミの量は減少したが、廃棄物の総排出量は増加している。

（4）アメリカの事情

　市によって若干の差があるが例えばカリフォルニア州では、ゴミの分別がまったくといってよいほど行われていない地域が多い。これは、ゴミ収集は公共の事業ではなく、各家庭がゴミ処理会社と契約して回収してもらうという独特のシステムが原因であると考えられる。「燃えるゴミ」、「燃えないゴミ」の区分すらない地域も多く、1つのゴミ箱にすべてが捨てられ、埋め立てられている。また、不用ゴミ、再利用ゴミの2分別を行っている地区もあるが、きちんと分別されていないのが現状である。

　アメリカの一般廃棄物の排出総量は世界第1位であり、1990年で1.9億トン（日本は0.5億トン）、2010年で2.2億トン（日本は0.5億トン）と飛び抜けて多い。人口1人あたりに換算しても、1990年で0.75トン／人（日本は0.41トン／人）、2010年で0.71トン／人（日本は0.38トン／人）であり世界1位である（OECD.Stat『Municipal waste, Generation and Treatment』2015、http://stats.oecd.org/Index.aspx?DataSetCode=WASTE）。

（5）エジプト・シリア・バングラデシュの事情

　基本的に分別はない。首都以外ではゴミとなる素材が非常に少ないため、ゴミそのものが少ない。肉やコーヒーなどは量り売り、焼きたてパンは持参したトレイに重ねて持ち帰る。ビンなどは捨てられていても誰かが使用の目的で持ち帰る。環境のため、というよりは、生活のためにゴミが極力排出されないのである。バングラデシュにおいては、プラスチックゴミはない。というのも、ビニール袋やシートなどは洗って売りに出すという理由がある。

（6）ベトナムの事情

　ここ3年ほどのドイモイ政策（経済開放政策）により雇用は増大し、農村部から都市部へと人口の流出が起こり、その結果、都市部の消費は加速されゴミ問題が顕在化している。食物を包むバナナの葉はプラスチックに代わり、乱立するスーパーマーケットやファーストフード店からは、生ゴミや使い終わった包装容器が大量に排出され続けている。

　ホーチミンでは、1日に約7,500〜8,000トンものゴミが排出され埋め立てられていくが、最近では埋立地を確保できないなどの理由から河川や湖沼などに投棄されている。チフスや赤痢などの病気が蔓延し、適切なゴミ処理の方法を確立することが急務となっている。2006年11月より、ハノイ市でゴミの再利用・再生プロジェクトが開始されている。ゴミを捨てる前に、各家庭ごとに有機ゴミ、無機ゴミに分別、そのすべてを埋め立て処理に依存せず、可能なかぎり有機肥料や飼料に再利用することとなる。

4　生き物と人のバランス　～生活環境の問題～

Column：市民の義務、それとも負担　和歌山県新宮市のゴミ分別

　ゴミの徹底した分別を実践することは、その後の効率的な再利用、再資源化を行う上で重要なことである。増え続けるゴミの徹底的な分別を行うことは、既存の焼却場の規模を増設しない上でも、埋立地の残余年数を確保する上でも、もっとも効果的な方法である。

　和歌山県新宮市は、行政コストの削減という目標の中、増え続けるゴミ処理への対応を模索し、既存の焼却炉の規模を拡充することをやめ、市民の手による徹底的な分別の方法をとることを選択した。これによりリサイクル施設や人件費にさかれる支出も削減されるというものだ。そして、以下に示すように、家庭ゴミを22種類に分別するという対策を打ち出した。その結果、燃やすゴミの量が減ったため焼却炉も小規模化し、建設費を節約することができたという。

　しかし、分別が面倒くさいなどと、負担を強いられる側の市民の間には市長に不満をもつ者も多い。最終的には、分別の種類を多くしたため市民の猛反発の声を招き、選挙で落選してしまうという事態になった。

　徳島県にはなんと34種類の分別を行っている町がある。徳島県上勝町ではゴミを34種類に分別してリサイクルへ回し、焼却ゴミの減量に成功している。それまでゴミはすべて焼却処理され多額の費用を要していた。それが34種類分別後は焼却量が半分以下に減量されている。

　上記2例は結末は異なるが、どちらにも共通していえることは住民のゴミに対する意識が高まったということであろう。多種多分別が増え続けるゴミの問題を解決するひとつの大きな柱であることは間違いない。しかし、大切なのはゴミを出さないことであり、毎日の消費生活の見直し、大げさにいえば、一人一人の生き方を考え直す時期が来ているのである。

表 4-31　和歌山県新宮市の家庭ゴミの分別

		ごみの分類	出 せ る 品 物
資源物	月2回エコ広場収集	スチール缶	飲料用スチール缶
		アルミ缶	飲料用アルミ缶
		金属類・金属付きプラスチック類	釘・菓子缶・油缶・茶筒等の金属類、ボールペン、包丁、雨傘など
		活きビン	酢・酒・しょうゆ・みりん等の茶色一升ビン 大・中・小ビールビン、コカコーラ・ファンタ・ペプシのビン
		無色透明ビン	飲食料用の無色透明ビン
		茶色ビン	飲食料用の茶色ビン
		着色ビン	飲食料用の茶色ビン以外の着色ビン
		新 聞 紙	新聞紙だけ
		段ボール類	段ボール
		雑誌・その他紙類	雑誌・書籍・広告類、コピー用紙、紙箱類
		紙 パ ッ ク	牛乳・酒等の飲料用紙パック
		布・衣類	毛糸・布・衣類など
		ペットボトル	PET『1』と表示された清涼飲料水・しょうゆ・酒類等の無色透明ペットボトル
			PET『1』と表示された清涼飲料水・しょうゆ・酒類等の緑・茶色等に着色されたペットボトル
		その他プラスチック類	カップラーメン容器、卵容器、食品用トレイ、発砲スチロール、洗面器、バケツ、ビニール製品など
		粗大ごみ（焼却場へ直接搬入）	縦横厚さの一辺が30cm以上の家電類、家具類、レジャー用品類等
有害ごみ		乾 電 池	単1～単5の乾電池
		蛍光灯類	蛍光灯、体温計（デジタルは除く）、鏡など水銀を含むもの
埋立ごみ		燃やせないごみ	ガラスコップ、板ガラス、電球、陶磁器類（茶碗、湯のみ、花瓶、皿）、化粧ビン、油ビンなど
燃やせるごみ（週2回戸別収集）			紙類、草木類、くつ、紙おむつ、生ごみ、廃食油、革、ゴム製品等

（出所：和歌山県新宮市ホームページ）

人と地域のバランス
～ 社会環境の問題 ～

　大量生産・大量消費・大量廃棄型の社会経済システムは、生産および利潤の拡大を目的として成立するものであり、一部先進国あるいは先進国の中でも一部都市域の富裕層に巨額の富と財を提供し続けている。その一方で、開発途上国や一部農山村地域の経済や環境は疲弊し続けている。

　市場経済のグローバル化による弊害を緩和し、そしてなくしていくためにも、疲れきった地域の経済や生態系などの立て直しを図り、貨幣に依存しない循環型地域づくりが緊急の課題となっている。

　グローバル・エコノミーにおいては、土地は生産を行うための工場という資本としてとらえられ、土地生産性を高めることにのみ努力が払われてきた。田畑は大規模な灌漑施設により水を供給し、大量の化学肥料を投入する「緑の工場」として取り扱われてきた。反対に、田畑として利用できないと判断された森林や湿地は経済的に無価値とされ、積極的に開墾・干拓して商業や工業地として都市化され活用されてきた。

　その結果、都市化社会では人口が過密し、生態系は破壊され、地域の生活環境は悪化の一途をたどっている。さらに環境悪化に比例して地域の独自性は損失し、コミュニティーの崩壊が起きている。人と人の結びつき、人と生き物の触れ合いが希薄化した社会では、往々にして人は自分の利益を優先させ、他人や他の生き物の権利を疎んじる傾向にあるといわれている。

　生活環境は社会環境を、社会環境は生活環境を劣化させていくという負の循環が形成されている。

・∴ 1. 都市・農村のあり方 ～ハワードの田園都市構想～ ∴・

　世界中の都市・農村が病んでいる。都市・農村の生態系は衰退し、水質や大気は汚染され、人間やその他の生き物が暮らしていける豊かな環境は減少し続けている。現代の環境問題は個々人のライフスタイル、その集積した結果である都市・農村の環境問題、地球規模の環境問題に至る過程が有機的に連動しているため、地球環境問題を解決する方向へと導くためにも、都市・農村の抱える環境問題を解決する方策を見出すことが求められている。

　自然を破壊し続けてきた都市、そして破壊され続けてきた農村というとらえ方が適切かどうかはさておき、これら地域に共通の課題は、自然を回復させ、自然と共生し、未来に向けて持続可能な都市・農村を築くことである。

5 人と地域のバランス ～社会環境の問題～

100 年以上も前に、イギリスの社会学者エベネザー・ハワードが「田園都市論」（エベネザー・ハワード、1981）なる構想を提唱している。この考えは、上記の課題を解決するひとつの道標となるかもしれない。

19 世紀の産業革命以来、ロンドンをはじめとするイギリスの都市の発展は異常なまでの成長を遂げた。その結果、工場は林立し煙突から排出される汚染物質により大気はひどく汚染された。また、生活雑排水は下水道施設の不備により浄化されずに直接河川へ放流された。豊かさを求め農村からは人口が流出し、それと同時に都市はスラム化していく。都市、農村の経済格差など多くの問題を抱え、解決の糸口さえ見出すことができないでいた。農村社会の衰退化も大きな問題となっていた。

19 世紀後半、このような現状を憂い一冊の本が出版される。ハワードの「Tomorrow；A Peaceful Path To Real Reform（明日－真の改革に至る平和な道）」（Ebenezer Howard、2003）である。その後、1902 年には、改訂版である「Garden Cities of Tomorrow（明日の田園都市）」（Ebenezer Howard、1985）を出版し、世界中に大きな反響を及ぼすこととなる。ハワードによる田園都市（Garden City）とは、一般的に「田園からなる都市」あるいは「田園の中にある都市」として解釈されている。

ハワードはこの中で、「過密で不健康な都市が私たちの行き着く場所ではなく、きわめて精力的で活動的な都市の利点と農村の美しさ・生産性が融合した田園都市が求められている」と述べ、「人々を都市に誘う力に対しては、人を都市に誘引する以上の力を持って都市集中を阻止しなければならない」、すなわち、「農村から都市への人口流出を抑制すること、都市よりも魅力的な農村の創造」が重要であると説いた。その実現のためには、都市の存在を否定するのではなく、都市と農村が「結婚」することが必要であると表現している。

さらに、彼は「都市」「農村」「田園都市」を人々を引きつける磁石にたとえ、田園都市の理念を示している。これはハワードの「3 つの磁石」とよばれている（Ebenezer Howard、2003）（図 5-1）。「3 つの磁石」では、「都市」「農村」の 2 つの磁石が長所と短所を持ち合わせているのに対し、都市と農村が結婚した「田園都市」では、それぞれの短所は相殺され、それぞれの長所のみをもちうるという。

ハワードは都市と農村の融合した田園都市の基本構想を示した。これによると、環状放射型の市街地の中心部に病院、図書館、美術館などの公共施設を配し、その周囲を中央公園で囲む。そして、その外側を住宅や学校、さらに外側を工場、市民農園や鉄道などを配置するとしている。そして、その周囲は農村地域へと続いていく。田園都市は農村に囲まれ、その農村は食料を都市に供給するとともに都市の進行を抑止する役目を、また、都市は農村に利便性を提供する役目を担う。

これらの提案は、中世の原風景を残していた農村集落を参考にしながら、ロンドン郊外のレッチワースで具現化され、オーストラリアの首都キャンベラでも田園都市構想が具体化されている（西山、2002）。

いずれの場合も、農地に食糧生産の場としての単一な機能を求めるのではなく、レクリエーションやアメニティ機能をもたせると同時に、エネルギーの循環やリサイクル、田園都市内での自給自足といった物質循環を成立させ循環型の社会を築いていくという現代に通じる構想である。さらには、その実現に向けて健全な生態系の保全・再生による自然の自浄能力の回復を目的としている点が注目に値する。

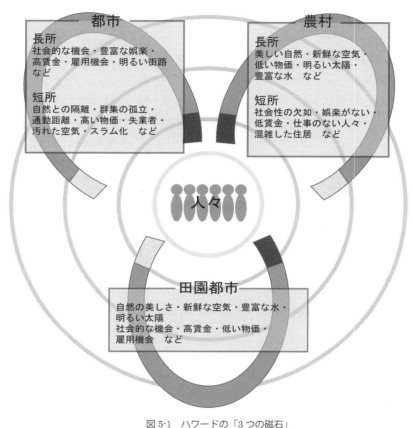

図5-1　ハワードの「3つの磁石」
(出所：Ebenezer Howard、2003より作成)

2. 都市・農村のあり方 〜パーマカルチャー〜

　「パーマカルチャー」(Permaculture)とは、1979年（昭和54年）にオーストラリアの生物学者でパーマカルチャー研究所所長のビル・モリソン（Bill Mollison）が唱えた「人間にとっての恒久的で持続可能な環境をつくり出すためのデザイン体系」のことである（Bill Mollison、1997）。

　パーマネント（永続的）、アグリカルチャー（農業）、カルチャー（文化）の複合語で、近代的な機能分化された暮らしを見直し、伝統的な農業の知恵と現代科学・技術の手法を組み合わせ、通常の自然の生態系よりも高い生産性をもった「耕された生態系」をつくり出

すとともに、人間の精神や社会構造をも包括した「永続する文化」を構築することを目的としている。

パーマカルチャーは、植物、動物、水、土、エネルギー、コミュニティー、建造物など、生活のすべてに関わる事柄をデザインの対象とし、生態学的に健全で経済的にも成立するひとつのシステムをつくり出すことで具現化していく。そのために、植物や動物の生態、そしてその生息・生育環境や人工建造物の特長を活かし、都市にも農村にも生命を支えていけるシステムをつくり出していく方法をとる。

パーマカルチャーで用いられる具体的なデザインの一例を以下に示す（ビル・モリソン、1993）。

①あらゆるものから排出される物質（ゴミ、汚濁水、し尿、廃熱など）を他のものにとって必要な物質（食料、肥料、暖房など）となるよう、すべてにつながりのある関係を築くこと。

②エネルギーや物質のインプットとアウトプットの流れは地域において循環し、このシステムから外へ漏れ出す物質を最小化する。

③動植物、建造物、道路など敷地内に配置される構成要素を、互いに孤立させることなく、互いに関連を持たせることにより、人間の移動等に要する余分な労力や資源消費を極力減らすこと。例えば、家屋を中心に、その周りには足を運ぶ回数の多い菜園や果樹園を設け、その周りにニワトリやウサギ、さらに外側にはウシやブタ、ミツバチなどを飼育する。最も外側には自然生態系と共生した自然保護区をデザインする（ゾーニングとよばれる手法）。

④再生可能資源である動植物や自然エネルギーを有効に活用した適正技術を取り入れること。

⑤自然遷移の中で多様な植物を混栽的に育て、多様な植物を多様な時期に収穫できるシステムを取り入れること（近代農業は自然の遷移を止めて耕作や除草等に多大な労力とエネルギーを投入しているが、自然の流れに従う食物生産の方式を取り入れること）。

などを基本としている。

この運動はオーストラリアを中心としてアメリカやイギリスなど先進国での自給自足型のコミュニティーづくりに発展し、さらには、ネパールやベトナム、アフリカでの NPO 活動も展開されている（例えば、Permaculture Institute 参照）。

江戸時代の日本にも似たパーマカルチャーの姿は、どこか懐かしい風景を私たちに与えてくれる。

パーマカルチャーの基本要素

①自然のシステムをよく観察すること。

②伝統的な知恵や文化、生活を学ぶこと。

③上記要素に現代科学・技術の知識を適正に融合させること。

それにより、自然の生態系より生産性の高い「耕された生態系」を構築すること。

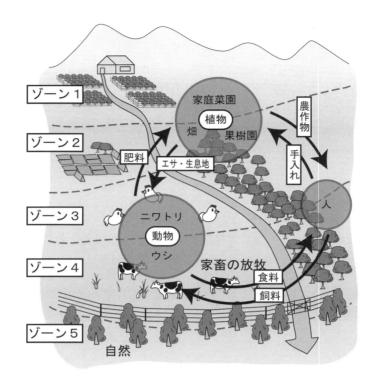

図 5-2　パーマカルチャーの仕組み
（出所：社団法人　日本国際民間協力会『パーマカルチャーの仕組み』http://www.kyoto-nicco.org/perm.htm より作成）

❖・❖・❖・❖・❖　3. 生き物と共存する地域づくり　❖・❖・❖・❖・❖

　比較的良好な自然を残してきた日本農村の生態系は、都市化の進行に伴い分断され、劣化し、自然のもつ浄化能力は低減し続けている。生活環境の悪化は社会環境を、さらには自然、地球の環境をも劣悪なものへと変化させていく。このような状況の今だからこそ、生き物と共存する地域づくりが見直されている。

　生き物と共存する地域づくりには、生態系を再生するとともに自然の浄化能力を取り戻し、大気や水、土といった汚染された生活環境を浄化することから始まる。そして、都市部、農村部において地域特性をもつ地域産業構造を環境配慮型へ移行させ、循環型社会の構築を進めることにより、環境への負荷を低減する都市－農村の構造をつくり出していくことである。

　具体的には次のようである。
　①環境負荷の小さな都市づくり
　②里地里山における自然再生とそれを支える地域づくり
　そして、都市と農村を生態的ネットワークでつなぎ、生物多様性の保全を図る。

Column：教育ファームとは

「教育ファーム」とは生き物とのふれあいや、そこで働く人たちとの交流などを通して、自然を理解し、農業や牧畜業に対する正しい知識を普及し、生命や伝統的食文化の大切さ、人間同士のふれあいなど、学校では深く学ぶことが難しいさまざまな体験型学習が用意されている農場や牧場のことである。農場や牧場が「人と動物の絆が人の心を豊かにする場」として機能するように見直され、そこを中心として地域の人々の交流が活発になることも期待されている。

畑作と畜産を組み合わせた有畜複合農業が発展した欧州では教育ファームが普及し、毎年多くの子供たちが訪れ学んでいく。イギリスのロングダウン・ディリーファームは農場を教育の場として開放する教育ファームであり、全土に 1,000 ヵ所以上の施設がある。年間にここを利用する児童者数は 100 万人に達している。ここでは子ウシや子ヒツジへの哺乳体験、ヒヨコやウサギとのふれあい体験などを通じ、指導資格をもった専門スタッフが環境教育を行っている。

単なるふれあい広場にするのではなく、専門スタッフにより練られたプログラムに沿って農場を生きた教育の場として提供し、児童の先生たちに膨大な量の資料と体験を供給することに力を入れている。先生はここでの体験をもとに、食物と農業、世界の食糧事情、さらには計算力に社交性など多大なカリキュラムを作成、実施している。

実際、教育ファームを訪問するという楽しさが子供たちにやる気を起こさせ、いつもより早く知識を吸収させ、記憶力を増していき、さらには社交性が深まるという興味深い調査結果が報告されている。

4. 環境負荷の小さな都市づくり

都市化の進展は都市から自然を排除するだけにとどまらず、農業を工業化させ農村の生態系をも破壊している。都市化された自然は人間活動の影響を強く受けた「都市生態系（Urban Ecosystem）」とよばれ、自然の生態系とは異質なものとなる。

都市生態系は、構成する生き物の種数や個体数に歪みのある特有な生態系を構成し、一般的に次のような特徴をもっている。

①生態系ピラミッドの上位に位置する種（高次消費者）が生息していないか、きわめて少ない。

②環境変化に耐性をもたない種は消滅していく。

③外来動植物など、以前には生息していなかった特有の種が出現する。

④その結果、生態系を構成する生き物の種数や個体数が低減し、生物多様性が低下する。

都市生態系がつくり出される原因として以下のようなことが考えられる。

①生息地の破壊：破壊行為により生き物の生育・生息場所が破壊、消失する。

②生態系の分断：道路や宅地造成などの開発行為により、生育・生息場所が全滅しないまでも分断されたり細分化されることで孤立し、生態系が劣化していく。

③環境の変質：水質や大気、土壌の汚染、ヒートアイランド現象、地下水の低下などの環境の変質により、生育・生息場所の環境が自然度の高い環境を好む生き物にとって不利となっている。

都市化の進行を阻止することは、農村の生態系を保全するためにも必要なことである。都市生態系を改善し、健全で恵み豊かな農村の自然を取り戻すためには、残存する生態系

を保全し、それらを連結する生態的ネットワークの形成が重要となる。

　都市の構造は生活と一体であるため、環境負荷の小さな都市づくりとは、言い換えれば市民生活をエコロジカル・ライフスタイルに転換することにほかならない。それには子供の頃からの環境教育や、地域の自然とのふれあいなどが不可欠であると同時に、地域住民との協働による「屋上緑化」、「環境共生住宅（Symbiotic Housing）」、「環境共生モデル都市（Eco City）」などの構築を推進させる必要がある。

Column：都市化動物

　もともと、都市には人間以外にも多くの動物が生息していた。東京の中心部にもキツネやタヌキ、ノウサギなどの野生動物が生息していたが、今では都市化の進行に伴い奥多摩の奥地に細々と生き残るだけとなった。その代わりに、といってはなんだが、今まで見ることのできなかった動物を目撃することが多くなってきた。

〇ハシブトガラス

　本来は森林性の鳥であるハシブトガラスはその代表格であろう。都会に林立する高層ビル群や鉄塔、広告塔などが森林の構造と似ているだけでなく、エサとなるゴミが豊富にあるため暮らしやすいといわれている。

図 5-3　田園地帯と都会のカラス

　カラスは面白い行動をとることが知られている。"貯食行動"とよばれ、エサをその場で食べずに一時的に貯える、あるいは隠す行動である。

　貯食行動は、①エサの少ない時期に貯めておく、②他のカラスからエサを隠しておく、③なわばりを誇示する、④体外にエネルギーを蓄える（体内に蓄えると動きが鈍くなるため、体外に蓄え必要なときに摂取する）、などの理由が考えられているが、真実のほどはわかっていない。

　鉄道の線路下の置石をどけ、そこに貯食していたカラスがいた。そのカラスは、どかした石をたまたま線路上においていたので、列車が緊急停止をするというウソのような本当の事件に発展してしまった。貯食する動物には、ほかにも、オナガ、コガラ、ニホンリスなどがいる。

〇クマゼミ

　都会では、80年代頃からニイニイゼミやツクツクボウシが減少してきた。これらの幼虫は湿り気のある土を好むが、街がヒートアイランド現象などで暑くなり乾燥化が進んだため暮らしにくい環境になってしまったのが原因らしい。その一方で、頭も胸も黒くて透明な羽を持つ日本最大のセミであるクマゼミが生息地を拡大し北進中である。クマゼミは暖かい地方に多く関東地方以西に広く分布しているが、近年では、いるはずのない東京や千葉で生息が確認されている。「シャア、シャア、シャア」とも「シャン、シャン、シャン」とも聞こえ、大きな声で午前中によく鳴く。暑さと乾燥に強いのでヒートアイランド現象などで温暖化する都会でも生きていけるのであろう。

〇アオマツムシ

　「シリーシリー」「リーチリー」「リューリーリー」などと甲高い連続音で喧しく鳴き続けるコオロギの仲間にアオマツムシがいる。70年代から全国の都市部で生息域が急速に広がっていることが報告されるようになった中国原産の外来昆虫である。コオロギの仲間としては珍しく緑色の体をしたこの虫の生息場所は、都会の街路樹や生け垣、公園など人為的影響の強い場所に限られており、都市化を示す昆虫ではないかと考えられている。

4-1 屋上緑化

　都市部のヒートアイランド現象を緩和し劣化する生態系を修復するためには、建築物の屋上などに設けられた人工地盤の緑化を推進していくことが重要である。都市部においては、屋上緑化により緑の絶対量を確保する必要がある。

　国や地方自治体は、屋上緑化を支援する制度を設けたり、一定面積以上の建築物について屋上緑化を義務づける条例が制定されるなど都市緑化を推進していく方針である。2001年（平成13年）には、国土交通省が「都市緑地保全法」を改正し、民間の緑化への取組みを地方公共団体が支援する「緑化施設整備計画認定制度」を創設した。これは屋上緑化などを行おうとする民間人が緑化施設整備計画を作成し、市町村の認定を受けることで、固定資産税が軽減されたり助成制度や融資制度などを受けることができるものである。

　屋上緑化の効果は、
　○屋上コンクリート表面の温度変化の軽減による、コンクリートのひび割れ抑制
　○屋上コンクリート温度の低下による室内温度の低下（冷房効果）
　○冷暖房用エネルギー消費量の低減
　○都市生態系の向上
などがあげられる。

　屋上緑化の技術的問題点は以下のようである。
　○屋上に土を盛り水を張るため、屋上の防水工事はしっかりと行う。
　○水を含んだ土壌はかなりの重さになるため、構造物がその重みに耐えられるかきちんと計算をする。
　○屋上に生き物を呼び込む際、地域外の生き物を人為的に持ち込まないよう注意する。
などが考えられる。

　上述したように、環境技術は多種多様、広域にわたるが、いずれにせよ、"環境技術に頼りすぎない暮らし"が私たちを、そして地球を救うのである。

4-2 環境共生住宅

　環境共生住宅推進協議会（http://www.kkj.or.jp/top.html）によると、環境共生住宅とはLow Impact、High Contact、Health Amenityを同時に達成する住宅のことである（図5-4）。

　Low Impactとは、地球環境へ与える負荷を最小限にすることであり、具体的には、
　○省エネルギーと自然・未利用エネルギーの活用
　○廃棄物の削減とリサイクルの推進による省資源化
　○水資源の適正な利用とリサイクルの推進

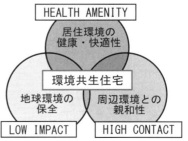

図5-4　環境共生住宅の三要素
（出所：環境共生住宅推進協議会資料より作成）

である。

High Contact とは、周辺環境との調和を保つことであり、具体的には、

○周辺の生態系への配慮

○立地条件に応じた自然環境の創出・景観保全

○地域社会との融合

である。

Health Amenity とは、居住環境の健康・快適性を維持することであり、具体的には、

○室内外の温熱・空気環境

○室内外の光・音・振動環境

○心の安らぎを得られる空間設計

である。

　健康で快適な生活空間を求めながらも、省エネ、省資源化に努め、地域の生態系に負荷を与えぬよう常に配慮し、地域住民との連携により地域環境そして地球環境までも改善していこうとする試みである。

　太陽光を利用した暖房や通風による涼房、雨水の有効利用、合併浄化槽などの設置にとどまらず、屋上緑化や庭のビオトープ化（生き物の生息空間の創出）、さらにはそれらを緑の回廊でつなぐ、緑のネットワーク化などを促進させ、生き物との共生をも視野に入れた住宅である。したがって、高気密性構造や省エネ技術ばかりが卓越していても、建築時に多量のエネルギーを消費していたり、周辺生態系と断絶された空間となっていたりすれば、それはもはや環境共生住宅とはいえないのである。

４－３　環境共生都市（エコシティ）

　環境共生都市とは環境への負荷が少ない都市であり、低炭素化社会の実現に向け、資源を有効に使う、排出物質を可能なかぎり抑制する、そして自然と共生するなどを目指すものである。日本においては、1993 年（平成 5 年）に建設省（現：国土交通省）が開始した「環境共生モデル都市事業」において環境共生都市が提唱されている。「環境共生モデル都市」とは、"自然と共生できる都市"のことで、地球温暖化、野生動物の減少など深刻化する地球環境、自然環境などの問題を背景に、良好な生活環境や社会環境への地域住民の意識の高まり、ライフスタイルの変革などを通して、人と自然が共生することのできる都市を私たちの手で創出していこうとするものである。

　2000 年（平成 12 年）以降、政府は環境モデル都市事業、環境未来都市事業、あるいはスマートシティ事業など環境に配慮した都市づくりに向けた事業を展開させている。日本におけるエコシティ関連事業は、次の 4 つに分類できる。

（1）環境モデル都市

炭素社会に転換していくため、温室効果ガスの大幅削減など高い目標を掲げて先駆的な

5 人と地域のバランス　〜社会環境の問題〜

Column：環境共生都市の事例紹介　〜風の道計画〜

　大気汚染問題の解消を目的としドイツのシュツットガルト市が策定した、風を利用して汚染、気温、湿度を制御しようとする試みである。シュツットガルト市はすり鉢状の形状を呈し、この地形が自動車の排ガスや夏季の暑熱を滞留させるという問題を抱えていた。そのため、大気の流れを都市計画により制御し、都市上空に滞留する汚染大気を一掃させようと考えた。

　「風の道」とは、清涼な空気の通り道のことで、「ビオトープ（生物の生息空間）」と並んで都市環境を改善する新しい概念である。清涼な風を市街地に送り込むため、「土地利用計画」と「地区計画」の二段階の計画により道路、公園、森林などの連続的再配置や建造物の高さ制限、街路樹の植栽等を含めた都市整備計画が進められ、市街地を取り囲む丘陵からの風を市街地に途切れることなく導入させる試みがなされている。

　1993年（平成5年）には、ドイツの都市計画法である「建設法典」に環境に配慮した計画づくりの必要性が記載され、いずれの都市においても「環境負荷の小さな都市づくり」が要求されることとなった。日本においては、長野市のように市民団体と行政がパートナーシップを組み、風の道計画について調査・研究が行われるなど関心は高まっている。

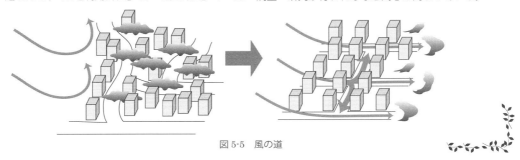

図5-5　風の道

取組にチャレンジする都市を「環境モデル都市」として選定・支援し、未来の低炭素都市像を世界に提示するモデルとなる都市である。域資源を最大限に活用し、低炭素化と持続的発展を両立する地域モデルの実現を先導する。2008年（平成20年）に下川町、帯広市、千代田区、横浜市、飯田市、豊田市、富山市、京都市、堺市、梼原町、北九州市、水俣市、宮古島市の13都市が選定された。2012年（平成24年）は、つくば市、新潟市、御嵩町、神戸市、尼崎市、西粟倉村、松山市の7都市、2013年（平成25年）は、ニセコ町、生駒市、小国町の3都市が選定されている。

　環境モデル都市のイメージは、コンパクトシティ化、森の保全と活用、交通体系の整備、環境教育、再生可能エネルギー、居住スタイルの変革をと市内で統合的に推進し、ライフスタイル、ビジネススタイルの転換を図り、地域の活力を創出することである。

（2）環境未来都市

　「環境未来都市」のビジョンは、環境への配慮以外に少子高齢化や地域活性化などの社会、経済的側面も考慮している。「環境モデル都市」に選ばれた都市の中から、さらに厳選し選ばれる都市である。海外とのネットワーク化により世界に類のない成功事例を創出し、成功事例を国内外に普及展開することにより、需要拡大、雇用創出、国際的課題解決力の強化につなげていこうとするものである。

2014年（平成26年）現在、東日本大震災の被災東北6地域（岩手県大船渡市・陸前高田市・住田町等、岩手県釜石市、宮城県岩沼市、宮城県東松島市、福島県南相馬市、福島県新地町）と被災地以外の5件（北海道下川町、千葉県柏市等、神奈川県横浜市、富山県富山市、福岡県北九州市）の11地域が選定されている。

○北海道下川町（人口：3,645人）：豊富な森林資源を活用した自立型の森林総合産業の創設や、集住化モデルによる自立型コミュニティの構築

○岩手県大船渡市、陸前高田市、住田町（人口：合計6.7万人）：環境防災未来都市として高台を利用した高齢者に配慮した連結型のコンパクトシティの創設

（参考：内閣府地方創生推進室『環境モデル都市・環境未来都市』https://www.kantei.go.jp/jp/singi/tiiki/kankyo/pdf/kankyo_gaiyo.pdf）

（3）スマートシティ

スマートシティとは、まち全体の電力の有効利用を図るなどエネルギーを賢く使うことで低炭素化社会の構築を目指す都市である。再生可能エネルギーの効率的な利用を可能にするスマートグリッド、電気自動車の充電システム整備による交通システムの改善、蓄電池や省エネ家電の普及による都市システムなどを統合的に組み合わせた低炭素化社会を実現し、都市交通やIT基盤などを最適化することで、地域住民の生活の質の向上を目指す都市のことである。

2009年（平成21年）に経済産業省が「次世代エネルギー・社会システム協議会」を設置し、実証研究のエリアを募集、200の都市から選ばれたのが、横浜市、北九州市、豊田市、けいはんな（大阪と京都と奈良の二府三県にまたがっているエリア、正式には関西文化学術研究都市）の4都市である。

（4）コンパクトシティ（集約型都市構造）

高度成長期以降、日本においては郊外への宅地開発が進められ、また、大型店舗の郊外進出により1990年代より中心市街地の空洞化現象（ドーナッツ化現象）に歯止めがかからなくなってきた。一方、郊外化は移動手段を自動車中心とするため移動手段の無い高齢者など交通弱者に不便であり、無秩序な郊外開発が環境保全の観点から問題となり、さらには、インフラ管理の非効率化などの問題も発生し、その改善が必要となってきた。

このような背景の下、都市的土地利用の郊外への拡大を抑制すると同時に、都市の中心地に行政、医療・福祉、商業、住宅などの都市機能を集中させるとともに人口を集積させることにより、暮らしやすさの向上、地域活性化、行政サービスの効率化などを目的とする都市形態「コンパクトシティ」が注目されている。コンパクトシティに関する定義はないが、中心市街地に多様な機能を徒歩圏内に集中させ高密な市街地を形成しようとするもので、職住近接、公共交通の利用、階層の多様化、脱自動車社会などが特徴としてあげられる。

5　人と地域のバランス　〜社会環境の問題〜

　国土交通省「国土のグランドデザイン2050」では、「2050年の人口が2010年と比較して半分以下となる地点が現在の居住地域の6割以上となる」、「現人口が10万人未満の市町村は全国平均の減少率（約24%）を上回るスピードで人口が減少する」と指摘されている。このような現状の中、「都市において、都市機能や居住機能を都市の中心部等に誘導し、再整備を図るとともに、これと連携した公共交通ネットワークの再構築を図り、コンパクトシティの推進」を図るとしている。

　一方、コンパクトシティの推進には多方面から課題も指摘されている。一例をあげれば、
・周辺地域、農村を切り捨てることにならないか。
・すでに拡大した郊外の将来をどうとらえるのか。
・郊外の自動車依存型社会を克服できるのか。
などの声が上がっている。

　「環境モデル都市」「環境未来都市」「スマートシティ」そして「コンパクトシティ」は、細部に違いはあるものの、基本的には自然環境を保全し、生活環境の改善を図る都市づくりという点において同じである。近年では、自然環境のみならず少子高齢化、地域活性化などの社会、経済的側面も考慮した広域的、統合的なまちづくりが必要不可欠となっている。

　都市の自然環境整備を計画的に進めていくためには、マスタープランとなる「都市環境計画」の策定が奨励されている。この計画では"野生動植物の生息状況"や"地域生態系"を把握した上での緑のネットワーク計画や、風向や気温などの都市の微気象データを踏まえた"風の道"計画など、従来の都市計画では十分検討されてこなかった都市づくりが期待されている。

　都市の環境負荷を低減させるためには、土地の高度有効利用が不可欠な要素となる。例えば、都市中心に人口の集積化を図り、その地域に対し環境共生都市づくりを推進していく。そして、その内部の各家屋は周辺の生態系に調和した環境共生住宅とし、省資源、省エネルギー化も同時に図っていくこととなる。その際、「都市計画法」や「建築基準法」等の制度により、ある程度個人の自由を制限する必要も出てくるだろう。

　都市に残された小規模な農地は、例えば「市民農園（Allotment Garden）」とし保全し、建築物の屋上や壁面の緑化地とつないでいく。こうして生き物の移動を可能とする環境を整備していくことにより、都市内に残る自然環境を積極的に保全、さらには再生することで、歪んだ都市生態系を改善していくことが可能となる。

　「市民農園」とは、一般的には普段自然との結びつきが希薄な都市の住民が余暇を利用し自家用野菜や花などを栽培したり、子供たちに体験学習をさせるといったさまざまな目的で利用される小規模の農園のことをいう。市民農園はヨーロッパでは古くから利用され、ドイツでは「クラインガルデン（小さな庭）（Kleingarten）」とよばれ、都市部に多数存在している。「クラインガルデン」は単に余暇を過ごす場としてだけでなく、都市域に残る小さな分断され孤立化した生態系をつなぐ生態的回廊としての役割を担っている（K.Ermer他、1996）。

例えば、東京都内に残る小面積の農地は、都内の都市公園等の面積の1.5倍もあり、ヒートアイランド現象の緩和や雨水の浸透など都市環境の保全に貢献している一方で、単一作物を提供する緑の工場となり、クラインガルデンとは質を異にしている。この土地を生態的回廊とし利用することができれば、都市生態系も改善されるであろう。しかし、担い手の高齢化や税負担、安価な輸入農作物に押され、市街地の農地は減少を続けている。

図 5-6　市民農園―屋上・壁面緑化（環境共生住宅）―農村を渡る鳥

Column：注目される世界の都市化問題

国連による「世界大都市ランキング2014」によると、現在、世界人口の54%（39億人）が都市部に在住し、2050年には66%となるという。また人口1000万人以上の「メガ大都市圏」は、1990年10ヵ所が現在は28ヵ所あり、2030年には41ヵ所になる見込みだという。

28ヵ所のトップは、1990年の調査開始以来、東京を中心としたメガ都市圏（神奈川県、千葉県、埼玉県を含む人口約3,800万人）である。続いてデリーが約2,500万人、上海約2,300万人、メキシコシティ約2,080万人、サンパウロ約2,080万人、ムンバイ約2,070万人、大阪約2,010万人、北京約1,950万人と続いている。日本は人口減が継続していくと予測されるが、それでも2030年まではトップの座を保ち、神戸などを含む近畿大都市圏としての大阪は、1990年時点では東京に次ぐ世界2位だったが、今回は7位で、2030年には13位へと下がると予測されている。都市化は国民総所得1人あたり1,046ドル～4,125ドル程度の比較的中規模所得国で加速している。人口集中速度が最も早い地域は人口100万人以下の中規模都市で、その多くはアジアとアフリカにある。
（国連経済社会局『World Urbanization Prospects, The 2014 Revision』）

∴ 5. 里地里山における自然再生とそれを支える地域づくり ∴

田園都市を形成していくためには、環境負荷の小さな都市づくりと同時に農村の環境を整えていく必要がある。

都市域と奥山自然との中間に位置し、農林業などによる人間の働きかけを通じ形成されてきた日本特有の二次的自然に「里地里山」がある。具体的には、集落を取り巻く二次林とその周囲に位置する田畑、ため池、草原などで構成された地域を指す。一般的には、集

落を取り巻く二次林を「里山」、里山に農地を含めた地域を「里地」とよぶ場合が多い。里地里山の環境は、およそ3,000年前の弥生時代前期から人々による長期にわたる自然環境への働きかけを通じて形成されたといわれる。二次林は日本の国土の約2割、周辺農地を含めると4割と広い範囲に存在し、日本の自然を形成する重要な役割を担っている。二次林は大別すると、ミズナラ林、コナラ林、アカマツ林、シイ・カシ萌芽林の4つのタイプに分類される。国土の中間に位置するため、奥山自然へ人為を入れない緩衝地域として、また都市域への生き物の移動ルートとしての機能をもち、奥山と都市域を結ぶ生物多様性の動脈を担ってきた。

　「奥山」とは、自然に対する人間の働きかけが少なく自然性の高い地域である。原生自然が残存し、クマやカモシカなどの大型哺乳類が生息し、ワシ・タカなどの猛禽類が樹上を飛び交う国土の生物多様性を支える重要な地域である。

　自然林、自然草原を合わせた自然植生の多くが奥山に分布し、国土面積の約2割を占めている。奥山には固有種や遺存種が多く生育・生息し、絶滅の危機にある動植物を保全する上でも、国土の生態的ネットワークを形成する上でも重要な地域である。遺存種とは「過去の時代に栄えていた生き物が、現在でもなんらかの形で細々と生き残っているもの」のことである。

　厳しい気象条件、立地条件の環境下にある生態系は小規模な人為に対しても脆弱であり、入山者が山岳道路以外に立ち入り踏みつけただけでも植生が修復するまでに多大な時間を必要とする。

　かつては絶滅危惧種のメダカやトノサマガエル、ノコギリクワガタなどの小動物が多く生息する生物多様性に富む地域であり、歴史的にみても地域の生活・文化を伝える重要な地域であった。

　里山を形成する「谷戸」は湧水が湧き出す水源地であり、人間をはじめとする多くの動植物に生息・生育場所を提供してきた。谷戸とは丘陵部に刻み込まれた湿地性の谷間のことで、湧水によって涵養されるため水田づくりに利用されてきた。「やち」「やつ」とよばれることもある。

　しかし、1975年（昭和50年）から2005年（平成17年）にかけて農家人口は約7割減少し、2014年（平成26年）では、227万人にまで減少している。農山村人口の減少には歯止めがかけられず、大都市周辺の里地里山では商業立地、住宅需要の増加などで市街地の拡大は進行し、さらには里山や谷戸も建設発生土や産業廃棄物の処分地に使われ急速に消滅しつつある。

　日本には手つかずの原生自然は少なく、多くは二次林、ため池、草地など、人間の管理のもとに成立している里地里山の二次的自然である。これら多様な生き物の生息環境が有機的に連結し、多くの生き物が育まれ、多様性に富んだ生態系が形成されている。とくに水田は浅い水深の湿地が形成・維持されるため、ドジョウやカエル、タガメなどの小動物の生息場所として不可欠な環境を提供している。

里地里山の生態系は常に人為の影響を受けることで成立しており、化学肥料に頼らない適切な農業やため池、水田の畦等の維持管理を積極的に行うことにより、独特な生息・生育環境を生み出している。したがって、耕作を放棄すればタケやササ類の侵入等により生物多様性は低下し、人間活動によるかく乱の結果として生まれる多様な生息・生育環境を損失することになり生態系は崩壊していく。絶滅危惧種の多くが、原生の自然地域よりも里地里山にいるという日本、例えば、メダカの約7割、ギフチョウの約6割が里地里山に生息していることが確認されている。環境省「2015年版環境・循環型社会・生物多様性白書（環境白書）」によると、その里地里山は、2050年までに3〜5割が無居住地化し、荒廃が拡大するという予測が示されている。

　立地条件や樹木の種類などによって異なるが、二次林に関しては積極的に人為を介入させ維持していく地域と、自然の遷移に委ねる地域を明確に区分し取り扱う必要がある。ミズナラ林、シイ・カシ萌芽林はもともと人為干渉が小さく、奥山地域に近い環境におかれている場合が多いので、手入れをしないでも自然林へ移行するのが一般的である。一方、コナラ林やアカマツ林は、薪炭材や燃料などとして積極的に利用されることにより維持されてきたので、放置しておけばタケ・ササ類の侵入や低木林のやぶの形成により更新が阻害され里山特有の生物多様性は低下するので、積極的に人為を介入させ維持・管理していく必要がある。

　農業は、自然界の生き物を介在する物質の循環を促進する「自然循環機能」を利用することにより成立するので、生物多様性に大きく依存する活動である。逆に考えれば、農業は生物多様性に大きな影響を与える活動であるといえる。そして、農村地帯の生態系は、田植え、稲刈り、そして稲刈りが済んだ田んぼに最初に鍬を入れる「荒越こし」という作業や、「荒越こし」した土に水を加えかき混ぜる「代掻き」といった作業により、絶えずかく乱・回復を繰り返し健全さを維持している。

　したがって、農村の過疎化・高齢化などによる耕作放棄は、農村地帯の生態系を激変させ生物多様性に大きなダメージを与えることになる。

　里地里山の抱える自然環境の問題は、地域の生活や文化、産業などに深く関わるものであるため、国やNPOからの支援を受けながら地域ぐるみで環境保全活動を推進していく必要がある。

　国は、1999年（平成11年）の「食料・農業・農村基本法」さらには2000年（平成12年）策定された「食料・農業・農村基本計画」を踏まえ、食料の安定供給の目的以外に「自然循環機能」の維持増進、ならびに「持続性の高い農業生産方式」を構築するため、

　　○農薬や化学肥料の使用量を減らす技術開発

　　○家畜排泄物、食品廃棄物、生ゴミ等の有機性資源のたい肥化、土づくり

を進めている。都道府県知事から「持続性の高い農業生産方式」の認定を受けた農業従事者は「エコ・ファーマー」（農林水産省、エコファーマー制度）とよばれ、金融・税制上の特別措置が受けられる。

また、2000年度（平成12年度）から地理的に生産労働条件が厳しい中山間地域における農業生産活動が継続的に行われるために、不利な条件を補正するための交付金を交付する「中山間地域等直接支払制度」が実施され、この交付金で田畑や水路などの維持・管理が行われている。

しかし、国からの補助金交付では対応できない問題も多く、農家を含む地域住民やNPOの自発的な維持管理、保全活動に頼るところが多いのが現状である。中山間地域とは、「平野の周辺部から山間部に至る、まとまった耕地が少ない地域」（農業白書、1988）を指し、「山村振興法」または「過疎地域活性化特別措置法」によって「振興山村」または「過疎地域」に指定されている市町村のことをいう。日本の国土の7割に達し、農家戸数・農業粗生産額の約4割、森林面積の約8割を担っており、食料供給、国土・環境の保全、居住空間や余暇空間の提供、地域文化の継承等の重要な役割を果たしている。

人工林も立地条件に配慮し、複層林化や混交林化などにより単一な生態系をより複雑な生態系へと変え、生物多様性を高める取組みが必要である。混交林とは、高木層が2種類以上の樹種で構成された森林のことであり、複層林とは混交林の中でも高木層と低木層で樹種が異なる森林である。

里地里山を保全するための制度としては、「自然公園」、「自然環境保全地域」、「鳥獣保護区」、「緑地保全地区」などのさまざまな制度があるものの、これらの制度は里地里山自体を直接保全するために設けられた制度ではないため限界がある。現時点では、後継者不足に悩む生産者と地域住民やNPOが協働し、持続的な里地里山の維持管理を行っていくことが現実的で大切なことである。

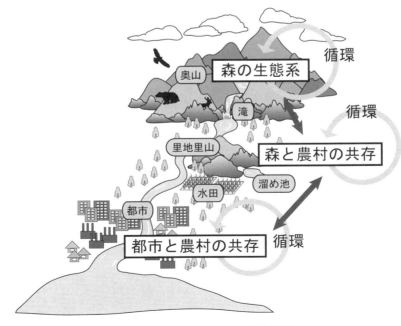

図5-7　里地里山を支える地域づくり

5-1 事例紹介

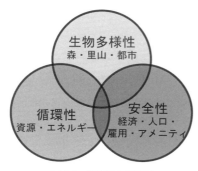
図5-8　里地里山の役割

今までは分断されていた奥山、里地里山、都市を有機的につなぎ多機能化を図ることにより農村の生態系を整備し、都市域－農村域の人々の交流を活発化させ、農村に新たな雇用を創出していくことで労働力を確保し、里地里山を支える地域づくりを進めていくことが大切である。

そのためには、奥山と都市域を結ぶ生物多様性の動脈となっていた里地里山では、地域の生態系に根付いた環境インフラを整備した上で、物質、エネルギー、人材等の適正な循環がなされ、自然を規範とする地域内の再生資源（動植物など）を活用した地域産業を発展させていくことが必要であると考えられる。

以下に、里地里山を支える地域づくりの実践例を紹介する。

(1) 持続可能な環境保全型の有機農業を進める取組み

「地域農業と環境を守り、安全な食べ物を生産し供給する」目的で、1995年（平成7年）8月に山形県東置賜郡の農業生産者により「ファーマーズ・クラブ赤とんぼ」は設立される。

後継者不足に悩まされ続けていた現状を打開し、幅広い年齢層の人たちが共に農業を営み続けられるようなシステムとそれを支える地域づくりを目指している（ファーマーズ・クラブ赤とんぼ、山形県東置賜郡）。

具体的には、

①地域内自然循環農業の実践

　ファーマーズ・クラブ赤とんぼの母体である米沢郷牧場では、自然循環農業の基本を「有畜複合農業」とし、農家が家畜を飼い、そのし尿をBMW技術で家畜の飲み水や飼料、肥料に変え利用している。また、ファーマーズ・クラブ赤とんぼから排出されたコメヌカにBMW技術を利用して養鶏用の飼料を作ったり、稲わらやくず米からコンポストを作り畑で利用するなど循環的にモノを活用している。BMWとはバクテリア（B）、ミネラル（M）、ウォーター（W）をバランスよく組み合わせ、自然石や腐葉土で処理して活性化させたものである。

　良質な堆肥を得るため、窒素含有率は必要最低限の1％に調整し無農薬栽培を容易にしている。また窒素成分による水質汚濁を引き起こす心配もない。

②世代間交流

　環境保全型農業の実践を通じて、地域内の高齢者から若年層、女性層が同じ立場で発言し、地域内の改革に関わっていくための交流が盛んに行われている。若年層にやる気を与えるとともに、畜産・堆肥化を効率化することで農家では珍しい週休制度を導入し

5 人と地域のバランス 〜社会環境の問題〜

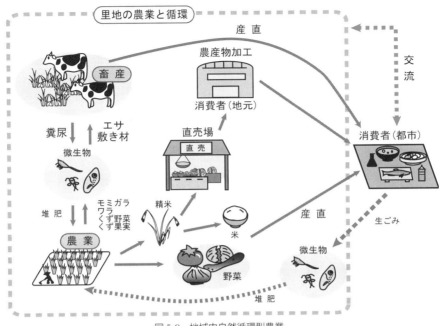

図 5-9　地域内自然循環型農業

若年層離れを防止している。
③高齢者など農家の作業受託
　機械作業やその他の重労働は若手が担当し、草刈りなどの軽作業は女性や高齢者が担当するといった分担制をとることにより、高齢者や女性の農家離れを抑止することを目的としている。

(2) 水鳥と共生する水田づくりの取組み

　宮城県北部に位置する田尻町は、近隣にラムサール条約登録地である伊豆沼を配し、日本に飛来するガン類の多くが越冬する貴重な湿地である蕪栗沼(かぶくりぬま)と周辺水田が残されている。この蕪栗沼は過去幾度かの全面浚渫(しゅんせつ)計画を巡り開発か保全かの激しい論争を繰り広げてきたが、最終的には豊かな生物相と湿地環境の保全という方針が確認され現在に至っている。行政、地元住民、NPOのパートナーシップにより水鳥をはじめとする多くの生き物が戻ってきている（水鳥と共生する水田、宮城県北部田尻町）。
　水田の自然度を高める環境保全型農業を推し進めることにより、水田がガン類をはじめとする水鳥にとって良質な採食地となり、ガン類と共生する豊かな農業を目指すことにより地域特性を活かした持続可能な農業を構築することを目指している。
　冬期湛水プロジェクトでは、通常は水を抜いておく冬の水田に水を張ることにより、小動物から水鳥までの湿地性の生き物に越冬の場所を提供している。さらに、水鳥が雑草種子を採食することによる除草効果、水鳥の糞による堆肥効果、湛水による雑草の生育抑制効果などで成果をあげている。冬期も湛水させておくことでラン藻などが繁殖し、窒素を

固定させ翌年の肥料にもなっている。微生物の生態をうまく利用した農法である。

　生き物と共生した水田で収穫された米は、他の地域の有機栽培米と比較して安全・安心という付加価値を消費者から得ることに成功している。

　複数の農家レストランが、田植えや草刈り、果物狩りなどの農作業体験を取り入れた「グリーン・ツーリズム」を展開し、地域で取れる安全で安心な食材を用いた食事を訪れる客に提供している。

（3）地域内の再生可能資源を地域内で利用する取組み

　休耕田に菜の花を植える取組み「菜の花プロジェクト」（滋賀県愛東町など）が琵琶湖を囲む市町村で広がっている。

　1980年代の琵琶湖は、生活雑排水による富栄養化により赤潮の被害が拡大していく時期であった。富栄養化の原因のひとつが廃食油であったことから、廃食油を回収して石けんを作り利用するという「廃食油リサイクル運動」が活発化していく。そして、この運動を契機とし、ドイツの菜種油利用プログラムとの出会いによりリサイクル運動は新たな局面を迎えることになる。

　ドイツでは、枯渇資源であり燃焼により二酸化炭素を排出する化石燃料からの脱却を図るため、再生可能資源である菜種油の活用を模索していた。菜種油を精製した燃料で走行する自動車の開発も実現されていた。そこでの活動にヒントを得た愛東町では転作田に菜

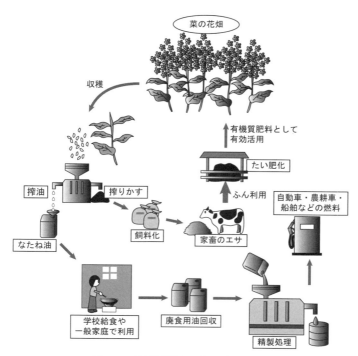

図5-10　地域内資源・エネルギーの循環の仕組み
（出所：菜の花プロジェクトネットワーク『Hello!　菜の花プロジェクト』より作成）

の花を植え、種を搾油して食用油の菜種油を作り学校給食や地域で利用し、搾油時に出たしぼり油かすは飼料や肥料に利用している。また廃食油からバイオ・フューエル（軽油代替燃料）をつくり出し、軽油で走っているディーゼルエンジン車に軽油に替わる燃料として利用している。

今では、菜の花畑そのものが観光資源になり、さらには菜の花で養蜂を営むことで地域内の資源・エネルギーを最大限に利用し、地域内で資源を循環させるシステムが構築されつつある。

5－2　棚田そしてグリーン・ツーリズム

全国各地の斜面に広く分布する「棚田」も、経済効率の低さ、後継者不足などの理由から耕作が放棄され放置されてきた。このような状況の中で、棚田は米の生産場としての機能だけでなく、景観形成、伝統・文化継承、環境・生態系保全、環境学習などの機能を発揮する場として見直されている。

米の生産を重視してきた農村住民と自然に触れ心の安らぎを得たいと考えている都市住民の交流の場としての棚田の存在が今注目されている。

都市住民が自然豊かな景観を求め農山村を訪れ、体験や地元の人々との交流を通じて生活文化や生産活動との関わりを楽しむ余暇活動を「グリーン・ツーリズム」とよび、その概念に基づいて提供されるサービスを「グリーン・ツアー」とよぶ。グリーン・ツーリズムは過疎化、高齢化が進み地域の活力が弱体化している農山村を活性化させる方法として注目されている。

そもそもグリーン・ツーリズムは農村の風景、生態系、伝統的文化が維持されているヨーロッパで広く行われている余暇活動の一種である。都市住民が農村民宿に長期滞在し、そこで農作業を体験したり野生動物とふれ合ったり、さらには文化・歴史と出会うことなどで充実した余暇を過ごそうとする農村体験・観光である。1970年代からの歴史があり、ヨーロッパでは都市住民の意識も高い。

日本においては、1970年代から「都市と山村の交流」として北海道や九州の農山漁村で実施されているが、その後の行政指導型のグリーン・ツーリズムが展開されたことで広がりを見せている。1993年（平成5年）に農林水産省が「農山漁村でゆとりある休暇を」という事業を開始し、1994年（平成6年）には「農山漁村滞在型余暇活動のための基盤整備の促進に関する法律（通称：グリーン・ツーリズム法）」が施行される。この法律の中で、グリーン・ツーリズムとは「都市の住民が余暇を利用して農村、山村または漁村に滞在しつつ農作業、森林施業、または漁業の体験そのほか、農業、林業、漁業に対する理解を深める活動」と定義されている。この法律に基づき体験民宿の組織化が整備されており、多くの民宿が登録されている。行政からの支援を受けずに農山漁村が自主的に進めるグリーン・ツーリズムも徐々に広がりを見せている。

グリーン・ツーリズムの都市住民に対する効果としては、

①農山漁村の生活文化、生産活動に対する理解を深めることができる。
②自然や動物に触れることにより、とくに子供の心の形成に大きな影響を与える。
などが上げられる。一方、農山漁村民に対する効果としては、
①農山漁村地域の自然、文化の環境を保全することができる。
②農山漁村地域の経済を支え、地域の存続、発展に寄与する。
などである。

グリーン・ツーリズムのほかにも、注目されている余暇活動の形態として「エコ・ツーリズム」がある。

エコ・ツーリズムの概念は（財）日本自然保護協会によると、「旅行者が、生態系や地域文化に悪影響を及ぼすことなく、自然地域を理解し、鑑賞し、楽しむことができるよう、環境に配慮した施設、及び環境教育が提供され、地域の自然と文化の保護、地域経済に貢献することを目的とした旅行形態」である。

すなわち、地域の良好な自然環境、伝統文化の存続なくしては観光は成立せず、地域住民の参画なくしては良好な自然環境、伝統文化を維持していくことはできず、地域経済への貢献なくしては、地域住民の参画は望めないという、3つの認識の上に成立する余暇活動である。これに都市住民の自然への憧れ、自然環境、伝統文化への興味などが組み合わされることでエコ・ツアーは完成するのである。

そもそも何が「エコ」なのであろうかということで、上記のエコ・ツアーの定義も変わってくるので、定義することは難しい現状にある。自然の中に入っていく旅なら「アウトドア」である。ここでいう「エコ」とは「持続可能」と同義語としている。「持続可能」とは、人の自然や環境への営みが、環境容量を超えないことを意味する。先住民へのインパクトや彼らの生活環境の破壊という面をもつ「エコ」は、もはやエコではないのである。

このような「持続可能」な旅行の考え方の流れを受けて、とくにマス・ツーリズム（一般大衆旅行）との対比で定義されるのが「オルタネイティブ・ツーリズム」である。「オルタネイティブ・ツーリズム」を具現化したものとして、上記のグリーン・ツーリズム、エコ・ツーリズム以外にも、アグリ・ツーリズム（アグリカルチャーとツーリズムを組み合わせた造語。農家が使っていない土地や家屋などを利用し観光客に宿として提供したり、本業の農業の仕事の見学や体験サービスを提供すること）、ブルー・ツーリズム（島や沿海部の漁村に滞在し、魅力的で充実した海辺での生活体験を通じて、心と体をリフレッシュさせる余暇活動の総称）などのよび方もある。

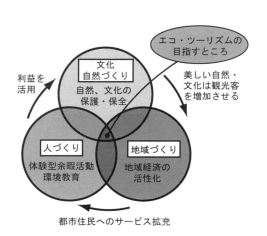

図5-11　エコ・ツーリズムとは

5　人と地域のバランス　～社会環境の問題～

5－3　地域通貨で地域づくり

　現代の地球を包み込んでいる経済のグローバリゼーションは、地球規模では南北問題を深刻なものとし地球環境に負荷を与え続けている。投資家により利潤を上げられないと判断された地域は一方的に衰退していくという現象を引き起こしている。国内では都市化の進展を加速させ、人口、経済の流出に伴う伝統的な地域コミュニティーは崩壊しつつある。

　貨幣に依存する現代社会は通貨それ自体が投機や商品の対象となっており、ビッグマネーは国境を越え、あらゆるものを巻き込み世界をかけ巡っている。一夜明ければコツコツと貯蓄してきたお金が大暴落して価値のないものとなってしまう、というおかしな現実も世界各地で起きている。

　したがって、貨幣に依存しない地域づくりは、地域コミュニティーの崩壊を抑止し、都市化を抑制し、人々が暮らしやすい地域をつくり上げるとともに、地球環境を正常に戻すために期待されている方法である。

　このような背景の中から多くの課題をもつ「地域通貨（エコ・マネー）」ではあるが、その可能性について検討が始まった。

（1）地域通貨とは

　「地域通貨」とは、「国民通貨（円やドル）では表しにくい互いに助けられ支え合うサービスや行為を時間やポイント、地域内独自の"貨幣"などに置き換え、これを地域通貨としサービスや行為、あるいはモノと交換する原理であり、地域内の人々の合意によりルール化したもの」のことである。

　市場経済の暴走を食い止め、住民の参加により市場経済とはまったく別の新しい価値観を形成し、持続可能な地域づくりに役立てていくための一つの試みである。

　地域通貨は、地域内で必要なものを地域で供給するための手段であり、「円やドル」などの国民通貨とは異なる「もう一つのお金」ともいうべき働きをするもので、地域内の人々の「信頼」により地域内を循環する。

　「地域通貨」は、現代の貨幣システムの弊害、すなわち、環境、貧困、戦争、精神の荒廃など、すべての問題にお金が絡んでいることに疑問を抱いた2人のドイツ人の発想に負うところが大きい。1人は実業家で経済学者のシルビオ・ゲゼルであり、2人目は童話『モモ』で有名な作家のミヒャエル・エンデである。

　彼らは、

「お金は老化しなければならない」

「お金は経済活動の最後のところでは、再び消え去るようにしなければならない」

と考え、永遠に利子がつき、富める者が一方的に富んでいくといった不条理、不公平を改めようとしたことに始まる。

　したがって、地域通貨のシステムでは、

125

○利子というものは存在しない。
○一定期間に特定の地域内で使用しないと使用できなくなる。
といった基本的特徴をもっている。これは、富の蓄積を排除し、富を地域で循環させるためである。地域通貨は、できるだけ手元に貯め込まずに使うことが大切なように設計されている。

（2）地域通貨の仕組み

以下に、福島県会津地方の取組みを参考に、「LETS 会津」と名づけられた地域通貨の仕組みを概観していく。「LETS」とは Local Exchange and Trading System の略で、地域内の交換交易の仕組みを意味している。紙幣やコインのような通貨はなく、参加者メンバーは各自通帳を持ち、メンバー間でのサービスやモノの交換と残高の記録を、その地域の LETS 事務局が管理している方式である（2008 年現在休止中）。

「LETS」は地域内の取引が分断されている状態から脱却するため、地域内の取引を促進し地域経済の立て直しを図る目的で、1983 年（昭和 58 年）にカナダのバンクーバー島で始まった。その後オーストラリアやイギリスなど世界中に広がりをみせている地域通貨である。2001 年（平成 13 年）1 月に誕生した「LETS 会津」も、その中の一つである。

地域通貨の仕組みを理解するために「LETS 会津」の取組みを簡単に紹介する。

1）リストづくり

参加を希望するメンバーが、提供したい、あるいは提供してほしいサービス、行為やモ

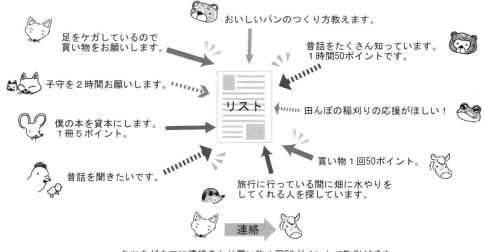

図 5-12　リストづくりから始まる地域通貨

ノを事務局に届け出ることによりリストが作成される。ここから、メンバーは地域通貨へ参入することとなる。このリストは定期的にメンバーに配布される。

2）取　引

サービスやモノの提供を受ける側は、その相手と直接交渉することにより交換ポイントを決め、自分の通帳にマイナスポイントを、相手の通帳にプラスポイントを記入し署名を交わすことで取引は完了する。参加者全員の通帳口座の残高はゼロから出発するので、

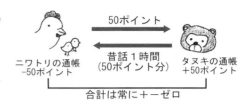

図 5-13　取引前・後で全体の合計はいつもゼロ

色々な交換が行われれば残高がプラスのメンバーやマイナスのメンバーが出てくることになる。しかし、仕組み全体を見ればプラスもマイナスも相殺され残高は常にゼロとなる。プラス残高にもマイナス残高にも利子はつかない。

ここで大切なことは、地域通貨は「信頼の通貨」であるという点である。マイナスが多いといって取り立てに行くとか、プラスが多いから利子がつくというものではなく、マイナスの多い人は、「それだけ他人に助けてもらう機会が多く」またプラスの多い人は「人を助ける機会が多かった」ということを理解し合える雰囲気が重要なのである。

ここに介護を必要とする寝たきりの老人がいたとする。洗濯やら買い物やらを依頼するたびに通帳はマイナスポイントがかさんでいく。このままでは他人の善意をただ受け取っているだけの形となり、一方的な関係がつくり出されてしまう。こうした自体を一番憂いているのは老人本人であろう。一方的にサービスを受けるだけの立場はつらいことであろう。しかし、地域通貨での考えは、時間はかかってもマイナスポイントは返済することが要求される。それも通常の労働等ではなく、自分が今できる範囲の中でサービスを提供すればよい。「LETS会津」ではサポーター制度を導入し、このような問題の解決にあたっている。

老人をサポートするメンバーは、老人との話し合いにより「おじいさんの昔話を聞く会」や「書籍の貸し出し」などを企画し、プラスポイントを集めるよう努力する役目を担っている。サポーターは老人との取引などを通じて信頼関係のできた会員が相談の上に引き受けることができる。

サポーターは老人をサポートするとともに、取引でのトラブルを解決したり、老人が脱会するときの残高を引き継ぐことが期待されている。サポーターをサポートするサポーターもいるので（すなわち、すべての人が誰かのサポーターになっている）、サポーター間のつながりを維持したままに信頼の輪を広げていけることになる。

人に親切にするのは当たり前のことであり、その善意をポイントに交換する行為には違和感を覚える。しかし、それは家族や地域のコミュニティーが健全に機能していた時代のことである。一方的に善意を受けるボランティアには些細なお願いをしづらくなる。しかし、地域通貨では受けた善意に対しては、受けた側も自分のできうる範囲でお返しをする

こととなるので、気持ちは楽である。

　人が生きていく上で大切なことは、自分も誰かの役に立っているという実感である。地域通貨には、人をその気にさせ、そしてたしかに役立つ何かがあるのではないかという期待がある。

（3）地域通貨の効果

　地域通貨を使用することにより、

○地域の人々が必要としているサービスやモノを知ることにより、地域の支え合いが実現可能となる。

○誰もが地域で必要とされている、という実感を得ることができる。

○地域コミュニティーの再生

○地域経済の再生や自立

○都市と農山村の交流の促進

という効果が期待されている。

　さらに、エネルギー消費量の削減効果なども期待されている。地域通貨の流通は、地域の中でつくられた作物や製品を地域内で消費する「地産地消」を促す効果があり、その結果、作物や製品を遠方から輸送したり、遠方に配送するエネルギー量が低減される。また、地域でつくったモノを地域の消費者に提供するため、お互いに顔の見える取引が行えることとなるといった効果もある。

　このように、地域通貨は地域内の住民同士の取引を盛んにし、地場産業や地元商店街を活性化し、良質なサービスを提供するための努力が払われ、新たな雇用、地域内循環、地域市場を創造する可能性を持ち合わせている。また、都市の住民が農山村での作業を手伝い得た地域通貨を、その地域内でのサービスや地場産品の購入に支払うような仕組みがつくられれば、都市住民と農山村の住民の交流の場が生まれ、新たな農山村の地域づくりが可能となる。

　地域通貨は使用する人々の信用・信頼関係があって初めて活用できる仕組みである。意図的に悪用しようと考えればできてしまうこともある。したがって、地域通貨を管理する事務局やサポーターが常に取引や約束の履行、トラブルなどを監視する仕組みを取り入れる必要があるのも現実なのである。

（4）地域通貨の種類

1）LETS方式（地域内の交換交易方式）

　登録したメンバー間でサービスや行為、モノを提供し合う取引の方式である。事務局が開設するリストを参考に取引が行われ、提供した人にはプラスポイントが、提供を受けた人にはマイナスポイントが、それぞれの通帳に記載される。前述の「LETS会津」や千葉県千葉市のNPO法人「千葉まちづくりサポートセンター」の「ピーナッツ」などがある。

5 人と地域のバランス ～社会環境の問題～

　2）タイムダラー方式（時間預託方式）

　すべての人が公平にもつ「時間」に基づいてサービスや行為の価値を判断する方式である。メンバーの提供するサービスを時間で測り、サービスやモノとの交換を行う。愛媛県関前村の「だんだん」などがある。

　3）紙券発行方式（イサカ方式）

　LETS 方式と同様の仕組みであるが、異なる点は通帳ではなく紙券を発行するところである。これにより事務局が残高の管理をする必要がなくなり、登録していない人でもこの紙券を使うことができる。ニューヨーク州のイサカの「イサカ・アワー」や滋賀県草津市「おうみ」などがある。

　「おうみ」は草津コミュニティー支援センターを中心とする地域通貨で、当施設の運営ボランティアを行った NPO や個人に対し地域通貨「おうみ」を支払い、NPO や個人は貯まった「おうみ」をセンターの施設使用料などにあてて活用している。当地域の NPO は、NPO が自立するためには従来型のボランティア行為を提供し、相手から感謝されるだけの関係から、サービスに対してなんらかの支払いがなされる仕組みが必要であるとの判断から、地域通貨の導入に踏み切った経緯がある。今では「おうみ」は地域内の住民に愛用され、地域の結びつきを深めることに成功している。

Column：ボランティア、NPO そして NGO とは

　ボランティアとは「個人が善意で行う個々の活動」のことである。例えば、ある人が近隣の公園の清掃を善意で行っていたとすると、これはボランティアとよばれる。その後活動の輪が広がるとボランティア団体となり、さらに役員会や事務局が設置され組織立ってくると NPO とよばれるようになる。

　NPO とは営利を目的とせず、継続的に運営される民間の組織のことである。NPO とは「Non-Profit Organization」の略で、「非営利組織」と訳される。NPO 法により「特定非営利活動法人格」を取得した団体を総称する用語である。非営利といっても活動資金を得るために利益を上げる事業は行ってもよく、それを役員等に分配したりしてはいけないということである。

　「特定非営利活動法人（NPO 法人）」になるためには、主として 1 つの都道府県内のみに事務所を構える場合と、2 つ以上の都道府県内に設ける場合で分類される。前者は都道府県が、後者は内閣府が申請の窓口となる。今では 5 万を超える NPO 法人が認証されている（2015 年 7 月末時点）。

　一方、NGO とは「Non-Governmental Organization」の略で「非政府組織」と訳される。一般的に、国連活動に協力する民間団体の総称として国連憲章の中で用いられてきた用語であるが、今日では、国同士の取り決めによらない民間の国際協力団体を指す用語となっている。経済社会理事会が認めた NGO を「国連 NGO」とよぶが、近年では地球規模の諸問題に対し非政府・非営利の立場で取り組んでいる市民主導の国際組織を NGO とよんでいる。

　NPO も NGO も非営利で非政府であるという点では同じであるが、日本では、NGO は開発協力など国境を越え国際的な活動を行う団体のことで、地域社会で福祉や環境保全活動を行う国内団体を NPO とよぶことが多い。

❖・❖・❖ 6. 都市 ～農村をつなぐ生態的回廊づくり～ ❖・❖・❖

　環境負荷が集中する都市地域においては、樹林、樹木、草などで覆われている緑被地の面積が減少し続けている。その結果、樹林地や水辺、屋敷林や社寺林、公園など都市内に

残る貴重な自然が連続性を失い、生態系が有する浄化作用等の本来の諸機能が低下している。

都市地域において多様な生き物の生息・生育環境を保全、再生していくためには、残存する民有緑地の保全を図りながら、都市公園をはじめとした公共施設における緑の確保、創出や、建物屋上の緑化などを積極的に推し進める必要がある。さらに、豊かな生物相を都市地域へ送り込む供給源としての農地や森林などと有機的につなぐことにより生態的回廊をつくる必要がある。

私たちが生態系を構成する一員であることを常に感じることができ、生態系を構成する全階層の生き物が暮らしていける社会を作り上げていくことが将来の国土の姿である。その実現のためには、市民と行政が協働することで、地域の活動から得られる効果を周辺の多様な自然環境・社会活動に波及させ、分断化された地域と地域を結ぶことで生態的回廊ならびに社会的なネットワーク化を図り、健全なる国土の生態系を取り戻し、循環型社会を営むための創造的な取り組みを継続することが不可欠となる。

6-1 循環型社会は地域づくりから

日本は、経済のグローバル化を急ぐあまりに、長い年月をかけて築き上げてきた日本固有の地域経済に基礎をおく産業活動から目を背けてきた。経済のグローバル化は日本の経済を成長させたが、それは他国の自然を破壊し運んできた資源エネルギーの大量消費の上に成り立つものであった。

循環型社会の構築は、経済を維持・成長させながら、一方でエネルギー需要を安定させ、そして環境保護を実現させるというトリレンマの鍵を解くこと（3Eの安定）で達成される。すなわち、モノの流れを系から外へ発散させていく従来型ではなく、系の中で回す循環型のシステムとする必要がある。また、広い系の中でモノを回すとエネルギー効率が悪く損失が大きい。したがって、循環型社会はグローバルな世界で形成させることは難しく、自

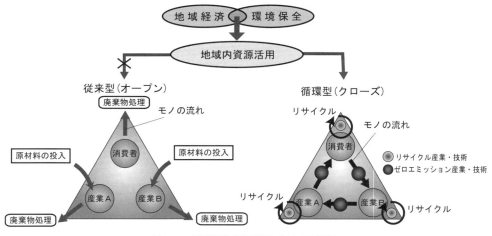

図 5-14　循環社会の構築に向けての課題

5 人と地域のバランス ～社会環境の問題～

然から得ることのできる林産物や農産物に代表される再生産可能な資源としての地域内資源を活用することで地域経済を再構築していくことが大切である（図5-14、15）。

地域づくりを通して循環型社会の構築に取り組んでいる例として、兵庫県宍粟市の取組みを紹介する（図5-16）（環境省『平成11年版環境白書』第1章第3節）。

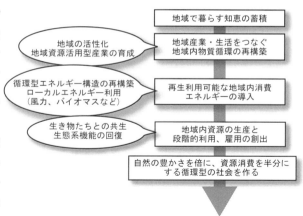

図5-15 地域経済を形成する産業活動の在り方
～21世紀の新たなライフスタイルの提案～

〈取組み1〉有機性廃棄物の活用

農林業等から産出される草本・木本系のバイオマスから石油代替エネルギーや、燃料電池の燃料となるメタノールを生産・販売し、再生可能なクリーン・エネルギーの自給率を高める。

○バイオマスの一部と畜産糞尿から町内消費用のコンポストを生産し、堆肥の自給と有機農業を推進する。

○メタノール製造時に発生する大量の廃熱を利用して発電を行い、売電を行う。

○発電後の廃熱を利用し、温室野菜や地域冷暖房を行う。

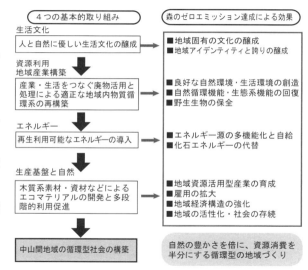

図5-16 農山村地域における循環型社会形成に向けての取組み

（出所：環境省『平成11年版環境白書』第1章第3節　森のゼロエミッション化の取組みより作成）

〈取組み2〉森林の新たな経営スタイルの確立

○経済林では、間伐材の有効活用や標準材、長伐期林と多段的な材の産出をする。
○木材のエコマテリアルとしての多様な利用を推進する。
○再造林にあたっては、一部広葉樹の植栽や複層林施業も織り交ぜて生態系バランスの配慮を行う。

〈取組み3〉地域資源開発研究組織の編成―地元シンクタンクの育成―
〈取組み4〉都市との交流・支援組織の構築―森林塾の開校―
〈取組み5〉ゼロエミッション型まちづくり

取組み1～4を目標として、町民および町が実施する活動や事業と有機的な関連をもたせた「ゼロエミッション型まちづくり」を推進していく。

6－2　地域性をもつ生態系

循環型社会は地域内資源を積極的に活用することで形成されていくが、持続的な資源を産出し続けるためには、健全なビオトープを保全あるいは創出し、地域生態系の機能を回復させることが不可欠となる。

「ビオトープ」とは「健全な生態系が成立している動植物の生息・生育空間」のことであり、「生態系」とは「生き物の集団とそれを取り巻く非生物的な環境（土壌、水、大気、太陽光など）を合わせて、一つの機能的なシステムとしてとらえたもの」である。生態系の中で、食物連鎖でつながっている生き物を、生産者、一次消費者、二次消費者などといった栄養の取り方で分けたものを「栄養段階」とよぶ。

各栄養段階の間では、普通は生産者の個体数やエネルギー量がもっとも多く、次いで一次消費者、二次消費者の順に少なくなる傾向にある。そこで、各栄養段階を、それぞれの量の違いに応じた長方形で表し、それを生産者、一次消費者、二次消費者の順に積み上げるとピラミッド型になる。これを「生態系ピラミッド」という。

多くの植物は、土壌から養分と水分、大気から二酸化炭素を吸収し、太陽をエネルギー源とし、人間を含め地球上の動物の生存には欠かすことのできない炭水化物、タンパク質、脂肪などの有機物を生み出している。これを草食性の昆虫が食べ、これらの草食性昆虫を肉食性の小動物、昆虫が食べている。さらにこれを食べる高次消費者が存在する。こうした食物連鎖の頂点に位置しているのが、ワシ、タカ、サシバといった猛禽類、クマ、キツネといった肉食哺乳類である。

高次消費者であるほど広範囲な自然環境と多くのエサを必要とするので、食物連鎖の頂点に位置するワシ、タカやサシバなどが生息している地域は、質・量的に健全な生態系を保持しているといえる。このことは、自然環境の一部が失われたり、生態系の構成要素の一部が欠けることで生態系のバランスが崩れたとき、まず最初に姿を消すのは高次消費者であることも意味している。例えば、サシバが生息している森林の一部が伐採されると、森林に依存していた昆虫の一部が生存できなくなり、その昆虫をエサとしていたカエル、そしてカエルをエサとしていたヘビや小鳥の個体数も影響を受け減少していく。その結果、ヘビや小鳥をエサとしていたサシバも生存できなくなってしまう。このように、

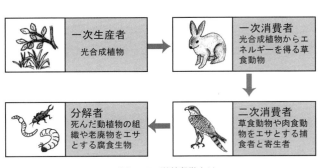

図 5-17　栄養段階とは

ピラミッドの底辺に位置する土壌の変化に敏感に反応するのが猛禽類等の高次消費者である。生態系ピラミッドの各栄養段階における生き物の絶滅や減少は生態系全体に大きな悪影響を及ぼし、人々の暮らしを潤す地域内資源の枯渇を促す。さらには、循環型社会の形成を阻害する。

生態系とは微妙なバランスの上に成立している壊れやすい系なのである。しかし生態系に関して解明されている点は一部にすぎない。例えば、未だに性質が把握されていない多くの生き物がいる。生物種間の関係が複雑で入り組んでいる。一種の生き物の損失が生態系にどんな影響を及ぼすかを予測することは将来にわたっても困難であることなどである。

図5-18　生態系ピラミッドの例
（頂点は猛禽類のオオタカ）

さらに、日本の国土は、亜寒帯、温帯、暖帯、亜熱帯にまたがる縦長の形状をしている。北には流氷、南にはサンゴ礁を眺めることができ、世界でも稀に見る自然環境の多様性に富む国である。各地域ごとの気候・風土に影響を受けながら、長い年月をかけてその地固有の生態系を形成してきた。ビオトープの世界から見れば、各地域ごとに固有の生態系が形成されており一つとして同じ系は存在していない。したがって、生態系の機能を保全、創出する際にも全国同一の基準での方法というものは存在せず、地域ごとに固有の保全、創出事業を計画しなければならない。したがって、生態系の機能を回復させる際には周辺に暮らす人たちの知恵や経験を活かし、地域の生態に精通した研究者、NPO関係者の協力のもとに、現状そして目標とする生態系の姿を明確にしておく必要がある。

6－3　地域生態系の機能回復 ——ビオトープ・ネットワーク——

生態系のもつ本来の力を引き出し、持続的に地域内資源を産出していくためには、生態系を構成する個々のビオトープ（例えば、里山、河川流域、草原など）の健全性を取り戻すとともに、道路などの人工構造物で分断されたビオトープ同士をつなぐビオトープ・ネットワーク化の推進を図り、それを維持・管理する社会的ネットワークを形成することが不可欠である。

（1）ビオトープのネットワーク化

生態系は地域固有の系をなすことから、地域からの発想による創意・工夫がなされて初めてビオトープのネットワーク化が達成できる。

生き物が自由に移動可能で生息できるようにするためには、個々のビオトープを保全、創出するだけにとどまらず、それぞれをつないで線・面的広がりとして考える「エコロジ

図5-19　ビオトープ・ネットワークの概念図

カル・ネットワーク」としてのビオトープとして位置づける必要がある。ビオトープ・ネットワークは、さまざまな規模・形状をもつ自然的要素を、面(核)・線(回廊)・点(拠点)として位置づけを与えながら構想することが有効である。

かつては一面に森林や草地であったところに、都市や農村、道路やゴルフ場などが侵入し自然の空間が破壊され寸断されてきた。さらに都市・農村などが拡大し、今や自然地は島のように点在するまでに減少した。残された自然生態系を保護するばかりでなく、あるべき自然のネットワークを計画し、都市・農山村の中に新たにビオトープを復元・再生することが必要不可欠な状況に追いやられている。

河川などは回廊としての役割をもたせるためにコンクリート護岸で固めず、緑豊かな空間を保持する必要があるし、道路は自然の回廊を分断しないよう工夫し、動物の移動を妨げない設計とすべきである(図5-20)。このエコロード(Eco Road)の整備の推進に関しては、動植物の分布状況等の地域の自然環境等に関する調査を踏まえた上で、自然との調和を目指したルート選定等を行うとともに、自然環境の豊かな地域では必要に応じ、橋梁・トンネル構造物等、地形・植生の大きな改変を避けるための構造形式の採用を図ることが必要である。また、動物が道路を横断するための「けもの道」の確保、野鳥の飛行コースに配慮した植樹、小動物が落下してもはい出せる側溝、産卵池の移設等、生態系全般との共生を図るための構造・工法の採用を推進することが不可欠となる。

さらに広い視野から日本全体の生き物の移動を踏まえて、県境を越えた森－川－海のネットワーク化が必要となる。

図5-20　エコロードの一例(アンダーパス橋梁)

ビオトープの復元・創出に関わる技術開発は、政策や計画を実行・実践しながら進められていくものである。地域性があり非常に複雑なシステムを対象にしなければならず、不確実性がとても高い。このため、マニュアル化して対処するのではなく、その場その場で技術開発しながら実行していかなければならない。その際、重要なことは、試行錯誤が許されるような政策実施のシステムが存在していることである。このシステムは、北米等では「アダプティブマネジメント(順応的な管理)

（Adaptive Management）」という政策手法として広く理解されている。また、その際、多様な主体（地元住民、NPO、行政など）の参加と、そのための意思決定フォーラムの仕組みが必要となる。ビオトープの保全、創出事業を実施する場合には、大型技術施工を見直し、小回りが利き、その技術によって造り出した人工物にマイナス面が出てきた場合に、取り除ける程度の中型技術に力を注ぐことも大切である。

（2）地域に適合した公共事業

　ビオトープのネットワーク化に伴い本来の機能を取り戻しつつある生態系を守り育てることは長い時間を要し、その成果を得るためには数十年、数百年という時間を要す事業となる。したがって、現在の活動が次世代へと受け継がれる仕組みづくりが必要となる。生態系のもつ諸機能や育成管理の超長期性が地域の人々に十分に理解された上で、地域の住民やNPO、行政等が一体となって取組みを進めていくことが不可欠となる。健全で活力のある生態系を守り育てていくとの観点に立った地域社会の合意に基づく生態系の管理、資源の循環利用が行われる仕組みづくりが必要となっている。

　行政主体の地域づくりから、その土地の住民やNPOとともに行う地域づくりへの転換を有効に機能させるためには、多様化した地域のニーズに適合した小さな公共事業の導入が求められる。小さな公共事業とは、例えば直線化した小川を蛇行させたり、分断化した森をつなげるエコロードであったり、間伐材を利用した伝統的河川工法による護岸工事といった事業があげられる。

　この小さな公共事業は、地域の意見を取り入れた企画立案により実行されるべきである。米国では「PI（Public Involvement）」とよばれ、公共事業において住民をはじめとする利益集団の合意形成手法が発展している。これは、公共事業の実施過程に住民参加を組み込んでいくことであり、住民による環境調査、住民諮問委員会による議論、設計検討討論会、選考調査などの手法がある。将来的には、NPOや研究機関の力を借り、国が政策を企画立案する段階で、地域住民が独自に公共事業の案を作成し国に提出するといった仕組みづくりが必要となる。これにより、地域の住民や企業は居住地域の将来を自らの合意によって選択することができるし、公共事業の企画立案過程にムダがないことを確認できる。

　しかし、現状を鑑みるに、市民・NPOに国の案と並べられる案を作成する知識も技術もない。その原因を分析すると、一部のNPOでは案作成のために必要な情報の収集不足や組織全体の認識が低く一部の者のみに依存しているといった不手際が指摘できる。さらに、NPOの意見と地域社会全体の意思との不整合、複数のNPO間の意見の相違などがある。その結果、NPOと地元住民、研究機関との連携活動を遅らせている。

　NPOの役割は期待も大きいが反省すべき点も多く、将来的には行政、NPOが共に活動を円滑に行うための努力が必要である。行政側にはNPOの活動内容を認識し活動に対する公的な支援を送る体制をつくり、行政間の連携を強化させることが当面の目標となる。また、NPOに望むこととしては、財政基盤やスタッフを強化し、団体間の連携を深め、

専門知識を有する人材を充足させていく必要がある。

6−4　森−川−海をつなぐ

　各地域の生態系が健全性を取り戻し、それらをつなぐことができれば国土の自然を再構築することが可能となる。森は川を育て、川は海を育てる。海の栄養素は蒸発して雲に乗り山へ運ばれる。海から川を昇り上流で朽ち果てるサケなどの遡上魚も海の栄養を森へと還している。森−川−海はつながっている。生命力を欠いた森は川そして海の命を奪う。森の生命力を再生することは、この自然界の大循環を取り戻すことにつながる。

　森−川−海の大循環を取り戻し維持していくには、自然の活力を有効に利用し、人を含む生き物たちの多様な要求に持続的に対応していくための管理が大切である。「生態系の多様性、健全性の維持」と「生きものたちの多様な要求への対応」を持続的にバランスさせることが重要で、両者の質的関係そして量的関係を十分に把握することが必要となる。そのためには、自然環境の状態を継続的に把握し、自然環境の遷移の状況、生き物たちの生息・生育の状況、土壌の状態や水系の状況、人為的な活動の状況などの自然的・社会的データを収集・整備し、それらの量的な関係を分析して森と川と海をつなぎとめ、人と生き物たちが共生できる環境づくりを実現させる必要がある。

　森−川−海の自然界の大循環を取り戻すために大切なことは、研究機関や農山漁村、流域市民等の人的ネットワークを構築し、多様性あふれる自然環境を取り戻し永遠のものとするための社会システムづくりである。地域住民が身近な自然環境の現状を調査し把握することにより地域を理解し、今自分たちが何をすべきかという問題意識を発芽させ、専門家による野生動植物の生態調査・研究を通じて得られた知見と融合させることにより、分断化された個々のビオトープを修復し、それぞれをつなぐことにより生き物たちが暮らしやすい環境を復元させ、人と野生動物が共存して暮らしていくための循環型社会システムの形成を実現していくことになる。

　森−川−海をつなげることで生き物たちの回廊をつくり、国土の保全や水資源のかん養機能を再生し、教育・文化の場をつくり出すといった自然の機能を活用することが可能となる。

　その結果、地域は地域内再生資源を活用した循環型の社会を形成するだけでなく、環境教育やグリーン・ツーリズムなどを提供する場としての価値を有することになる。一つの公共事業で得られる効果を最大限に活用していくことで、地域は再構築され新たな雇用を生み出していく。

地域と生態系のバランス
～ 自然環境の問題 ～

❖・❖・❖・❖ 1. 多様な自然環境からなる日本 ❖・❖・❖・❖

　日本列島はユーラシア大陸（アジアとヨーロッパの総称。地球上の陸地面積の3分の1を占める）東岸の多雨地域に属し、北緯20度25分から45度33分までの間の南北3,000kmにわたって位置する南北に長い列島である。日本列島の幅は広い所で300km、面積は約38万km^{2}であり、海岸線の出入りが激しく、その延長は2万8,000kmにも及ぶ。気候帯は亜寒帯から亜熱帯にまたがり、南からは黒潮、北からは親潮が流れ込む。

　これほどまでに多様な自然条件下に位置する日本は、植物相も多種多様である。この植生の分化の主要因は植物の生育を促す温暖な期間がどれほど連続するか、また冬の寒さがどれほどきびしいかといった温度環境の違いにある。

　国土はその大部分が森林に覆われ、森林面積率は約67%と世界有数の森林保有国である。また、森林面積のみならず、森林を構成する高等植物（種子植物）の種の総数

表6-1　多様な植物相で構成される日本列島

主 な 植 生	分 布 域
亜高山帯常緑針葉樹林	北海道
冷温帯落葉広葉樹林	北海道南部～本州中部
暖温帯常緑広葉樹林	本州中部以南
亜熱帯常緑広葉樹林	琉球列島、小笠原諸島

を海外と比較しても、日本とほぼ等しい国土面積のドイツでは約2,700種、またイギリス約1,600種、ニュージーランド約2,400種に対し、日本は約5,600種と多様な植物相からなる森林であることがわかる。

　日本における植物の分布は、基本的に気温や降水量によって規定されている。日本列島では植物の生育期間に十分な降雨がある。そのため全域で森林植生が優占的に繁茂する。植物相が豊かであるということは、植物に依存して生育・生息する動物相も豊かであることを意味している。

　哺乳類の種数は日本が亜種、変種を含む約200種であるのに対し、ドイツ76種、イギリス50種、ニュージーランド2種である。また両生類は日本が61種に対し、イギリス7種、ニュージーランド3種である（WRI『WORLD RESOURCES 2000-2001』、WCMC,1992-1993、環境省『レッドデータブック』2000）。

　また、南北に長い日本列島の中では動物相に地域性がみられ、屋久島・種子島と奄美大島との間に引かれる「渡瀬線」以南では、ハブやチョウなど台湾、東南アジアとの近縁種が多く生息し、「渡瀬線」以北の地域は、津軽海峡に引かれる「ブラキストン線」によって北と南の2地域に区分される。北側はヒグマやナキウサギなどシベリアとの近縁種が、

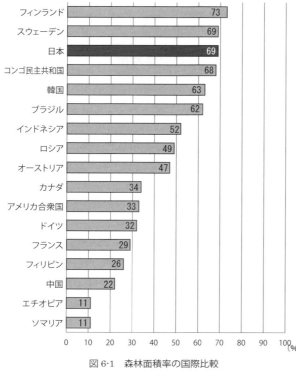

図 6-1　森林面積率の国際比較
（出所：FAO『Global Forest Resources Assessment』より作成）

南側はツキノワグマなど朝鮮半島との近縁種が多くみられる。このように、動物相の特徴に基づいた地理的区分を「動物地理区」という。日本には、そのほかに、「八田線（宗谷海峡）」、「蜂須賀線（宮古島・石垣島間）」がある。

このように、小国ではあるが、海外と比較しても多種多様な生き物が生息する豊かな自然環境を有し、国内においては動植物相に地域性がみられる複雑な自然環境を有す国土、それが日本の姿なのである。さらには、日本の動植物相は固有種あるいは固有亜種の比率が高く、とくにこの傾向が顕著である琉球列島と小笠原諸島は東洋のガラパゴスとよばれることもある。

日本の国土は森林面積率が 67％ を占める一方、人工林は森林面積の約 4 割、天然林は約 5 割を占めている。日本の森林の約 4 割が、間伐などの育成作業を行っている人工林である。（林野庁『都道府県別森林率・人工林率』2014）

自然豊かな日本ではあるが、哺乳類の 21% に絶滅のおそれがある。絶滅のおそれのある種の総数は、2007 年の 42 種から 34 種となり 8 種減少したが、絶滅危惧 IA 類であったニホンカワウソ、ニホンカワウソ、及びミヤココキクガシラコウモリの 3 種について、生息確認調査等でも長期にわたり確認されていないことから、新たに絶滅と判断された。鳥類は約 14% に絶滅のおそれがある。絶滅のおそれのある種の総数は、2006 年の 92 種から 97 種となり 5 種増加した。爬虫類では、37% に絶滅のおそれがあり、31 種から 6 種に増加している。（環境省生物多様性情報システム『絶滅危惧情報』、2014）

このような現状の中、増大する外来種が在来種に与える影響が懸念されている。海外から持ち込まれる生物の中で、日本の生態系や農林業、人の生活に大きな悪影響を及ぼすおそれのある外来種を「特定外来種」とよび、哺乳類（25 種類）、鳥類（5 種類）、爬虫類（16 種類）、両生類（11 種類）、魚類（14 種類）、昆虫類（9 種類）、植物（13 種類）などが指定されている（環境省自然環境局『特定外来生物等一覧』2015）。

6　地域と生態系のバランス　〜自然環境の問題〜

表 6-2　日本の豊かな自然環境

地　域	気 候 帯	植 物 相	動 物 相
北海道東部	亜寒帯 降水量少	北方針葉樹林 エゾマツ、トドマツなど	ヒグマ、エゾシカ、タンチョウ、シマフクロウ
北海道西部	冷温帯〜亜寒帯 降水量少、多雪	亜高山帯針葉樹林 夏緑樹林・針広混交林	ヒグマ、エゾシカなど （ブナ林の北限）
本州中北部太平洋側	冷温帯　降水量中	夏緑樹林 イヌブナなど	ニホンイノシシ、ホンシュウジカなど
本州中北部日本海側	冷温帯　降水量中 冬季多雪	夏緑樹林（ブナ林） 白神山地、八甲田山など	カモシカ、ツキノワグマなど
北陸・山陰	暖温帯　降水量中 冬季多雪	照葉樹林 スダジイ、ウラジロガシ	ツキノワグマなど
本州中部太平洋側	暖温帯　降水量中 冬季少雪	照葉樹林 スダジイ、タブノキなど	ニホンザルなど
瀬戸内海周辺	暖温帯　降水量少	照葉樹林 スダジイ、タブノキなど	ニホンザル、ホンシュウジカなど
紀伊半島・四国・九州	暖温帯　降水量多	照葉樹林 イスノキ、ウバメガシなど	ニホンイノシシ、ホンシュウジカなど
琉球列島 （きわめて固有種が多い）	亜熱帯　降水量多	亜熱帯林 （マングローブ）照葉樹林	ヤンバルクイナ、イリオモテヤマネコなど
小笠原諸島 （きわめて固有種が多い）	亜熱帯　降水量中	亜熱帯林 ヒメツバキ、シマイスノキ	オガサワラオオコウモリなど

（出所：環境省『新・生物多様性国家戦略』2002）

Column：日本の天気用語

○春一番：春になって初めて吹く強い南寄りの風のこと。2 月 20 日前後に吹くことが多い。

○寒のもどり：春先、日ましに暖かくなっていく途中で急に寒さがぶり返す現象のこと。例年、4 月 6、18、23 日ごろは寒のもどりが起こりやすい日とされる。

○菜種梅雨：3 月下旬から 4 月にかけて数日間降り続く雨のこと。菜の花が咲く時期に降るのでこの名がある。

○入梅：梅雨の季節に入ることをいうが、梅雨の季節全体を指すこともある。梅雨入りの平均日は、沖縄 5 月 11 日、鹿児島 6 月 11 日、関東以西 6 月 5 〜 9 日、東北 6 月 11 〜 15 日である。

○秋雨：秋に降る雨のことで長雨になることが多い。9 月半ばごろから 10 月はじめにかけて、日本の南岸沖に秋雨前線が停滞すると秋の長雨になることが多い。

○梅雨明け：梅雨が明けて安定した夏の晴天になること。梅雨前線が日本海方面に北上するか、日本付近で前線の活動が弱まって小笠原高気圧が日本を覆うと梅雨明けとなる。梅雨明けの平均日は、沖縄 6 月 22 日、九州から関東まで 7 月 15 〜 18 日、東北 7 月 21 〜 26 日である。

○小春日和：晩秋から初冬にかけてみられる暖かくおだやかな晴天をいう。小春とは陰暦 10 月のことで、新暦の 11 月から 12 月はじめにあたる。

○時雨：晩秋から初冬にかけて晴れたかと思うとまた曇り、曇ったかと思うとまた晴れるような空模様の時に、時おり断続して降る雨をいう。日本海側の地方、京都盆地、岐阜県、長野県、福島県などの山沿い地方で北西季節風によって積雲が流れていく際に降る。

○木枯し：初冬のころに吹く北または西よりの強い風のことで冬の季節風である。木枯しの初めて吹く平均日は、東京では 11 月 7 日で暦の立冬の日とほぼ一致する。

❖・❖・❖・❖・❖・❖ 2.生物多様性 ・❖・❖・❖・❖・❖・❖

2－1　生物多様性とは

「生物の多様性に関する条約」は、1992年（平成4年）の地球サミットで採択、1993年（平成5年）12月に発効され、日本は同年に締結している。2015年（平成27年）5月における締約国は194の国と地域となっている。

本条約の目的は、

「生物多様性の保全」「その持続可能な利用」そして「遺伝資源から得られる利益の公正かつ衡平な配分」

である。

日本は条約締結を受け、1995年（平成7年）10月に「生物多様性国家戦略」を策定する。「国家戦略」は5年後程度をめどに、国民各界各層の意見を聞いた上で見直しを行うこととされており、2002年（平成14年）3月、「新・生物多様性国家戦略」が決定された。

さらに、2008年（平成20年）6月には、地球温暖化や開発行為などで脅かされている生物多様性の保全を目的とした「生物多様性基本法」が成立、企業などが生物多様性に影響を与える可能性のある事業を行う場合、その影響調査の実施を求めることを盛り込んだ。野生生物、生息環境、生態系全体のつながりを含めて保全しようとする点において、日本においては初めての法律である。

生物多様性とは「生物多様性条約」の中で、

「すべての生き物の間の変異性をいうものとし、遺伝子の多様性、種の多様性　及び生態系の多様性を含む」と定義されている。

あるひとつの種を考えてみる。同一の種であっても、生息する地域や個体間によって形態や遺伝的形質に相違がみられる。これを「遺伝子の多様性」とよんでいる。そして、ある生態系内をみると、そこには土壌中の微生物から生態系ピラミッドの頂点に立つ猛禽類や大型哺乳類といった多種多様な生物種が、それぞれさまざまな環境に適応し食物連鎖の中で生息している。これを「種の多様性」とよんでいる。さらには、多種多様な生き物は、大気、水、土壌等と相互に関係しながら一体となり、森林、河川、干潟など多種多様な生態系を形成している。これを「生態系の多様性」とよんでいる。

こうした遺伝子レベル、種レベル、生態系レベルの生物の多様な有様を総称して「生物多様性」とよんでいる。

生き物は、この生物多様性と自然の物質循環を基礎とする生態系が健全に維持されることにより成り立っている。したがって、「地域と生態系のバランスする社会」をつくり上げるためには、

①地域固有の動植物や生態系などの生物多様性を地域環境としてとらえ、地域特性に応じた保全をすること。

6　地域と生態系のバランス　～自然環境の問題～

②人間活動は生物多様性を劣化させることなく、持続可能な自然資源の利用を行うこと。
が大切である。

2－2　生物多様性の危機

生物多様性は、主に以下に示す3つが原因で劣化が進行し、危機的な状況にある。

①第1の危機（自然に対する人為の働きかけが大きすぎる）

開発や乱獲による生き物や生態系への影響が顕著であり、多くの種が絶滅の危機を迎え
ている。近年、森林伐採や沿岸域の埋め立て、森林や農地の都市的土地利用は減少しつつ
あるものの、都市化の継続により里地里山での市街化への土地利用転換は進行し続けてい
る。干潟や藻場の埋め立てや干拓も依然として進行している。さらには、大きな開発では
ないが、大きな影響を与える道路による生態系の分断なども続いている。

南西諸島、小笠原諸島などの島しょ地域は、固有種や遺存種に富む貴重な島しょ生態系
を有しているが、観光客のオーバーユース（踏みつけなどの過度の利用）などにより危機的
状況にある。

②第2の危機（自然に対する人為の働きかけが小さすぎる）

ライフスタイルの変化により、薪炭林や農用林として活用されてきた二次林、あるいは
採草地として利用されてきた二次草原は、経済的利用価値に乏しいため放置され、生物の
多様性に富む里地里山は荒廃が進行している。とくに、1995年（平成7年）から2000年（平
成12年）までに農家人口の10.8%が都市部へ流出したり、高齢化などが原因で間伐などの
管理が不十分である中山間部の人工林は、水源かん養や土砂流出の防止の機能を失い、サ
ル、イノシシ、シカなど一部の哺乳類が個体数、分布域を増大、拡大させ農林業へ重大な
被害を及ぼすとともに、生態系へも甚大な被害を与え始めている。

③第3の危機（外来種による生態系のかく乱）

マングース、アライグマ、ブラックバスなどの動物、あるいはホテイアオイなどの植物
が国内外から大量に人為的に移入されている。その結果、これらの外来種に生息地を奪わ
れ消えていく日本固有の種や、日本固有の種と近い遺伝子を保有する外来種との間で交雑
して遺伝子が汚染されたり、捕食されたりと、地域固有の生物相や生態系が大きく変化し
ている。外来種により絶滅の危機にさらされている動植物は非常に多く、生物多様性に与
える影響は計り知れない。

また、人間がつくり出した化学物質は今や生態系を覆い尽くす勢いだが、残留性に富む
残留性有機汚染物質（POPs）やPCB、DDT、ダイオキシン類などは人間だけにとどまらず、
北極の動物にまで被害を及ぼしている。

これらの危機を回避するためには、

1. 遺伝子・種・生態系の保全

2. 絶滅の防止と回復

3. 持続可能な自然資源の利用

141

が必要であり、そのためには、

1. 保全の強化：保護地域制度の強化、科学的データに基づく保護管理、絶滅防止や外来種問題への対応
2. 自然再生：自然資源の人間による収奪の見直し、自然再生事業の推進
3. 持続可能な利用：身近な里地里山の保全管理、NPO活動などの積極的推進

が必要である。

——— ・ POINT! ・ ———————————

生態系と向き合うために　〜エコシステム・アプローチ〜

生物多様性条約第5回締約国会議文書の要約

【原則】　生態系からさまざまな資源を持続的に享受するために、生態系の構造と機能を保全することが優先目標である。

【原則】　人間は生き物や生態系のことをすべてわかったわけでないことを認識することが大切である。生態系の管理は、他の生態系へ未知な、あるいは予測できない影響を与えることがしばしばあるため、影響の可能性を慎重に考慮し分析する必要がある。また、生態系はその環境容量の範囲内で管理されなければならない。

【原則】　生態系は、種の構成や個体数を含め常に変化していることを認識し、生態系の構造と機能を損なうことなく、変化と結果を予測しそれに対応するために順応的管理を活用すべきである。

【原則】　生態系を管理する際には、科学的な知識、地域固有の自然・社会情報などあらゆる種類の関連情報を考慮し、持続可能な範囲での自然資源の管理と利用の方向性を決める。

２−３　生物多様性を保全する上での方針

①重要地域の保全と生態系ネットワーク形成

　○保護地域を法的に守る

　○自然公園の生態系保護への利用（自然公園法の改正など）

　○緑の回廊の有機的結びつきの強化

②里地里山の保全と利用

　○自然公園内の里地里山の管理協定の導入

　○里山における自然再生事業の実施

　○都市と農村の有機的結びつきの強化

　○NPOや地域住民等の連携による里山の維持・管理活動の強化

③湿地の保全

　○重要湿地の選定と自然再生事業の実施

　○順応的管理による自然再生

　○NPOや地域住民等の連携による湿地の維持・管理活動の強化

④野生生物の保護・管理
　○絶滅回避の対策（とくに島しょや里地里山、湿地など絶滅危惧種が集中する地域の予防措置）
　○外来種対策（進入の予防、進入の早期発見、定着した生き物の駆除）
⑤国際協力
　○外来種対策、環境予測手法等の技術的・制度的手法の向上
　○地球生態系ネットワークの構築

奥山：山地の奥部で、他の地域と比べ全体として自然に対する人間の働きかけ、人為の程度が小さく、相対的に自然性が高い地域。

里地里山：奥山と都市地域の中間に位置し、さまざまな人間の働きかけを通じて環境が形成されてきた地域。集落を取り巻く二次林と、それらと混在する農地、ため池、草原などによって構成される。

都市地域：人間活動が優先する地域であり、高密度な土地利用、高い環境負荷により、多様な動物が生息する自然がきわめて小さい地域。

河川・湿地：川を軸とする森—川—海のつながりは、生物多様性を築く上での基盤となる生態系ネットワークの重要な要素である。都市周辺に位置する里地里山の豊かな生物相が河川を通じて都市地域に入り込む構造をつくることが大切である。

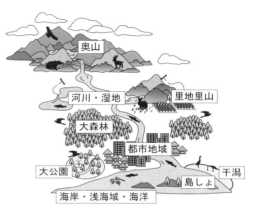

図6-2　生物多様性のグランドデザイン

海岸・浅海域・海洋：地球表面の約7割を占める海洋は水循環の源であり、地球の気候に大きな影響を与えている。陸上生態系と比べると、海洋生態系は生物量や生産量も膨大であり、物質循環の速度もきわめて大きいことから、例えばひとたび富栄養化が進むと、赤潮や青潮といった生物多様性を著しく減少させる環境変化が引き起こされる場合もある。

島しょ地域：日本には北海道、本州、四国、九州の主要4島のほかに、3,000以上もの大小さまざまな島しょがある。島しょは主要4島との分裂の地史や気候、大きさなどの条件の相違から独特の進化を遂げ、島特有の生物相、生態系を有している。この生態系は人為の影響にきわめて脆弱であるため、絶滅種、絶滅危惧種が多く存在している。日本の絶滅危惧種のうち哺乳類で約5割、爬虫類で約8割、両生類で約6割が島しょにのみ生息する種である。

3. 森　〜川と海を育てる〜

努力の結果、固有の生態系を有する各地域の生態系が健全性を取り戻した後に、今度はそれらをつなぐことにより国土の自然を再生することが可能となる。前述したように、森は川を育て、川は海を育てる。海の栄養素は雲に乗り山へと運ばれる。海から川を伝い上流で朽ち果てるサケなどの遡上魚も体に貯めた海の栄養を森へと返している。

森、川、海はつながっている。生命力を欠いた森は、川そして海の命をも奪う。森の生命力を取り戻すことは、この自然界の大循環を再生することにつながる。

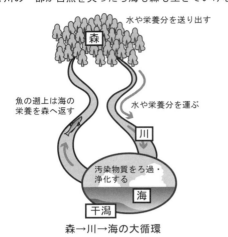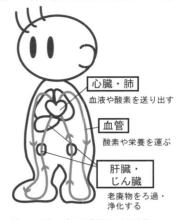

図 6-3　人と自然の大循環

3-1　森林とは

そもそも、森林とはなんなのだろうか。明確な答えはないのが実情ではあるが、ここでは以下のように定義する。

①高木（樹高 10m 以上）性の樹木が、お互いに葉がぶつかり合う程度の密度で生育していること。

②相当な広がりを有すること。

③特有の生態系が成立していること。

上記 3 条件が揃っている場所を「森林」とよぶことにする。

ひとくちに「森林」とはいっても、原生林、人工林あるいは水源林や国有林という具合に、多岐にわたる使い方がある。ここで、いくつかの用語をまとめておくことにする（参考：（社）日本林業協会『森林・林業百科事典』丸善、2001）。

○天然林：台風や森林火災などの自然かく乱により天然更新（植栽や播種などによらず、自然状態で発芽や萌芽し生育していくこと）した森林で、極相（原生林または老齢林など遷移の最終段階の安定した森林）までのあらゆる遷移段階（発達段階）を含む森林のこと。

○天然生林：伐採などの人為かく乱によって天然更新した二次遷移（人間が木を伐採した後に、自然が元に戻ろうとする過程）の途中段階にある森林（二次林）のこと。

○極相林：ある環境のもとで、長期間にわたり形成されてきた植物群落の最終段階における森林形態のこと。過去に人為が加わったかどうかは問わず、外観上の変化が起こらない安定した群落のことをいう。

○原生林：過去に人為の影響を受けていない極相段階の森林のこと。しかし、過去に人為が多少入っていても、その痕跡が認められなくなっている森林は原生林とよばれることもある。

○老齢林：老齢の森林のことで、高木層の枯死や倒木がみられ、さまざまな世代の樹木から構成される段層構造の発達した森林のこと。極相林とほぼ同様の意味で使われる。

○二次林：過去に人為の影響が加わったかどうかは問わず、台風や森林火災、あるいは伐採などが原因で植生がかく乱された後に成立した、二次遷移の途中にある森林のこと。原生林（極相林、老齢林を含む）と人工林を除くすべての森林、あるいは天然林、天然生林が原生林に至るまでの森林が二次林である。

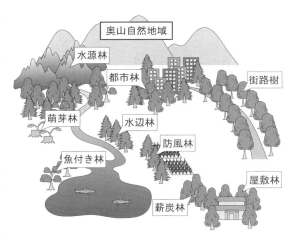

図6-4　その他の森林の種類

○人工林：植栽や播種といった人為が介入して人工更新した森林のこと。天然更新し、間伐や枝打ちなどの作業を行った森林は天然生林または育成林とよばれる。
○育成林：天然、人工更新は問わず、人為の加えられた森林のこと。
○自然林：自然度の高い森林、すなわち人為の影響が少なく、ある程度遷移の進んだ森林のこと。
○萌芽林：森林伐採後、その切り株から芽を出して成長して形成される森林のこと。
○薪炭林：薪や炭を生産するための森林で、里山のクヌギ、コナラなどを中心とする広葉樹林が代表的なものである。
○水辺林：河川や湖沼などの周辺に生育する森林で、ハンノキ類、ヤナギ類、ヤチダモ、カツラなど水辺特有の樹種が優占する。川辺林、渓畔林などの類似語である。
○魚付き林：魚の繁殖、保護を目的に海岸や湖岸に設けられた森林で、森林からの栄養が植物プランクトンを増殖し、魚に適した環境をつくり上げる。

3－2　森林の役割

森林は、木の実やキノコといった林産物を供給するだけでなく、大気中の二酸化炭素と水、太陽エネルギーを利用して有機物を生産（光合成）したり、炭素を固定して酸素を生み出し地球上の生き物の命を支えている。また、渇水や洪水を緩和し良質な水をかん養し、山地災害を防止し、レクリエーションや教育の場の提供など多面的な機能をもっている。

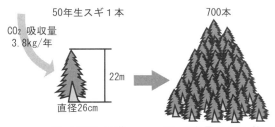

図6-5　国民1人あたり二酸化炭素放出量はスギ700本分の吸収量

（出所：環境省『平成9年版環境白書』より作成）

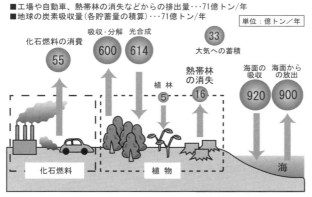

図 6-6 地球規模の炭素循環
（出所：Lalli and Parsons『Biological Oceanography』1993 より作成）

①地球温暖化の主要な原因である二酸化炭素の吸収・貯蔵

植物は光合成の過程で二酸化炭素を取り込み、炭素を葉、枝、幹、根に固定する。その時、呼吸によって二酸化炭素を放出するが、吸収分から放出分を差し引いたものが実際の固定量となる。

例えば 50 年生のスギを例にすると、1 本あたり約 50 年間に約 190kg の炭素を貯蔵しており、年平均では 3.8kg となる。日本の 2000 年度の二酸化炭素排出量 3.37 億トン（炭素換算量）を国民 1 人あたりにすると 2.66 トンになるが、これはスギ 700 本の年間吸収量と同じである。炭素換算トン（「tC」と表記）とは、二酸化炭素を構成している炭素の質量をトンを用いて表したものであり、二酸化炭素の質量に換算するには、炭素換算で示された値を 3.667 倍する必要がある。

健全な森林は、その豊かな保水力から「緑のダム」とよばれる。落葉・落枝などの堆積物で形成された腐植土とよばれるスポンジ状の土壌は、雨水をはじかず地中に浸透させる働きに優れ、その能力は裸地の 3 倍という報告もある。この機能により大雨が降っても川の水かさが急に増えることはないし、渇水時でも水を流し続けることができるのである。

②洪水や渇水を緩和する「緑のダム」

図 6-7 緑のダム

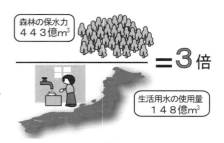

図 6-8 森林の保水能力
（出所：国土交通省『平成 10 年度版日本の水資源』より作成）

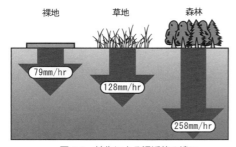

図 6-9 植生による浸透能の違い
（出所：村井宏・岩崎勇作『林地の水および土壌保全機能に関する研究』1975）

③流出する土砂量の抑制

　森林内は落枝・落葉や灌木、草本などの根によって地表が覆われ固定されているため、降雨などによる土壌の浸食や流出が抑えられている。森林と荒廃地を比較した場合、土砂が流出する量は森林では荒廃地の1/150という報告がある。

④森林は良質な水を与えてくれる

　雨水が地中に浸透する過程で、森の土壌は水をろ過したり化学物質を吸着して水を浄化している。森林が生み出す水はきれいで、岩石の間を通ることにより多くのミネラルを含み、人々の健康な生活に必要であるばかりでなく、河川に生息する生き物、農業、さらに漁業にとっても大切なものとなっている。

図6-10　森林の状態の相違による流出土砂量の比較
（出所：丸山岩三『森林水分　実践林業大学』農林出版　1970より作成）

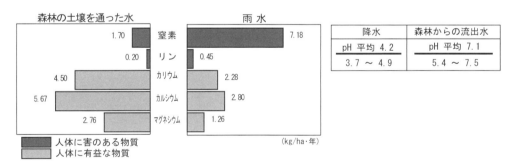

図6-11　雨水と森林を通った雨水の成分比較
（出所：第17回国際林業研究機関連合世界大会論文集、1981より作成）

⑤快適なオアシス

　森林はレクリエーション活動や教育の場を提供したり、美しい景観づくりに役立っている。樹木からは「フィトンチッド」とよばれるすがすがしい香りが解き放たれ、木の実やキノコなどの味覚を生き物に提供してくれる。木々は根から水分を吸収し、葉から蒸散する活動を続けているため、森林は周囲の気温を下げる働きをしている。

Column：「緑のダム」が整備されればダムは不要か

　「森林が水をためてダムの代わりを果たす」という「緑のダム」は、「日本のおよそ 2600 のダムの総貯水量は 202 億トンであり、これに対して、森林 2,500 万ヘクタールの総貯水量は 1,894 億トン、ダムの 9 倍にもなる」ので従来のコンクリートダムに代わって必要であると考えられている。

　しかし、国土交通省河川局の見解によれば、従来のダム建設を森林整備等による「緑のダム」で代替することは非現実的であるという。その理由は以下のように治水、利水の能力にある。

○「緑のダム」による治水機能の代替は可能か？
　森林は、中小規模の洪水に一定の効果を有するものの、治水計画の対象となるような大雨の際には、洪水のピークを迎える以前に流域は流出に関して飽和状態となり、降った雨のほとんどが河川に流出するような状況となる。従って、必要な治水機能の確保を森林の整備のみで対応することは不可能である。

○「緑のダム」による利水機能の代替は可能か？
　森林の増加は樹木からの蒸発散量を増加させ、むしろ、渇水時には河川への流出量を減少させることが観測されている。逆に森林を伐採すると蒸発散量が減少し河川への流出量は増加する。このよ

うに、河川への水量の安定供給に対し森林は寄与せず、「緑のダム」を増やすことで利水機能を代替することには限界がある。

　私達が想像しているように、森林は保水能力が高いのであろうか、そして洪水を防ぐことができるのであろうか。最近の複数の調査結果によれば、森林、というよりは土壌は 200 ～ 300 ミリの雨を保水できるが、それ以上は表層を伝って流れ出してしまうと報告されている。しかも保水した水は地下に浸透するのではなく、樹木から蒸発散されるという。

　日本の豪雨の程度は、「緑のダム」を推進している欧米諸国と比較すれば大きなもので、「緑のダム」へ移行する欧米流の考えそのものでは通用しそうにもない。50 年あるいは 100 年に一度の大洪水の被害を受け止める覚悟がなければ、「緑のダム」構想も現実的ではないと考える研究者も多く見受けられる。

　「ダムの代替」としての森林の役割については、今のところ結論は出ていない。

（出所：国土交通省河川局資料、日本学術会議答申「地球環境・人間生活にかかわる農業及び森林の多面的な機能の評価について（答申）」平成 13 年 11 月）

３－３　生命力のある森林づくり

　森林は豊かな自然を育む上で不可欠な栄養素や新鮮な水、酸素等を地球へ送り出すポンプである。生命力のある森林は、多くの木の実やキノコなどをも生み出し、それを目当てに多種多様な生き物が集まってくる。生き物は森林の恵みを受け取り活動し、その排泄物や死骸は再び森林を育てる栄養素となる。

　生命力のある森林とは、ここでは、

○森林の生産性（Productivity）

○生き物の多様性（Diversity）

○森林と生き物の共生（Balance）

の 3 要素を同時に兼ね備えた森林のことを意味する。

　生命力のある森林をつくり出すためには、まずは地域の小さな森林の活力を取り戻すことが大切で、市民、NPO、研究機関や行政が協働してその小さな森林同士をつなぎ、そして大きくなった森林と川、そして海を自然の回廊でつないでいくことが大切である。

　「もっとも美しい森は、もっとも収穫多き森である」とは、ドイツの林学者アルフレート・マーラーの言葉である。実り多き森は「生産性の高い森林」のことであり、「生産性の高

い森林」は下草や広葉樹
が茂り、多種多様な動植
物が暮らす「生き物の多
様性」に富む森林、そし
て「森林と生き物が共生」
するバランスのとれた美
しく気持ちの良い森林な
のである。

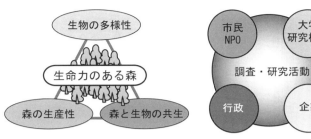

図 6-12　まずは地域の小さな森林づくりから　　図 6-13　生命力ある森林づくり

(1) 森林づくりの手順概要

生命力のある森林をつくり出すための一般的な森林施業（植え付け、下刈りなど、個別の作業を組み合わせたもの）の手順は以下のようである。

地ごしらえ→植え付け→下刈り・つる切り→除伐→枝打ち→主伐、間伐→地ごしらえへ戻る

それぞれの作業の内容は下記のようである。

表 6-3　森林施業の内容一覧表

作 業 名	作 業 内 容
地ごしらえ （じごしらえ）	植栽する場所（林地）に残された枝、あるいは刈り払われた低木や草本などを、植栽しやすいように整理、配列すること。
植え付け （うえつけ）	植栽、新植、造林などともよばれる。穴を掘って苗木を植える作業のこと。植え付けを行う時期は一般には春であるが、積雪が多いところでは秋に行う。
下 刈 り （したがり）	植え付けした苗木周辺のササなどの雑草、雑木を刈り払うこと。苗木は、周りの草本類や灌木類よりも成長が遅いことから、下刈りをせずそのまま放置すると雑草木に覆われ成長が阻害される。下刈りは、草の成長の盛んな夏の季節（5月中旬～8月）に行う。
つる切り （つるぎり）	植栽木が雑木の影響を受けない大きさになると下刈りは終了するが、下刈りが終わっても、クズなどのつる植物が木にからみつき、その成長を妨げるため切り取る必要がある。この作業をつる切りという。
除 伐 （じょばつ）	植栽木が成長し、周囲の雑草木に覆われる心配がなくなって下刈りを終了した後でも、数年すると植栽木以外の木が大きくなって、植栽木の生育を阻害するようになる。このような目的樹種以外の侵入樹種を中心に、形質の悪い木を除去する作業のこと。
枝 打 ち （えだうち）	枝によってできる節を無くし良質材を生産するために、枯れ枝や一定の高さまでの生枝を切り落とす作業のこと。間伐とともに林内の光環境を改善し、下層植生の欠乏を防ぐなど樹木の健全性にプラスになる。また、枝打ちは森林火災において、林床（りんしょう：森林の地表面付近）火が林冠（りんかん：樹木上部の枝葉の集まりである樹冠が隣りの樹木の樹冠と隙間なく連続している森林上部の枝葉に覆われている部分をいう）火に拡大するのを防いだりする効果もある。
主 伐 （しゅばつ）	植え付け後、木材として使える大きさになった立木を伐採し収穫する作業。例えば、スギは45年、ヒノキは50年が標準的な伐採適期である。
間 伐 （かんばつ）	植栽木が成長していくと植栽木同士の競争が激しくなり、また、林内に日光が入らず下草などが生えなくなるため表土が流されるなど災害の原因となるため、健全な森林づくりのため木の抜き伐りをして本数を調整する作業。ある程度以上の面積を一度にまとめて伐る伐採方法は皆伐（かいばつ）という。

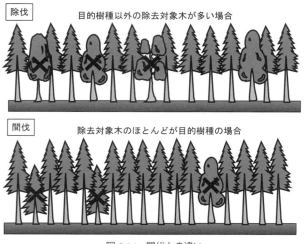

図6-14　間伐との違い

間伐は目的樹種を中心に伐採が行われるのに対して、除伐は目的樹種以外の樹種を中心に伐採される。一般的に人工林施業では、下刈り作業が十分にされていれば除伐を行う必要はない。

(2) 間伐の種類と方法

間伐は間伐する木の選定方法によりいくつかのタイプに分けられる。同齢林の場合、優勢木、準優勢木、介在木、劣勢木など、森林を構成している木を見分ける必要がある。

優勢木：森林で林冠の主要構成要素で、林冠の上層を構成する樹木のこと。相対的に樹高が大きく、樹冠が周囲の木よりも発達しているもの。陽光をよく受けており競争力がもっとも高い。

準優勢木：樹冠位置は優勢木とほぼ同じ位置にあるが、周囲の木との競合で樹冠が十分に拡張できないもの。側方からの陽光はやや少なく樹冠の発達は優勢木よりもやや劣る。

介在木：樹冠位置は優勢木、準優勢木と同じく上層にあるが、側方からの陽光は少なく、樹冠および幹ともに細長い。

図6-15　間伐　森林の構成

劣勢木：森林で林冠の主要構成要素でなく、林冠の下層を構成する樹木。樹冠の位置が低く、上方からも側方からも陽光は制限され、成長は劣っている。

(3) 間伐の種類

準優勢木以下を中心に伐採して間引く間伐を「下層間伐（普通間伐）」、優勢木を中心に伐採して間引く間伐を「上層間伐（樹冠間伐）」および「優勢木間伐」、これらのいずれかを併せて行う間伐を「自由間伐」という。

表6-4　間伐の種類

間伐の種類	間伐する木
下層間伐（普通間伐）	準優勢木、介在木、劣勢木
上層間伐（樹冠間伐）	優勢木
優勢木間伐	優勢木、劣勢木
自由間伐	優勢木、準優勢木、介在木、劣勢木

6　地域と生態系のバランス　〜自然環境の問題〜

３−４　持続可能な森林経営

　森林生態系は、土壌中の微生物や下草の中を徘徊する昆虫、林内を飛び回る鳥類や哺乳類といった多種多様な動植物で構成されている。この複雑な生態系を保全、再生するためには、原生の森林を保全するだけにとどまらず、人間が利用してきた里山等の森林も併せて生物多様性を維持するための努力が必要である。

　このような中、森林を一つの大きな生態系としてとらえ、森林生態系の保全と利用を両立させつつ、将来世代にわたって守り抜くための「持続可能な森林経営」が世界的な潮流となっている。

　「持続可能な森林経営」とは、1992 年（平成 4 年）にブラジルのリオ・デ・ジャネイロで開催された「地球サミット」における「森林原則声明」を踏まえ、森林生態系の健全性を維持し、人間の利用も満足させる持続的な経営のことであり、野生生物の生息地、景観の多様性、炭素の吸収・貯蔵庫の役割はもちろんのこと、木材や食料、おいしい水、医薬品や燃料、雇用、余暇にいたるまで広範囲な役割を担うこととなっている。

　日本は 1994 年（平成 6 年）にカナダ、米国、中国、ロシア等と「モントリオール・プロセス」とよばれるグループを結成し、「持続可能な森林経営」の達成状況を評価するための 7 つの基準を設けている。また、国内においては、2001 年（平成 13 年）7 月に「森林・林業基本法」が施行され、同年 10 月に基本法の理念を具体化した「森林・林業基本計画」が策定されている。そして、国土面積の約 2 割、森林面積の約 3 割を占めている国有林について、自然条件や地域の要望等に応じ発揮させる機能によって、「水土保全林」「森林と人との共生林」「資源の循環利用林」の 3 つに類型化し、適切な森林整備を行うこととした。

表 6-5　国有林における森林

持続可能な森林経営	
持続可能な森林経営に対する取組み	「基準 1」生物多様性の保全 「基準 2」森林生態系の生産力の維持 「基準 3」森林生態系の健全性と活力の維持 「基準 4」土壌および水資源の保全と維持 「基準 5」地球温暖化の防止への森林の寄与の維持 「基準 6」社会の要望を満たす森林の役割の維持 「基準 7」持続可能な森林経営のための法的・制度的枠組み
機能類型ごとの森林の取扱い	水土保全林、森林と人との共生林（約 8 割） 資源の循環利用林（約 2 割）

（出所：林野庁『モントリオール・プロセス第 1 回国別森林レポート』2003）

（1）「水土保全林」とは

　土砂流出などの山地災害の防止機能や水源かん養機能を重視し、快適で安全な国民生活を確保することを目的とした森林である。そのため、下草とともに樹木の根が土壌深く広く発達し、土壌を流出・崩壊から守り、水を蓄える隙間が十分に形成される能力を有する必要がある。

また、森林の樹冠を複層化（樹齢、樹高の異なる樹木により構成させること）することや混交林化（針葉樹と広葉樹など性質の異なった2種類以上の樹種を混ぜて育成すること）することで、多様な植生や林齢で構成される森林へと誘導する必要がある。樹冠とは、樹木の枝や葉の茂っている部分を指し、空中から見ると円形を呈す樹木や楕円形を呈す樹木等、樹種による特徴がみられる。

　樹根や表土の保全、下層植生の発達には、一般的に高齢の森林への誘導や伐採による裸地面積の縮小が基本である。人工林に対しては「育成複層林施業」や「長伐期施業」などを実施する必要がある。

　荒廃した森林は、まず「長伐期施業」により単層状態の森林に整備し、十分な成長の後に必要に応じて「育成複層林」の森林へ誘導する。

　1)「育成複層林施業」とは

図6-16　複層林のイメージ

　複層林とは樹齢や樹高の異なる樹木により構成される森林のことである。また、森林を構成する樹木を部分的に伐採（択伐）し伐採した場所に新たに苗木を植えたり、すでに天然に生育している稚樹を育成していくという方法で複層林化する森林管理を「育成複層林施業」という。複層林は一般に病害虫、獣害、気象の影響等に対する抵抗性、森林の生産性等に優れている。

　スギ、ヒノキ等の樹齢、樹高がほぼ同じ森林（単層林）を択伐により部分的に伐採し、下層にケヤキやキハダ等を植栽する針広混交林化などがある。

　2)「長期循環育成施業」とは

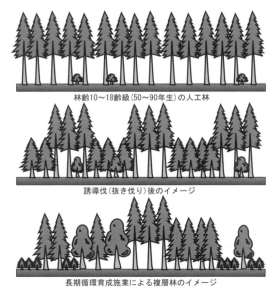

図6-17　長期循環育成施業による複層林化のイメージ

　育成複層林施業の一つで、10齢級から18齢級（1齢級は5年）の人工林において間伐等により樹木の密度を管理することにより森林を健全な状態に維持する森林管理のことをいう。

　後継樹とよばれる下層木の導入・育成により森林を二段階、三段階と複層化することにより循環段階に入った森林は、上層木が常に樹齢100年以上の大木を有する状態となり、常時複層林に導くための抜き伐り等である「誘導伐」を繰り返すことにより、継続的に木材を産出しながらも森林の生物多様性、生産性の維持が可能な常時多段林となる。

6 地域と生態系のバランス 〜自然環境の問題〜

3)「育成単層林施業」とは

森林を構成する樹木の全部または一部を一度に伐採し、その跡に一斉に植栽あるいは切り倒した木の株からの萌芽による更新を行い、間伐や保育等の人為を積極的に加え、樹齢や樹高のほぼ等しい樹木で構成される単層林を成立させる方法である。スギ、ヒノキ等の針葉樹林、ク

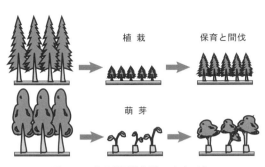

図6-18 育成単層林施業のイメージ

ヌギ、コナラ、ケヤキ等の広葉樹林で、主に木材生産のために行われることが多い。

4)「長伐期施業」とは

伐期とは育てた樹木を伐採する樹齢のことである。一般的な伐期が40〜60年程度（スギは50年程度）であるのに対し、「長伐期施業」は径の太い木材を産出する目的でおおむねその2倍程度に相当する樹齢で伐採を行う。間伐を行った跡に植栽し複層林化することで、土壌が保全され、径の太い木が生産される。

短伐期施業と比べ、植栽、下刈り等の回数が少なくなり、その分労働力、経費が削減できる等の長所がある。労働力不足の現況では大切な施業法である。しかし、「長伐期施業」は長時間放置しておくということではない。適切な時期に適切な保育を行わないと、径の太い優良な木材は収穫できない。

通常行われていた短伐期施業では、林冠は閉塞し、林床に日光が入らなくなり下層の植物が生育しなくなる。その結果、表土は根張りによる固結性が失われ雨水により簡単に流されるなど、水土保全機能の低い森林となってしまう。しかし、伐期を長くすると植物間の競争による自然枯死などで林冠に隙間ができて林内が明るくなり、下層の植物が繁茂してくる。それに伴い、土壌も栄養素が豊富な構造へと変化し、水土保全機能や生物多様性を維持する力を有した森林へと移行していくことになる。

5)「天然生林施業」とは

森林を自然の遷移に委ね、主として自然の力（天然力）を活用し保全・管理を行い、更新や保育作業には積極的な人為を加えないで森林を成立、維持する方法である。

図6-19 天然生林施業のイメージ

(2)「森林と人との共生林」とは

原生的な森林生態系等、貴重な自然環境の保全、国民と自然とのふれあいの場としての利用を重視した森林である。野生動植物の生息地の保護を主目的とする場合には森林管理は自然の遷移に委ねることを基本とし、必要に応じ植生の復元を図る。また自然観察等の教育を主目的とする場合には、基本的には広葉樹と針葉樹の混交を含む複層状態の森へ誘導する。

中でも生態系としてとくに重要な森林については「保護林」を設定し保存を図ったり、「保護林」を核とした「生態的回廊」づくりが重要となる。

表 6-6　保護林の設定状況（平成 26 年 4 月現在）

種　類	目　的	箇所数	面積（千 ha）
森林生態系保護地域	原生的な天然林などにおいて生物多様性（遺伝資源、野生動植物、森林生態系）を保存する（屋久島、白神山地など）	30	655
森林生物遺伝資源保存林	森林生態系を構成する生き物の遺伝資源を保存する（利尻、礼文、八甲田山など）	16	76
材木遺伝資源保存林	林業樹種や希少樹種の遺伝資源を森林生態系に保存する	319	9
植物群落保護林	希少な植物群落、分布限界に位置する植物群落等を保護する	375	162
特定動物生息地保護林	希少な野生動物とその生息地・繁殖地を保護する	40	24
特定地理等保護林	特異な地形、地質等を保護する	33	37
郷土の森	地域の自然・文化のシンボルとしての森林を保存する	40	4
合　計		853	968

（出所：農林水産省、平成 26 年度　国有林野の管理経営に関する基本計画の実施状況）

これら 7 種の保護林に外接する森林は、原則としてまとまった広がりの面積の材木をまとめて一度に伐採する「皆伐」による森林施業は行わず、育成複層林施業や天然生林施業を行うことを基本とする。

まずは地域の保護林を守り、そして次は保護林同士を有機的に連結し生態的ネットワークを形成する緑の回廊を創出することにより、森林生態系の保護を推進していくことが大切である。例えば、北は青森県八甲田山周辺から南は宮城県・山形県の蔵王周辺まで、幅約 2km、延長約 400km にわたり 10 ヵ所の保護林をつなぐ「奥羽山脈緑の回廊」が設定され、森林生態系の保護活動が行われている。

（3）「資源の循環利用林」とは

再生産が可能な素材である木材等林産物の計画的・安定的生産を重視した森林で、二酸化炭素の吸収・固定効果も期待されている。

森林の健全性を確保するために適切な更新、保育および間伐を行い、草本や低木などの下層植物を繁茂させ、生物多様性のある森林を維持することにより樹木を育成する。

針葉樹単層林は間伐等により複層状態へ誘導し、間伐を繰り返しつつ徐々に更新を行い長期循環育成施業へ移行させる。また、高い成長量を有する針葉樹林単層林は、保育や間伐を基本とした単層状態の森林として育成管理する。広葉樹林等、継続的な育成管理が必要な天然生林は、複層状態の森林へ誘導する。

3－5　これからの森づくり

（1）漁師さんの森づくり活動

「お魚増やす植樹運動」「コンブの森づくり植樹祭」「川・海を育む森林植樹祭」「浜のかあさん植樹祭」「海と山のふれあい森づくり」「豊穣の海を育む森づくり」「森は海の恋人

植樹祭」「海に優しい森づくり」、これらは海を守るために全国で活動を続ける森づくりの会の一部である。

近年、沿岸漁業者が沿岸域の生態系が疲弊していること、それに伴い漁獲量が低減していることに危惧を抱き、その原因の一つが上流の森林の荒廃に関係しているのではとの経験から、海の生態系を再生するためには海に注ぐ川、さらにその上流の森を守ることの大切さに気づき、始められた活動である。具体的には山に広葉樹を植え、森林を育むことで漁場の再生を図ろうとするものである。

（2）清流の森づくり事業

「四万十川清流の森づくりキャンペーン」では、「祖母なる山、母なる川、娘なる海のつながりを重視した環境づくり」を大きな柱とし、森林の荒廃を防いでいくために、下流域まで含めた流域全体での保全活動に取り組んでいる。次世代を担う流域の子供たち、農林水産業、行政の関係者が森林に入り、荒廃した山林の間伐や針葉樹の中に広葉樹を植樹し混合林づくりを進めている。そこで、子どもたちは山に目を向け、森─川─海のつながりや森林の公益的機能を考えるなど、自然の仕組みを学ぶ自然体験の場ともなっている。

（3）千年の森づくり実行委員会

「千年の森づくり実行委員会」では、緑を単に増やす森づくりではなく、健全な森の自然力を最大限に生かした百年、千年というスパンの環境再生を継続し、持続可能な地域循環型の社会モデルを提示しようという目的で、まずは東京湾のゴミの島（中央防波堤内側埋立地）を森に変えるという構想を描いている。クスノキ、シイの林が世代交代をするまでに300年程度であることから、その3倍程度の長い時間をかけて森を、そして社会を構築しようとする活動である。

✤・✤・✤・✤・✤　4. 川　〜森と海をつなぐ〜　✤・✤・✤・✤・✤

4−1　水の大循環

地球上に降り注ぐ雨や雪の総量の内訳は約23%が陸域に、残りの約77%が海域に降る。陸域に降った23%のうちの15%が蒸発し、残り8%が河川を下り海洋へと流れ込む。海洋に流れ込んだ水は温められ水蒸気となり、雲となり、再び雨や雪となって地球へ降り注ぐ。

河川は森林と海洋をつなぐ血管である。森林が蓄えている栄養素は降雨により溶け出し、地中から河川へと流れ出し、その中で暮らす生き物を育む栄養となる。同時に、海洋へ栄養素を送り続けてもいる。

日本は、インドネシア、フィリピン、ニュージーランドに匹敵する降水量で、世界の年平均降水量の約2倍という世界有数の多雨地帯である。年間の降水総量は6,400億 m³ で、

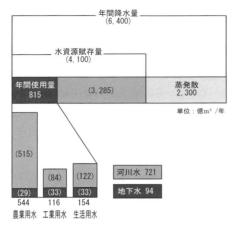

図6-20 水の用途別の使用料（2009年）
（国土交通省水資源部『日本の水資源部存量と使用料』2009年）

そのうち36%に相当する2,300億m³は蒸発散するため、残り4,100億m³は理論上の最大利用可能な量となる。これを「水資源賦存量」という。

日本における水の利用状況は、図6-20に示すようで、2009年（平成21年）の総量は年間約815億m³、残りの約3,285億m³は使用されず海洋へ流れ込んだり地下水として貯えられる。使用される約815億m³のうち約88%にあたる721億m³は河川および湖沼から取水され、残り約12%の94億m³は地下水から取水されている。

4－2 河川とは

「河川」とは、「雨や雪などの水が地表に降り注ぎ、そして谷などに集められ海や湖沼に注ぐ流れの筋と、そこを流れる水を含めた総称」である。集められた水が流れている筋を「流路」あるいは「河道」とよぶ。雨や雪がある川に流入する範囲を「流域」あるいは「集水域」とよぶ。「流域」は、「降雨が起伏のある山岳地帯の尾根などを境にして2つ以上に分かれる＜分水嶺＞で区切られ、降雨を特定の河川に集中すると考えられる地域」をいう。

また、同じ流域内にある本川、支川、派川や湖沼を総称して「水系」という。「本川」とは流量、流域の大きさなどがもっとも大きくもっとも長い河川であり、「支川」とは本川に合流する河川のことである。さらに、本川に直接合流する支川を「一次支川」、一次支川に合流する支川を「二次支川」とよぶことがある。「派川」とは、本川から分岐して流れる河川のことである。

そのほかにも、河川の途中から直接海や他の河川に放流することを目的に、新たに人工的に流路を掘削した水路を「放水路」あるいは「分水路」とよぶ。放水路は河川の流路延長を短くすることにより、洪水をできるだけ早く海などに放流したり、河口が土砂の堆積で閉塞されているような場合に設けられる。同様の目的で河川の湾曲部をショートカットするために設けられる水路を「捷水路」とよんでいる。

洪水が起こると大量の水は河川周辺の低い土地へ氾濫する。この洪水氾濫の及ぶ範囲を「氾濫域」という。

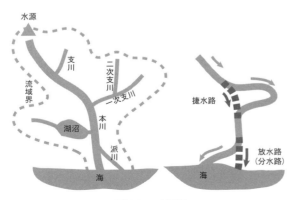

図6-21 水系図

河川は公共に利用されるものであり、洪水や高潮などによる災害の発生を防止し環境保全に努めるよう適正な管理を行わなければならないが、この管理の権限、義務を負うものは「河川管理者」とよばれる。河川管理者は河川法で定められており、「一級河川」については「国土交通大臣」、「二級河川」については「都道府県知事」、そして「準用河川」については「市町村長」となっている。

図 6-22　河川と法

①河川区域の区分

一級水系：国土保全上または国民経済上、とくに重要な水系のこと。国土交通大臣が直接管理する。平成 24 年 4 月現在で 109 水系が指定されている。

二級水系：一級水系以外の水系で、重要な水系のこと。都道府県知事が管理する。平成 24 年 4 月現在で 2,714 水系が指定されている。

②河川の区分

一級河川：一級水系の重要な河川を国土交通大臣が指定したもの。平成 24 年 4 月現在で 14,048 河川が指定されている。

二級河川：二級水系の重要な河川を都道府県知事が指定したもの。平成 24 年 4 月現在で 7,081 河川が指定されている。一級水系の中に二級河川はない。

準用河川：一級、二級河川以外の河川で、河川法の規定の一部を準用し市町村が管理する河川である。一級、二級水系にかかわらず設定できる。

普通河川：河川法が適用されない小河川のこと。実際の管理は市町村などが行っている。

4 - 3　河川の役割

河川には、いくつかの大きな作用がある。

①浸食作用

浸食は、主に山地部の流れが急な上流域の河川でみられる作用である。川底や岸の土砂や岩盤を侵食し、長い時間をかけて峡谷がつくられていく。上流側の河川は蛇行を繰り返し流れていくが、その湾曲部は常に流水が衝突し（水衝部）侵食され、河川の流れる姿は変化していく。

②運搬作用

主に中流域にみられる作用であり、侵食により削り取られた土砂や岩石、あるいは岩石

から溶出したミネラルなどを下流へ移動させる。

③堆積作用

主に下流域にみられる作用であり、流水により運ばれてきた土砂や岩石が流速の遅い下流域に運ばれると川底に沈み堆積していく。

日本は国土が狭く山地が多いため、次のような特徴をもっている。

○流域面積が小さく河川は急流で、上流の浸食作用の影響は大きい。

○梅雨や台風の季節に集中的に豪雨が降るため、洪水の流量は大きく短い時間に一気に流出する。そのため、河口への流出土砂は多量に発生する。

○国土の総面積の約10%を占めるにすぎない河川氾濫区域内に人口の約半分が居住し、資産の約75%が集中しているため、水害による被害は甚大である。

④自然自浄作用

河川は人為的あるいは自然的要因で加えられた汚濁物質を、水域中の自然の作用によりそれらの濃度を減少させ浄化する能力を有している。この力を河川の「自然自浄作用」とよぶ。

自然浄化は、

○物理的作用（希釈、拡散、沈殿）

○化学的作用（還元、吸着、凝縮）

○生物的作用（水中の生物による浄化）

などの作用を有し、これらが複合的に作用することで水を浄化していく。

川底の石の表面はヌルッとしている。このヌルッは「微生物膜」とよばれ、バクテリア、原生動物や後生動物などの多種多様な生き物のすみかである。微生物膜内には一つの生態系が形成されている。これを「微生物生態系」という（図6-23）。この生態系の中では、水中に十分な酸素がある場合（好気性条件）では生活排水中の有機汚濁物質をバクテリア

図6-23　微生物生態系ピラミッド

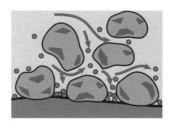

■沈殿
礫と礫との隙間を水が通ると水中の汚れが礫にあたり沈殿する

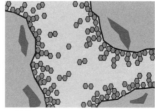

■吸着
礫と水中の汚れは電気の＋と－の関係にあり、礫は汚れを吸着する

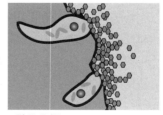

■酸化分解
礫の表面に棲息する生物たちは、汚れをエサとして食べ、最後に水と二酸化炭素に分解する

図6-24　沈殿、吸着そして分解

6　地域と生態系のバランス　〜自然環境の問題〜

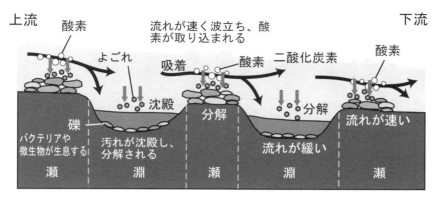

図6-25　河川の自浄作用の仕組み

が食べ、バクテリアを単細胞生物の原生動物が食べ、原生動物を多細胞生物の後生動物が食べる、といった食物連鎖の関係がある。そして最終的には二酸化炭素と水に変換される。このようなメカニズムが河川環境における自浄作用である。

　しかし、河川の自浄作用には限界があり、汚濁物質が浄化能力以上に河川へ流入すれば汚濁物質は分解しきれず河川は汚染されていく。さらにこのような状態が続くと、河川中の酸素が消費され水が酸素の少ない、あるいはほとんど存在しない状態（嫌気性条件）となるため自浄作用はなくなり、多くの水生生物が生息できない環境となる。また嫌気性条件では嫌気性細菌の働きにより、メタンや硫化水素など異臭を放つ気体が発生する。

4－4　森と海をつなぐもの

　森林生態系から河川生態系への栄養塩の供給は、川そして海の生態系を維持する上で大変重要である。陸側から川へ向かって水辺林、湿地植物、抽水植物、浮葉植物、沈水植物と続く「移行帯（エコ・トーン）」は、多種多様な生き物の生息・生育空間として大切であり、その水辺林からは大量の落葉・落枝（リター・フォール）が河川に供給されている。

　水中のバクテリアが落葉・落枝の表面に付着し、やわらかい葉は水生昆虫のエサとなる。また、落葉・落枝から溶出する窒素や燐といった栄養素は藻類に利用され、増殖した藻類は水生昆虫に利用される。そうして増えていった水生昆虫は魚類のエサとなる。

　河川付近の水辺林から直接川へと落下する昆虫（落下昆虫）も河川生態系へのエネルギー源として重要な役割を果たしている。大型のニジマスは、ハチの仲間やオサムシなどの落下昆虫を中心に食べていたという調査結果もある。渓流魚の1年間の総採餌量の半分は、森林から河川へ供給される陸生昆虫であるともいわれている。このような落葉・落枝や陸生昆虫といった物質の移動を介し、森と川は密接なつながりを維持しているのである。

　窒素や燐など森が育んだ栄養塩は、川を下り海へと流れ込む。海洋の食物連鎖の開始となる植物プランクトンは、その栄養を糧に増殖し魚介類を育む。しかし、海水中の窒素は硝酸塩という形で存在し、そのままではプランクトンは体内に取り込むことができない。そこで窒素に還元する硝酸還元酵素が必要となる。さらに、この酵素をつくり出すために

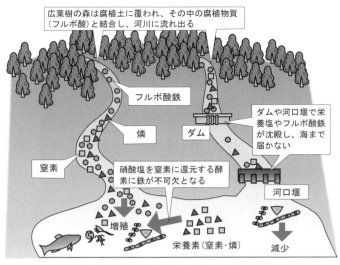

図 6-26　森から海への贈り物
（出所：松永勝彦『森が消えれば海も死ぬ』講談社ブルーバックス、1993 より作成）

はプランクトンは鉄イオン（フルボ酸鉄）を吸収しなければならない。しかし、鉄は水に溶けにくく大半が海底に沈殿してしまい、海洋表面では不足している。したがって、植物プランクトンには河川を通して絶えずフルボ酸が供給されないと生育が妨げられる。その結果、藻類も魚介類も生息・生育できない状態となる。広葉樹の森は主に落葉・落枝で形成された腐植土に覆われ、腐植土の中のフルボ酸が腐食物質と結合し水に溶け、プランクトンに吸収されやすいフルボ酸鉄になって海へ注いでいる。

ニュージーランド国立「水・大気研究所」のエドワード・エイブラハムによれば、海藻の生育の乏しい南氷洋の海水に鉄を含む2トンの海水を放流したところ、2週間後には通常の10倍に植物プランクトンが増殖していたと報告している（ネイチャー、2000年10月）。また、北海道の日本海側ではコンブなど海藻が死滅し、辺り一面が石灰藻に覆われた白い岩肌と化した「海の砂漠化」とよばれる現象が生じているが、この原因の一つに広葉樹の乱伐採があると考えられている。

ところで、「海草」と「海藻」の違いであるが、「海草」は、「花が咲き、種子をつくって繁殖する植物で、浅いところに生息する。養分は海底から根などで吸収する」。代表的なものに、アマモ・イトモ・スガモなどがある。一方、「海藻」は「花や種子はつけず、胞子によって子孫を増やす藻類に属する。養分は海水から葉や茎などで吸収する」。コンブ、ワカメやヒジキ、アオノリなどはすべて海藻である。

4-5　海と森をつなぐもの

森の栄養は海へと注ぐ。一方で、海の栄養は森へ還るという。森が海を豊かにするのと同様に、海が森を豊かにしている。このような研究結果が注目されている。

「海から川を遡上するサケが森を育てる」とは、カナダ・ビクトリア大学のトム・ライムヘンがクィーンシャーロット島バクハーバーで行った研究結果である。

従来から、「サケが遡上しクマが生息する川の両岸は、そうではないところと比較すると木の成長が早く、その流域は小動物が多い」ことは知られていた。そこでライムヘンは植物の光合成に必須の窒素を詳細に分析したところ、年輪幅の広い樹木には窒素の同位体

N15が多く含まれていることが判明した。空気中に含まれる窒素は、ほとんどがN14であるが、海水中には1000：3の割合でN15が含まれている。N15はサケが海洋で過ごした長い間に体内に蓄積された成分であり、サケがもたらした海の栄養が森、そしてそこに生きる多種多様な生き物を育んでいたのである。サケだけでなく、ウナギやニシンなどの遡上する魚も海から森へとN15を運び豊かな森づくりに貢献していたのである。

　カナダのクィーンシャーロット島バクハーバーの森の中では、クマはサケを捕らえると森の奥まで運び、頭とお腹だけを食べ、残り（日本語でホッチャレとよばれる）はそこら辺に放置される。こうして1年間に1頭のクマが森に運ぶサケは約700匹、重さで約2トンになるという。この約半分の1トンが食べ残され森への置き土産となっているのである。この食べ残しは哺乳類をはじめ、鳥類、昆虫類のエサとなり、さらには土壌中の微生物たちがせっせと分解し森の栄養素をつくり出しているのである。このようにサケとクマは森を豊かにする上で大きな役割を果たしている。

　サケの受精卵が孵化するには川底が砂利で湧水があり、水深は10〜30cmで酸素が十分に溶けた水が必要である。ここにメスが穴を掘り産卵、オスが受精を行い、メスが産卵床の上に砂をかける。こうして場所を変え数回の産卵を終えるとメスもオスも死に絶えホッチャレとなるのである。しかし、上流の森林を伐採すると、降雨により土壌が河川へと流れ込み産卵に適した清流が失われてしまう。浅い清流を好むサケは産卵しても孵ることなく個体数だけが減少していくのである。

　サケはアキアジともよばれ秋に遡上する魚である。産卵から孵化するまでに要する時間の数え方が積算温度で480℃といわれている。積算温度とは1日の平均水温を合計したもので、平均水温が10℃ならば48日間で孵化するという意味である。水温が冷たければ産卵から孵化までに時間がかかるため早めの産卵となり、産卵場所が河口から遠く離れている場合にはそれだけ早く遡上を開始している。どうやらサケは、現在位置と産卵場所との関係から遡上する日を割り出しているようである。

　そうした本能とでもいうべき能力に従い生きているサケであるが、遡上途中で思いもよらない妨害に会ったとしたらどうであろうか。サケの気持ちになって考えてみればよい。きちんと計算して遡上を開始したのはよいが、遡上を拒む横断構造物に出会ったり、水量が極端に少ない場所があったりすれば産卵時期に間に合わなくなる。それどころか、産卵場所にも到達できない川が日本には多すぎるのである。

　河川は人間でいう血管に相当する。血管のごく一部が詰まっただけで血流は滞り、死に至ることもある。河川の役割を理解すれば、遡上できる川が本来の姿なのである。

4－6　河川の人工構造物

　河川には、治水・利水目的で人間が築き上げてきた多種多様な構造物が設けられている。洪水の際、河川の水量を調節する目的で堤防の一部を低くした場所を「越流堤」とよぶ。越流堤の高さを越える水量の際には、ここからの水は調節池などに流れ込み堤防の決壊を

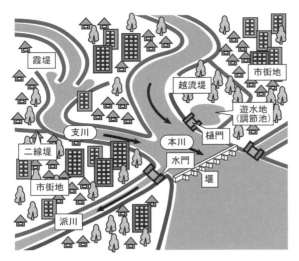

図6-27 河川構造物

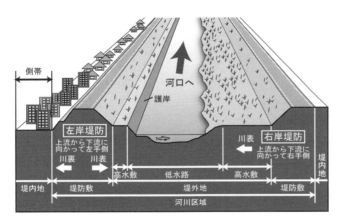

図6-28 堤防の構造

防止する構造になっている。「調節池」は「遊水地」ともよばれ、洪水を一時的に貯え、洪水の最大流量を低減させる目的で設けられた区域のことである。

河岸から河川の中央へ向かって構築された突起物を「水制」という。これは川の流れを変えたり、流速を低減させたりすることで、河川の浸食作用などから河岸や堤防を守るために設けられる。

農業、工業、水道用水を河川から取水するために、河川を横断して水位を調節する構造物を「堰」とよぶ。「取水堰」ともよばれる。また、堤内から堤外への排水や農業用水の取水のために堤防を貫通してその中に設けられる水路で、本川の水位が高くなったときに堤内側に水が流れ込むのを防ぐための扉がある構造物を「樋門」とよぶ。

河川を上流から下流に向かって眺めたとき、右側を右岸、左側を左岸とよぶが、一般的な河川では、左右の岸にコンクリートの堤防が築造されている。そして、河川を流れる水が浸食作用などから河岸や堤防を守るため、法面(堤防の斜面)もコンクリートで固められている。

<堤防に関連する用語>

○河川区域：一般的には堤防の川裏の法尻（斜面の最下部で地表に接した部分）から対岸の同地点までの間の河川のこと。

○高水敷、低水路：高水敷とは、河川敷や川原とよばれているところであり、常に水が流れている低水路より一段高い部分のこと。大雨のときだけ水が流れ、普段は水が流れていない。

○堤内地、堤外地、川表、川裏：堤防によって洪水氾濫から守られている住居や農地のある側を堤内地または川裏、堤防に挟まれて水が流れている側を堤外地または川表とよぶ。

○側帯：堤防などの安全・強化、非常用の土砂などの備蓄、一次避難所、環境保全など

の目的のために、堤防の堤内地側（川裏）に盛土（土砂を積み上げた部分）した部分のこと。

現代の河川土木技術は堤防等の人工構造物で河川の氾濫を鎮めることを目的としてきたが、それ以前は洪水と人との付き合い方に知恵を絞ることで対応してきた。つまり、河川というものは氾濫するものである、という大前提のもとに河川沿いに水害防備林を植栽し流勢を弱めたり、堤防を造るにしても「霞堤」などの工法を用い、洪水をコンクリートの壁で押さえ込むようなことはしてこなかった。

近年、ドイツ同様、日本においても河川土木技術の限界を見極め洪水と共存する方法を模索する動きが活発化してきている。

Column：洪水と共存？ 霞堤とは

霞堤とは、従来の河川堤防とは異なり堤防のある区間に不連続な堤防を配置し、水が堤内地に入ることを許す河川改修工法のひとつである。上流の堤内地側に向かって開口しているので、水をわざとこの切れ目から溢れさせ洪水を堤内地へと導くことにより流速を低減し、下流部への洪水量は軽減される。

たとえ堤防が決壊しても、土砂が住宅地へ流れ込むのを食い止めるなど、洪水の被害を最小限に抑制する昔の人の知恵である。

大雨の時、水をわざと切れ目から溢れさせ、流れの勢いを抑える。

堤防が切れても、土砂が住宅地などに広がるのを食い止める。

図 6-29　霞堤の構造

4－7　河川の現状

血液は、生命を維持していくために不可欠な酸素や栄養を体の各部分に運搬し、老廃物や炭酸ガスを除去する役割を果たしている。動脈は本来、心臓というポンプで圧縮された圧力の高い血流を受けており、血液が動脈の内壁を押す力（血圧）を吸収するために弾力性に富んでいる。ところが、動脈壁に脂肪等が沈着したり動脈壁の筋肉中に弾力のない繊維が増えたりすると、硬くなったり壁が厚くなったりする。これが動脈硬化である。動脈硬化で内壁が厚くなり血管内が狭くなると血液の流れが悪くなり、脳や心臓などいろいろな臓器の働きが悪くなる。日本の河川は、まさに動脈硬化を起こしている。

「人は血管から老いる」といわれており、「自然環境は河川から老いる」と言い換えることができるであろう。

日本の河川の現状は、環境省が1973年（昭和48年）から実施している「自然環境保全基礎調査」の結果で、その概略を知ることができる。本調査は「緑の国勢調査」ともよばれ、陸域―陸水域―海域等、広域な視点で日本の自然環境の現状や変遷を調査し、自然環

境保全の最適な方法を検討し、そして実践するための基礎資料となるデータの取得に主目的をおいている。この調査は「自然環境保全法第4条」の規定に基づき、おおむね5年ごとに実施されている。

　ここでは、全国109の一級河川と一級河川の主要な3支流、および沖縄県の浦内川の計113河川を対象とした第2、3、5回調査の「河川改変状況」結果と、第3、4、5回調査の全国約100の「原生流域」の結果を取り上げる。このほかにも「魚類調査（生息魚種、漁獲量、放流量等）」や「河川概要の調査（流量、水質、生物相等）」が併せて実施されている。

表6-7　水際線の改変状況

調査年度	河川数	総延長距離 （km）	人工化された 水際線（km）	人工化された 水際線の割合（%）
第2回調査 （昭和53・54年度）	113	11,425	2,192	19.2
第3回調査 （昭和58〜62年度）	113	11,412	2,442	21.4
第5回調査 （平成5〜10年度）	113	11,388	2,677	23.5

（出所：環境省『自然環境保全基礎調査資料』）
※河川改変とは、水際線が護岸工事等により改変されたことをいう。
※第4回調査（昭和63年〜平成4年度）は調査対象が異なるため除外した。

　第5回調査によると、調査区間に河川横断構造物が存在しなかったのは、北海道の留萌川、沖縄の浦内川の2河川であった。また、構造物があっても魚道などの設置により魚の遡上が可能であると判断された河川は、上記2河川を含む12河川であった。すなわち、調査河川の約9割は遡上できない川なのである。

表6-8　原生流域調査

調査年数	流域数	流域面積（ha）	保全地域の指定箇所
第3回調査 （昭和58〜62年度）	101	211,879	79
第4回調査 （昭和63〜平成4年度）	99	205,634	79
第5回調査 （平成5〜10年度）	102	201,037	82

（出所：環境省『自然環境保全基礎調査資料』）
※原生流域とは、1,000ha以上の面積にわたり、人工構造物や森林伐採等の人為の影響のみられない流域をいう。

　原生流域は、再調査の結果で新規に選定される地区があるにもかかわらず流域総面積は減少し続けている。これは、原生流域の要件（1,000ha以上の面積）は満たしているものの、森林伐採や道路建設などにより流域面積を減らす原生流域が増加していることを示唆している。

　河川は周囲の湿地、湖沼、農地等と有機的なつながりを保ちながら生物多様性に富んだ自然環境を形成し、森と海をつなぐ生態的回廊の役割を果たす一方で、生活に必要な水を人間が利用しやすいように（利水）、洪水などの自然災害から身を守るために（治水）、その姿を変えながら今に至っている。

　人間が水を管理しやすいような利水・治水計画に基づき、河川はダムで仕切られ河岸は

コンクリート三面張りで固定され、蛇行する自然河川の河道はショートカットされ直線化されてきた。その結果、水質自浄能力を有する河川内の生き物の姿は減少し、排水路として取り扱われるようになってしまった河川も多い。

現在では、人間の利便性から河川の姿を改変していくのではなく、人間活動の要請に加え、生き物の生息・生育空間として生物多様性を保全する要請にも十分応える時期が到来している。1896年（明治29年）に治水と舟の運行を目的に制定された「河川法」は、1964年（昭和39年）に治水・利水目的の河川管理へと移行し、1997年（平成9年）には治水・利水に加え、環境の面から総合的に河川を管理する体制へと移行している。別名「新・河川法」とよばれる新しい「河川法」は、
　○「洪水・高潮等による災害の発生防止」
　○「河川の適正な利用」
　○「流水の正常な機能の維持」
に加え、
　○「河川環境の保全と整備」
が位置づけられた。

4－8　清流を取り戻す　～統合的流域管理～

（1）きれいな水を取り戻す

河川の水域環境として、水質が適正に確保されていることは生物多様性の保全からも、また利水の観点からも望ましいことである。生態系に与える影響等を考えると、河川の水質浄化には河川が本来有している自然浄化作用を活用する方法が適している。

以下に、水田の水質浄化機能を参考に考案された河川の自然循環型水処理システムを紹介する。水田では、有機性汚濁物質等を含む用水が流入しても水田の表面を流れる過程や土壌への浸透により、水は徐々に浄化される。これは、土壌による吸着、植物による吸収、土壌微生物による分解、空気中への窒素の放出作用（脱窒作用）等によるものである。土壌微生物は、水中に含まれる高濃度の硝酸性窒素を無害の窒素ガスに変化させ、大気中に放出する能力が高い。

図6-30に示すように、この方法は化学薬品を使用せず、木炭や枯れ草、石などの天然素材を用い、それらを加工した充填材を適切に組み合わせることにより、主として微生物の分解作用で浄化するものである。このシステムにより家庭から排出される有機性汚濁物

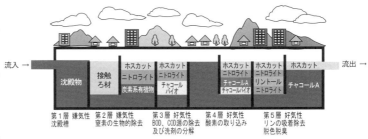

図6-30　自然循環型水処理システム「四万十川方式」
（出所：http://www.pref.kochi.jp/~shimanto/4torikumi/kouzou.html より作成）

質、家庭用洗剤の主成分である陰イオン界面活性剤や窒素・燐といった通常の方法では除去が困難な物質までをも取り除くことが可能となった。

このシステムは、生活排水などの水処理方法として高知県四万十川流域で考案されたもので、「四万十川方式」とよばれている。

第1槽（沈殿）：河川中の水をはじめに導く水槽で、小さなゴミや砂などを沈殿させ、上澄液を第2槽へ送り出す。

第2槽（接触）：プラスチック製で多孔質のろ材に水を通すことにより、ろ材表面に付着する微生物膜が有機物を分解していく。

第3槽（吸着、分解）：キトサン処理した木炭（チャコールバイオ）の作用で微生物の活動を活発にした水槽で、水中の有機物は水と窒素に分解され、陰イオン界面活性剤も吸着・分解される。

第4槽（ばっ気）：酸素を水中に送り込むことで、水の酸素濃度を高める。

第5槽（吸着、固定）：カルシウム系充填材のリントールにより、リン酸の吸着と固定を行う。チャコールAで脱臭と脱色を行い処理水をきれいにし河川へ戻す。

「四万十川方式」は行政、研究機関、地域住民、地元企業で構成される「四万十川方式水処理技術研究会」で研究、実証の積み重ねを行ってきた結果生まれた方式であり、さまざまな主体の協働による取り組みの大切さを教えてくれる活動である。

（2）集水域を再生する

日本人の自然観では「自然の力は偉大であり、たとえそのシステムが破壊されようとも、その潜在力に委ねることでもとの状態に回復していくのである」と考える傾向がある。しかし、実際には荒廃した河川環境を再生し、良好な自然環境を持続していくためには人の手を必要とする場合が多い。

利水・治水上、河川改修が必要とされる場合には、局所に多自然型川づくりによる手を加える。また、河川生態系を復元、再生するためには、河川改修により自然を残し動植物の生息・生育空間に配慮するだけでなく、ダムや堰といった人工横断構造物やコンクリートで固められた水路を取り壊して、もとの自然に近い状態を取り戻したり、ショートカットして河川を管理しやすい直線状に改変していたものを、古地図を頼りに昔の河川跡を掘り返すことで本来の河道を取り戻そうとする大がかりな改修が試されることもある。

本来、多自然型川づくりは「利水・治水と環境は対立するものではなく、共通の自然観をもって両立する道を探るべき」ものであり、

　○最小限の人為介入

　○自然のもつ営力の活用（河川自身の有する蛇行する力など）

　○多種多様な空間の創出（瀬や淵、ひなたや日陰など）

　○上流から下流に至る生態的回廊づくり

　○順応的管理の採用

などを取り入れた上で、自然条件を規定する水循環を保全かつ創出することを基本としている。

1990年（平成2年）11月に通達された「「多自然型の川づくり」の推進について」で初めて、環境面を重視した河川整備の方針が打ち出され、「生物の良好な生育環境に配慮し、あわせて美しい自然環境を保全・創出する」という多自然型川づくりの概念が盛り込まれた。その後、1997年（平成9年）の河川法改正を経て、現在では多自然型川づくりが河川整備の基本となりつつある時代を迎えている。

「多自然型川づくり」が導入された当初から、ホタルの舞う小川の再生やアユの遡上する川といったように、特定の種のみの保全活動が多く見受けられる。しかし、大切なことは生物多様性に富む川づくりであり、集水域を対象としたネットワークの保全・復元、順応的な管理の取り入れなのであり、ホタルやアユが戻ればよいということではないのである。

先に述べたように、河川の生態系は森林そして海洋の生態系と連動し、そのダイナミックな循環の中で形成されている。河川上流の森林生態系が健全であって、初めて河川生態系が維持される。したがって、清流を取り戻し河川生態系を保全・再生するには河川への対応のみでは限界があり、周辺「集水域」の管理が必要となる。

生物多様性に富み、そして治水・利水の機能を持ち合わせた河川管理にあたっては、まずはダムや堰などの横断構造物の撤去や、直線化された河道の再蛇行化による瀬や淵の復元といった河川内の局所的な対応（多自然型川づくり）に始まり、湖沼や湿地を含む上流から下流に至る集水域単位の再生（再自然化）が重要となる。

欧米でいうところの「リハビリテーション」「リストレーション」「リナチュラリゼーション」の3段階に照らし合わせれば、「多自然型川づくり」は生態系にダメージを与えない、あるいは生態系をより豊かにするための局所的な修復を主目的とする「リハビリテーション」に相当し、「再自然化」は川を中心に周辺地域（集水域）を復元する「リナチュラリゼーション」に相当するものといえよう。

ドイツの多自然型川づくりは「川が自分で発展することを許す」ことを基本としている。すなわち、人間はかつて自分たちで造った堤防や堰等の人工構造物を取り除くだけで、あとは川自身の営力に委ねるものである。堤防を取り除き氾濫原を復元することで洪水を力で抑えるのではなく、洪水により被害を受ける氾濫原に人は立ち入らない、とする治水方法である。氾濫原とは「洪水時に氾濫した水に覆われる川の両岸の比較的平坦で低い土地のこと」である。

このようにドイツにおいては、直線化した河川を再蛇行させたり、人工構造物を取り除いたり、氾濫原を復元したりする際に人間が介入するだけで、後はすべて川任せなのである。長い目で見れば、この方法はメンテナンスもなく、生き物も多様化し、生態系は保全され、氾濫原の復元により川幅は増え、その増大した川幅の中で川は自然の進化を遂げ、保水力は高まり、治水・利水効果はとても高くなり、さらには水質浄化能力も大幅に向上

することがわかっている。

　ドイツでは河川周辺（堤内）に造られた農地などを買い上げた上で堤防を後退させ、氾濫原の確保を積極的に行っている。またアメリカでも堤防による治水の限界を認め、氾濫

Column：多自然型川づくり

　「多自然型川づくり」とは、洪水等による災害から身を守るため、治水上の安全性を確保した上で河川が本来有する生き物たちの良好な生育環境を保全・創出し、地域の風土に調和した美しい風景をつくり出すことを目的とした川づくりのことである。

　従来の河川整備は治水、利水を最優先課題として取り扱ってきた。その結果、河岸はコンクリートで護岸され強固な構造物に改変されてきた。またダムや堰などの横断構造物が河川の連続性を分断し続けてきた。しかし、近年になり生物多様性、自浄作用、人の心に与える安らぎ、子供たちの遊び場などの河川のもつ機能の大切さを人々は再認識するに至り、河川の生き物や環境を再生する動きが高まりを見せている。

　このような流れを受けて、河川の改修時にはもとからある河川の自然や景観を壊さない配慮をしたり、人工的に改変された区域をもとの姿に近い状態へ戻す工夫、すなわち多自然型川づくりが積極的になされるようになった。

　平成9年には河川管理の基本法である「河川法」が改正され、河川管理の目的に「治水」「利水」のほかに「河川環境の整備と保全」の項目が加えられるに至る。

　多自然型川づくりにおいて、次のような配慮がなされている。

○元からある河川の生態系や自然景観を必要以上に改変しない。
○河道を水路のように直線的なものにしないで、自然河川のように蛇行する川筋にする。

○瀬や淵などをつくり出すことにより、さまざまな水生生物が生息できるさまざまな環境をつくり出す。

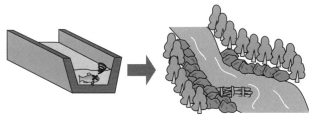

○川底や護岸をコンクリートで固定せず、自然石や木材などの自然材料を用いた伝統的工法により治水を行う。

○水辺に植生が繁茂する環境を整備することにより小動物の生息場所を提供したり、河川にひなたや日陰をつくり出したり、植物の根張りによる護岸効果を期待する。

原からの土地家屋の買収・移転が推し進められている。そして買収された土地は生態系を修復した上で、自然公園化などの計画が実行に移されている。

図 6-31　氾濫原の復元と堤防の後退による治水・利水

欧米諸国の「多自然型川づくり」は、川を中心に集水域を復元する「再自然化」へと向かっている。さらには再自然化された集水域単位をひとつの「バイオ・リージョン」として考え、生命的にひとつの単位の中で地域内の資源を活用しながら地域の循環型システムを構築し、地域の自然資源や環境といった素材を活かした独自の産業や教育を確立し、持続可能な営みを達成しようとする試みへと発展していくのである。

（3）統合的流域管理を行う

水辺の環境問題は家庭や工場等からの水質汚濁にとどまらず、地域間の歴史や文化の摩擦、情報や資金、雇用の不平等といった多くの問題を包含している。これらの問題へ対応する新たな政策手段が「統合的流域管理（Integrated River Basin Management）」とよばれるものである。「総合的流域管理」とよぶこともある。

統合的流域管理は、河川の上流の森林保全から下流・海岸までのひとつの流域を単位とし、関係する自治体、住民、企業、NPOなどが協働して管理していこうとするものである。従来のように個々の問題に個別の技術や政策で対応する管理から脱却し、水質や生態系に関連する環境問題や、その解決に向けての費用負担、治水・利水の持続的利用の問題など、複雑に絡み合う多くの課題に流域単位の総合政策で取り組もうとする動きである。

1992年（平成4年）ブラジルのリオ・デ・ジャネイロにて開催された地球サミットにおいて提唱された「意思決定における環境と開発の統合」、すなわち「環境と開発は対立する概念ではなく、持続的発展のためには共に考慮されなければならない」という考えのもとに使われるようになった用語である。具体的には、流域の保有する水量を考慮し流域の水利用を考えたり、下流域の水質を考え上流域の排水処理を考えるなど、自治体の枠を越えて協働することで水質汚濁や生態系の修復、雇用の創出などが期待されている。

北海道の釧路湿原は日本を代表する湿地であるが、近年では開発による影響を受け、その面積は低減し続けている。湿原の植生もヨシ—スゲ群落からハンノキ林に急変している。湿原は長期的には陸化し環境は変化していくものではあるが、この急激な変化は生き物にとっては好ましいものではない。

2000年（平成12年）7月には北海道開発局が軸となり、「第4回釧路湿原の河川環境保全に関する検討委員会」が開催され、釧路湿原の長期にわたる維持・管理の目標が検討されている。それによると、1980年（昭和55年）当時の河川環境へ回復させることを第一の目標とし、目標達成のためには釧路川流域の住民、団体、関係機関等すべてが多様な形

で交流・連携を深める地域づくりの必要性を説いている。

目標達成に向けての具体的施策には、以下のようなものがある。

○土砂調整池による土砂流入の防止と水質浄化

○ビオトープネットワークを創出するため河川沿いに連続した水辺林を形成

○湿原の再生と湿原植生の管理

○蛇行する河川への復元

○水環境、野生動物の保全

○湿原の調査と管理に関する住民の参加

○流域市民や関係者の保全と利用の共通認識の形成

○次世代リーダーを育成するための環境教育の実践

などを掲げている。

釧路川で川の蛇行復元事業が2011年までに実施された。その復元事業で自然が再生し、河川や湿地の動植物が豊かさを取り戻しつつあることが現地調査で検証された。昔のように川を蛇行にもどすことが、河川や湿地環境の復元手法として有効であることが示された。

失われていく河川生態系を保全するためには、分断、人工化された部分を「多自然型川づくり」により改修しつつ、川を中心に集水域を復元する「再自然化」を施す必要がある。その際大切なことは、流域の住民、関係者が連携・協働する地域づくり、すなわち「統合的流域管理」を取り入れることが重要なのである。分断された川を一本につなぐこ

Column：自然再生で政策の大きな柱となる「新・生物多様性国家戦略」

自然再生とは、過去の失われた自然環境を取り戻すことを通して、地域の生態系が自己回復できる活力を取り戻すことで、自然と共生する地域づくりを進めていくものである。

自然再生を推し進める上で大きな柱となる「生物多様性国家戦略」は、生物多様性の保全と持続可能な利用についての国の施策の基本方針と取り組みの方向を定めるもので、1992年（平成4年）の地球サミットで採択された「生物多様性条約」の規定に基づき、日本において1995年（平成7年）に策定された。

この計画をつくり変えたのが、2002年（平成14年）3月に策定された「新・生物多様性国家戦略」であり、2008年の生物多様性基本法の制定につながっていく。これは「自然と共生する社会」を実現するための国家のトータル・プランであり、絶滅回避、原生的自然保護に偏っていた旧・国家戦略に里山・干潟の保全などが加えられ、国土全体の生物多様性保全を強化し、失われた自然を積極的に取り戻す再生事業の重要性を説いている。

その中で、生物多様性保全の現状は以下の"3つ

の危機"としてとらえている。

1. 開発や乱獲、汚染などの人為的影響による種の減少・絶滅や生態系破壊の危機
2. 里地里山など人間の働きかけで維持されてきた自然の質の変容と特有の動植物の減少
3. 外来種による日本固有種への影響

そして、自然と共生する社会を実現するために、

1. 種・生態系の保全
2. 絶滅の防止と回復
3. 持続的な利用

の3つの目標を掲げている。

～日本における自然再生事業の一例～

1) 渡良瀬貯水池

2) 河口干潟の復元（東京都荒川地区、北海道鵡川地区、三重県木曽川地区など）

3) 蛇行河川の復元（北海道標津川地区、山口県椹野川地区、埼玉県荒川地区など）

4) 湖岸のエコトーンの復元（島根県宍道湖・中海地区、茨城県霞ヶ浦地区など）

5) 衰退する森林の再生（奈良・三重両県の県境大台ヶ原など）

170

とは、人々の心を一本につないでいくのである。

❖・❖・❖・❖・ 5. 海　〜森と川を育てる浅海域〜 ・❖・❖・❖・❖

5-1　浅海域とは

「浅海域」とは、「干潟、藻場やマングローブ林などの水際線の海域」を総称する用語である。浅海域は、水深が数m〜数10m程度で太陽光が十分に届き、光合成による「一次生産」が活発に営まれる海域である。「一次生産」とは「光合成による有機物の生産のことで、地球上のすべての生き物の生活の基礎となるもの」である。海洋生態系における一次生産とは、窒素や燐などの栄養分（イオンの形で水に溶けているので「栄養塩」とよばれる）を摂取して、光合成色素をもつ植物プランクトンや海草が成長することである。したがって、生物生産機能に優れ、水質や底質の浄化機能をも有する環境上重要な地帯である。

周囲を海に囲まれている日本は、耕地や宅地が不足しがちで浅海域を埋め立てや干拓することにより拡大し補充してきた経緯がある。1998年（平成10年）の「第5回自然環境保全基礎調査（環境庁）」によると、日本全国の自然海岸は減少しており、海岸線の長さの割合は自然海岸が42.2%、人工海岸が41.0%、半自然海岸が15.2%となっている。日本全国の海岸線の総延長が約19,000kmであるので、そのうちの約10,000kmが埋め立て、護岸工事、港湾建設や干拓などにより人工的に改変させられたのである。

1940年代頃の日本には、有明海や東京湾、三河湾といった内湾域を中心に広大な干潟があったが、高度経済成長期に多くの干潟が埋め立てられ、1996年の干潟面積は、1940年代と比較して全国で約40%も減少している。とくに大都市近郊の干潟の減少率は大きく、この50年間で東京湾82%、伊勢湾54%、三河湾42%の干潟が失われた。

近年では、公共事業の見直しとともに、これら開発の必要性に疑問が投げかけられ、保全活動が活発化している。また、人工的に干潟や藻場を造成しようとする動きも出ている。

5-2　干潟　〜その役割と現状〜

(1) 干潟とは

「干潟」とは、「河川から流入した土砂や泥が河口域や湾に堆積してできた、広範囲にわたり平坦な砂泥地帯」である。満潮時には海面下、干潮時には海底が陸地となり、魚介類だけでなくそれらをエサとする鳥類も集まる生物多様性に富む地帯である。

干潟を形成する砂泥は河川から供給されるが、それが波浪によって沖へ流出せず、干満の潮位差が大きい地域に限定して形成される。東京湾、伊勢湾、三河湾、瀬戸内海、そして有明海といった大規模な干潟は潮位差の大きい太平洋側に分布している。

河川から絶えず運ばれてくる栄養塩類を含み、1日に2回の干潮時には干上がり大気にさらされる。その際、酸素が十分に干潟内へ供給され、多種多様な生き物が生息する環境

図 6-32 干潟の分布
（出所：環境省『日本の重要湿地 500』2001 より作成）

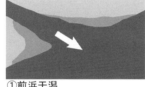
①前浜干潟

②河口干潟

③潟潮干潟

図 6-33 干潟の分類

をつくり出している。干潟には動植物の遺骸や糞などの有機物が分解されできた有機物の小さな集合体である「デトリタス」や、ケイ藻類、植物プランクトンなどを食べるゴカイやイソメなどの多毛類、アサリ、アゲマキなどの二枚貝、コメツキガニやシオマネキなどの甲殻類が生息・生育している。さらには、これらの底生生物（ベントス）をチドリやシギ、サギなどの鳥類、そしてトビハゼ、ムツゴロウ、ワラスボなどの魚類がエサとしている。最終的には、鳥や魚は死んでバクテリアにより分解されるという食物連鎖が成立している。

干潟は次に示す 3 つのタイプに分類される。

①前浜干潟：海岸の潮が満ち引きする潮間帯にできる干潟で、主に海から運搬される砂や泥で形成される。大きな河川の河口域の前浜にできるタイプである。広大なものが多く潮干狩りなどで親しまれる干潟はこのタイプである（三番瀬、藤前干潟、曽根干潟、諫早干潟、和白干潟など）。

②河口干潟：河川などによって海に運ばれた砂泥が河口感潮域（潮汐の影響が及ぶ範囲）に堆積し形成された干潟で、大きな河川の河口部に発達する（庄内川河口干潟、吉野川河口干潟など）。

③潟潮干潟：砂洲、砂丘、三角洲などによって海や河口の一部が囲まれてできる干潟のこと（サロマ湖、蒲生干潟など）。

感潮域：河川の下流部では川の水面と海水面の高さが近くなり、満潮時には海水が河川へ逆流する。このような、河川にあって潮の満ち引きの影響を受ける範囲を感潮域という。感潮区域、感潮部などともいう。普通、汽水域よりも広い意味で用いる。

汽水域：河川からの淡水と海水が混合して形成される中間的な塩分濃度の範囲を指す。海水の塩分濃度は ‰（パーミル =1000 分の 1）という単位で表され、海水は通常は 32 ～ 35‰、すなわち 1 リットル中に 32 ～ 35g の塩分が含まれている。また水は土の中のさまざまな塩類を溶かし込むため、淡水は 0‰ ではなく 0.5‰ 以下となっている。汽水域とは、その中間的な塩分濃度 0.5 ～ 32‰ の範囲にある水域である。普通、河川の下流域～河口沿岸域、内湾などに形成される。汽水域とは海水と淡水の間、つまり、海水に比べると塩分濃

度は薄く、真水と比較すれば塩分が含まれている水域であり、汽水域は、必ずしも感潮域とは一致しない。

潮間帯（ちょうかんたい）：海と陸の境界にあたる部分で、大潮時の最高高潮面から最低高潮面までの範囲を指していう。岩礁域で

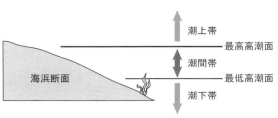

図6-34 潮上帯、潮間帯、潮下帯

は潮だまり（タイドプール）が発達する。潮間帯より上部の、海中には没しないが波浪のしぶきを受ける部分を潮上帯（飛沫帯）、潮間帯より下部の水深20〜60m（陽光性海産植物の生育下限）までを潮下帯（漸深帯）、これより大陸棚外縁までを潮周帯とよぶ。

Column：潮の満ち引きが起こる仕組み

　潮の満ち引きは月の引力と関係がある。そして潮の満ち引きの大きさは太陽の引力とも関係している。この潮の満ち引きは、地球が1日に1回転（自転）するので、1日2回、ゆるやかに高くなったり低くなったり規則的に変わっていく。新月や満月の頃は、地球と月と太陽がまっすぐ並ぶので、月の引力に太陽の引力が加わって潮の満ち引きが大きくなる。これを「大潮」という。太陽が月の引力と直角の方向にある時、おたがいの力を打ち消し合い満ち引きが小さい「小潮」になる。月に向かった海では海水が引っ張られて満ち潮になる。また、その反対側では、引力が小さいので海の水が置き去りにされて、遠心力により海水が上方に引っ張られ満ち潮になる。そして2つの満ち潮の間の海では、水が低くなって引き潮になるというわけだ。

　日本の太平洋側の満潮と干潮の差は平均で1.5mだが、日本海側は太平洋側にくらべると小さく40cm程度である。

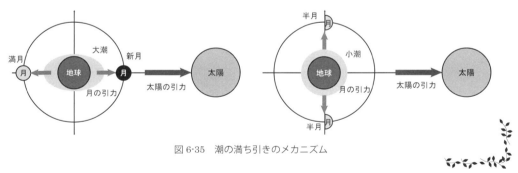

図6-35 潮の満ち引きのメカニズム

（2）干潟の役割

干潟の役割を大別すると以下のようになる。
○生命のゆりかご（生物多様性の保全機能）
○天然のフィルター（水質浄化機能）

そのほかにも、潮干狩りやバードウォッチングなど人間の楽しみとしての場や環境教育としての場としても大切な役割を担っている。

干潟は生物多様性に富む生態系であり、食物連鎖などによる物質循環を通して河川から流入する汚濁物質を分解・浄化する機能を有している。

1）「生命のゆりかご」としての干潟

干潟はバクテリア、プランクトンやゴカイ、カニ、貝類、鳥類など多種多様の生き物が

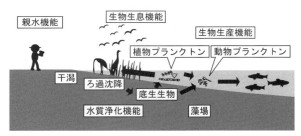

図6-36　干潟の機能

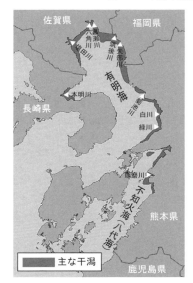

図6-37　有明海の干潟

生息・生育する生物多様性に富んだ生態系を支える大事な基盤である。生き物のつながり（食物連鎖）が健全な干潟は生態系を保全し、同時に多くの生き物と海洋の環境を守ってくれている。干潟が「生命のゆりかご」である由縁がここにある。

①有明海の干潟

九州の有明海沿岸には、干満の差が日本最大の6mに及び、100以上の河川の流入によって形成された大きな干潟が発達している。その面積は日本に残る干潟の約4割を占め、日本を代表するものである。

有明海の干潟は1年間に km² あたり 22.6 トンという魚介類を生産する稀にみる生産力を有している。エツ、アリアケヒメシラウオやアリアケヤワラガニは世界でも有明海にしか生息していない希少な生き物である。また、ムツゴロウ、ワラスボやオオシャミセンガイなど、日本ではここにしか生息していない種が多く生息する。シオマネキやトビハゼ、アゲマキなどといった絶滅が心配されている多くの生き物も生息している（WWFジャパン『有明海プロジェクト』）。

表6-9　有明海に生息・生育する希少な生き物

分　類	科　名	和　名	世界で有明海のみに生息	日本で有明海のみに生息	レッドリストによる分類
硬骨魚類	カタクチイワシ科	エツ	○		VU
	シラウオ科	アリアケシラウオ		○	CR
		アリアケヒメシラウオ	○		CR
	ハゼ科	ハゼクチ		○	
		シロチチブ		○	
		ムツゴロウ		○	VU
		ワラスボ		○	
	カジカ科	ヤマノカミ		○	VU
甲殻類	ヤワラガニ科	アリアケヤワラガニ	○		DD
		アリアケガニ		○	
	イワガニ科	ヒメモズクガニ		○	
		ヒメケフサイソガニ		○	
腹足類	カワザンショウガイ科	ヒイロカワザンショウガイ		○	
	ウミニナ科	シマヘナタリ		○	
腕足類	リングラ科	オオシャミセンガイ		○	

（出所：佐賀県有明水産振興センター『有明海の漁業』1994）

CR：絶滅危惧ⅠA類（ごく近い将来、絶滅の危険性がきわめて高い種）
VU：絶滅危惧Ⅱ類（絶滅の危険が増大している種）
DD：情報不足（評価するだけの情報が不足している種）

また、北極圏で繁殖しオーストラリアやニュージーランドまで越冬するシギやチドリなどの渡り鳥の中継地点としても重要な役割を果たしている。

②有明海の生き物たち

☆ムツゴロウ

体長が最大で 20cm 程度になる。むなびれを動かして泥の上を歩いたり、水中ではエラ呼吸、陸上では皮膚呼吸する不思議な生き物である。干潟の柔らかい泥の中に巣を掘り、満潮時には泥の中、干潮時には地表に這い出て泥中のケイ藻類を食べて暮らしている。

5月から7月の産卵の季節には、オスは干潟の上で背ビレを立てジャンプを繰り返したり、口を大きく開け求愛のポーズをとる。オスのつくった巣の中で産卵した卵は1週間程度で孵化し、それから約1ヵ月間は干潟付近の浅瀬で過ごすことになる。

☆ワラスボ

体形はウナギに似ている。歯はむき出し、ウロコがなく内臓や血管が透けて見え気味悪い。しかし、ムツゴロウやハゼクチ等と同じハゼの仲間である。干潟やその周辺の柔らかい泥に巣穴を掘ってすんでおり、目は著しく退化して皮下に埋没している。鱗もほとんどなく、痕跡が残っているだけ。満潮時には巣穴から出て、小魚、エビ、カニ、貝等なんでも食べる。産卵期は6～9月で、ムツゴロウなどと同じように巣穴の中に卵を産みつけ、孵化するまでオスが卵の世話をする。

☆シャミセンガイ

2枚の殻の間から長い肉質の柄（肉茎）が伸び、三味線のような形なのでシャミセンガイといわれるが、貝ではなく触手動物の腕足類である。5～6億年前に地上に現れ、「生きている化石」とよばれている。二枚貝類の殻は、肉体の左右についており炭酸カルシウムが主成分であるのに対し、ミドリシャミセンガイの殻はリン酸カルシウムで緑色をおびている。通常は潮間帯から深さ 50cm の砂泥底の中に長い肉茎を伸ばし潜入し、埋もれて生活している。

☆コサギ

コウノトリ目サギ科、全長は 55.0～65.0cm で翼開長は 90.0～105.0cm。日本には夏鳥として渡来する。川の浅瀬や水田を歩いて、魚類ではドジョウ、フナ、ウグイ、カエルなどを嘴ではさみとって食べる。魚群のいる浅瀬を活発に歩き回ったり、岸辺で待ち伏せしたりして捕食する。低地、山地の水田、湖沼、河川などの水辺に多い。海岸の干潟でも採餌する。

175

☆オオソリハシシギ

オオソリハシシギ

チドリ目シギ科、全長は37.0〜41.0cm、翼開長は70.0〜80.0cm。日本には旅鳥として春・秋に渡来する。東南アジアやオーストラリアなどの地域と北極圏周辺を往復する渡り鳥である。水の中を歩きながら、長く反り返っているくちばしを泥の中に差し込み、甲殻類、軟体動物、昆虫、小魚などを食べる。日米渡り鳥条約、日豪渡り鳥条約、日露渡り鳥条約、日中渡り鳥条約により、両国間で渡り鳥を保護する条約が結ばれている。

☆メダイチドリ

メダイチドリ

チドリ目チドリ科、全長19.0〜21.0cm、翼開長45.0〜48.0cm。日本には旅鳥として春・秋に渡来する。シベリア東部で繁殖し、ニュージーランド方面で越冬する。海岸の砂浜、干潟、内陸の河川、湖沼、溜池などの砂泥地に生息し、巣穴の中のゴカイ類を上手に取り出して食べる。日米渡り鳥条約、日豪渡り鳥条約、日露渡り鳥条約、日中渡り鳥条約により、両国間で渡り鳥を保護する条約が結ばれている。

2）天然の浄化フィルター

私たちは河川や海に有機物を多く含んだ生活排水を流している。この有機物が河川や海の自浄能力を超えると海水は富栄養化しプランクトンが異常増殖し、赤潮などの原因となる。

水質汚濁問題は、かつての「有機物の流入による汚濁」や「重金属・化学物質による汚染」の問題から発展し、「富栄養化」と「未規制の化学物質汚染」問題へと移行している。

重金属・化学物質汚染は、発生源の特定など水際の対策が功を奏し低減しているが、富栄養化問題のように、その原因物質が窒素や燐であり、これら物質の発生源が点ではなく面的に広がっているため、従来型の発生源の特定とそこへの対策という方法のみでは不十分である。

窒素や燐は食物連鎖を介して地球を循環している有用な資源でもあるため、干潟の天然浄化フィルター作用を活用し、干潟が水中から取り去った窒素や燐を生き物が順次利用していく循環型の食物連鎖の枠組みへ入れてしまう浄化法が好ましい。

干潟の浄化作用は、そこに生息する底生生物の生態系と食物連鎖に依存している。干潟に生息する底生生物は、表6-10に示すように、いくつかに分類することができる。

6 地域と生態系のバランス ～自然環境の問題～

表6-10 干潟の生物分類

生 物 分 類	主 な 生 物
マクロベントス（懸濁物食者）	二枚貝類
マクロベントス（堆積物食者）	多毛類、甲殻類
メイオベントス	線虫、繊毛虫
付着ケイ藻	ケイ藻類
バクテリア	好気性細菌、嫌気性細菌
植物プランクトン（海水中）	浮遊ケイ藻類、渦べん毛藻類

体長1mm以上の底生生物を「マクロベントス」とよび、二枚貝のように海水を体内に取り込みろ過して、その中の有機物や植物プランクトンを食べる「懸濁物食者」と、ゴカイ類やカニ類のように底質に存在する有機物や微生物を食べる「堆積物食者」から構成されている。そのほかにも、「メイオベントス」とよばれる線虫や繊毛虫、バクテリアや底質に付着しているケイ藻類なども生息している。

これらの生き物は、図6-38に示すように、干潟の生態系を形成している。

海水中では、無機態窒素を養分とし、光合成によって植物プランクトンが増殖していく。河川から流入する淡水は、海水との間で引き起こされる密度流循環も底層の豊かな栄養塩を上層の光合成層に常時供給するため、常に高い基礎生産が維持されている。二枚貝や多毛類などの大型底生生物は、海水中の植物プランクトンと有機物を食べ海水を浄化していく。

二枚貝はアンモニア（NH_4）を排泄し、NH_4^-は硝化されNO_3^-へ、そしてNO_3^-は硝酸還元細菌によりNO_2^-へ分解され、さらに脱窒反応によりN_2Oを経てN_2とH_2Oへ分解され浄化される。一方、それらの代謝過程から生じる無機質の栄養塩類は、底泥の表面に付着する微小藻類やアマモ等に吸収・固定される。メイオベントスやバクテリアによる脱窒なども浄化の役割を果たしている。

このように、干潟の浄化機能の一つは二枚貝等による海水中の有機物の直接除去、もう一つは窒素や燐が細菌の働きで大気中へ窒素ガス（N_2）として放出、

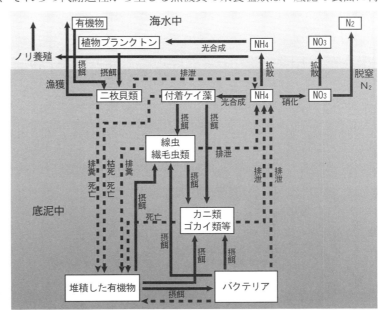

図6-38 干潟の生態系

あるいは魚や鳥などが摂取することにより除去される。このような浄化作用により、伊勢湾の干潟は120万人分の、東京湾浅海域全体では13万人の下水処理能力に匹敵する浄化が行われているのである。

干潟の水質浄化機能を下水処理施設の処理機能と比較すると、表6-11のようである。水中の有機物の分解・除去である二次処理機能と、処理した水から窒素、燐を除去する三次処理、高度処理に分類される。

表6-11　干潟の水質浄化機能

下水道処理施設	干潟の浄化機能
二　次　処　理	懸濁物食者（マクロベントス）による海水中の有機物の直接除去
	堆積物食者（マクロベントス）、メイオベントス、バクテリアによる海水中の有機物の摂食・分解
三　次　処　理	脱窒素
	漁獲、鳥類による取り上げ
	海藻（海草）類による栄養塩の取り込みと、干潟における一時的貯留

（3）干潟の現状

海と陸を兼ね備えた干潟は、両者の生態系を持ち合わせた「海の畑」である。寄せては返す潮の満ち引きを利用するだけで、魚介類の多くはその幼稚仔期をここで過ごすのである。干潟は生き物の宝庫の場を提供し続け、沿岸漁業にも計り知れない貢献をしてきた。しかし、この干潟の生産性は浅海域環境の変化により脅威にさらされている。

産業が発展し都市化の進行に伴い、浅海域は汚染され赤潮や海底付近の貧酸素化を引き起こしている。オイルタンカーの座礁による石油汚染も後を絶たない。さらに追い討ちをかけるように、埋め立てや浚渫、海岸の人工化といった開発の波が干潟の潜在力を急速に奪っていく。

1992年（平成4年）の「第4回自然環境保全基礎調査（環境庁）」によると、現存干潟の総面積は51,443haであった。その中でも有明海全体の干潟面積は20,713haで全国の干潟面積の約40%を占めている。単一の干潟としては熊本県有明海に位置する前浜干潟が一番大きく1,656haである。

1978年（昭和53年）から1992年（平成4年）の13年間に合計3,857haの干潟が失われていったが、これは現存する干潟の約7%に相当する。大規模なものは有明海、別府湾、東京湾、伊勢湾、沖縄島、八代海に認められ、その中でも有明海は1,357haと全消滅面積の約35%を占めた。有明海の消滅域の約86%は開発による干拓である。1945年（昭和20年）から1978年（昭和53年）の32年間に約35%が消失したこと、さらにはその後の諫早干潟などの干拓、埋め立てを考慮すれば、過去60年程で半分の干潟が消えていった計算になる。

東京湾では9割の干潟が消失し、伊勢湾や大阪湾などでも同様に広大な干潟が次々と失われている。干潟の有する能力に気がつかなかった私たちの過ちが、現在でも続けられている。

6 地域と生態系のバランス 〜自然環境の問題〜

5－3 藻場 〜その役割と現状〜

藻場は「海の森林」あるいは海洋生物にとって貴重な「海のゆりかご」とよばれる大切な生態系である。

(1) 藻場とは

陸上の森林や草原と同じように海中にも植物が形成する森林や草原がある。これらを「藻場」あるいは「海中林」という。陸上の植物が海へ戻ったアマモなど種子植物の「海草」と、本来海に生息するコンブやワカメなどの「海藻」の総称である。海藻は岩礁に付着し葉から栄養分を摂取しているのに対し、海草は砂泥質の海底に根を張り、根から栄養分を吸収している。

海藻は浅い場所ではホンダワラ類、深い場所ではアラメ・カジメが生息し、寒冷地ではコンブ類が多くみられ、1m以上にも成長する。これらで形成される藻場は、構成種によりガラモ場（ホンダワラ類の森）、アラメ・カジメ藻場、コンブ藻場とよばれている。

海藻が生育するために必要な条件は、光合成のための光と水である。したがって海水面が達しない陸域や太陽光の届かない海中では生育できず、海岸域に分布することになる。

海藻は一般的にはその生育に水が必要であるが、イシゲ、イロロといった乾燥に強い海藻が潮間帯に生育していたり、岩礁の潮だまり（タイドプール）に生息する種類もいて、まさに多種多様な木々から構成される混交林の様相を呈している。

表6-12 日本の海草

和　名	分　布
ウミショウブ	琉球地方
リュウキュウスガモ	琉球地方
ヒメウミヒルモ	琉球地方
ウミヒルモ	琉球地方
ベニアマモ	琉球地方
リュウキュウアマモ	琉球地方
ウミジグサ	琉球地方
マツバウミジグサ	琉球地方
ボウバアマモ	琉球地方
スガモ	日本列島北岸沿い
エビアマモ	日本列島南岸沿い
オオアマモ	北海道厚岸湾、岩手県船越湾
スゲアマモ	本州北部〜北海道
タチアマモ	本州北部
コアマモ	琉球地方〜北海道
アマモ	北半球温帯〜亜寒帯

図6-39 藻場の分布
（出所：環境省『日本の重要湿地500』2001）

海藻は、その色により3種類に分類される。色の相違は細胞内の葉緑体の違いに由来している。アオサなど緑色系の海藻は「緑藻類」とよばれ、陸上の草本類と同じ葉緑体の色素組成をもっている。ワカメやコンブ、ヒジキなどの茶系の海藻は「褐藻類」とよばれ、

179

海洋での繁栄に成功した植物であり藻場を形成する。アマノリ類やテングサ類などの紅色系は「紅藻類」とよばれる。

一方、海草が優占する藻場を「海草藻場」とよぶ。日本で分布面積の広い海草はアマモなので、「アマモ場」とよばれることが多い。海草藻場は高い一次生産量を有し、生物多様性に富む場を提供してくれる。浅海域の生態系の中でも重要な役割を担っている。

世界には約60種類の海草が生息しているが、そのうちの16種が日本で確認されている。日本の海草藻場の特徴は、アマモ属の海草が多種生息しており、北半球の中・高緯度地方の中では海草の種多様性がとくに高い地域である。また、アマモ属の数種がひとつの藻場に共存していることにある。

（2）藻場の役割

藻場は生物生産力が高く生物多様性に富む空間である。海草藻場ではさまざまな種類の海草類が混生することにより複雑で多様な空間を形成し、微生物からカニ、エビ、魚類といったさまざまな生き物の共存を可能にしている。また、水質を浄化する機能や底質を安定化する機能などを有しており、まさに「海のゆりかご」とよばれるのにふさわしい環境を兼ね備えている。

1）一次生産者としての役割

海洋の大部分を占める外洋域では、ケイ藻や渦べん毛藻などの植物プランクトンが一次生産者となり光合成を行うが、光合成量は決して大きくはない。一方、藻場で主な一次生産者となる海草など大型植物は光合成能力が非常に高く、熱帯や温帯の森林と同等の一次生産能力をもっており、同じ面積の陸上の森林が行う光合成量に匹敵、あるいはそれ以上である。海草の光合成により放出される多量の酸素が海中に供給され、生き物にとって良好な環境が形成されるのである。

2）生物多様性を維持する役割

コンブやホンダワラなどの海藻と比べると、アマモやスガモなどの海草は組織が硬く消化が悪いため、ジュゴンやアオウミガメ、魚ではアイゴ類、ウニの仲間が直接エサとする以外は、生き物のエサとして利用されることは少ない。ジュゴンがアマモなどの海草を食べた後に残すジュゴン・トレンチ（ジュゴンのつくった溝）は有名である。

しかし組織の硬い海草も枯死すると海底に堆積し、バクテリアなどにより分解され「デトリタス」とよばれる小粒状の有機物の固まりとなる。それをアミ類やエビ類のような小型甲殻類やゴカイなどがエサとする。このように落葉や生き物の死骸を出発点とする食物連鎖を「腐食連鎖」とよび、海草藻場の生物多様性を支えている。

藻場には、微生物からジュゴンに至る大型哺乳類まで多種多様な生き物が生息しているが、腐食連鎖によるエサ場としての役割のほかにも、生物多様性を維持する産卵場、幼稚仔魚の生育場といった機能を同時に兼ね備えている。

付着卵を産む安全な場所は、捕食者が簡単には見つけることができない複雑で多様な空

間の中が適している。また、海草類は藻場内の海流を緩やかにし、遊泳力の弱い幼稚仔魚やエビ類などの小動物の生息を可能にしてくれる。さらには、腐食連鎖に伴い絶えずエサが供給される場所、隠れ場など最適な環境を提供してくれる。

3) 水質浄化の役割

藻場は潮の流れを抑制し、海水中の懸濁粒子を捕らえたり、水中の栄養塩類を吸収し富栄養化を防いでくれるとともに、体内に栄養塩類を蓄積する。枯死した海草類はデトリタスとなり甲殻類に食べられ、甲殻類は魚類に食べられるといった高次の栄養段階へと移動し、最終的には人

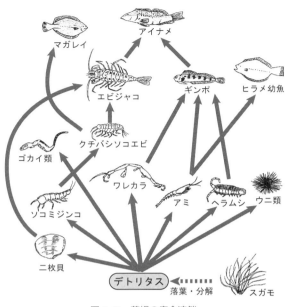

図 6-40　藻場の腐食連鎖
（出所:『北海道原子力環境だより』Vol.60, 2001 より作成）

間による漁獲や鳥類などによる取り上げで浅海域から栄養塩類が取り除かれる。この物質循環により浅海域の環境は保全されてきたのである。

底質中に根や地下茎を縦横に張り巡らせることにより波浪などから海底を守り、安定化させ藻場内の生き物の生息基盤を維持する役割を果たしてもいる。

(3) 藻場の現状

1992 年（平成 4 年）の「第 4 回自然環境保全基礎調査（環境庁）」によると、1978 年（昭和 53 年）以降に消失した藻場面積は約 2,800ha であり、現存する藻場面積 201,212ha の 1.4％ となっている。海草藻場は 1978 年（昭和 53 年）から 1991 年（平成 3 年）の 13 年間で約 4％ に相当する面積が消えていった。消失藻場面積が最大の海域は九州西岸の天草灘で全国の 14.8％ を占めている。また全瀬戸内海域の消失藻場面積は全国の 20.8％ に及び、この海域では減少傾向に歯止めがかかっていない。その原因としては埋め立て等の直接改変が約 43％ に達している。埋め立て等の直接改変が消失原因の 100％ を占める海域は 91 海域中 26 海域であり、28.6％ を占めている。

消失の主な原因は埋め立て等による改変であるが、そのほかにも、富栄養化や河川からの汚濁水の流入などが影響し、オオアマモとタチアマモは 2000 年のレッドデータブック（絶滅の恐れのある野生生物の情報をとりまとめた本のことで、日本では環境省が作成している）で「絶滅危惧 II 類」に指定され、絶滅の危険が増大している種になっている。

森林を伐採し牧場に改変された土地から牛のし尿が河川へと流れ込み富栄養化した藻場、沿岸域周辺における土木工事により海域へ土砂が流入し、浅海域の透明度が低下する

ことにより光合成量が低下した藻場、なんらかの理由で浅海域の食物連鎖にゆがみが生じ、藻食性魚類が増大することによる食圧で減少していく藻場などなど、藻場の生態系を脅かす人為的影響は増大している。

　最近、日本各地の海岸（特に日本海側）では、「磯焼け」という現象が浅海域の生態系を崩壊させるという重大な事態を引き起こしている。「磯焼け」とは、「岩石の表面に海藻がまったくといってよいほど生育しておらず、代わりに石灰藻とよばれる薄いピンクから白色の硬い殻のような海藻が海底の岩石の表面を覆いつくす現象で、陸上の砂漠同様に草木が一本も生えていない白色の死の世界の状態」をいう。石灰藻に覆いつくされた岩石には他の生き物はまったくといってよいほど着生できないのである。また、暖流水の接近により海藻が枯死したものも磯焼けとよんでいる。

　浅海域の生態系の基盤を構成する一次生産者である海藻類が消滅することにより浅海域の生態系は崩壊し、魚ばかりか貝やカニなども寄りつかなくなる。

　磯焼けの原因は明確ではないが、

　○地球温暖化による海水温度の上昇

　○海流の変化

といった地球規模の要因と、

　○ウニなどの藻食動物による食圧

　○開発等に伴う大量の土砂の流入

　○浅海域の水質汚濁による光合成量の低下

といった要因などが考えられている。これらのひとつが原因なのではなく、すべてが複雑に絡み合って磯焼けという現象を引き起こしているのであろう。

Column：海が青いのは、空の青さが映っているから？

　水平線の彼方まで青く続く海、海はどうして青いのだろうか。

　太陽光は地球上層部の大気で大部分が吸収され消えてしまう。しかし波長の長い「可視光線」は吸収されずに地球表面に届く。可視光線は赤・橙・黄・緑・青・藍・紫の7色（波長）の光が交じり合い、白色光として降り注いでいる。その可視光線は大気中の気体分子やほこりなどにぶつかると散乱して人間の目に到達する。波は、自分の波長より小さい障害物は通り抜け、大きい障害物にはぶつかる性質があるので、波長が短いほど散乱の程度は大きくなる。その結果、波長の短い青系統の色が空の色として人間の目に届き青と認識されるのである。

　一方、海の色が青く見える仕組みは空の場合と異なる。海中に太陽光が入ると波長の長い赤系統の光から順次吸収され、最終的に青以外の色は吸収されてしまい、青い光だけが海中に浮遊する微粒子に当たって跳ね返るため青く見えるのである。表層で吸収される赤い波長の光はモノを暖める性質（赤外線）をもっているため、海水面付近の水温は上昇する。

　海深く潜ればそこは青色の世界、青い光だけが吸収されないで私たちの目に入ってくる。さらに深く70mほど潜れば、そこは99.9%の光が吸収されてしまう暗闇の世界となる。「グランブルー」とは、ジャック・マイヨールたちの素潜り深度記録の挑戦をモデルにした映画であるが、ここではグランブルーの世界は青よりも青い海の色、深海の色と表現されている。彼が記録した105mの深海では周囲が暗闇に閉ざされ、そこに立ち入った人間は方向感覚を失い、そして神に出会うのだそうだ。

　ちなみに、日本の海が緑色や褐色に見えるのは、海水に含まれる鉱物性の粒子やプランクトンが青い光を吸収し、緑色や黄色の光を散乱した結果である。

6　地域と生態系のバランス　〜自然環境の問題〜

5−4　マングローブ林　〜その役割と現状〜

（1）マングローブ林とは

「マングローブ」とは感潮域に生育する植物群落の総称である。感潮域は海水の干満により水位が変化する地帯であり、河口域、磯や河岸の海水と淡水が入り混じる場所（汽水域）でも生育できる能力を有している。

マングローブは、マングローブという1種類の樹木を指しているのではなく、メヒルギやオヒルギなど複数の樹木から構成される混交林である。現在、地球上でマングローブ林を構成する樹木は約100種類ほど確認されている。

主なマングローブ種はヒルギ科であるが、そのほかにも表6-13に示すものがある。

表6-13　主なマングローブ種

ヒルギ科	オヒルギ属	オヒルギ、ヒメヒルギなど
	コヒルギ属	コヒルギ、デカンドラコヒルギ
	メヒルギ属	メヒルギ
	ヤエヤマヒルギ属	ヤエヤマヒルギ、フタバナヒルギなど
センダン科	ホウガンヒルギ属	ホウガンヒルギ、ニリスホウガンなど
ハマザクロ科	ハマザクロ属	マヤプシキ、ムベンハマザクロなど
シクシン科	ラグンクラリア属	ラグンクラリア
	ヒルギモドキ属	ヒルギモドキ、アカバナヒルギモドキ
ヤブコウジ科	ツノヤブコウジ属	ツノヤブコウジなど
イソマツ科	アエギアリティス属	アエギアリティス、アンヌラタなど
クマツヅラ科	ヒルギダマシ属	ヒルギダマシ、ウラジロヒルギダマシなど

日本で見ることのできるマングローブ種は、メヒルギ、オヒルギ、ヤエヤマヒルギ、マヤプシキ、ヒルギダマシ、ヒルギモドキ、ニッパヤシ（ヤシ科、準マングローブ種）の7種類である。

マングローブ林は亜熱帯や熱帯地方に生育する常緑樹の群落であるが、その分布北限は日本であり、オヒルギは奄美大島、ヤエヤマヒルギとヒルギモドキは沖縄本島、マヤプシキは石垣島、ニッパヤシは西表島、ヒルギダマシは宮古島、メヒルギは鹿児島県喜入町である。メヒルギは静岡県の伊豆でも育っているが、これは種子島から移植したものである。

マングローブは一般の植物と同様、茎の中に導管や篩管（しかん）とよばれる水分や栄養分を送る管状組織をもつ維管束植物（いかんそくしょくぶつ）である。しかし、汽水域に生育することから「耐塩性」があり、大気中にまで伸びた根に酸素を供給する「呼吸根」をもつなど、他の植物とは異なる構造が多く見受けられる。

マングローブ林の周囲は、河川から運搬され堆積した砂泥の干潟であることが多く、その干潟では引き潮になれば落葉・落枝（リターフォール）がゴカイやバクテリアにより分解され、植物プランクトン増殖のための栄養素を供給する。さらに、それを食べる動物プランクトンや小魚、さらにそれらを狙うカニ類が集まってくる。また、満ち潮になれば小魚やエビ類がやってきてデトリタスを食べている。

183

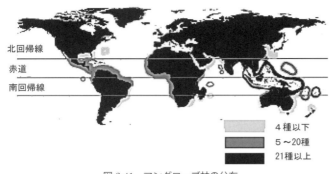

図6-41　マングローブ林の分布

　全熱帯雨林の1％ほどの面積を占めるにすぎないマングローブ林ではあるが、陸の落葉広葉樹林と同様の働きをしている。ここで繰り広げられている複雑な食物連鎖が「生態系の栄養源」あるいは「海から歩いてきた森」などとよばれるゆえんでもある。
　マングローブ林の干潟は、通常の干潟と同様に有機物を分解・除去する天然のフィルターの役割を果たしているため、その沖にあるサンゴ礁の海はいつでも透きとおった海でいられる。
　マングローブは、その他の植物と比べると多くの特徴をもっている。
　　1）海と陸の生態系をもち合わせている。
　マングローブ林の陸地側には「後背湿地」とよばれる沼地が続いている。これらの陸地から海へと変化する帯状の地帯が干潟、マングローブ林および後背湿地であり、この三者が一体となって「移行帯（エコ・トーン）」を形成している。移行帯は陸域と海域を結ぶ地帯であり海と陸の生態系をもち合わせている。「環境保護機能」「環境浄化機能」「生物生産機能」および「景観機能」をもつ重要な地帯である。
　　2）塩水の中でも生きていける。
　マングローブが他の植物とは大きく異なる点は、塩分を含んだ水のあるところに生育することである。このため、淡水で育つ他の植物にはない特徴をもっている。
　①内部にコルク層があり、塩分を大きい負圧（大気圧より低い空気の圧力）によってろ過して除去するもので、主にヒルギ科の樹種にみられる。
　②植物体に入ってきた塩分を葉に分布する塩類腺から排泄するもので、主にもっとも海側に生育し塩水に強いといわれているヒルギダマシにみられる。
　③水分を多く取り入れ体内に貯水し、多汁、多肉質となり体内に入ってきた塩分を薄めるもので、主にマヤプシキ類やヒルギモドキ類にみられる。
　④植物体内の塩分を古い葉に集積し、その葉を落とすことで体内の塩分を取り除くもので、主にヤエヤマヒルギ類、コヒルギ類にみられる。
　ほとんどのマングローブ種は、根にある程度塩分を除去する皮膜をもっており、これらの4つの作用との組み合わせにより塩分を含んだ水を利用している。
　　3）大気中に根を出し呼吸する。
　一般的に植物は地中深くに根を張り土中から水分や養分を吸収する。しかし、マングローブ種の根は感潮域という植物にとっては特殊な環境に生息するため、その環境に対応するいくつかの根をもっている。

①支柱根

ヤエヤマヒルギ属の根のように、地上よりも上部、つまり大気中に姿を現した根のことである。地上から枝分かれし、幹を支えるようにタコ足状に四方に伸びている。これは不安定な砂泥地盤に自分の体を支えるため、しっかりと根付く役目を担っている。そのほかにマングローブの根は、本来植物にはない働きである光合成をすることが知られている。根を地上に伸ばすことで多くの光と二酸化炭素を吸収し、光合成を活発化させる呼吸機能をもつ根を「呼吸根」とよぶ。

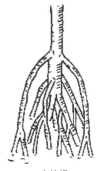

支柱根

②筍根（じゅんこん）

タケノコのように地面から上方に伸びる「筍根」をもつ。マヤプシキ、ヒルギダマシの根は地中浅く地面と水平方向に伸びる根のほかに、支柱根や筍根といった根をもっている。「マングローブは根で光合成をする」といわれるように、筍根もまた呼吸根である。

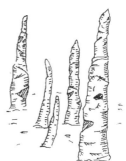

筍根

③膝根（しっこん）

膝を曲げたような形に見えることから膝根とよばれる。オヒルギ属の種類はすべてこの膝根をもっている。砂泥中の酸素量が低いと膝根の数が多くなるという関係がみられるため、膝根も呼吸根であると考えられている。

膝根

④板根（ばんこん）

根元に放射状に大きな衝立（ついたて）を立てたような扁平な根を板根とよぶ。浅い砂泥中に根を張っているため、支柱根同様、自分の体を安定させるためではないかと考えられている。

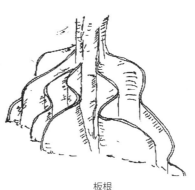

板根

4）胎生の種子をつくる

　一般的に樹木は種子をつくり、それが地上に落ちることで発芽し苗木となる。種子から芽生えた苗木のことを、特別に実生苗（みしょうなえ）とよぶ。しかし、オヒルギ、メヒルギ、ヤエヤマヒルギは種子が芽を出して20cm～30cmの長さにまで伸びて大きくなった実生苗が木にぶら下がっている。実生苗はある程度成長してから地上に落ちる。このように母樹についたまま新しい植物体ができることから、これを「胎生種子」という。または母樹についたまま芽を出すということから「胎生芽」ともよばれる。

　成熟した胎生種子は、インゲンのように細長く、落下して泥土に突き刺さり根付いたり、潮に流され移動し窪地などに引っかかって根付くのである。

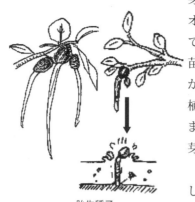
胎生種子

（2）マングローブ林の役割

1）生物生産機能

　マングローブ林が「生態系の栄養源」「海から歩いてきた森」とよばれる由来はいったいどこにあるのだろう。うっそうと生い茂るマングローブ林は魚や小動物の格好のすみかであるが、それは生き物のエサとなる有機物が豊富であることを意味している。

　亜熱帯、熱帯に降り注ぐ雨は山の森林を潤し、落葉・落枝や腐植土を河川へと運ぶ。湿地を抜け、やがて広大なマングローブ林に出会ったところでその流れは急速に勢いを失い、栄養をたっぷりと含んだ水や砂泥、落葉・落枝などの有機物がゆっくりと沈殿していく。さらにマングローブ林自体からの落葉・落枝が加わり、それらが潮の満ち引きとともに漂い流れ出し感潮域は一面が埋め尽くされる。ここは成育する生き物にとってエサの宝庫となる。

　こうしてマングローブ林では、マングローブをもととする落葉・落枝、動物死骸やこれらの分解中のもの、糞粒などが満たされることになる。これに細菌や菌類、原生動物等の微生物が依存し、また溶存態の化合物が吸収され栄養的価値が高く、粒子状の有機物であるデトリタスが形成されていく。デトリタスをエサとする小魚やカニ類、貝類など、腐食連鎖で形成される生態系がマングローブ林を中心に、潮の干満というリズムの中で刻まれていく。

　このように、マングローブ林は「生物生産機能」の高い地帯なのである。また、複雑に交錯する根茎は、小動物の隠れ場としても格好の場所であり、生き物たちはこぞって集まってくるのである。

2）環境浄化機能

　干潟や藻場同様に、マングローブ林でも食物連鎖による物質循環の中で水質や土質が浄

6 地域と生態系のバランス ～自然環境の問題～

化されていく。

　潮が引き干潟が顔を見せ始めると穴の中からたくさんのカニたちが這い出てくる。はさみを上手に使い干潟表面の砂を口へと運び、その表面に付着する有機物をこし取っているのだ。こうして排出されるのが砂だんごである。土を耕し、土壌を活性化させることに役立ち、また巣穴を掘るときに土壌に酸素を送り込むためマングローブの生育に役立っている。

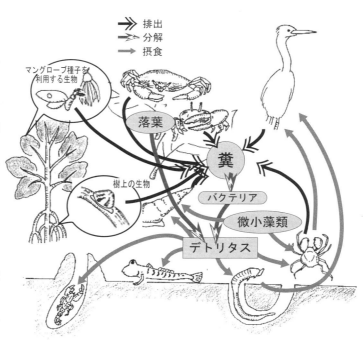

図6-42　マングローブ生態系における食物連鎖
（出所：琉球大学理学部理工学研究科　http://w3.u-ryukyu.ac.jp/rgkoho/gakka/bio/bio04.html より作成）

　潮が引くと泥で塞いであった出入り口を開けて地表に出てくるのは甲羅の幅が2cmほどのシオマネキである。穴から遠くへは行かずに砂底や泥底表面に付着する有機物や微小藻類などを食べている。オスの大きなハサミはエサを食べるときには使われることがない。このハサミは、もっぱらメスを誘う時にパタパタと振り回される。

シオマネキ

　マングローブのもっとも海に近いところには、横に歩かないでまっすぐ歩くという変わったカニが見える。別名兵隊ガニとよばれるミナミコメツキガニが、大きな群れをつくって水際を移動している。甲羅の大きさが10円玉ほどのこのカニは、歩きながら砂を口に運び有機物をこし取り排出するため、通った後には見渡す限り砂だんごで埋め尽くされる。

　そこへ、すかさずカニが好物のハマシギやチドリなどが飛んでくる。小さなカニを捕らえようとノコギリガザミが活動を開始する。カンムリワシや時にはイノシシまでもがガザミを追ってやってくる。

ミナミコメツキガニ

小魚を求め飛んでくるのはカワセミやサギ類、それらを狙うイリオモテヤマネコなどがマングローブ林を徘徊する。マングローブ林の中で時々見かける澄んだ水だまりには大きなシレナシジミが生息している。このシジミは汚濁した泥水をろ過してくれる。このように、水中と陸上の生態系が交差するマングローブ林では、水中と陸上の食物連鎖が交錯する中で水質や土質が浄化されていくのである。

　3）その他の機能

　マングローブは二酸化炭素を吸収し固定することで大気組成を安定化させる役割、海岸の侵食防止の役割、食料や飼料、薬として人間に直接利用されたりもしている。

　マングローブ林の役割をまとめると以下の表のようである。

表 6-14　マングローブ林の役割

木材貯蔵庫	炭や薪、パルプなどに利用できる木を産出する。
家　　屋	多種多様な生き物のすみかを提供する。
台　　所	人間や動物の食料を生み出す。
浄 水 場	水質を浄化する。
病　　院	薬を提供する（皮膚病、湿布薬、目薬、止血剤など）
肺	沿岸地域の大気を浄化する。
炭素貯蔵庫	地球温暖化を緩和する。
防 波 堤	高波、台風、潮風などから守る。
銀　　行	遺伝子の保存
橋	陸と海の架け橋

（3）マングローブ林の現状

　日本のマングローブ林の総面積は淡路島とほぼ同じの 500 ～ 600ha ほどの大きさで、沖縄は面積・種類で圧倒的な比重を占めている。日本最大のマングローブ林が広がる西表島では、マングローブ林の倒木の被害が深刻化している。

　最近のエコ・ツーリズム人気が西表島のマングローブにダメージを与えている。マングローブ林を見ながら川を移動するツアーが人気を得ており、ここ 10 年間で観光客は 2.5 倍に急増している。その大量の観光客を楽しませるため大型の遊覧船が高速でマングローブ林の中を駆け巡り、このときに起こる波がマングローブの根元を浸食していくのだ。

　1999 年（平成 11 年）、2000 年（平成 12 年）と環境省は仲間川沿いのマングローブ林の被害状況を調査した。その結果、マングローブの倒木の原因は船の大型化と高速化による高波にあると判断した。本来のエコ・ツーリズムとはかけ離れた商業主義と島を訪れる観光客の意識の低さが巻き起こした被害であるといわれている。

　1996 年（平成 8 年）、西表島に「エコツーリズム協会」が設立されてから島民、観光客の意識に変化が現れ、少人数ツアーの開催やカヌー見学などへの転換が図られている。しかし、こうした活動は始まったばかりで、自然への配慮を明文化した指針づくりやエコツーリズム・ガイドの養成、環境教育の徹底などが急務となっている。

6　地域と生態系のバランス　～自然環境の問題～

マングローブ林は、世界の海岸線の約8%、熱帯地方の海岸線の約25%を占めている。しかし、ここ数十年間にほぼ半分が消失し、現在では総面積約18,148,000 ha、熱帯林の総面積の1.3%にすぎない規模にまで低減している。インドネシアとブラジルのマングローブ林面積は共に2,500,000haと世界最大である。

マングローブ林の消失の原因としては、

　①燃料や木材需要の増加に伴う乱伐採

　②埋め立て、干拓などによる改変

　③水田やエビ養殖池への転換

　④鉱物資源の採掘

などであり、日本国内では①、②が、海外では①～④が原因と考えられている。

東南アジアは世界のマングローブ林面積の約半分を占める地帯であり、マングローブ林を保全する上でもっとも重要な地域である。しかし、この東南アジアでのマングローブ林破壊が大きな問題となっている。

国内人口の増加に対応するため、マングローブ林を伐採し埋め立てや薪炭材、農地などに利用したり、国外向け木材の輸出を増大するなどしているフィリピン、ミャンマーやマレーシア、公共事業や農用地への転換、観光開発、そしてエビの養殖池へ転換するための伐採を続けるインドネシア、バングラデシュ、ベトナムやタイなどは、急速にマングローブ林を失いつつある。しかし、どうしてエビの養殖がここまで激烈となったのであろうか。

東南アジア諸国では養殖エビが普及する以前は天然エビを獲っていた。沿岸域には無数の小型漁船がエビ漁をしていたにもかかわらず、エビの漁獲量は安定していた。しかし、エビの需要が増大すると漁法もトロール漁法に変わり漁船も大型化していった。とうとう乱獲が始まってしまったのである。こうした競争的乱獲はエビの生物循環を上回る速度にまで達し、沿岸域からエビの姿が激減する事態を招いた。

1980年代に入るとエビは養殖に依存するようになる。まず、「粗放養殖」とよばれる養殖技法が広まる。この方法は、海につながる入り江などの開口部を水門で締め切り、満潮時に水門を開け稚エビなどを養殖池に導くもので、水門を閉め数ヵ月間放置し自然に成育したエビを捕獲するという方法である。しかし、この方法は自然任せで安定した漁獲高を上げられないという欠点があった。

その後「高密度養殖」という技術が普及する。人工飼料や抗生物質などの化学薬品を投入することで、小面積の人工池で効率的にエビを養殖することが可能となる。

時同じくして低温流通システムが確立し、世界中の国々へ養殖エビを届けることが可能となった。この技術は瞬く間にエビ増産に拍車をかけ、マングローブ林は伐採され焼き払われ養殖池へと改変されていった。マングローブ林を伐採してつくられた養殖池は有機物が豊富で、人手をかけなくても3週間ほどで出荷できるまでに成長する。しかし、無理な生産を続ければ、養殖池の栄養塩や有機物濃度、あるいは化学物質が集積し生産性が低下する。周辺水域に汚濁物質を放流し池水を交換することで生産性の増大を試みるもの

189

の、5年もすれば養殖池の生産性は改善されず放棄される。早いところでは1〜2年周期で見捨てられていくため、移動式焼畑耕作と同様、次々と土地が改変されていく。

　日本はアジアのエビ養殖に政府開発援助（ODA）による資金・技術援助をしているが、これに対し批判の声を耳にする。低温流通システムに対する技術援助、化学飼料や薬品などに対する資金援助がアジア諸国の経済発展に貢献していることは事実であろう。しかし、第三世界の農業のあり方を根底から変えてしまった「緑の革命」と同じように、アジア諸国の伝統的生活様式や環境を根底から変えてしまう恐れがある。「青の革命」とよばれるこの構造は、ODAに依存する第三世界のあり方と、潤沢な資金を武器に第三世界の産業を手に入れようとする先進国のあり方、まさに「南北問題」なのである。

　エビは世界に約3,000種が生息し日本産のものは約700種である。一口にエビといっても、「歩行型」のエビと「遊泳型」のエビがいる。英語では「歩行型」のエビはロブスター（lobster）、「遊泳型」のエビはプラウン（prawn）、あるいはシュリンプ（shrimp）と区別して呼ぶ。

［遊泳型］

　　○クルマエビ科：車エビ、大正エビ、ブラックタイガーなど。

　　○サクラエビ科：サクラエビなど。

　　○テナガエビ科：テナガエビ、すじエビなど。

　　○タラバエビ科：北国赤エビ（甘エビ）、ボタンエビなど

［歩行型］

　　○イセエビ科：イセエビなど

　　○ウチワエビ科：ウチワエビなど

　　○テナガエビ科：オマールなど

　　○ザリガニ科：ザリガニなど

　日本で食べられているエビは約20種類であるが、商品として国際取り引きされるエビの80％以上はクルマエビ科のブラックタイガー、大正エビ、車エビなどが占めている。

　日本人は世界50ヵ国からエビを輸入する世界一のエビ消費国である。国内輸入品目の中では牛肉や豚肉、トウモロコシを抜き1位である。また、世界のエビ輸入国の中でも、国民1人あたりの消費量ではアメリカやスペインを抜き世界第一である。

　日本のエビ輸入国はインドネシア、インド、タイやベトナムなどの国々であるが、そのすべての国が今大きな問題を抱えている。

　インドネシアはライス・テラスとよばれる棚田が美しい景観をつくり出していた稲作の国である。1985年（昭和60年）には米の完全自給を達成し、より豊かな国家を建設するために農業を保全しつつ工業化を推し進めていた。外資系企業を積極的に受け入れ、余剰田んぼは次々と工業用地へと改変されていった。しかし、1998年（平成10年）に起きたアジア経済危機の余波がインドネシアを直撃し、通貨は大暴落し国家財政は逼迫する。さらに異常気象による大凶作という不運が重なり政府は米の大量輸入を実施する。これを契

機に政府は農家に対する補助金を低減させるなどして保護政策を縮小していく。

　主に日本の資金や援助を受けた企業は、残されていた田んぼを買い取り次々とエビ養殖池に改変していく。土地を売った農民は養殖池で雇われ働くことになる。米を売るより高収入を得ることができると評判は上々であった。ここで収穫されるエビのほとんどは日本へ向けて出荷されていく。

　かつて完全自給を達成した国が、今や世界一の米輸入国となった。さらには、海から漁獲されるエビは日本からの高度な技術によりオーバー・フィッシング（獲り過ぎ）され、資源の枯渇が懸念されている。その際エビと一緒に獲られた雑魚は海へと捨てられていくため、海洋生態系への影響も心配されている。

　ベトナムは輸出先トップがアメリカで、日本は第2位である。日本への主な輸出品目は電気機器、原油、衣類、魚介類等であり、日本はベトナム産エビの最大輸入国となっている。ベトナムはベトナム戦争により広大なマングローブ林を失っていた。農民はマングローブ林の存在がどれほど有用なものかを理解しているため植林が続けられてきた。しかし、1980年代初頭、ベトナム政府は戦後経済の復興のため、外貨を獲得する手段として高収入を上げられるエビ輸出を奨励し、エビ養殖池のための土地が農民に分与されたり、低金利で融資が受けられる制度を設けるなど積極的な行動に出た。こうしてベトナムの海岸線はエビ養殖池で埋め尽くされていき、マングローブ林はその姿を消していく。

　生物多様性が失われていく中で地域内の経済格差は増大し、資源をめぐる争いが発生するなど、新たな社会問題を生み出している。

　これらの問題にどう対応していけばよいのであろうか。その模索が始まっている。そのひとつに、マングローブ林業とエビ養殖業を同時に行おうとする「結合型養殖」がある。

　結合型養殖は伝統的粗放養殖の形態を模した手法で、マングローブ生態系の中にエビの生態を取り入れるものである。エビ養殖池全体の7割に再びマングローブを植え直す。そして残り3割を池として残すこの方法は、エビ養殖の面積を減らすため生産性は低下するが、その分、持続的養殖方法であり、将来の新しい養殖形態として期待されている。ベトナムの一部の州では政府主導で結合型養殖が始まっている。

　しかし、すべての養殖池を結合型に変えれば問題は解決するのであろうか。世界のエビ生産量の7割以上は天然に生産されるエビをトロール漁法で漁獲したり、養殖池に導き育て漁獲しているのである。粗放養殖といえども、エビの獲り過ぎは天然資源の乱獲になり資源を枯渇させていく。したがって、海洋や養殖池からの漁獲を制限し残された資源を保全・回復させるとともに、マングローブ林を保全・再生させ汚れた海や養殖池周辺水域をもとの姿に近づけていくことが重要である。

　生態系を再生する以外にも、地域内の住民の間に生じた経済格差や資源の争奪は伝統的コミュニティーを崩壊させていく。私たち日本人は、エビの生産地の現状を理解した上でライフスタイルを考え直す必要がある。エビの輸出で生計を立てている産地の人々のことを考えれば、エビの輸入を今すぐに制限することには問題がある。例えば、高密度養殖や

トロール漁法で漁獲したエビではなく、持続的粗放養殖（伝統的粗放養殖）で収穫されたエビにはエコ・ラベルをつけ消費者に購入の判断ができる情報を提供するといった試みなどが必要なのかもしれない。

5－5　サンゴ礁　〜その役割と現状〜

（1）サンゴ、サンゴ礁とは

サンゴというとき、私たちはサンゴとサンゴ礁（リーフ）を区別していないことが多い。しかし、両者は異なるものである。

「サンゴ」とは、植物のように見えるが「刺胞動物の一種で、触手などに毒針をもち、動物プランクトンを捕らえエサとする動物のこと」をいう。クラゲやイソギンチャクの仲間である。体の構造が巾着袋のようになっていることから「腔腸動物」ともよばれている。日本で確認されている約400種類のサンゴのうち、約370種類が沖縄の海に生息している。一方、「サンゴ礁」とは、「サンゴによって造られた岩礁のこと」である。

サンゴはサンゴ礁を造る「造礁サンゴ」と造らない「非造礁サンゴ」に区別され、造礁サンゴは炭酸カルシウムの骨格を形成し、非造礁サンゴは骨格を形成しない違いがある。造礁サンゴを「ハード・コーラル」、非造礁サンゴを「ソフト・コーラル」と表現することもあるが、学術的なよび方ではない。

造礁サンゴか非造礁サンゴかは、生態学的な区分であり、分類学的な相違ではない。サンゴの分類は刺胞動物門の「ヒドロ虫綱」と「花虫綱」の2綱であり、イソギンチャクときわめて近縁で花虫綱に分類されるものがほとんどである。花虫綱は、さらに触手の数が6の倍数の「六放サンゴ亜綱」と8本の「八放サンゴ亜綱」に分類される。

造礁サンゴの群体はイソギンチャクと同じ形をした直径1mm〜数cmの小さなポリプが数十から数千個集まって形成されている。ポリプの中には、渦べん毛藻類の一種で

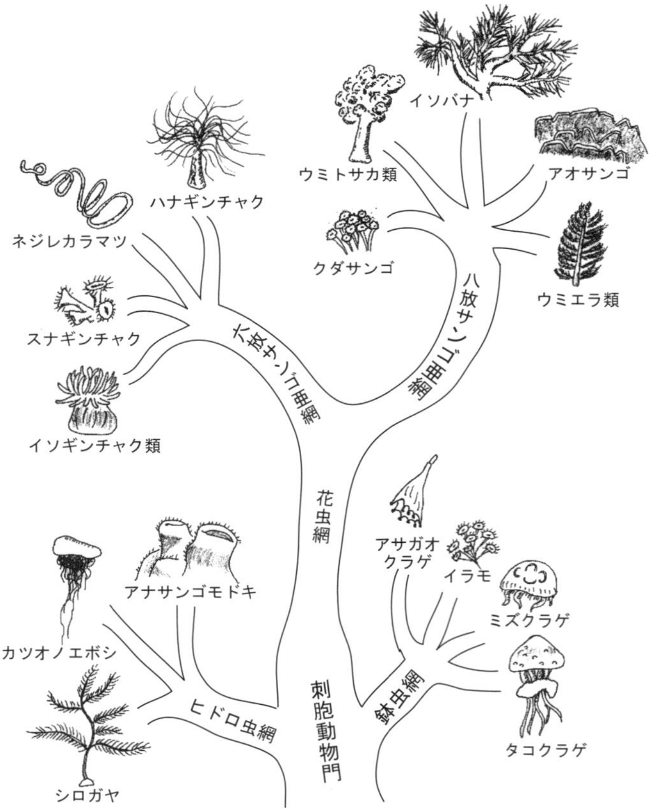

図 6-43　刺胞動物の系統図

6 地域と生態系のバランス ～自然環境の問題～

ある「褐虫藻」という大きさ100分の1mmほどで単細胞の植物プランクトンが共生しており、光合成を行い養分をポリプへ渡している。ポリプはこれをエネルギーとして海水中から炭酸カルシウムを取り込み骨格を形成（石灰化）するのである。一方の褐虫藻は、ポリプの排泄物に含まれる窒素や燐を栄養分として利用している。このように、ポリプと褐虫藻は互いになくてはならない共生関係にある。

造礁サンゴは褐虫藻が光合成を行うため、光の届く暖かい浅海域（最適温度25～29℃、水深5～20m程度）に生息している。このような条件は南緯30度から北緯30度、オーストラリアのグレートバリアリーフから沖縄付近であるため、この地帯にほとんどが生息している。分布北限は千葉県館山湾である。

図6-44　サンゴ礁の分布
（出所：環境庁・海中公園センター『第4回自然環境保全基礎調査、海域生物環境調査報告書』1994より作成）

これに対し、非造礁サンゴは褐虫藻をもたず石灰化は遅い。一般的には造礁サンゴよりも深海に生息する。6,300mの深海でも生息が確認されている。

岩のようにも見えるサンゴ礁はサンゴがつくり出す骨格そのもので、サンゴの群体はどんどん骨格をつくり出し、古いものの上に新しい骨格を積み上げていく。サンゴ礁は、生き物が造る世界最大の構造物であり、オーストラリアのグレートバリアリーフではその長さが2,300kmにも及ぶ。

サンゴ礁は、その成立過程から大きく分けて「裾礁」、「堡礁」、「環礁」の3タイプが存在する。サンゴ礁の成立にはダーウィン以降いくつかの説があるが、その一つ「沈降説」を取り上げ説明する（図6-45参照）。

①サンゴの卵が放出され成育に適した場所である岩などに付着する。こうした繰り返しが沖へと広がり、島の周囲にサンゴ礁が成長していく。これが「裾礁」である。山の裾野のように陸地から海中につながっている。日本のサンゴ礁はこのタイプが多い。

②その島が地殻変動や海水面の上昇などにより沈降していくと、光を求めサンゴは上へ上へと成長し始める。島の頂上付近が海面から空に突き出し、その周りを丸くサンゴ礁が囲む形となる。島の沈降がさらに進み裾礁が沖へ向かって広がっていくと、陸地との間に「礁池」あるいは「ラグーン」とよばれる静かな浅海域が形成される。このように礁池をもつサンゴ礁を「堡礁」という。英語では「バリアリーフ」とよぶ。礁池の有無が裾礁と堡礁の相違である。

③島が完全に沈んでしまうと、上空から見れば中央には陸地のない真ん中がポッカリと穴の開いたドーナッツ状となる。このようにサンゴ礁だけが礁池を取り巻く形で残ったものが「環礁」である。南太平洋のモルジブやビキニ島、地球温暖化の影響で島が水没しそうなツバルなどが代表的なものである。日本でも北大東と南大東が環礁である。

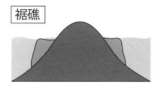
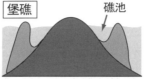
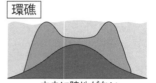

図 6-45　サンゴ礁のタイプ

図 6-46　堡礁の構造

サンゴは無性生殖と有性生殖により増殖する。有性生殖では体内に卵やプラヌラとよばれる幼生をつくり海中に産卵する。プラヌラ幼生は2〜6週間ほどの浮遊生活後、海底の岩盤などに付着し変態してポリプとなる。そして骨格を形成しながら無性的に分裂を繰り返し親サンゴとなる。産卵の方法は「放卵放精型」と「保育型」に大別され、放卵放精型は卵と精子を海中に放出し受精させるタイプで、保育型は体内でプラヌラ幼生を作り放出するタイプである。放卵放精型のサンゴの多くは満月の夜に一斉に産卵するため、あたり一面が白濁する。

満月の夜は生き物たちにとって重要な時である。満月の頃に産卵しなかったサンゴは、次の満月まで時期を延期するらしいこともわかっている。では、どうしてサンゴは満月の夜に一斉産卵するのであろうか。その理由は未だ解明されていないが、以下の事項が関係しているものと考えられている。

6　地域と生態系のバランス　〜自然環境の問題〜

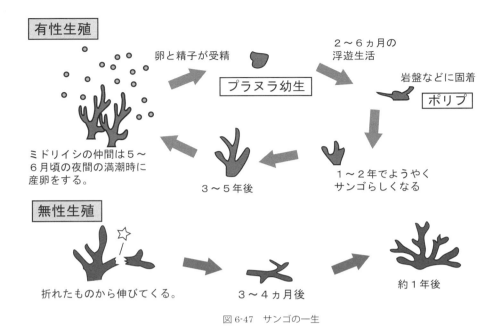

図 6-47　サンゴの一生

① 満月の時には数日間、日没前後に満潮となる。多くの場合、産卵後の1時間以内に潮が引き始め、サンゴ礁から卵を素早く拡散させてくれる。このことにより、受精した卵を遠くまで運ぶことができる。すなわち労力を使わずにして成育範囲を拡大できる。また、一斉に大量の産卵を行うことで、捕食されずに生き残る卵の数を確保することが可能となる。
② 産卵時期を決める体内時計に月の光が影響している。潮汐リズムの影響が加わっている可能性もある。
③ 一斉産卵が日没後の暗闇で起こることから、暗黒状態が体内のホルモンの変化を誘発し産卵を促す。

Column：グレートバリアリーフ

　オーストラリア北部クィーンズランド州東岸に、2,300kmにわたって続く世界最長で最大のサンゴ礁「グレートバリアリーフ」はある。
　1800万年前から現在に至るまで、大小さまざま2,900以上のサンゴ礁が集まり形成されている。グレートバリアリーフは、20℃以上の暖かい海水、降り注ぐ太陽光、水深20〜30mの亜熱帯地域にあり、サンゴ礁の形成には好条件を備えている。
　1,500種類以上の魚類、242種類の鳥類が生息する生き物たちの楽園であり、ウミガメやナポレオンフィッシュ、ザトウクジラなどの大型生物も姿を見せる。
　1981年に国際連合ユネスコに世界遺産として登録されたグレートバリアリーフも、わずか数mmの大きさのサンゴのポリプで形成されているのだ。毎年11月にはサンゴの一斉産卵が行われ、海は卵と精子により辺り一面が白やピンクに染まる壮大な景観を見せてくれる。そして、その卵を食べに数え切れないほどの小魚をはじめとする水生生物がどこからともなく集まってくる。

195

(2) サンゴ礁の役割
1）生物生産性
①貧栄養なサンゴ礁

　熱帯地域の海で生産者としての重要な役割を担っているのが、このサンゴ礁である。サンゴ礁には複雑な食物連鎖が成立し、生き物の多様性が高く維持されている。魚場としての機能は、この共生関係が基盤をつくっている。

　褐虫藻が光合成により生産した養分のうち、藻自身が呼吸や成長に使用するのは1割程度で、9割はサンゴ体内へ漏れ出している。サンゴは、このうち半分程度を呼吸や成長に使い、残りは主に粘液として体外に有機物を放出する。これを摂取するプランクトンが発生・増殖し、これを食べるカニや魚たちが集まってくる。こうしてサンゴ礁は生き物の宝庫となる。サンゴ礁は地球上の海底のわずか0.2％を占めるにすぎないが、そこには海洋生物の約25％が生息しているといわれている。

　サンゴ礁に生息する魚類を、とくに「サンゴ礁魚類」とよぶことがある。沖縄の小島にはカラフルな色に包まれたベラ科、ブダイ科、チョウチョウウオ科、スズメダイ科、ハタ科などをはじめとする約600種類もの魚種が確認されていることからわかるように、生物生産性に富む地帯をつくり出している。

　しかし、生物生産性に富むサンゴ礁の海域は、実は基本的には貧栄養な環境にある。貧栄養であるからこそ水が澄み渡っているのだ。では、なぜこのように多くの生き物が共存できるのだろうか。その理由のひとつに、サンゴ礁の生態が関係していると考えられている。詳細は研究中であるが、サンゴ礁は貧栄養の海水を非常に効率よく利用しているためと考えられている。貧栄養の海水中に含まれる栄養塩などの物質が効率よくリサイクルされることにより成立する生態系、それがサンゴ礁なのである。さらには、サンゴ礁の複雑な構造が考えられる。サンゴ礁自体が迷路のような構造を呈し魚たちに隠れ場を提供している。また、リーフ内は波静かで浅い砂地や藻場が広がっている。少し沖へ行けば、リーフの縁は波しぶきが上がり、波に強い枝の短いサンゴが群生する地帯となる。さらに沖ではテーブル状のサンゴが、そして急に切り立つ崖が現れる。このように生息環境が多様なサンゴ礁では、サンゴ礁魚類が生息環境のわずかな相違を利用し、好みに応じた生息環境を選択し、限られた資源を上手に利用し尽くしているのである。

②リーフに暮らす生き物たち
☆イワガニ

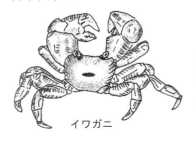
イワガニ

　甲羅幅3.5cm程度のカニ、波打ち際の岩の上で暮らしている。主に岩に付着した海草などを食べている。岩磯や河口域の水際などで普通に見ることができるカニの多くはイワガニ科のカニたちである。生息域は北海道南部から九州である。

6 地域と生態系のバランス ～自然環境の問題～

☆ムラサキオカヤドカリ

　天然記念物に指定されている陸生のヤドカリ、前甲長は約10cmで、生息地域は小笠原諸島、鹿児島県以南である。

ムラサキオカヤドカリ

☆ラッパウニ

　殻径10cm、棘長0.5cmの大型のウニ。ウニはトゲとは別に物をつかむ役割の叉棘（さきょく）をもっている。この叉棘がラッパ状になっていてトゲよりも突出している。このラッパには毒がある。表面にいろいろなものをくっつけて自分の存在をカモフラージュしていることが多い。生息域は、相模湾以南、太平洋やインド洋など。

☆ゴマフニナ

　円錐形の2cm程度の小さな貝、本州中部以南、インド太平洋域に生息する。潮が引くと岩場に大量に群生している。主に岩に付着した藻類を食べている。

☆アオヒトデ

　サンゴ礁で普通に見られる大きなヒトデ。20～30cm近くにもなる。全体が青いのが特徴。

アオヒトデ

ヒメシャコガイ

☆ヒメジャコガイ

　シャコガイ類は大きな殻をもつ二枚貝類で、沖縄にはヒメジャコ、ヒレジャコ、ヒレナシジャコ、シラナミ、シャゴウの5種が生息している。ヒメジャコガイはメタリックカラーで見る方向により緑や青になる。シャコガイ類は外套膜に褐虫藻を共生させ、間接的に燐などの光合成産物を利用できる独立栄養を営んでいる。サンゴ礁域は貧栄養で二枚貝類にとってエサとなるプランクトンの量が少ない環境であるが、シャコガイ類は光合成能のある藻類と共生し、いわゆる「太陽を食べる」ことで生態的に優位な地位を獲得したと考えられている。

☆シカクナマコ

　体長10～30cm、礁池の潮間帯付近でクロナマコと並んでもっとも普通にみられる中型のナマコ。ほとんど黒く見える体の断面は四角形で、体表は大きなイボ状の突起が並んでいる。

☆クサビライシ

　沖縄以南に分布し、波の静かな礁池や礁斜面の砂礫底に見られる。造礁サンゴの中では例外的な20cm前後の単体サンゴである。石灰質の骨格をもっていることを除けばイソギンチャクに近い。

☆ツマジロナガウニ

　殻径6cmのもっともよく見かけるウニ。胴体部分を上から見ると楕円形を呈す。ランタンという口器をもち5本の歯を使って海藻、腐食物、砂泥表面の微生物などを食べている。

197

☆ハナビラダカラガイ

殻長は2〜3cm、潮間帯の岩礁の隙間やサンゴの隙間に住んでいる。つるつるした光沢のある白地にオレンジ色の帯が特徴的である。夜間は外套膜で貝殻の表面を覆っていることが多い。

☆ハマサンゴ

沖縄以南に分布し礁池などで普通に見られる。礁池等の浅場では、塊状のサンゴは水面付近まで成長すると今度は横に向かって成長を続け、上部が平らな「マイクロアトール」を形成するものもある。大きな群体では数mもの大きさに成長する。群体の色は緑、緑褐、黄緑、淡褐色などがある。

☆オニヒトデ

腕の数が11〜16本もあり、直径40〜70cmにも成長する大型のヒトデでサンゴ礁に生息する。南方系のヒトデで、インド洋から太平洋にかけて広く分布する。毒をもつ棘を使い海底を歩き回りサンゴに乗り掛かり、体の下側の真ん中にある口から胃袋を出して消化液を分泌し、生きているサンゴを食べる。大型巻貝のホラガイが天敵で、毒棘もホラガイに対しては役立たず食べられてしまう。1988年、沖縄の海で大量発生し多くのサンゴが食べられ死んでしまった。オニヒトデが大発生する原因は未だ解明されていない。

2）環境浄化機能

サンゴ礁の水域が澄み渡っているのは貧栄養水域であることを示しているが、そこには多種多様な生き物が生息・成育し高い生産性が維持されている。「海の清掃家」とよばれるヒトデやカニ、エビなどが海底に沈んだ死骸や藻類などを食べている。その横でブダイが貝やサンゴを食べている。やがて、その排泄物が白い砂地をつくり上げ、そこに多くの生き物が生息をする。こうして体長1mのカンムリブダイは一匹が1年の間に1トンもの砂をつくるのである。

ナマコが触手を出して海底堆積物の中から有機物の多く含まれている粒子を摂食している。ナマコは摂食する有機物量が排泄する有機物量より多いので、海底土壌や海水を浄化する機能をもっているといえる。堆積物中に生息するゴカイ類は、堆積物中の有機物を摂食し海底面へ糞として有機物を排泄する。その過程で有機物の量は減少し、海底面へ排出された有機物はナマコのエサとなる。懸濁物食者の貝類は、懸濁水を体内に取り込み有機物をこし取るため水質を浄化してくれる。

陸域から流れ込んだ土砂がサンゴ礁を覆うと、その量が少なければサンゴは自分の体から生産される粘液を体外に放出することにより、その土砂を除去する。このとき、有機物は土砂自体にも含まれているが粘液にも含まれており、他の生き物のエサとなる。この採餌過程で環境浄化が行われていると考えられる。しかし、大量の土砂で覆われると粘液の放出でサンゴは体力を消耗し、十分な太陽光が届かず光合成量も低減し、死滅していくものが出てくる。

サンゴの一斉開花で大量な卵が放出されたり、土砂の流入や粘液の放出で一時的に富栄

養化した海は、毎日繰り返される潮の満ち引きで砂浜やサンゴ礁の間を行ったり来たりしている。満潮時には、その水は砂浜で砂粒やバクテリアによるろ過・分解作用を受け、干潮時には有機物の減少した水が再びサンゴ礁へと戻っていく。

このように複数の浄化メカニズムが交差することにより、サンゴ礁の海は清澄を保っているのである。大切なことは、食物連鎖の過程で多くの有機物が海から除去されている事実である。多くの生き物が生息・生育できるエサとしての有機物量、生き物の現存量（生息数）と活動量のバランスがとれてこそ美しいサンゴ礁を維持できることを忘れてはならない。たいしたことはないと思われることでも、食物連鎖の鎖に歪みを生じさせる行為は取り返しのつかない状況を生み出してしまうのである。

3）二酸化炭素の循環機能

海洋総面積の 0.3% にすぎないサンゴ礁ではあるが、造礁サンゴは海水に溶けている二酸化炭素とカルシウムが結合した炭酸カルシウム（$CaCO_3$）と、共生している褐虫藻が光合成を行う一次生産を通して、海洋沿岸、あるいは地球規模での二酸化炭素の循環に関与していると考えられている。

サンゴ礁が二酸化炭素の吸収源であるのか、放出源であるのかは結論が出てはいない。サンゴ礁の役割として以下に示す 3 つの大きく異なる考え方が提示されている。

①サンゴ礁における炭酸カルシウムの生成に伴い、海水の pH は低下し二酸化炭素は放出される。

②サンゴ礁による炭素の固定量は、炭素循環の中では無視できるほど小さい。

③サンゴ礁の形成により海水の炭酸濃度が下がり、二酸化炭素は大気から吸収される。

（3）サンゴ礁の現状

世界のサンゴ礁の 5 ～ 10% は人間の直接的あるいは間接的行為の影響で死滅し、このペースで進行すれば、今後 20 ～ 40 年でさらに 60% の地域でサンゴが死滅するであろうとの予測もある。

1994 年（平成 6 年）の「第 4 回環境保全基礎調査（環境庁）」によれば、日本におけるサンゴ礁池内のサンゴ群集の現状は総面積約 34,190ha で、八重山諸島海域が最大で約 19,230ha を占めており調査面積の約半分となっている。次は沖縄島海域の約 7,050ha である。1978 年（昭和 53 年）の「第 2 回環境保全基礎調査」によれば、サンゴ礁の消滅は 1978 年以降 5 年間で 2.0% であり、1978 年以降 1994 年までの 16 年間では 1,502ha のサンゴ礁が消滅、そのうち 1,244ha が沖縄島海域に集中している。

消滅の原因は以下のように考えられている。

1）オニヒトデによる食害

沖縄島は、1979 年代にオニヒトデの大発生による大被害を受けた。オニヒトデはサンゴを食べるヒトデであり、サンゴの上に覆いかぶさり胃から出す消化酵素でサンゴの骨格以外の部分を溶かし吸収してしまうため、オニヒトデが去った後には白い骨格が残されて

いるということになる。どうして大発生するのかは、未だ明らかとはなっていない。

13,000ha のサンゴ群集面積の石垣島と西表島の間に発達する「石西礁湖」は、1980 年代初頭のオニヒトデの大発生によりサンゴの多くが失われたが、1992 年以降は回復に向かっていた。しかし、1998 年と 2007 年に起きた大規模な白化現象により衰退し、現在では危機的な状態にある。さらに、都市開発などによる赤土流出や水質汚濁の影響も重なっている。

オニヒトデの寿命は 7 ～ 8 年くらい、天敵はホラガイ、フリソデエビ、フグの仲間など限られていて、浮遊幼生時代のオニヒトデ、稚オニヒトデの天敵はよくわかっていない。オニヒトデはソフトコーラルを食べない。サンゴに接触すると刺胞で刺される刺激がエサであることを認識する信号となるが、ソフトコーラルに遭遇するとエサの認識・摂食行動が停止する。

2）人為的影響

オニヒトデの大発生に陰りが見え始めサンゴ礁も回復に向かうかと思われていたが、リゾート開発等により赤土が浅海域に流入し始め、一部のダイバーたちの踏圧などの影響も加わり懸念されている。さらにはマングローブ林の開発によりサンゴ礁への栄養塩の供給が低減してきている。

3）白化現象

1998 年（平成 10 年）夏、世界各地において造礁サンゴの大規模な「白化現象」が確認された。日本でも 8 ～ 9 月にかけて沖縄諸島の各地でサンゴの白化現象が進み、大きな被害が出た。「白化現象」とは、「環境の変化により共生している褐虫藻がサンゴから抜け出したり、なんらかの理由で共生関係が崩れると、主たる栄養補給源を失いサンゴが死滅し、白色のサンゴの骨格だけが残る現象」である。

1998 年の白化現象の原因は海水温度の上昇であるといわれている。この年は台風の接近もなく海水はかく乱されず、晴天が続いたため恒常的に 30℃を越える日が続き、海水の温度が上昇していった年である。礁池内の日中温度が 36℃を越す日もあったほどである。そのため、水深数 m 以浅の浅海域に生息するミドリイシ属の仲間の被害が大きかった。それより深いところに生息するサンゴは比較的に被害が小さく、翌年には回復している。

一方で、人災と考える人たちもいる。農地や観光開発で森やマングローブ林が伐採されてきた結果、降雨の度に赤土や化学肥料が海へと流出しサンゴ礁の汚染が進行していたが、この年の梅雨時の降雨量は例年の 2 倍にも達し、表土の流出等の影響が甚大であったところに、海水温度の上昇が追い討ちをかけるかのように襲いかかり、白化現象の被害が拡大してしまったと考えている。

5－6　浅海域での取組み

生物多様性や環境浄化、生物生産機能に富む浅海域の環境を保全し、失われた地帯では再生するという活動は、人間を含めた生き物の持続的な生活を保障するために必要不可欠

6　地域と生態系のバランス　〜自然環境の問題〜

なことである。人間の活動はすでに地球の環境容量を超え、今や地球は悲鳴を上げている。人口の急増、食料供給源の劣化等を考えたとき、生産性の高い浅海域の資源を有効に利用し、持続的に資源を供給する場とすることは、将来の世代の生き物の生存を左右する大きな課題なのである。しかし、人間は破壊された生態系を再生することの困難さを考慮することもなく、浅海域そしてそこで生産される資源を乱開発、乱獲することで自らを苦境に追いやってきた。とくに 1960 年代から 1970 年代にかけての高度経済成長期はもっとも深刻なダメージを与えた時代であった。しかし最近では、浅海域のもつ重要性に気づいた人々の間で生態系環境を改善するための試みがなされるようになってきた。さらには人工的に生態系を創り出す試みや、海中に植林する試みなどが現実味を帯びている。

（1）生態系の創出

　人工的に生態系を創出することへの批判は多い。未だ未解明な生態系へ人の手を入れる不安、そうすることで発生する自然界への副作用など、これから解決していく問題が山積みである。現時点は実験段階にあるといえよう。

　国土交通省と環境省がスタートさせた「自然再生事業」の一環として、すでに干潟や藻場などの浅海域の環境を復元、再生する試みが始まっている。千葉県の船橋海浜公園（現在は、「ふなばし三番瀬海浜公園」と改名）の干潟は、かつては航路であったが、別の航路から浚渫土を運び埋め戻して 2 年間を費やし人工干潟を創造したのである。

　今では近隣の三番瀬と同じ密度でアサリが生息し、多様な生き物が生息・生育する環境となりつつある。人工干潟の砂が沖へ流出しないように干潟の勾配を決めたり、生き物が生息しやすい環境を創り出す工夫をしたりと、技術の粋を集めてつくられている。

　また、磯焼けにより藻場が消失してしまった海底にテトラポッドのブロックを沈め、人工的に藻場を創出する試みも行われている。現段階ではテトラポッド表面にはコンブなどの海藻が着生し良く成長するが、次第にサンゴモ類が生えてきてテトラポッド表面が磯焼けを起こしてしまうことが多い。

　私たち人間社会の発展のためには、再生可能な浅海域の魚介類といった生物資源を持続的に利用することが大切である。そして、生物資源を持続的に獲るためには、生態系の正常な物質循環を取り戻すことが不可欠となる。その実現のためには、浅海域の生産性の復元という短期的な目標と、生態系の質を取り戻し維持するという長期的な目標を達成するための具体的な方策が必要である。

　人工干潟や藻場の生息環境を設計する前に、自然状態での生態的環境を詳細に調査、分析し、その特徴を把握することが肝要である。干潟や藻場で行われている食物連鎖のシステムや環境浄化の仕組み、効率的な物質循環のメカニズムなどに関する理解度を向上させることが、まずは何よりも大切なことである。

　表 6-15 は、干潟、藻場など浅海域を構成する環境要素ごとの生物種をまとめたものである。ここに示すような生態系を復元することが浅海域での取組みの具体的方策となろう。

表 6-15　浅海域を構成する環境要素ごとの生物種

環境要素	生物種			
	代表種・指標種	高次消費者	低次消費者	生産者
干　潟	底生生物	鳥類、魚類、甲殻類	貝類、底生生物（ゴカイなど）、小型甲殻類	付着藻類　植物プランクトン
藻　場	大型海草類　大型海藻類	魚類、甲殻類、海棲哺乳類（ジュゴンなど）	藻食者（ウニ）　貝類、小型甲殻類	海藻類　海草類
マングローブ	マングローブ構成種	鳥類、魚類、甲殻類	小型甲殻類	マングローブ
サンゴ礁	造礁サンゴ　非造礁サンゴ　褐虫藻	魚類　甲殻類	小型甲殻類　肉食性巻貝　サンゴ食魚類	褐虫藻
砂　浜	底生生物	鳥類、魚類、甲殻類	貝類（アサリなど）　底生生物（ゴカイなど）	付着藻類　植物プランクトン
河口域	ヨシ、底生生物、貝類（シジミ、アサリなど）、魚類（ボラ、ハゼなど）	鳥類（シギ、チドリ、サギ科など）、魚類、甲殻類	底生生物（ゴカイなど）　貝類（シジミ、アサリなど）	微細藻類、大型海藻、抽水・沈水植物

（2）きれいな水を取り戻す

　東京湾、伊勢湾、瀬戸内海、有明海等の閉鎖性海域においては、「水質汚濁防止法」等に基づき水質総量規制制度を実施することにより、工場のみならず生活排水も含めた水質保全対策を推進している。水質総量規制制度とは、閉鎖性水域の水質環境基準を確保するために、環境に排出される汚濁物質の総量を一定量以下に削減する制度である。現在、対象となる閉鎖性水域として、東京湾、伊勢湾、瀬戸内海の3水域が指定されている。

　2001年（平成13年）12月に施行された水質汚濁防止法施行令の一部改正により、第5次総量規制においては従来のCOD（化学的酸素消費量）を指標とする有機汚濁物質に加え、新たに窒素、燐が汚濁物質として指定された。閉鎖性水域の有機汚濁は、流入する有機汚濁（総量規制対象のCOD）と窒素、燐に起因する有機汚濁から形成されており、このうち窒素、燐に由来するものが全体の約4割に達している。このような理由から、閉鎖性水域の水質環境基準確保のため、窒素、燐の総量規制が導入された。これ以外にも閉鎖性水域に対しては特別対策が設けられている。主なものとして湖沼に対する「湖沼水質保全法」、瀬戸内海における「瀬戸内海法」、水道水源地域に適用される「水道水源法」がある。

　東京湾では、湾内の窒素、燐を取り除くために、人工的な藻場をつくり出そうとする動きがある。このように、生き物の機能や作用を利用して汚濁した環境（大気、水質、土壌など）を改善していこうとする方法を、「バイオ・レメディエーション（Bioremediation）」とよんでいる。この方法を用い、海草や海藻から形成される藻場の栄養塩除去という機能を最大限に活用するための最重要課題は、対象地点の栄養塩濃度や汚濁物質の量をある基準以下に低減させなければ使えないという点にある。濁りきった湾内に藻場を創り出そうとしても、海草や海藻は汚濁した水の中では生育することはできないのである。したがって、まずは湾内の水質環境を一定レベルまで低減させる努力が必要となる。

　浅海域の生き物の環境収容能力には、水中の溶存酸素の濃度が重要である。河川などからの栄養塩の流入が少ない場合には富栄養化は生き物を増やすことになり、魚介類を捕獲

することなどで浅海域から余分な有機物を取り除くことができる。その結果、浅海域の環境は安定化する。しかし、過度の栄養塩類流入により富栄養化した浅海域では、植物プランクトンが異常発生し赤潮を発生させる。それらが死滅し堆積した低層付近では微生物が酸素を消費し死骸を分解し始める。その結果、低層付近は貧酸素化が生じ、底生生物に重大な影響を与える。

　一般に栄養塩流入の増加に伴い浅海域では一次生産は増加していく。そして植物プランクトンなどを食べる小魚が増えていく。その一方で、低層に生息する底生生物は溶存酸素の減少により減少していくのである。

　伝統的漁法である「うたせ網漁」はうたせ網につける鉄製のケタで海底を引っかいていくが、その際、低層に酸素が供給され貧酸素化を予防してくれている。漁法の変化もまた、浅海域の環境を悪化させているのだ。

　本来ならば、生態系を人工的に創出することに対して多くの疑問を抱く。倫理的な問題、未知の生態系に手を触れるおそれ、触ったことによる副作用などに関してである。しかし、今やそんなことを考えている時間はないのかもしれない。「可能性がゼロでなければやってみよう。里山のように古来から人間が手を入れ形成されている生態系もあるではないか」。科学者をはじめ一部の人たちからは、そんな声が聞こえてくる。

　生態系を扱うことに関しては、当然ながら多くの異なる見解がある。私たち一人一人は深く考えた上に、行動に移すことが大切である。その際に留意すべき点は、人工的な生息環境が既存の自然生態系や漁業、養殖業の活動と調和してシステムの中に取り込まれていくことが望ましい。そのためには、栄養塩や溶存酸素といった物質の循環を十分に理解することが重要である。

（3）海岸の防護と環境保全

　人工的干潟や藻場により新たな生態系をつくり出す方法や、バイオ・レメディエーションにより環境を浄化する試み以外に、海岸を防護する目的で築き上げられた人工構造物の生態系に与える影響も考慮する必要がある。

　地震大国である日本は、1993年（平成5年）の北海道南西沖地震、1994年（平成6年）の三陸はるか沖地震、1995年（平成7年）の阪神・淡路大震災、2003年（平成15年）の十勝沖地震、2011年（平成23年）の東日本大震災等々、大規模な地震が頻繁に発生する。そのたびに、津波や高波等により海岸地域に大被害が発生している。海岸付近まで家屋が密集している日本においては、これらに対する防護を防波堤などの人工構造物に依存してきた歴史をもっている。

　また、最近15年間で砂浜の約13%が堆積と侵食の過程で消失し、国土の外縁である海岸線が後退してきている。その原因は、海流等の循環に異変が生じる自然現象に加え、沿岸に設置された人工構造物により、海岸や海底の砂が波や流れの作用で移動する漂砂の移動する方向が変えられ、土砂が堆積せず極端に侵食され続けているのだ。このまま、こ

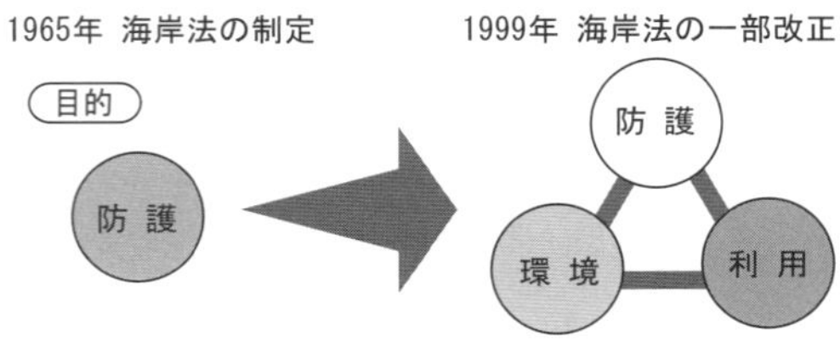

うした状況が続けば、15年後には東京都新島の面積に匹敵する2,400haが失われ、30年後には東京都三宅島（4,800ha）に相当する面積が失われることになる。その結果、国土、領海および排他的経済水域が縮小していくことになる。

図6-48 海岸法改正の流れ

このような状況の中、台風や地震などにより発生する高潮や津波等から海岸を防護することを目的に、1965年（昭和40年）に制定された「海岸法」は、近年の環境保全意識の高まりを受けて、1999年（平成11年）に一部改正が行われた。これまでの「防護」という目的に加え、「海岸環境の整備と保全」と「公衆の海岸の適正な利用」、すなわち「環境」と「利用」の2つの目的が追加された。

その結果、自然環境の保全や自然との共生を考慮した新しい海岸整備の方法が提案され、一部実施されている。

①近自然型海浜安定化工法

砂浜の下に透水性の高い捨石などで導水管を作ることで、波とともに運ばれてきた砂は浜に残し、海水は導水管を通して海へ戻すという工法。景観は保全され、生態系に与えるダメージを最小限とし、砂浜の侵食を防ぐことが期待されている。

図6-49 近自然型海浜安定化工法

②タンデム型人工リーフ

2台の人工リーフを海流と直交する方向に設置することで波は破波され消波し、海岸線を防護する。人工リーフには海藻などが繁殖し、生き物の生息空間となることが期待されている。

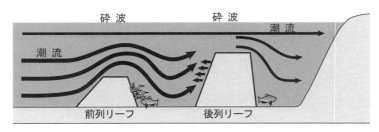

図6-50 タンデム型人工リーフ

そのほかにも、浅海域での取り組みとして大切なことは、

①陸と海との両生態系を持ち合わせた浅海域の生態系の問題を扱うので、多領域の研究者の連携が不可欠なこと。
②森と川のつながりが浅海域の環境をつくり出しているため、森－川－海を連係した統合的なアプローチの視点が大切となること。
③漁師さんの植林活動に代表されるように、教育や訓練を含む社会活動への参加が重要となること。
④日本海沿岸地域は周辺を他国に囲まれているため、他国からの重金属汚染や不法投棄による汚染、あるいは日本から周辺国への放射能漏れによる汚染などの脅威に日々さらされている。したがって、近隣諸国との共同監視や汚染防止活動などの国際協調が重要であること。

などがある。

Column：高潮、津波、海岸浸食のメカニズム

★高潮

高潮とは、台風や発達した低気圧に伴って海岸で海面が異常に高くなる現象である。風や気圧低下により水面が上空に吸い上げられたり、台風の接近に伴う高波浪により海面が上昇する。

高潮発生のメカニズムは次のように考えられる。

①気圧低下による海面の吸い上げ

台風や低気圧の中心気圧は周辺大気より低いため、周囲の空気が海面を押しつけることにより中心付近の海面が上昇する。気圧が1hPa（ヘクトパスカル）低下すると、海面は約1cm上昇する。

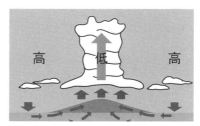

図6-51　気圧による吸い上げ

②風による吹き寄せ

台風に伴う強い風が沖から海岸に向かって吹くと、海水は海岸に吹き寄せられ海岸付近の海面が異常に上昇する。海底の地形によって風の吹き寄せ作用は異なるが、一般的には浅いほど高潮が発達しやすい。

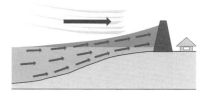

図6-52　風による吹き寄せ

★津波

海底火山の噴火や、海底の断層に急激な上下変動や地形変化が発生すると、海底の地盤が大規模な範囲で隆起したり沈降したりする。そして、その時に隆起した部分が波の山に、沈降した部分が波の谷となって津波が発生し四方八方に伝わっていく状態が津波である。まるで池に石を投げ入れた時のように波となって四方に広がっていく。津波は地殻変動によって生じる比較的長い周期（数分から1時間程度）の水位変動のことであり、気象変動によって起きる高潮などとは区別されている。

津波の速度は水深と関係があり、深いところでは速く浅いところでは遅くなる。津波の高さは速度とは反対に、深いところでは低く、浅いところで高くなる。そのため、津波が発生しても沖合では低い波であるためわからず、目前で大波となるため逃げ遅れることが多い。

表6-16　津波の速度と水深の関係

水深	速度
5,000m	時速800km（ジェット旅客機）
500m	時速250km（新幹線）
100m	時速110km（特急列車）
10m	時速36km（早い自転車）

大陸プレートの先端が地中深く引きずり込まれ陸地にも"ひずみ"が増大していく。ひずみが限界に達すると陸地はもとへ戻るように跳ね返る。その際、津波が起こる。

図 6-53 津波の発生メカニズム

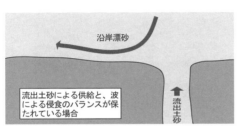

★海岸侵食

砂浜の砂は波などの作用によって絶えず移動し入れ替わっている。海岸侵食は、砂浜に供給される砂の量と流出していく砂の量のバランスが崩れることにより生じる現象である。

1. 河川から供給される土砂の減少

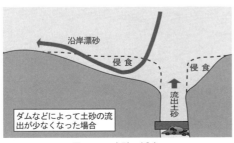

図 6-54 土砂の減少

2. 人工構造物の設置による漂砂移動の遮断

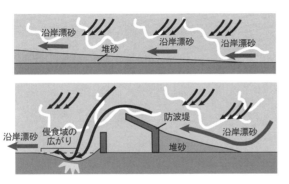

図 6-55 漂砂移動の遮断

5－7　ラムサール条約　〜統合的流域管理〜

　河川・浅海域管理において、集水域の湿地を適切に管理することが重要であるとの認識のもと、「ラムサール条約」でも統合的流域管理の必要性が強調されている。

　ラムサール条約の正式名称は「特に水鳥の生息地として国際的に重要な湿地に関する条約（Convention on Wetlands of International Importance especially as Waterfowl Habitat）」である。本条約で意味するところの「湿地」とは、湖沼、池、河川や海岸線付近の浅い水域、湿原、氾濫原、サンゴ礁などを対象とし、水田等の人工湿地も含む幅広い用語である。

　ラムサール条約は 1971 年（昭和 46 年）2 月、カスピ海沿岸の小さな町、イランのラムサールにおいて採択され、1975 年（昭和 50 年）12 月に発効される。湿地という特定の生態系を対象とした地球規模の環境条約である。

　湿原、湖沼、干潟等の湿地は地球上でもっとも生産性の高い生態系のひとつである。生物多様性に富み、とくに水鳥の生息地として重要な場である。また、地下水の保水や排水、海岸線の安定化や侵食防止、栄養物質の貯留などのさまざまな機能をもっている。湿地は水質改善機能や洪水調整機能を有している重要な場所でもある。その一方で、埋め立てや干拓などの対象になりやすく、その姿を急速に失いつつある。ヨーロッパや北アフリカ、中近東を結ぶ渡り鳥の飛行ルートを保全しようとする動きが契機となり、国際的に重要な湿地およびそこに生息・生育する動植物の保全、湿地の適正利用を促進する目的で本条約は作成された。

　第 1 回会議に参加した国はわずかに 18 ヵ国であったが、2015 年（平成 27 年）6 月現在では 168 ヵ国、登録湿地数 2,208 ヵ所に及んでいる。日本は 1980 年（昭和 55 年）に締約国となっている。

　ラムサール条約での湿地の保全は、「賢明な利用（ワイズ・ユース）」を基本原則としている。「賢明な利用」とは「生態系のもつ生産力、環境自浄能力などの潜在力を維持し得る方法で、人類の利益のために生態系を持続的に利用すること」である。そのひとつの方法として「流域管理」が注目され始めた。1999 年（平成 11 年）コスタリカのサンホセで開催された「第 7 回ラムサール条約締約国会議」で採択された「河川流域管理に湿地の保全と賢明な利用を組み込むためのガイドライン」の中には「統合的河川流域管理」という言葉が盛り込まれている。

　これは、「ひとつの河川流域に対しさまざまな管理機関の間で責任が分散している結果として、計画策定と管理へのアプローチが分断され生態系劣化が生じているので、打開するためには河川管理は管理単位を政治的境界ではなく河川流域の境界と一致しなければならないこと」を意味している。

　ラムサール条約は、各国が湿地保全のために湿地の生態系と生物多様性を保護し、「賢明な利用」に重点をおいてとるべき措置を規定している。

　主な規定には、

①各締約国は自国内の国際的に重要と思われる湿地を指定し、湿地の登録簿に掲載すること。

②登録湿地の保全および適正利用を促進するため、計画を立て実施すること。

③登録湿地であるかを問わず、すべての湿地に自然保護区を設定し、湿地と水鳥の保全を促進すること。

などがある。

　登録地に指定されるためには「ラムサール条約締約国会議」で設けられた以下の規準をクリアーする必要がある。

　○グループＡ：代表的な湿地、希少ないし固有な湿地

　＜基準１＞自然度が高く、自国の代表的あるいは希少・固有な湿地であること。

　○グループＢ：生物多様性の保全のために国際的に重要な湿地

　＜基準２＞危急種、絶滅危惧種と指定された種または絶滅の恐れのある群集が生息・生育している場合。

　＜基準３＞生物多様性の維持に重要な動植物の生息・生育場所となっている場合。

　＜基準４＞一般的な生活環境の中で動植物を支えている場合、または悪条件の間に動植物に避難場所を提供している場合。

　＜基準５＞定期的に２万羽以上の水鳥が飛来する場合。

　＜基準６＞水鳥の１種または、１亜種の個体群で、個体数の 1% 以上を定期的に支えている湿地。

　＜基準７＞固有な魚類の多くを支えている湿地、または世界の生物多様性に貢献する役割を担う湿地。

　＜基準８＞魚類の食物源、産卵場などとして重要な湿地、あるいは漁業資源の重要な回遊経路となっている湿地。

　＜基準９＞湿地に依存する鳥類に分類されない動物の個体群の 1% を定期的に支えている湿地。

などがある。

　ラムサール条約は３年ごとに締約国会議を開催している。これまでに開催された締約国会議は以下のとおりである。

第１回	1980 年（昭和 55 年）	11 月	カリアリ（イタリア）
第２回	1984 年（昭和 59 年）	5 月	フローニンヘン（オランダ）
第３回	1987 年（昭和 62 年）	5 月	レジャイナ（カナダ）
第４回	1990 年（平成 2 年）	6 月	モントルー（カナダ）
第５回	1993 年（平成 5 年）	6 月	釧路（日本）
第６回	1996 年（平成 8 年）	3 月	ブリスベン（オーストラリア）
第７回	1999 年（平成 11 年）	3 月	サンホセ（コスタリカ）
第８回	2002 年（平成 14 年）	11 月	バレンシア（スペイン）
第９回	2005 年（平成 17 年）	11 月	カンパラ（ウガンダ）

第 10 回　2008 年（平成 20 年）11 月　昌原市（韓国）
第 11 回　2012 年（平成 24 年）　6 月　ブカレスト（ルーマニア）
第 12 回　2015 年（平成 27 年）　6 月　プンタ・デル・エステ（ウルグアイ）

日本の登録湿地は以下のようである。

表 6-17　日本のラムサール条約登録地（2015 年現在、50 ヵ所）

名　　　称	所在地	面　積（ha）	指定年月日
釧路湿原	北海道	7,863	1980 年 6 月 17 日
伊豆沼・内沼	宮城県	559	1985 年 9 月 13 日
クッチャロ湖	北海道	1,607	1989 年 7 月 6 日
ウトナイ湖	北海道	510	1991 年 12 月 12 日
霧多布湿原	北海道	2,504	1993 年 6 月 10 日
厚岸湖・別寒辺牛湿原	北海道	4,896	1993 年 6 月 10 日
谷津干潟	千葉県	40	1993 年 6 月 10 日
片野鴨池	石川県	10	1993 年 6 月 10 日
琵琶湖	滋賀県	65,602	1993 年 6 月 10 日
佐潟	新潟県	76	1996 年 3 月 28 日
漫湖	沖縄県	58	1999 年 5 月 15 日
藤前干潟	愛知県	323	2002 年 11 月 18 日
宮島沼	北海道	41	2002 年 11 月 18 日
雨竜沼湿原	北海道	624	2005 年 11 月 8 日
サロベツ原野	北海道	2,560	2005 年 11 月 8 日
濤沸湖	北海道	900	2005 年 11 月 8 日
阿寒湖	北海道	1,318	2005 年 11 月 8 日
風蓮湖・春国岱	北海道	6,139	2005 年 11 月 8 日
野付半島・野付湾	北海道	6,053	2005 年 11 月 8 日
仏沼	青森県	222	2005 年 11 月 8 日
蕪栗沼・周辺水田	宮城県	423	2005 年 11 月 8 日
奥日光の湿原	栃木県	260	2005 年 11 月 8 日
尾瀬	福島・群馬・新潟	8,711	2005 年 11 月 8 日
三方五湖	福井県	1,110	2005 年 11 月 8 日
串本沿岸海域	和歌山県	574	2005 年 11 月 8 日
中海	鳥取・島根県	8,043	2005 年 11 月 8 日
宍道湖	島根県	7,652	2005 年 11 月 8 日
秋吉台地下水系	山口県	563	2005 年 11 月 8 日
くじゅう坊ガツル・タデ湿原	大分県	91	2005 年 11 月 8 日
藺牟田池	鹿児島県	60	2005 年 11 月 8 日
屋久島永田浜	鹿児島県	10	2005 年 11 月 8 日
慶良間諸島海域	沖縄県	353	2005 年 11 月 8 日
名倉アンバル	沖縄県	157	2005 年 11 月 8 日
化女沼	宮城県	34	2008 年 10 月 30 日
大山上池・下池	山形県	39	2008 年 10 月 30 日
瓢湖	新潟県	24	2008 年 10 月 30 日
久米島の渓流・湿地	沖縄県	255	2008 年 10 月 30 日
琵琶湖	滋賀県	382	2008 年 10 月 30 日
大沼	北海道	1,236	2012 年 7 月 7 日
渡良瀬遊水地	茨城・栃木・群馬・埼玉県	2,861	2012 年 7 月 7 日
立山弥陀ヶ原・大日平	富山県	574	2012 年 7 月 7 日
中池見湿地	福井県	87	2012 年 7 月 7 日
東海丘陵湧水湿地群	愛知県	23	2012 年 7 月 7 日
円山川下流域・周辺水田	兵庫県	560	2012 年 7 月 7 日
宮島	広島県	142	2012 年 7 月 7 日
荒尾干潟	熊本県	754	2012 年 7 月 7 日
与那覇湾	沖縄県	704	2012 年 7 月 7 日
芳ケ平湿地群	群馬県	887	2015 年 5 月 28 日
涸沼	茨城県	935	2015 年 5 月 28 日
東よか干潟	佐賀県	218	2015 年 5 月 28 日
肥前鹿島干潟	佐賀県	57	2015 年 5 月 28 日

（出所：環境省ラムサール条約事務局「新たにラムサール条約湿地に登録された国内湿地の概要」、環境省自然
　　　　環境局「ラムサール条約と条約湿地」）

Column：自然環境に関わる資格

資格は大きく3つに分類される。
○国家資格：国、地方公共団体およびそれに準ずる
　機関が、国の法律に基づいて試験を実施し認定
　する資格。
○公的資格：財団法人や社団法人、日本商工会議所

などが試験を実施し、所轄官庁や大臣が認定する資格。
○民間資格：それ以外の、法律上の位置づけもなく、
　民間団体や組織が独自に創設、認定する資格。
以下で、自然環境に関わる資格の一部を紹介する。

表6-18　自然環境に関わる資格

国 家 資 格		
資 格 名	資 格 団 体	内 　 容
環境計量士	（社）経済産業省 経済産業省認定	水質、土壌、大気の汚染濃度や騒音・振動等を測定分析する専門的な知識と技術を有する者に与えられる。
公害防止管理者	（社）産業環境管理協会 経済産業省認定	環境汚染の改善を目的とし、工場から排出される有害物質や振動・騒音などを規制、監督する者に与えられる。
技術士補	（社）日本技術士会 文部科学大臣認定	自然環境に関わる保全計画、測定技術などの科学技術分野における専門的知識を有する者に与えられる。
公 的 資 格		
森林インストラクター	（社）全国森林レクリエーション協会 農林水産大臣登録	森林を利用する人たちに森林や林業についての知識を与え、森林内での活動、遊びに対してアドバイスを行う「森の案内人」に与えられる資格である。
環境カウンセラー	（財）日本環境協会 環境省登録	環境保全に関する専門的な知識や経験を有し、環境保全活動に取り組む市民やNPO、事業者などに環境カウンセリングを行う者に与えられる。
民 間 資 格		
環境管理士	特定非営利活動法人日本環境管理協会	環境問題に関し、その原因を調査・分析し、対策などを行う環境管理のコンサルタントに与えられる。
ビオトープ管理士	（財）日本生態系協会	地域の自然生態系の保護、保全、復元、創出に必要な知識を有し、都市農村計画、生息空間の施工などの実務を行う者に与えられる。
ネイチャーゲーム指導員	（社）日本ネイチャーゲーム協会	五感を使って自然を感じ表現する野外活動を通し、自然への理解や思いやり、豊かな感性を育むための理念や指導法を学んだ者に与えられる。
樹木医	（財）日本緑化センター	樹木の診断、治療や保護に関する知識をもち、その普及、指導を行う者に与えられる。
生物分類技能検定	（財）自然環境研究センター	野生生物調査に関わる生物技術者の育成、自然環境調査の精度の向上を目指し、正しい生物分類を学んだ者に与えられる。
自然観察指導員	（財）日本自然保護協会	自然観察などを通じて、自然保護に関心をもち活動する市民を育成することを目的に活動している者で、講習会を受講した者に与えられる。
環境マネジメントシステム審査員	（社）産業環境管理協会	ISO審査員としてISO14001認定審査を行う者に与えられる。審査登録機関に属している審査員により審査が行われる。
愛玩動物飼養管理士	（社）日本愛玩動物協会	ペットの適正な飼い方や、動物愛護精神の普及を目的とし、動物関連法や飼養管理などの知識を習得した者に与えられる。

Chapter 7 生態系と地球のバランス
～ 地球環境の問題 ～

❖・❖・❖・❖・❖・❖ 1．地球で起きていること ❖・❖・❖・❖・❖・❖

　地球は誕生以来48億年絶えず変化している。太陽から地球に向けて放射されるエネルギーは絶えず変化し、地球環境を支配する気候条件は、その間激しく変動を繰り返し、そして現在も変化し続けている。地球の軌道もまた絶えず変動し、地球は氷期・間氷期を周期的に繰り返す。

　このようなダイナミックな変動は自然的要因に依存するものであり、私たち人間には手を出すことはできなかった。しかし、産業革命以降の地球は、人口増大、化石燃料の大量消費、食糧問題などの人為的要因により、森林は破壊され、土壌はコンクリートで固められ、地球表面は呼吸困難な状態に追い込まれていく。自然界では考えられないほど多量の大気汚染物質が無秩序に大気中へ放出され地球の気候さえも変えてしまう。

　生き物たちは自然的変容に順応して生きてきた。しかし、現在の地球上で起きている多くの人為的変容には、その変化の大きさと速さに対処できず、多くの生き物たちが地球から姿を消そうとしている。

　現在、科学的に明らかにされた野生生物の種類は約175万種ともいわれているが、実際には300万～3,000万種の間で存在すると推計する研究者が多い。このうち40％以上は地球の陸地面積のわずか7％程度を占めるにすぎない熱帯雨林地帯に生息していると考えられている。

　世界資源研究所（WRI）は1989年（平成元年）、現在の状況が改善されず将来に至るとすれば、1990年（平成2年）～2020年（平成32年）のたった30年間で、全世界の生物種の5～15％が絶滅すると予測した。生き物の種数を仮に1,000万種と見積もっても、1日あたりに換算すると40～140種もの生き物がこの地球から姿を消していくことになる。

　熱帯雨林では、森林の消失に伴い1日あたり74種もの生物が絶滅しているという現実が、この予想を裏づけている。
（エドワード・O・ウィルソン『生命の多様性』岩波現代文庫、2004）

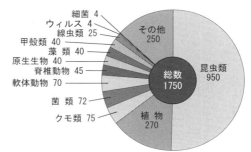

図7-1　地球上で確認されている生物種（単位：1,000）
（出所：Watson,R.T., Heywood,V.H.,Baste,I.,Dias,B.,Gamez,R.,Janetos,T.Reid,W.,and Ruark,G.(1995)Global Biodiversity Assessment － Sumary for Policy － Makers,Cambridge University Press. より作成）

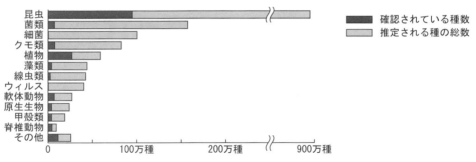

図 7-2　既知の種数と推測される種数の総数

（出所：同前より作成）

野生生物の絶滅の原因はさまざまであるが、大別すると次のようになる。

生態系の分断・破壊
　森林伐採、道路建設、農場開発など、そしてそれに伴う砂漠化などで、絶滅の恐れのある種の 80〜90% に大きな影響を与えていると考えられている。

生態系の汚染
　地球温暖化、オゾン層の破壊、酸性雨、海洋汚染など。

乱獲
　食用、装飾品用、ゲームサファリ、ペット用捕獲など。

外来種との接触
　外来種による捕食、交雑による遺伝子汚染、感染症など。

そのほかにも、自然現象によるエサ不足、人間に嫌われたための殺戮（たとえばニホンオオカミ）、農作物に被害を与える害獣としての殺害（たとえばツキノワグマ）がある。

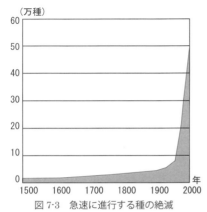

図 7-3　急速に進行する種の絶滅

（出所：エルンスト・U. フォン・ワイツゼッガー『地球環境政策』有斐閣　1994 より作成）

　以上のように、絶滅の原因はさまざまであり、それらが複合的に重なることで絶滅速度を加速していくわけである。直接的な要因は、森林破壊、移動式焼畑耕作、養殖池開発、農地への転用、過放牧、さらには工場、自動車から排出される大気・水質汚染物質などであるが、それらの背景には、開発途上国の貧困、紛争、人口増加や食糧不足、先進国の社会経済システムの問題、すなわち「南北問題」という人間側の問題があるのだ。

１－１　追い詰められる生き物たち

具体的な数字を眺めながら、生き物たちの現状を追ってみる。

表 7-1 は、世界の絶滅のおそれのある動物種数の変遷を示している。

表 7-1　世界における絶滅のおそれのある動物種数の変遷事例

分類群	絶滅（EX+EW）				絶滅危惧Ⅰ類（EN+CR）				絶滅危惧Ⅱ類（VU）			
	2000	2004	2007	2015	2000	2004	2007	2015	2000	2004	2007	2015
哺乳類	87	74	74	79	520	514	512	694	610	587	582	506
鳥類	131	133	139	145	503	524	545	632	680	689	672	741
爬虫類	22	22	23	22	135	143	218	532	161	161	204	399
両生類	5	35	35	35	63	1,188	1,178	1,314	83	628	630	647
魚類	92	93	93	72	300	331	508	1,043	452	469	693	1,205
昆虫類	73	60	60	59	163	167	198	453	392	392	425	558
貝類	303	303	302	324	459	486	492	1,074	479	488	486	872
植物	90	110	113	136	2,280	3,729	3,841	5,586	3,331	4,592	4,597	5,310

EX：Extinct（絶滅）、EW：Extinct in the Wild（野生絶滅）、CR：Critically Endangered（絶滅危惧ⅠA 類、EN：Endangered（絶滅危惧Ⅰ B 類）、VU：Vulnerable（絶滅危惧Ⅱ類）

（出所：IUCN 2015. 『IUCN Red List of Threatened Species. Version 2015.2』、『IUCN レッドリスト 2007 掲載種数』より作成）

表 7-2　IUCN レッドリストカテゴリー

絶滅 Extinct(EX)	すでに絶滅したと考えられる種
野生絶滅 Extinct in Wild(EW)	飼育・栽培下であるいは過去の分布域外に、個体 (個体群) が帰化して生息している状態のみ生存している種
絶滅危惧ⅠA 類 Critically Endangered(CR)	ごく近い将来における野生での絶滅の危険性が極めて高いもの
絶滅危惧ⅠB 類 Endangered(EN)	Ⅰ A 類ほどではないが、近い将来における野生での絶滅の危険性が高いもの
絶滅危惧Ⅱ類 Vulnerable(VU)	絶滅の危険が増大している種。現在の状態をもたらした圧迫要因が引き続いて作用する場合、近い将来「絶滅危惧Ⅰ類」のランクに移行することが確実と考えられるもの
準絶滅危惧 Near Threatened(NT)	存続基盤が脆弱な種。現時点での絶滅危険度は小さいが、生息条件の変化によっては「絶滅危惧」として上位ランクに移行する要素を有するもの
軽度懸念 （LC）	基準に照らし、上記のいずれにも該当しない種。分布が広いものや、個体数の多い種がこのカテゴリーに含まれる。
情報不足 Data Deficient(DD)	評価するだけの情報が不足している種

（出所：IUCN 日本委員会『IUCN レッドリストカテゴリー』http://www.iucn.jp/species/redlist/redlistcategory.html、2015）

すでに絶滅した 763 種の動物（EX＋EW）のほかに、11,877 種の絶滅のおそれのある動物（EN＋CR+VU）がいると推測されている。

表 7-3 は分類群別にみた世界の絶滅のおそれのある動物種数の割合を、表 7-4 は分類群別にみた世界の絶滅のおそれのある植物種数の割合を示す。

植物種の調査は地球上で確認されている種の約 4% しか分析されていないため、絶滅種や絶滅のおそれのある種の数は極端に小さな値となっている。実際に調査・分析が進めば、これらの数はかなり大きくなることが想像できる。

地球規模で生き物の現状を追うと、絶滅のおそれのある種が多く生息・生育している国は、哺乳類、鳥類がインドネシア、インド、ブラジル、中国であり、植物種は南米、中米、中央アフリカ、東アフリカ、東南アジアであることがわかる。

表 7-3　分類群別にみた世界の絶滅のおそれのある動物種数の割合

分類群	既知種数	評価種数	絶滅危惧種数						既知種に対する割合(2015)	評価種に対する割合(2015)
			1996 年	2000 年	2004 年	2008 年	2012 年	2015 年		
脊椎動物										
哺乳類	5,515	5,515	1,096	1,130	1,101	1,141	1,139	1,200	22	22
鳥類	10,425	10,425	1,107	1,183	1,213	1,222	1,313	1,373	13	13
爬虫類	10,038	4,422	253	296	304	423	807	931	評価状況不十分	
両生類	7,391	6,424	124	146	1,770	1,905	1,933	1,961	27	30
魚類	33,100	12,941	734	752	800	1,275	2,058	2,248	評価状況不十分	
小計	66,469	39,727	3,314	3,507	5,188	5,966	7,250	7,713		
無脊椎動物										
昆虫類	1,000,000	5,469	537	555	559	626	829	1,011	評価状況不十分	
軟体動物	85,000	72,213	920	938	974	978	1,857	1,949	評価状況不十分	
甲殻類	47,000	3,167	407	408	429	606	596	727	評価状況不十分	
サンゴ	2,175	862	1	1	1	235	236	237	評価状況不十分	
その他	171.075	697	26	26	29	51	52	240	評価状況不十分	
小計	1,305,250	82,408	1,891	1,928	1,992	2,496	3,570	4,164		
総計	1,371,719	122,135	5,205	5,435	7,180	8,462	10,820	11,877		

（出所：IUCN 2015.『IUCN Red List of Threatened Species. Version 2015.2』、『IUCN レッドリスト 2007 掲載種数』より作成）

表 7-4　分類群別にみた世界の絶滅のおそれのある植物種数の割合

分類群	既知種数	評価種数	絶滅危惧種数						既知種に対する割合(2015)	評価種に対する割合(2015)
			1996 年	2000 年	2004 年	2008 年	2012 年	2015 年		
植物										
コケ類	16,236	102	-	80	80	82	76	76	評価状況不十分	
シダ植物	12,000	361	-	-	140	139	167	193	評価状況不十分	
裸子植物	1,052	1,010	142	141	305	323	374	400	38	40
顕花植物	268,000	48,641	5,186	5,390	7,796	7,904	8,764	10,218	評価状況不十分	
緑藻類	6,050	13	-	-	0	0	0	0	評価状況不十分	
紅藻類	7,104	58	-	-	-	9	9	9	評価状況不十分	
小計	310,442	50,185	5,328	5,611	8,321	8,457	9,390	10,896		
菌類および原生生物										
地衣類	17,000	4	-	-	2	2	2	4	評価状況不十分	
菌類	31,496	1	-	-	-	1	1	1	評価状況不十分	
渇藻類	3,127	15	-	-	-	6	6	6	評価状況不十分	
小計	51,623	20	0	0	2	9	9	11		
総計	362,065	50,205	5,328	5,611	8,323	8,466	9,399	10,907		

（出所：IUCN 2015.『IUCN Red List of Threatened Species. Version 2015.2』、『IUCN レッドリスト 2007 掲載種数』より作成）

表 7-5 は、日本における絶滅のおそれのある動植物種の数を示している。

これは、日本の絶滅のおそれのある野生生物の種について、それらの生息状況をまとめたレッドデータブックの中に、レッドリスト（種のリスト）として掲載されている種より作成された表である。日本の哺乳類の 25%、鳥類の 16%、爬虫類の 37%、両生類の 33%、維管束植物の 26% が絶滅のおそれのある種に指定されている。

日本の多くの野生生物は、現存する種の約 4 分の 1 が絶滅の危機に瀕していることが理解される。

7 生態系と地球のバランス　～地球環境の問題～

表 7-5　環境省第 4 次レッドリスト（2012）掲載種数表

分類群		評価対象種数	絶滅	野生絶滅	絶滅のおそれのある種			準絶滅危惧	情報不足	掲載種数合計	絶滅のおそれのある地域個体群
					絶滅危惧Ⅰ類		絶滅危惧Ⅱ類				
					ⅠA類	ⅠB類					
			EX	EW	CR	EN	VU	NT	DD		LP
動物	哺乳類	160	7	0	12	12	10	17	5	63	22
	鳥類	約 700	14	1	23	31	43	21	17	150	2
	爬虫類	98	0	0	4	9	23	17	3	56	5
	両生類	66	0	0	1	10	11	20	1	43	0
	昆虫類	約 32,000	4	0	65	106	187	353	153	868	2
	貝類	約 3,200	19	0	244		319	451	93	1,126	13
	その他無脊椎動物	約 5,300	0	1	20		41	42	42	146	0
	動物小計		44	2	537		634	921	314	2,452	44
植物等	維管束植物	約 7,000	32	10	519	519	741	297	37	2,155	0
	蘚苔類	約 1,800	0	0	138		103	21	21	283	0
	藻類	約 3,000	4	1	95		21	41	40	202	0
	地衣類	約 1,600	4	0	41		20	42	46	153	0
	菌類	約 3,000	26	1	39		23	21	50	160	0
	植物小計		66	12	1,351		908	422	194	2,953	0
	合計		110	14	1,888		1,542	1,343	508	5,405	44

（出所：環境省『第 4 次レッドリスト掲載種数』2014 より作成）

Column：マナティーと泳ぐ旅

　成田発からフロリダ経由で、あるいはヒューストン経由オーランドへ、そして陸路フロリダ半島西海岸のつけ根にある小さなリゾート地クリスタルリバーへ向かうと、そこにはアメリカマナティーが優雅に泳いでいる姿を目にすることができる。

　アメリカマナティーはフロリダ全体で 5,000 頭ほど生息しているといわれるが、そのうちの 400 頭が 11 月から 2 月の冬の間に、ここクリスタルリバーに集まって来る。クリスタルリバーはメキシコ湾まで 10 キロほどの短い川であり、そこからたくさんの用水路が引きこまれていて、家々からは直接ボートに乗ることができる。ボートに乗ってマナティーに会いに行き、そこで一緒に泳ぐこともできる。

　マナティーは海牛類に分類され、もともとは陸生哺乳類の有蹄類を祖先とするグループが、外敵から逃れるために約 5,500 年前頃から水中生活に適応していったものと推定されている。

　現在はジュゴン科にジュゴン 1 種（生息数約 100,000 頭）と、マナティー科にアメリカマナティー（生息数約 5,000 頭）、アマゾンマナティー（生息数約 2,000 頭）、アフリカマナティー（生息数約 10,000 頭）

の 3 種があり、1768 年に絶滅したジュゴン科のステラーカイギュウを含めても世界にわずか 2 科 3 属 5 種の希少動物である。

　マナティーは温和な草食動物で、狩猟や生息地の環境悪化などから個体数を減らし絶滅危惧種に指定されている。さらには生息地でのモーターボートのスクリューによる殺傷が相次いでいる。そこで現在、アメリカマナティーの保護政策がとられ個体数の減少に歯止めをかけようとしている。現地では、マナティーを人間から隔離し法律による保護政策をとらず、ボランティア活動などを通じて積極的に人々とマナティーとの出会いを促進して動物に対する理解を求める方策がとられ成功している。

　ジュゴンとマナティーは似た風貌であるが、その違いはいくつもある。体つきはマナティーの方が一回り大きい。生息域はジュゴンがインド洋および太平洋の海洋、マナティーは大西洋と大西洋に注ぐ河川流域である。尾の形はマナティーが丸くうちわのような形をしているのに対し、ジュゴンはクジラやイルカと同じ半月の形をしている。

ジュゴン　　　　　　マナティ
ジュゴンとマナティー

1−2　生物多様性の大切さ

　野生生物は、そのすべてが揃って生態系ピラミッドを成立させ地域固有の生態系を形成する。地域固有の生態系は、その他の地域の生態系と有機的につながり連動し地球の生態系を形成する。その中で脈々と繰り広げられている「食う―食われるの関係（食物連鎖）」を通し、生き物は生命を維持し、そして周囲の環境を自浄している。

　野生生物が自然と切り離されたら生きてはいけないように、人間もまた生きてはいけないのである。しかし、私たちは、そんな当たり前のことを忘れ去ろうとしている。野生生物に起きている現実を理解した時、それは自分自ら命を絶とうとしていることを理解することになるのである。

　どんな生き物も相互に依存しながら生きている。イノシシやシカ、ネズミはドングリを実らせる木々の生育に大きな役割を果たしている。イノシシやシカはエサを探すために固い土壌を耕しやわらかくしてくれる。耕作された土壌に、今度はネズミがドングリを埋める。寒い時期をやわらかなふとんの中で過ごしたドングリは、暖かい太陽の光を浴びて芽生える。土の中のミミズもまた固い土を掘り起こし多孔質でやわらかな土にするとともに、土中に新鮮な空気を導いてくれる。ドングリは、雨水をたくさん含んだやわらかな土の中で縦横無尽に根を伸ばし大きく成長していく。

　「森の植木職人」とよばれるゾウやゴリラは、その大きな体で森の中を移動することにより森を切り開き、暗い林床に太陽の光を導き入れる。また、糞により植物の種子は遠方に運ばれ分布範囲を拡大していく。ゾウやゴリラは森林をかく乱し再生させる役目を果たしている。この自然かく乱が常に健全で力強い森を形成していくのに役立っている。

　森林を守るには動物を守らなければだめであり、動物を守るためには森林を守らなければだめなのである。

　人間を含めた生き物を救うためには生

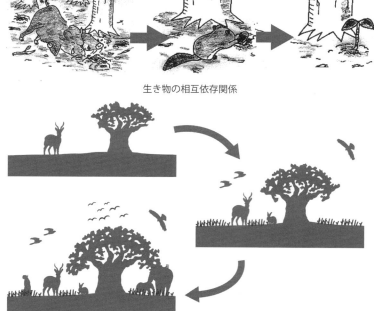

生き物の相互依存関係

生物多様性に支えられる地球

7　生態系と地球のバランス　〜地球環境の問題〜

態系と地球のバランスを安定させることが必要で、そのためには地域と生態系のバランス
を取り戻すこと、すなわち、森─川─海の有機的なつながりを取り戻し自然の循環機能を
再生することが重要である。そして、そのつながりをもった循環系の中で初めて人は生き
物とバランスのとれた生活を営むことができるのである。

　突き詰めて考えれば、地球環境問題は、人間と人間の関わり、人間と他の生き物との関
わりのバランスが崩れたときに起こる問題なのである。

　多種多様な生き物が相互にかかわりをもちながら構成される集合体が地球であり、地球
を支えているのは、まぎれもない生物多様性なのである。

（1）生物多様性条約

　生物多様性とは、「地球の長い歴史の中で形成されたあらゆる生き物と、それによって
構成されている生態系、さらには生き物が過去から未来へと伝える遺伝子が多様である状
態」を意味する用語である。一般的には「遺伝子の多様性」「種の多様性」「生態系の多様
性」の３つの異なる階層の多様性を同時に有する状態と考える。

　たとえば、人為的な影響で狭い土地に多種多様な動植物が集中したとする。このような
環境は生物多様性に富んでいるというわけではなく、生き物が相互に有機的につながり、
循環し、持続的に生息・生育することのできる環境が生物多様性に富む環境なのである。

　生物多様性は地球上に生命が誕生してから 40 億年ほどの間に生物進化が生み出したも
ので、人類を含む生き物すべての生存基盤である生態系が健全に維持される上で大変重要
な役割を果たす。しかし、人為の影響で生物多様性が急激に低下し危機に瀕しているた
め、地球規模で生物多様性を保全し、その持続可能な利用に取り組む目的で、1992 年（平
成 4 年）5 月、国際条約である「生物多様性条約」がケニアのナイロビで採択され翌年 12
月に発効された。日本は 1993 年（平成 5 年）5 月に条約を締結した。2015 年 8 月現在、
締約国数は 194 の国と地域である。

　野生生物の保護を目的とした国際的な取り決めにはワシントン条約やラムサール条約が
あるが、ワシントン条約はとくに野生生物の国際取引の規制から、ラムサール条約はとく
に湿地の保全を通して保護していこうとするものであった。ワシントン条約でゾウ牙やオ
ランウータンの国際取引は規制できても、彼らの生息地であるアフリカのサバンナやボル
ネオの熱帯林を保護することはできなかった。生物多様性条約は、これらの欠点を補う上
でも重要な取り決めなのである。

　日本では、1995 年（平成 7 年）10 月に、生物多様性条約の要請に基づき「生物多様性
国家戦略」を決定し、重要な地域・種の選定およびモニタリング、生息地内外の保全活動、
情報交換、遺伝子資源の利用による利益の配分、技術移転、資金協力、バイオテクノロジー
の安全性などに関する取組みを進めている。

　2002 年（平成 14 年）3 月には、従来の戦略の見直しを行い、「新・生物多様性国家戦略」
が決定された。新戦略では以下の危機の回避が最重要課題として取り上げられている。

217

○開発や乱獲などの人間活動に伴い生態系を劣化・消失させていることに対する危機

○里山等の二次的自然の劣化に伴う、生態系の質の低下に対する危機

○外来種問題に対する危機

　この3つの危機に対し、従来からの継続事項としての「保全の強化」「持続的利用」に加え、「科学的認識」「統合的アプローチ」「知識の共有・参加」「連携・共同」に基づいて実施される「自然再生」の3つの施策の方向性を示している。平成22年10月、愛知県名古屋市で開催された生物多様性条約第10回締約国会議（COP10）で採択された愛知目標の達成に向け、「生物多様性国家戦略2012-2020」を平成24年9月に閣議決定した。2002年のCOP6で採択された「2010年目標」が達成されなかったことを受け、新たな世界目標として採択されたものである。

　2020年度までに重点的に取り組むべき施策の方向性として「5つの基本戦略」を設定した。

―5つの基本戦略―

（1）生物多様性を社会に浸透させる

（2）地域における人と自然の関係を見直し・再構築する

（3）森・里・川・海のつながりを確保する

（4）地球規模の視野を持って行動する

（5）科学的基盤を強化し、政策に結びつける（新規）

批准：全権委員が調印して内容の確定した条約を、条約締結権をもつ国家機関が承認すること。

締結（締約）：条約・協定などを結ぶこと。

発効：条約・法律などが効力をもつようになること。

施策：実行すべき計画。

　　（2）ワシントン条約

「絶滅のおそれのある野生動植物の種の国際取引に関する条約（通称：ワシントン条約あるいはCITES）」は、1973年（昭和48年）にアメリカのワシントンにおいて採択され1975年（昭和50年）に発効した国際条約である。日本は1980年（昭和55年）に批准した。2015年8月現在で180の国と地域が締約国である。

　経済的に価値のある動植物が商取引の対象となり、これが乱獲につながるということで、国際的に野生動物の種の国際取引を規制し、その保護を図ろうとするものである。本条約の対象種は以下のようである。

●付属書I（リストI）

　国際取引の影響下で絶滅のおそれが生じている種（約820種）。国際商業取引は原則禁止である。ただし、非商業目的（学術研究等）のための取引は輸出国および輸入国がそれぞれ発行する輸出許可証と輸入許可証を得れば許可される。

ジャイアントパンダ、トラ、ゴリラ、オランウータン、シロナガスクジラ、タンチョウ、ウミガメ科の全種など約 1,000 種の動植物がリストに掲載されている。

●付属書Ⅱ（リストⅡ）

現在絶滅のおそれはないが、将来その可能性が大きいことが予測される種（約 29,000 種）。取引は許されるが、輸出の際に輸出国政府のワシントン条約管理当局の輸出許可証が必要である。

タテガミオオカミ、カバ、ウミイグアナ、トモエガモ、ケープペンギン、野生のサボテン科の全種、野生のラン科の全種など、約 34,000 種の動植物がリストに掲載されている。

●付属書Ⅲ（リストⅢ）

自国の政策上、国際取引を規制してその保全を図りたい種（約 230 種）。国際取引については、輸出国の輸出許可証が必要である。

ボツワナのアードウルフ、カナダのセイウチ、南アフリカのミダノアワビ、ボリビアのオオバマホガニーなど約 300 種の動植物が掲載されている。

条約そのものには罰則規定がないため、各締約国が独自に法整備を行っている。日本では「絶滅のおそれのある野生動植物の種の保存に関する法律（種の保存法）」がこれにあたる。

種の保存法では、国内に生息する保護すべき種を「国内希少野生動植物種」とし、トキ、ツシマヤマネコ、ヤンバルクイナなど現在 89 種が指定されている。また、主にワシントン条約の対象種など国際的に協力して保護する種を「国際希少野生動植物種」とし、現在 688 分類群が指定されている。

種の保存法が改正され、平成 25 年 6 月に公布された。「5 年以下の懲役又は 500 万円以下の罰金」、法人の場合は罰金が「1 億円以下」と違法な取引や捕獲に対する罰則が大幅に強化されている。

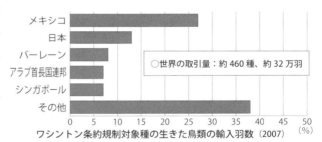

ワシントン条約規制対象種の生きた鳥類の輸入羽数（2007）

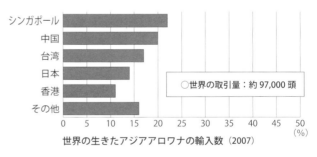

世界の生きたアジアアロワナの輸入数（2007）

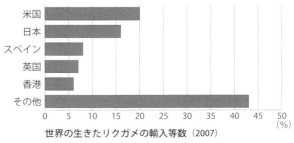

世界の生きたリクガメの輸入等数（2007）

図 7-4　野生生物消費大国　日本

（出所：トラフィック イーストアジア ジャパン『私たちの暮らしを支える世界の生物多様性（2010）』より作成）

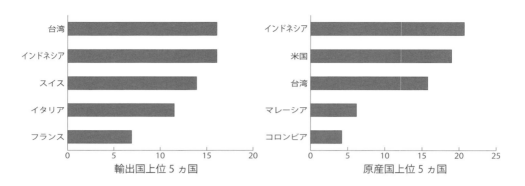

図7-5 輸出国および原産国の輸入件数上位5ヵ国（2007）
（出所：経済産業省『ワシントン条約年次報告書2007』2009、トラフィック イーストアジア ジャパン『私たちの暮らしを支える世界の生物多様性（2010）』より作成）

　日本の生きた爬虫類の輸入価額は、2007年には世界で第3位であった。2008年には年間30万頭以上を輸入している。ワシントン条約掲載種の生きた爬虫類の輸入についても、日本は1980年の条約締約以降、現在まで常にトップ10の輸入国となっている（CITES、2010）。

　トラフィック イーストアジア ジャパン『私たちの暮らしを支える世界の生物多様性（2010）』によると、2007年でのワシントン条約対象種の輸入件数は、1980年代半ばから増加し始め、2007年においては400種以上の動物、12万頭以上を輸入している。このうち12,547頭が附属書I掲載種で、アジアアロワナが約97％を占める。

　附属書IIの輸入はもっとも数が多く102,034頭であるが、そのなかでも一番数が多いのはブンチョウで、その約29％を占めている。すべて台湾から輸入されている。また約22％をカメ目が占めている。

　附属書IIIでは6,368頭が輸入されているが、もっとも多いのが淡水ガメ・リクガメで、その99％以上を占める。

（3）国内の法制度
　日本国内においては、自然環境や野生生物の保全を目的とした次のような法制度がある。
①自然環境保全法
　国内に生息・生育する動植物の現状と森－川－海などの自然環境の現状を総合的に把握し、保全していくことを目的に、本法に基づいて「自然環境保全基礎調査（通称：緑の国勢調査）」が実施されている。優れた生態系を維持している地域を自然環境保全地域等に指定し、生態系の維持・保全を積極的に推進していくことも本法の目的とするところである。
②自然公園法
　すばらしい自然の景勝地などを国立公園等の自然公園に指定し、その地域の自然環境を保護するとともに、レクリエーションの場としての人間の利用が図られている。直接動植

7　生態系と地球のバランス　～地球環境の問題～

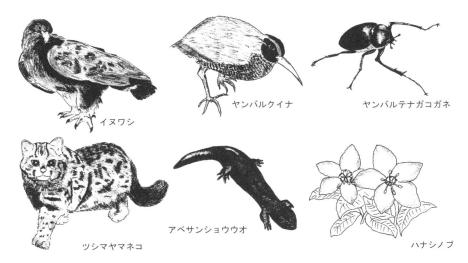

国内希少野生動植物種（一部）

物を保護する法ではないが、国立公園等に指定することで乱開発などの人為的影響を抑止することができ、間接的に生物多様性が守られていくことになる。

③鳥獣保護及び狩猟に関する法律（通称：鳥獣保護法）

狩猟できる動物の種類や時期、場所などを制限することで生き物たちの保護管理を図るものである。鳥獣保護区や特別保護地区を指定することで、人為的な影響を制限することができる。

④絶滅のおそれのある種の保存に関する法律（通称：種の保存法）

1980年（昭和55年）のワシントン条約への加入を契機に、生態系の重要な構成要素である国内外の野生生物の保護に取り組むために制定された。

種の保存法では、その個体が日本に生息・生育する絶滅のおそれのある野生動植物の種を「国内希少野生動植物種」、また、その中で商業的に個体を繁殖させることができるもの（国際的に協力して種の保存を図ることとされてはいない種であること）に対し「特定国内希少野生動植物種」を指定している。さらに、国際的に協力して種の保存を図ることとされている絶滅のおそれのある野生動植物の種（国内希少野生動植物種を除く）を「国際希少野生動植物種」に指定している。

2013年（平成25年）6月現在の国内希少野生動植物種は全89種であり、アホウドリ、コウノトリ、オオタカ、イヌワシやヤンバルクイナ、エトピリカなど鳥類が37種、哺乳類はツシマヤマネコ、イリオモテヤマネコ、ダイトウオオコウモリ、アマミノクロウサギの5種、両生類はアベサンショウウオ1種、爬虫類はキクザトサワヘビ1種、魚類はミヤマタナゴ、スイゲンゼニタナゴ、イタセンパラ、アユモドキの4種、昆虫はベッコウトンボ、イシガキニイニイ、ヤンバルテナガコガネなど15種、植物は全26種のうち、特定国内希少野生動植物種としてホテイアツモリ、アツモリソウ、ハナシノブなど7種が指定されている。

1－3　生態系が壊れていくとき

　地域に固有の成立過程で形成される地域生態系は、それぞれが有機的につながることにより地球規模の生態系を形成している。ということは、地域生態系の一部が破壊、消失することで、連鎖反応的に他の地域生態系を壊し、最終的には広範囲な生態系を壊していくこととなる。

　熱帯林に覆われるボルネオでは、1種類の昆虫がなんらかの原因で絶滅すると、それに伴い他の動物、植物が次々と消えていく「絶滅カスケード」という連鎖反応が確認されている。その昆虫は、ある特定の植物の受粉には欠かせないポリネーター（花粉を媒介する昆虫）であり、その昆虫が消えるとともにその植物も消えていく。植物が消えるということは、そこに寄生して暮らす多くの昆虫や、昆虫をエサとする爬虫類、両生類の個体数に影響を与えていく。このようにして生態系が劣化し壊れていくのだ。

　また、次のような話がある。インド洋モーリシャス島には、17世紀後半までドードーという飛べない鳥が生息していた。天敵がいないため飛ぶことを忘れた鳥は、島へ渡ってきた人間や、人間が持ち込んだ家畜に簡単に捕食され、やがて、この地球から姿を消していった。ドードーは塩漬けにされたり燻製にされ、保存食として船に積み込まれていた。持ち込まれたサルやブタは卵を根こそぎ食べていった。翼は退化して飛べず、足が太く短いため歩くのもままならぬことから、絶滅後「不器用で滑稽なまでにバカ」を意味する Didos ineptus と名づけられた。

　1977年、生態学者のスタンリー・テンプルが「サイエンス」誌上で次のような内容の論文を発表した。「モーリシャス島の高地には、アカテツ科のカルバリア・メジャーという樹木がありドードーはこの木の果実を好んで食べていた。この果実は種子を包み込む殻が石のように硬く、ドードーが食べると胃の中で、殻が砂のうの石ですりつぶされた状態で体内から排出されるため地上で発芽することができた」という。しかし、ドードーの絶滅のため発芽のチャンスを失ったカルバリア・メジャーは、急速に絶滅への道をたどっているのである。ドードーの絶滅が、その原因ではないという反対の意見もあるが、このような絶滅カスケードの事例は、世界各地で確認されている事実なのである。

　生態系は壊れていくが、それでは壊れる前の健全な生態系とはどのような状態を指すの

図7-6　ドードーとカルバリア・メジャー

であろうか。

　ここでは健全な生態系とは、
　○生物多様性が維持されている生態系
　○世代間で維持可能な生態系
　○生き物の間での食う — 食われるの関係が安定した状態にある生態系
であると考える。

　外からみて生態系が健全であることを確認する作業は困難であるが、簡便には、対象とする生態系に「キーストーン種」あるいは「アンブレラ種」といった生態系の状態を表す指標となる種が生息しているかどうかを判断する方法がある。

　「キーストーン種」とは、群集における生物間相互作用と生物多様性の要をなしている種のことで、その種を失うと生物群集や生態系が異なるものに変質してしまうと考えられている。キツツキ類はキーストーン種の代表例である。キツツキは樹木の中に生息する昆虫を採るため幹に小さな穴を開けたり、巣を作るために大きな穴を開ける。その穴はフクロウなどの樹洞性の鳥類やコウモリ、ムササビなどの哺乳類に利用される。もしキツツキ類がいなくなれば、これらの動物の生活環境は厳しくなり、その生態系から姿を消していくことになる。

　「アンブレラ種」とは、生息地面積が大きく食物連鎖の最高位、すなわち生態的ピラミッドの頂上に位置する消費者のことである。アンブレラ種が生息する生態系では、生態的ピラミッドの傘下の多くの種が生息・生育できることとみなされるため、アンブレラ種が生育できる生態系を保全すれば生物多様性が保全されると考えられている。日本ではワシ・タカ類といった猛禽類やクマなどが相当する。

　健全な生態系は外部から与えられる負荷に対しても不変・変形という応答を示す。しかし、生態系が劣化し弱っていたり、外圧が大きくなりすぎると崩壊に至る。どこまで劣化が進めば、あるいは、どこまで外圧が高まれば生態系は崩壊するのかは誰もわからない。

　生態系は未知なのである。性質が把握されていない多くの生き物がいる。種の間には複雑で入り組んだ関係がある。絶滅カスケードの例でわかるように、一種類の生き物の損失が生態系にどのような影響を与えるのか、そして一地域での生態系の変容がどの範囲まで影響を及ぼすのかなどを予測することは不可能なのである。

①
キツツキが木に
穴を開ける

②
キツツキが使った巣は
ムササビなどにも利用される

③
しかし、何らかの
理由でキツツキが絶滅

④
棲みかを見つけることのできないムササビは、その生態系から離れてしまう

図 7-7　キーストーン種　キツツキとムササビ

人間は、その未知なる生態系に手を出し続けているのである。

(1) 生態系の分断・破壊

生物多様性に富む南米アマゾンでは、毎日100種以上の動植物が絶滅、あるいは絶滅の危機に瀕しているという。アマゾンでは貧困による食糧不足を解消するため大規模な焼畑耕作が繰り返され、外貨獲得のために森林の乱伐採が続いている。その破壊の様は衛星写真からでもはっきりと確認できる。

アジアゾウの一大生息地であるタイの森林率は、1950年（昭和25年）の77%から2010年（平成22年）には37%にまで激減している。現在では森林の伐採に厳しい管理体制をとってはいるものの、木材の輸入国に転じている。エビ養殖のために、天然ゴムの採取のために、木材製品をつくるために、タイの森林は減少し続け、今世紀初頭には10万頭いたと推測されているアジアゾウが、今では3万〜5万頭にまで減少している。

日本は世界最大の熱帯木材消費国である。「日本人は自分たちの森を守って私たちの森を切り開いている」とは、現地で耳にする話である。

オーストラリアのタスマニアには、地球上に残されたもっとも壮大な「温帯オールドグロス林」と「多雨林」が残っている。ここでも、生態系に深刻な影響を与える森林伐採や商品価値のある単一作物を植えるための森林伐採などにより、多くの生き物が生息地を追われている。猛禽類のオナガイヌワシは絶滅の危機に瀕し、フクロウやキミミクロオウム、シロオオタカなどの鳥類や、ピグミーポッサム、コウモリなどもその数を減らしている。温帯オールドグロス林で伐採された多くは、木材チップとして日本へ向けて輸出されていく。

ロシアで極東とよばれる「タイガの森」は世界有数の大森林地帯である。タイガとはロシア語で「広大な森」という意味であり、北ヨーロッパからシベリアにかけて広がる針葉樹の森は、世界全体の森林面積の20%を超える。このタイガの森は、先住民ウデへ族の人たち、ヒグマ、オオヤマネコやイヌワシをはじめとする多くの生き物たちの住処になっている。ウデへの人々は、この天然林の乱伐採に強く抗議しているが、今のところ、その声は一部のNGOにしか届いてはいない。極東ロシアの丸太の9割は中国、フィンランド、日本へ輸出されていく。

この小さな島国日本のいったいどこに、これほどまで大量な木材やチップが必要なのであろうか。日本には手を入れ適切な管理をすれば、再生可能な資源としての間伐材が収穫できる森がたくさんあるというのに。

ロシア　タイガの森

224

7　生態系と地球のバランス　〜地球環境の問題〜

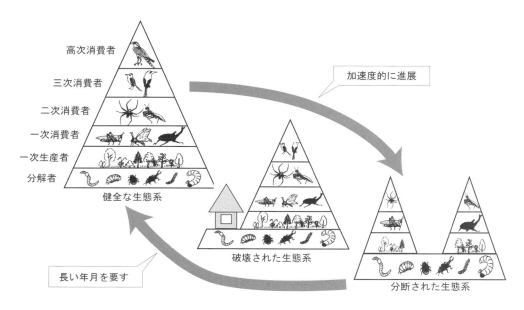

図 7-8　生態系の分断と再生

（2）生態系の汚染

　地球はどんどん暖かくなっているという。この現象を「地球温暖化」とよんでいる。地球温暖化は、主に化石燃料の燃焼により発生した二酸化炭素が大気中にとどまることにより地球を包み込み、地球表面から放射された熱を宇宙空間へ捨て去ることができず、あたかも地球を温室に閉じ込めたかのような状態にする。地球の気温を上昇させ、生態系の質までをも変えてしまう生態系汚染のひとつである。

　多くの生き物にとって、温度の上昇という気候変動は直接的な影響を引き起こす。植生に対しては、光合成量や葉からの蒸発散量の変化、開花や結実の時期の変化といった生理的な影響を及ぼす。また、気温と降水量により基本的な分布が決まっている植物は、温度が上昇することにより北へと移動していかなければ生きてはいけなくなる。100年間に1〜3.5℃と予測されている平均的な温度上昇が起きたとすれば、植生は南北の極方向に年間 1.5〜5.5km 移動しなければならない。しかし過去の例からみても、植物の自然状態での移動距離は年間 50〜500m、多いものでも 2km にすぎない。冷温帯の代表的森林であるブナ林の分布下限域がミズナラ林などに移行したりすることで、森林の樹種構成は大きく変化していくことになる。そして新たに形成された森林は新たな生態系を形成していくのであろう。こうした影響は熱帯地域では変化が小さく、高緯度地域で最大の変化を生じさせることになると考えられている。

　50年後には亜寒帯植生が北海道石狩以南から消滅し、冷温帯植生も九州・四国・紀伊半島から消滅、亜熱帯植生が九州南部に出現するとの報告も出されている（環境省『地球温暖化の日本への影響 2001』報告書）。温暖化により影響を受けやすい地域は山岳や高地、島しょ（島々）や分断された生態系であり、とくに南西諸島の温帯域や小さな島しょに固有な植

物群落は危機的状況に直面する可能性が高い。

　動物に対しても直接的影響を与えることが懸念されている。温度上昇による気候帯の変動により、日本ではすでにナガサキアゲハやクマゼミの北進が確認されている。ナガサキアゲハの北限は九州と南四国だった。それがこの 60 年ほどで三重県まで上がった。さらには、日本南部が熱帯域に移行することで、マラリアやデング熱などの感染リスクが増大するという指摘もされている。

　多くのカメやワニは、その個体の性別が卵の中で胚発生が進む過程の温度によって決まることが知られている。たとえば、アメリカアリゲーターは 33℃以上ではすべての個体がオスになる。ウミガメも同様で、砂の温度が 29℃より高い温度環境下で発生すればメスに、低い温度環境下ではオスに偏ることが知られている。愛知県渥美半島で孵化した子ガメを調査した結果によると、冷夏であった 1993 年（平成 5 年）はすべてオスで、猛暑であった 1994 年（平成 6 年）はすべてがメスであったことが報告されている。このように温暖化は動物の性比に大きな影響を及ぼし、全般的に温度上昇はメスの割合を高くし歪んだ生態系をつくり上げていくことになる。

　温暖化は大気の光化学反応を加速させ、オキシダント濃度を上昇させることが予測される。その結果、光化学オキシダント（光化学スモッグ）による生態系への影響も懸念されるところである。このように、温暖化は公害問題をも深刻化させる。

　「地球の宇宙服」ともよばれる成層圏のオゾン層は、宇宙から地球に降り注ぐ有害な紫外線のほとんどを遮断している。しかし、近年ではフロンなどの化学物質の排出によりオゾン層の一部が破壊され、穴が開き、そこから地球へ向けて紫外線が照射している。

　紫外線の量は、天気、季節、時間、場所、高さによって大きく異なる。地域では太陽からの光がまっすぐに届く赤道の近くがもっとも多い。赤道に近いオーストラリアは皮膚ガンが多く、子供のころから紫外線を防ぐ工夫をしている。日焼けで肌が黒くなるのは、紫外線が皮膚の表面にあるメラノサイトという細胞を刺激してメラニンという黒い色素を作るからであるが、長い間紫外線にあたると皮膚の中の細胞が破壊され、細胞が増殖して皮膚ガンになってしまう。オーストラリアではオゾン層の破壊による紫外線の問題が深刻な問題となっている。小学校では紫外線予防の授業があり、日焼け止めクリームが教室に常備され、子どもたちもサングラスをかけたり後ろに布のついたキャップを被っている。また、毎日のニュースでその日の紫外線量について報道されるなど紫外線の問題は日常的な問題となっている。

　オゾン層破壊は、カエルの世界にも変化を与えている。世界的にカエルが激減しているという報告が相次いでいる。この原因は生息地の破壊や人工肥料、農薬などの化学物質が大きく影響しているのだが、第三の要因として、増え続ける紫外線の影響が指摘されている。

　無防備な皮膚をもつカエルなどの両生類は紫外線により大きなダメージを受ける。また、その卵は紫外線 B（UV–B）により孵化することができず死滅していくのである。オゾン

層が形成された4億年前に海から陸に上がってきた両生類は、紫外線により生存基盤を脅かされているのだ。

UV–Bはまた、植物の光合成を阻害する。森林や草原以外にも海洋表層の植物プランクトンは大きなダメージを受け減少し、海洋生態系が壊れていくことになる。さらには、大気中の二酸化炭素の重要な吸収源である植物プランクトンの減少は、必然的に温暖化を促進することにつながる。

生態系に大きな影響を与え生物多様性を減少させる要因としては、上述の生態系の分断・破壊、汚染以外にも、後述するような乱獲による個体数の減少や外来種の侵入による生態系へのダメージなどが考えられる。

空から地球を見ると不思議な気持ちになる。青い海に緑の森、そしてぽっかり浮かぶ白い雲、ところどころに赤茶けた大地がむき出しになっている。ところが、最近の地球の姿には異変を感じる。

むき出しの大地がアフリカに目立つようになってきた。緑深きロシアやカナダの大森林地帯、緑濃きタイ、インドネシアやブラジルの熱帯林の緑が薄く感じられる。

「植生指標（NDVI）」が、その理由を科学的に教えてくれる。植生指標とは、衛星から送られてくるデータを使って植生の状況を把握するもので、植物の量、そして活力（光合成量）を表している。植物は普通緑色に見えるが、これは植物の葉が太陽光の中の緑色の光をとくに反射しやすいためであり、その結果、人間の目は緑色と感じる。この特徴を活

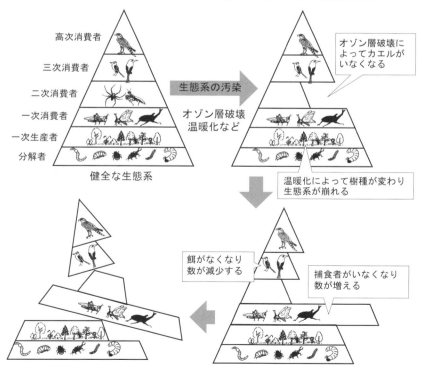

図 7-9　生態系の汚染

かし植生指標は計算されている。植生が多く木々が活力に満ちている森林は植生指標が高く、逆に植生が少なく活力が衰えている森林は、その値が小さい。

　最近、植生指標の値が小さくなっている地帯が目立つようになってきた。これは、地球の緑の活力が低下していることを表しているのだろう。

　地表に降り立つと、人類は未だかつてない地球の痛々しい姿を直視することになる。しかし、直視し感じることが大切なのである。なぜなら、痛みを感じることで人間はやさしくなれるからである。

Column：生物多様性と言語の多様性

　言語の多様性とは、一定の地域に多言語が共存する、あるいはひとつの言語に多様な要素が混在する状態を表す。今日、急速に進むグローバリゼーションの中で、言語は人類の歴史の中でかつてないほど急速に忘れ去られている。ある研究者は、100年後には今日話されている言語のうちの半分だけが生き残れるにすぎないといい、また、ある研究者は100年後には世界の言語のうち90%が死滅するか、死滅寸前になるという。このような現状の中、各地域の民族の文化、言語の多様性を保持すべきであるとの認識が高まっている。

　世界の言語のほとんどは一言語の平均話者数は5000人から6000人ほどと比較的少数の人々によって話されている。世界の言語の4分の1は1000人以下の使用者しかいない。世界の言語のうち80%は民族に固有のものであり、複数の国にまたがって存在してはいない。

　一般に生物多様性は赤道に近いほど豊かになっていく。一方、国ごとの言語分布の密度は、やはり赤道を中心に南北回帰線にはさまれた範囲に集中している。北のヨーロッパは言語的多様性にとぼしいが、赤道付近のパプアニューギニアには850以上の言語があり、インドネシアには約600の言語がある。この2ヵ国だけで世界の言語の4分の1を占めている。また話者数が1000人や100人単位の少数言語が集中している地域は中南米やメラネシアである。

　このように、言語の多様性と生物の多様性は密接に結びついている。言語の多様性が危機に瀕している多くの地域では、生物多様性もまた危機に瀕している。

❖・❖・❖・❖・❖・❖・　2. 生態系の分断・破壊　・❖・❖・❖・❖・❖・❖

２−１　森林破壊

（1）森林破壊の現状

　約1万年前（日本は縄文時代）には、世界の森林面積は62億 ha あったといわれている。その後、森林は減少し、現在、世界の森林面積は約40億 ha で、陸地面積の約3割が森林で覆われている。1990年から2000年までの減少量（およそ 8,300 万ヘクタール）と比較すると減速傾向にあるが、現在も世界の森林は減少を続けており、2000年から2010年に掛けて、毎年520万 ha が減少した。これは、日本の国土の約 14% に相当し、1分間につき東京ドーム約2個分に相当する森林面積が減少していることになる。この間に森林の減少が大きかったのは、ブラジル、オーストラリア、インドネシア、ナイジェリアなどであり、オーストラリアの大規模干ばつや森林火災による減少を除くと、減少は熱帯諸国が主であり、その理由は農地への転換、商業用の家畜の過放牧、非伝統的な移動式焼き畑農業の増

加、薪の過剰摂取である（FAO『世界森林資源評価2010』）。一方、温帯地域の中国やインド、ベトナムなどのように、大規模植林活動が活発なため森林面積が増加している国も一部に見られる。

世界自然保護基金（WWF）『Living Forests Report』によると、2030年までに生じる森林破壊の80％以上は11カ所に集中し、そのうち10カ所は熱帯地域にあるという。現状が続けば、最悪の場合、2010から2030年の20年間に1億7千万haの森林破壊が起こるという。とくに森林破壊が進行している地域、すなわち、アマゾン、大西洋沿岸の森林

表7-6　世界各地域の森林面積とその変化

地域	国土面積（千ha）	森林面積（千ha）			森林率（%）2010年	森林面積の変化（2005～2010年）	
		1990年	2000年	2010年		年平均（千ha）	年平均増加率（%）
アフリカ	2,974,011	702,502	649,866	674,419	22.7	-3,410	-0.50
アジア	3,091,407	551,448	547,793	592,512	19.2	1,693	0.29
オセアニア	849,094	201,271	197,623	191,384	22.5	-1,072	-0.55
ヨーロッパ	2,214,726	1,030,475	1,039,251	1,005,001	45.4	770	0.08
北米・中米	2,134,979	555,002	549,304	705,393	33.0	19	0.00
南米	1,746,292	922,731	885,618	864,351	49.5	-3,581	-0.41
世界合計	13,010,509	3,963,429	3,869,455	4,033,060	31.0	-5,581	-0.14

世界の主な森林面積が大きい国と森林率の高い国（2010）

		森林面積（百万ha）	森林率（%）
森林面積 上位5ヵ国	ロシア	809	49.4
	ブラジル	520	62.4
	カナダ	310	34.1
	米国	304	33.2
	中国	207	21.9
森林率 上位5ヵ国	フィンランド	22	72.9
	スウェーデン	28	68.7
	日本	25	68.5
	コンゴ	154	68.0
	ザンビア	49	66.5

（出所：環境省自然環境局『世界の森林を守るために』2011、FAO「Global Forest Resources Assessment 2010」、総務省統計局『世界の統計2015 森林の面積』より作成）

表7-7　世界の森林帯

熱帯多雨林	降水量が多く一年を通して多湿な地域の常緑の森林。30～40mの森林上層部と突出した高い樹木が点在するのが特徴である。
雨緑林	降雨量が少なくなり季節的な乾季がある地域の森林で、乾季に落葉し雨季に葉を付ける落葉広葉樹林である。
照葉樹林	温帯の多雨地域に発達する常緑広葉樹林のひとつである。西南日本、中国南部、東南アジアの山地とアジア大陸東岸など、亜熱帯から温帯に分布している。葉の表面のクチクラ層が発達した光沢の強い深緑色の葉をもつため照葉樹とよばれている。コナラ、マテバシイ、ブナ、クスノキなど多くの樹木があり、樹高は20～30m程度である。
落葉広葉樹林	秋になると紅葉し冬季に落葉する樹木を主とする森林で、冷温帯で十分な降水量がある地域に成立する。ブナ類やナラ類が中心で、中部ヨーロッパ、北アメリカ東部、東アジア、日本に広く分布する。
常緑針葉樹林	厳しい冬の寒さにも耐え、1年中深緑色の針状の葉をつけている。モミ類やトウヒ類を中心とした森で、北海道などに多く分布する。
落葉針葉樹林	寒さに強く乾燥にも耐えシベリアに広範囲に分布している。北海道や長野のカラマツは代表する樹種である。

地帯とグランチャコ、ボルネオ島、セラード、チョコ－ダリエン、コンゴ盆地、東アフリカ、東オーストラリア、メコン流域、ニューギニアそしてスマトラの11地域を「破壊前線（Deforestation Fronts）」とよぶことがある。

熱帯林の減少や劣化の主な原因は次のようである。
○熱帯アメリカ：農地開発、大規模な放牧地の造成、ダムなどの人工構造物の築造、資源開発
○熱帯アジア：移動式焼畑耕作の拡大、農地開発、プランテーションの造成、資源開発
○熱帯アフリカ：農地開発、薪炭材の採取、過放牧、資源開発

さらに、森林破壊に拍車をかけるように大規模な森林火災が相次いで起きている。広大なタイガの森が広がるシベリアでは年間30万haが消失し、ブラジルやインドネシアでも大規模な火災がたびたび発生している。1996年（平成8年）にはモンゴルでも火災が発生し、236万haといわれる広大な森林が焼失した。

森林火災の要因として考えられることは、
○移動式焼畑耕作の後の火の不始末
○エルニーニョ現象などの異常気象による乾季の長期化

図7-10　日本の森林帯
（出所：只木良也『森林の百科事典』丸善株式会社　1996より作成）

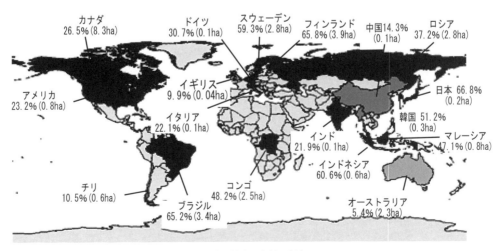

図7-11　国土に対する森林の割合（1997年）
（出所：FAO『State of World's Forests 1997』1997より作成）

などがあげられる。

　熱帯林やロシアの針葉樹林帯タイガの森などは、二酸化炭素の吸収源や地球の熱放射および水収支の調整に重要な役割を果たしている。また、地球上に生息する多くの動植物にとってかけがえのない土地でもある。タイガの森でウデヘ族の人々は古くから自然と共生しながらの生活を営み続けている。タイガの森で暮らすシベリアン・タイガーは、今やその姿を見ることさえ難しい。生息地を人間に奪われたボルネオのオランウータンは、現在NGO の管理のもとに置かれ森の復活を待っている。

　FAO の報告では、「このままでは 100 年以内に世界の主要な森林が全滅するであろう」と警告している。

　日本の森林面積は過去 40 年間、約 2,500 万 ha で増減なく推移している。そのほぼ半分の約 1,300 万 ha は天然林である。人工林は 1996 年（昭和 41 年）の 793 万 ha から2012 年（平成 24 年）の 1,029 万 ha と約 30％増加している。これは、昭和 30 年代の拡大造林政策によるものである。拡大造林政策とは、主に広葉樹からなる天然林を、成長速度の速い針葉樹中心の人工林に置き換えていくもので、その結果、同時期の天然林は約15％減少している。一方、「森林蓄積」は増え続けている。森林蓄積とは、森林を構成する樹木の幹の体積のことで、森林資源量の目安となる値である。1996 年に 1,887 百万 m^3 であったものが、2012 年には 4,901 百万 m^3 にまで約 2.6 倍も増加している。特に人工林においては、5.5 倍に増大している。（林野庁『森林資源の状況』(2012)）

　一方、日本は自国の木材資源をあまり利用していない国である。FAO 「世界森林資源評価 2005」によると、日本は OECD 加盟国 25 ヵ国中最低で、森林蓄積量に対する年間伐採量の比率は 0.53％である。25 ヵ国の平均 1.28％を大きく下回っている。すなわち、日本はこの 40 年間、森林面積はほぼ横ばいで、増えも減ってもいない。増えていないにもかかわらず、人工林の森林蓄積は増えている。これは、先の拡大造林政策で植林した針葉樹が 40 ～ 60 年経過し木材としての収穫期を迎えているからである。しかし、林業労働に携わる人の高齢化や収入の面で後継者が育たないなどの理由から、日本の森林資源は使われずに 7 割以上を輸入材に依存する国になっている。

　OECD 加盟国の多くは、蓄積の面からみると、生産力を維持しつつ、日本よりも蓄積

表 7-8　日本の森林率・森林蓄積の推移

	1966 年	1976 年	1986 年	1995 年	2002 年	2007 年	2012 年
森林面積（万 ha）							
天然林	1,724	1,589	1,504	1,475	1,476	1,475	1,479
人工林	793	938	1,022	1,040	1,036	1,035	1,029
合計	2,517	2,527	2,526	2,515	2,512	2,510	2,508
森林蓄積（百万 m^3）							
天然林	1,329	1,388	1,502	1,591	1,702	1,780	1,859
人工林	558	798	1,361	1,892	2,338	2,651	3,042
合計	1,887	2,186	2,863	3,483	4,040	4,431	4,901

（出所：林野庁『森林資源の状況』(2012)）

量に比べて多くの木材を生産している。日本も人工林を伐採しその跡地に再び植栽して育成するという本来の再生産を可能にする循環型の森林づくりに戻る必要がある。輸入材に頼らず、国産材を利用する地産地消の体制に変えていく必要がある。

（2）木材の生産・消費動向

世界の木材生産量は 3,583 百万 m^3 であり、53％は薪炭材、47％が用材である。生産地域でみると約 3 割がアジア、約 2 割がヨーロッパ、アフリカである。先進国の集中する北アメリカ、ヨーロッパでは用材が総量の 3 割近く生産されているのに対し、途上国の多いアジア、アフリカでは薪炭材が 3 割を超している。

途上国の森林減少および劣化に由来する温室効果ガスの排出量は、世界の総排出量の約 2 割を占めているため、その削減は地球温暖化対策を進める上で重要な課題となっている。途上国の森林減少および劣化に由来する温室効果ガスの排出の削減に向けた取組みは「REDD（レッド）」とよばれている。

日本の輸入品目の木材輸入量を 2002 年（平成 14 年）と 2012 年（平成 24 年）で比較すると、丸太の輸入量は 1,266 万 m^3 から 451 万 m^3 へと大幅に減少している。とくに、もっとも多かったロシアからの輸入量は 475 万 m^3 から 27 万 m^3 へと大幅に減少している。この原因は、ロシアの丸太輸出税の大幅引き上げが直接の要因となっている。また、製材の輸入量ももっとも多いカナダからの輸入が 3 割以上減少した結果 1,369 万 m^3 から 1,037 万 m^3 となっている。合板等についても、850 万 m^3 から 646 万 m^3 と減少しているが、この理由は最大の輸入国インドネシアからの輸入が違法伐採対策や温暖化対策などによる伐採量の制約により 6 割以上減少した結果である。一方、中国からの輸入が 55 万 m^3 から 164 万 m^3

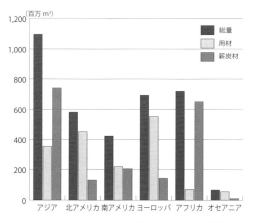

図 7-12　世界各地域の木材生産量（2013）
（出所：環境省『各国の木材生産量』2013 より作成）

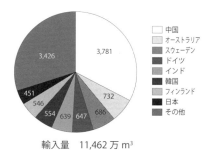

図 7-13　世界の産業用丸太の輸出入量（2012）
（出所：林野庁『平成 25 年度森林及び林業の動向　第Ⅴ章 木材需要と木材産業』2012 より作成）

へと増大している。パルプ・チップはチリおよびベトナムからの輸入が増加している。これは、ユーカリやアカシアなどの成長の早い植林地が拡大したことによる輸出量の増大によるものである。

　日本の木材自給率は、昭和30年代以降は減少の一途をたどり、1995年（平成7年）以降は20％前後で推移してきた。2000年、20002年には18.2％と過去最低となり、その後、国産材の供給量の増加と輸入量の大幅な減少により、自給率は上向きへと転じている。この背景には、2008年（平成20年）のリーマンショック以降の急速な景気悪化の影響により木材需要量が大幅減となったことによる。林野庁『森林・林業基本計画の概要（2011）』によると、2020年（平成32年）までに国産材の供給量および木材自給率を3,900万m^3、50％を目指すことにしている。また、北米からの供給減を背景に中国や韓国で日本産の需要が大きく伸び、国産木材の輸出額は2012年には27.9％まで回復している。

（3）国際的な取組み

　減少する森林の保全と持続可能な森林経営を両立させるため、さまざまなレベルで国際的な取組みが進められている。

　熱帯林の減少問題を背景に、1984年（昭和59年）、国連に「環境と開発に関する世界委員会」が設立される。1985年（昭和60年）には、熱帯林減少を抑制するために世界銀行、FAOをはじめとする機関が「熱帯林行動計画（TFAP）」を開始する。TFAPは各国が行う熱帯林の保全、植林や適切な利用のための行動計画づくりへの支援事業である。

　この計画は、
　○土地利用における林業
　○林産業の開発
　○熱帯林生態系の保全
　○制度、機関の分野での国際的な行動指針
を示したもので、熱帯林を保有する開発途上国において本計画による取組みが進められている。

　1986年（昭和61年）に横浜に本部が設置された「国際熱帯木材機関（ITTO）」は、「国際熱帯木材協定（ITTA）」の運用により、熱帯木材の生産国と消費国の国際協力により熱帯林の保護、そして熱帯木材の貿易の安定的拡大を目的とした「森林の管理・保育に関するプロジェクト」を実施している。加盟国は世界の熱帯雨林の約80％、熱帯材取引の90％以上を扱う生産国（39ヵ国）および消費国（日本を含む36ヵ国＋EU）である（2014年11月現在）。

　ITTOの目標は、
　①持続可能な熱帯材開発のための各国の政策改善の推進
　②熱帯材貿易国間の協力や協議の枠組みづくり
　③熱帯材の現地加工による加盟国の産業化の推進

④植林や森林経営への支援

⑤生産国の輸出市場の向上

などである。

ITTA では、森林の保全と管理について、持続可能な経営が行われている熱帯林から生産された熱帯材のみを貿易の対象とすること、熱帯林管理を向上させ木材を有効利用できる研究を推進、支援することなど具体的な内容となっている。さらに、熱帯林保有諸国からの不公平との指摘に、温帯林などを有するすべての会議参加国も森林の持続可能な経営を維持することが共同声明に盛り込まれた。

1987 年（昭和 62 年）には報告書「我ら共有の未来」の中で、環境保全と開発は相反するものではなく、不可分なものであるとする「持続可能な開発」という概念が提案される。その後 1992 年（平成 4 年）、ブラジルのリオ・デ・ジャネイロで開催された「国連環境開発会議（UNCED）」通称「地球サミット」において、「すべての種類の森林の経営、保全及び持続可能な開発に関する世界的な合意のための法的拘束力のない権威ある原則声明（通称：森林原則声明）」と「アジェンダ 21・第 11 章（森林減少対策）」が採択された。先進国側は法的拘束力のある森林条約の策定を主張したが、開発途上国は自国内の森林資源を開発する権利を奪われると反対した。このような中で、法的拘束力のない声明となった。

ここでは、森林生態系の健全性を維持し、森林の保全と利用を両立させることにより人類の多様な要求に永続的に対応すべきという「持続可能な森林経営」の考え方が打ち出された。

「森林原則声明」においては「温帯林や北方林を含むすべてのタイプの森林の持続可能な経営及び利用は、各国の開発政策と優先順位に従い、また各国の環境上健全なガイドラインに基づいて行われるべきである」とされ、「すべてのタイプの森林の経営、保全及び持続可能な開発のための科学的に信頼できる基準及び指標を策定すること」が必要であるとされている。また、「アジェンダ 21」の森林減少対策などを具体的に進めるために 1993 年（平成 5 年）、国連に「持続可能な開発委員会（CSD）」が設置され、1995 年（平成 7 年）には CSD のもとに森林問題への具体的な対処等の検討を行う「森林に関する政府間パネル（IPF）」が、さらには 1997 年（平成 9 年）に IPF の活動をさらに促進するため、CSD のもとに「森林に関する政府間フォーラム（IFF）」の設置が合意された。

「アジェンダ 21」でいう「科学的に信頼できる基準及び指標」とは、持続可能な森林経営の達成状況を客観的に評価するためのものであり、「基準」とは持続可能な森林経営の重要な構成要素を規定し、「指標」はそれを測定する尺度で定量的、定性的に森林の状態などを判定するための要素である。

熱帯林に関する基準および指標は 1992 年（平成 4 年）に ITTO により作成されていたので、「森林原則声明」と「アジェンダ 21」の実施には、温帯林と北方林についての基準および指標を策定する必要があり、以下に示すような森林タイプや気候の似ている地域ごとにグループをつくり進められた。

①熱帯地域を対象とする ITTO の「西暦 2000 年目標」

②ヨーロッパ以外の温帯林を対象とする「モントリオール・プロセス」

③ヨーロッパの森林を対象とする「ヘルシンキ・プロセス」

そのほかにも、アマゾン川流域を対象とする「タラポト・プロセス」、アフリカの乾燥・半乾燥地域を対象とする「乾燥アフリカ・プロセス」、中近東の地域を対象とする「中近東プロセス」の国際グループによる取組みが行われており、これらの取組みに参加している国の森林面積は、世界の森林面積の 8 割を超えている。

1) ITTO の「西暦 2000 年目標」

ITTO は、熱帯林の持続可能な森林経営のための基準、指標について、1990 年（平成 2 年）に「西暦 2000 年までに、持続可能な経営が行われている森林から生産された木材のみを貿易の対象とする」という、いわゆる「西暦 2000 年目標」を策定した。

目標達成のための優先課題は、

○森林政策と法制度の採用

○永久森林地の確保

○影響の少ない伐採法の採用

○森林従事者のトレーニング

○伐採量の持続的な生産量への制限

などが確認された。

2000 年を通過してみて「西暦 2000 年目標」は達成できたのであろうか。結論からいえば ITTO の理事会も認めているように達成はできなかったのである。そして、具体的な時期を定めた目標も提示されず、達成に向けて最大限の努力を再確認するにとどまっている。

達成できなかった要因として、

○違法伐採に関する取組みに対し、支援する消費国と反対する生産国の間で調整がつかなかったこと。

○ ITTO のあり方や有効性に疑問が投げかけられ、参加 NGO が年々減少し牽引力が失われてきたこと。

○生産国が ITTO の勧告伐採量を守らなかったこと。

などが指摘されている。

ITTO 加盟国は「西暦 2000 年目標」をできるだけ早期に達成するため、名称を「ITTO 目標 2000」と変えて、新たに取り組むことにした。この際、従来通り、輸出木材は持続可能な管理が行われている森林だけにかぎることを重要目標に掲げている。森林の管理、付加価値のある木材加工、貿易の透明性とアクセスの向上、国際市場の拡大などに取り組んでいる。

2)「モントリオール・プロセス」

ヨーロッパ以外の温帯林を有する国が参加しグループを形成し、温帯林の保全と持続可能な経営のための基準、指標づくりに取り組んでいる。この国際的作業グループを「モン

トリオール・プロセス」とよんでいる。モントリオール・プロセスでは、持続可能な森林経営の達成状況を評価するため、チリのサンチャゴにおいて1995年（平成7年）2月に以下の7つの基準（67の指標）が合意された。これを「サンチャゴ宣言」という。2008年には、より計測可能で具体的かつ分かりやすいものとするため、指標の数が54指標に簡素化されている。

表 7-9　モントリオール・プロセスの7つの基準

「基準1」生物多様性の保全	遺伝子の多様性、種の多様性、生態系の多様性の保全
「基準2」森林生態系の生産力の維持	林業生産のための森林資源の維持
「基準3」森林生態系の健全性と活力の維持	健全で活力ある森林の維持
「基準4」土壌及び水資源の保全と維持	国土と水資源を守る森林機能の維持
「基準5」地球的炭素循環への森林の寄与の維持	森林が二酸化炭素を吸収・貯蔵する機能の維持
「基準6」社会の要望を満たす社会・経済的便益の維持及び増進	森林が生み出す林産物の価値と文化的な価値の維持・増進
「基準7」森林の保全と持続可能な経営のための法的、制度的および経済的枠組み	森林を守るための仕組みづくり

　これらの基準、指標は、持続可能な森林経営に対する国レベルの方向性や進捗状況を評価するためのものであり、森林の持続可能性を直接評価するものではない。モントリオール・プロセスの基準、指標を各国が適用することで、各国は自国の森林政策の国際比較が可能となる。

　2013年（平成25年）10月現在の参加国はアルゼンチン、オーストラリア、カナダ、チリ、中国、日本、韓国、メキシコ、ニュージーランド、ロシア、米国、ウルグアイの12ヵ国で、世界の温帯林、北方林の90%、世界の森林の60%を占めており、世界の木材・木材製品の取引量の半分近くに相当する。

　3）「ヘルシンキ・プロセス」

　ヨーロッパ内の温帯林を対象とした基準、指標づくりの取組みが「ヘルシンキ・プロセス」とよばれている。2013年（平成25年）10月現在、欧州46ヵ国が締約国として参加している。6つの基準と27の指標からなる。基準の中に「カーボンシンク」という用語が出てくるが、これは炭素を放出するよりも多い量を取り込み貯蔵する場所のことであり、森林や海洋が含まれる。

表 7-10　ヘルシンキ・プロセスの6つの基準

「基準1」森林資源とそのカーボンシンクへの寄与の維持、適切な増進
「基準2」森林生態系の健全性の活力とその維持
「基準3」森林の生産機能(木材及び非木材)の維持、増進
「基準4」森林生態系の生物多様性の維持・保全、適正な増進
「基準5」森林経営における保護機能の維持・適切な増進(特に土壌浸食と水源かん養)
「基準6」その他の社会経済的機能と条件の維持(レクリエーション、雇用、研究、文化的価値など)

（4）森林認証制度

　森林問題に対する国際的な取組みは、各国間の複雑な利害関係が絡んでいるため効果を

上げるには困難が付きまとう。そこで、実質的な問題の解決に向けて、主体を国から民間やNGOに譲渡し、国は民間、NGOを支援するという形式が効果を上げている。

図7-14 FSCのロゴマーク

「森林認証制度（ラベリング制度）」は、独立した第三者機関が森の健全性、持続可能な森林経営、林業従事者の暮らしなどを世界的な基準で審査し、適切な森林管理がなされていると判断された森林を「認証」する制度である。そして、この森林から生産された木材や製品に図7-14のようなロゴマークがつけられ、消費者はこの木材等が社会、環境面で国際的に合意された原則と基準に基づいて管理されている森林から生産されたものであることを確認、選択することができる。

認証の審査を行う組織は、世界自然保護基金（WWF）などの環境団体や林業者、木材取引企業、先住民団体などによって組織された非営利の国際団体である「森林管理協議会（FSC）」で、本部はメキシコにある。

FSCでは会員の投票により意思決定を行うが、投票権は開発途上国と先進国に平等に配分され、南北問題だけでなく社会、環境、経済的利害者間の均衡に配慮した方法となっている。

実際に審査を担当するのはFSCから公認された複数の審査組織である。審査は「森林管理の認証（FM認証）」と「生産・流通・加工工程の管理認証（COC認証）」の2つに分かれる。

1）FM認証（森林管理の認証）」

森林の状態を実際に調査することにより、森の生産性、森の生態系、林業従事者の健康・安全性の確保、計画的な森林計画への取組みなどを包括的に評価する「森林管理のためのFSC10の原則と基準」及び、原則を元に作成される、地域に適した森林管理基準に基づいて、適正に管理されている森林に与えられる認証制度である。2013年4月現在、FM認証は全世界で1,203ヵ所、認証面積176,735,471haであり、日本は35ヵ所、認証面積399,925haである。

表7-11 森林管理に関するFSC原則

1	各国の法律や国際条約、そしてFSCの定める基準を守ること。
2	土地や森林を使用したり、所有したりする権利は明確にしておくこと。
3	昔から森に暮らす先住民の伝統的な権利を尊重していること。
4	雇用、健康などを通じ、地域社会に貢献する森林管理であること。
5	森─川─海のつながりを認識し、森から得られる自然の恵みが豊かであること。
6	生物多様性を保全して取組んでいること。
7	森林管理が調査された科学的データに基づき計画され、実行されていること。
8	森林の状態、産出される木材の量、作業の状態などを定期的に調査・評価すること。
9	貴重な自然林を守る工夫をしていること。
10	植林は地域社会に貢献するとともに、自然の森の保全や復元に貢献するものでなくてはならないこと。

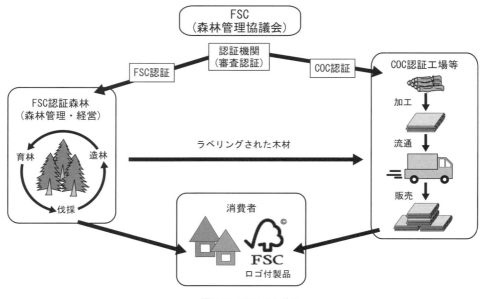

図7-15　FSCのしくみ

2）COC認証（生産物認証）

「適正な森林管理」がされていることが認証された森林の林産物からできた製品には、FSCのロゴマーク入りのラベルをつけることができる。製品の製造、加工、流通、販売のすべての過程において、認証材にそれ以外の材が混入しないような管理がされていることを認証するのがCOC認証である。したがって、COC認証は、認証製品の製造、加工、流通、販売に関わるすべての企業で取得する必要がある。2013年4月現在、CoC認証は全世界で25,723件、日本では1,101件であり、世界の113ヵ国に普及している。FSCでは製造工程で使用される全バージンパルプのパルプ繊維の30％以上、またパルプ繊維の17.5％以上がFSC認証材である場合は認証マークの付与を認めている。森林から消費者までの全過程の認証を鎖のようにつなぐことから"チェーン・オブ・カスタディー（管理の連鎖）"とよばれている。

認証の有効期限は5年間で、その間、毎年検査と監査が行われる。5年後には、今までの実績を踏まえ新たな審査が行われる。

国際的な森林認証制度には「FSC」の他に、ヨーロッパ11ヵ国の認証組織により発足した「PEFC」がある。2014年（平成26年）11月現在、それぞれ1億8,310万ha、2億6,485万haの森林を認証している。「PEFC」は世界36ヵ国の森林認証制度との相互承認の取り組みを進めているため、認証面積は世界最大である。日本独自の森林認証制度として「SGEC」がある。国際制度としての発展を目指すため、「PEFC」との相互承認を目指している。

7　生態系と地球のバランス　〜地球環境の問題〜

表 7-12　主要国における認証森林面積とその割合（2014）

	FSC（万 ha）	PEFC（万 ha）	合計（万 ha）	森林面積（万 ha）	認証森林の割合(%)
オーストラリア	0	273	273	389	70
フィンランド	46	2,093	2,139	2,216	97
ドイツ	57	739	796	1,108	72
スウェーデン	1,201	958	2,160	2,820	77
カナダ	6,217	11,740	17,957	31,013	58
米国	1,464	3,112	4,576	30,402	15
日本	40	0	40	2,498	2

（出所：林野庁『平成 26 年版　森林・林業白書』より作成）

（5）その他の取組み

1）国連食糧農業機関（FAO）

　FAO は農民の生活向上や農業生産の向上などについて国際協力を実現することを目的に、1945 年（昭和 20 年）に設置された。本部はイタリアのローマで、2015 年（平成 27 年）7 月現在、加盟国は 196 ヵ国と EC である。日本は 1963 年（昭和 38 年）に加盟している。

　国連と FAO は共同計画で世界食糧計画（WFP）を発足させている。その主な活動は次のようである（外務省国際機関人事センター）。

　○開発プロジェクト援助

　食糧援助を通じ途上国の経済社会開発を推進するために、農業・農村開発プロジェクトと学校給食等の 2 種類が実施されている。

　○緊急食糧援助

　干ばつや洪水等の自然災害または内戦等の人的災害により生じた被災民の緊急の食糧不足に対処するための緊急食糧援助であり、援助活動費全体の約半分を占める。

　○長期滞留難民援助

　滞留期間が 1 年間以上の長期に及ぶ難民、国内避難民に対する食糧援助、ならびに復興支援を実施する。

　○特別オペレーション

　食糧の輸送・管理等非食糧部分に関する援助活動。

表 7-13　日本の国際機関等への拠出金の推移（単位：百万円）

国際機関等名	2009 年度	2011 年度	2013 年度
国際開発協会（IDA）	120,898	111,548	111,178
国連開発計画（UNDP）	34,721	34,921	30,316
国際復興開発銀行（IBRD）	10,276	40,002	17,493
国連難民高等弁務官事務所（UNHCR）	13,643	15,334	15,232
アフリカ開発基金（AfDB）	15,831	12,812	12,813
国連世界食糧計画（WFP）	14,317	10,850	7,909
国連児童基金（UNICEF）	10,155	12,611	10,357

（出所：参議院事務局企画調整室『国際機関等への拠出金・出資金』立法と調査、2015 より作成）

　FAO の森林プログラムの根幹となる使命は「世界の森林の持続可能な経営において、加盟国への支援を通じて人々の暮らしを保障すること」であり、「アグロ・フォレストリ

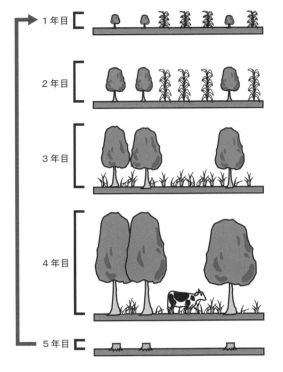

図7-16　アグロ・フォレストリー

ー」「コミュニティー・フォレストリー」などは優先度の高い活動分野である。

○「アグロ・フォレストリー」

最近、森林の減少が続いている熱帯林地域で、焼き畑耕作の代替と期待されている「アグロ・フォレストリー」が注目を集めている。

「アグロ・フォレストリー」とは、「ひとつの土地を農業、林業、畜産業、時には水産業が同時に、あるいは時間的に交代して利用する複合的土地利用の一形態」である。ひとつの土地から穀物、野菜、果物などの農産物、木材、薪炭、キノコなどの林産物、家畜、養魚などを同時にあるいは交代で得ることができる。

従来の焼畑耕作もアグロ・フォレストリーの一形態であるのだが、一度利用してやせた土地が再び肥沃な土地に戻るまでの時間を待てず、その土地を放棄して他の土地へ移動していく移動式焼畑耕作への依存を深めていったため、今や本来のアグロ・フォレストリーとは異なる土地利用となってしまった。その背景には、人口増加に伴い短時間で食糧を供給する必要が生じたためであると考えられる。また、輸出市場を狙った換金作物の大規模単一栽培である従来のプランテーション型農業では、健全な生態系が形成されず病虫害が発生しやすいため、持続的な経営をすることは困難であった。

それらの反省を踏まえ、多種多様な林産物や農産物、畜産物を収穫することを可能とするアグロ・フォレストリーの考えと技術は、熱帯林の生態系の特徴である生物多様性を最大限に生かす土地利用の方法であり、熱帯での持続可能な森林経営の方法として期待されている。

アグロ・フォレストリーには、タウンヤ方式、多層混農（牧）－自然遷移模倣方式、伝統的焼畑耕作方式、永続的な樹間栽培方式などがある。その中で、タウンヤ方式は実例が多い。この方式は、樹木の苗木を植えつける時期には農業、畜産業を同一の土地で行い、樹木の成長に応じて収穫を林産物に移していくものである。

収穫ははじめに農産物、畜産物が、後から林産物という順番で得られる。林産物を収穫後は再び同一の土地に苗木を植え同一手順を繰り返すことになる。タウンヤ方式は順次収穫をもたらすため収入を安定化させ、人々を土地に定着させる。また、土地は継続的に利用され地表は常に植物で覆われているため、土壌や土壌からの養分・水分の流出が抑制さ

れ肥沃な土壌を維持することになる。

アグロ・フォレストリーは熱帯に限らず古くから世界各地で行われてきた農法である。東南アジアではインドネシアやタイなどでチークやアカシアの植林の中に農産物を栽培したり、ブラジルではユーカリの栽培後に稲や豆を栽培したり、植林地で牛の放牧をしたりトウモロコシ栽培などが行われ自給自足の暮らしを続けている。熱帯林では間伐した場所にカカオやキャッサバ、大豆や油ヤシを栽培している。

アグロ・フォレストリーは原生林同様に炭素吸収能力や生物多様性の機能をもっている。また、すでに伐採され裸地化している土地の利用効率を高め、貧困を軽減し、さらには森林の回復を図ることができる可能性をもつため、古くて新しい農法として期待されている。

原生林の保護とともに、森林と共生して暮らす人々の生活と森林保護を両立させる「持続可能な森林経営」として注目されている。

○「コミュニティー・フォレストリー」

従来からの森林計画はその多くが国主体で計画され、入札で手に入れた企業が伐採権などの権利を行使し実施し、国と企業が利益を分け合うというものであった。しかし、この森林管理は多くの問題点を抱え失敗に終わることが多かった。とくに、熱帯林地域では土地を持たない貧しい農民層が侵入し違法伐採や移動式焼畑耕作を繰り返すため、彼らの社会的、経済的要求を満たすことなくしては適切な森林管理は達成することができないことが明らかとなった。

そこで、森林管理を地域住民の参加により実施し、そこから得られる利益を住民に分配するという森林管理手法が考案される。これが「コミュニティー・フォレストリー」である。「住民林業」あるいは「村落林業」ともよばれるコミュニティー・フォレストリーは、地域社会のレベルで零細農民と土地を持たない者が自分たちの手で自分たちのために行う、苗木の植え付けから始まる持続可能な熱帯林管理システムとして注目されている。このシステムは、熱帯林減少の背景にある貧困や人口増加といった根本的原因そのものに対応するものであるため、整備が急務となっている。しかし、実際には森林の所有権や利用権、地域内に残る支配構造などの問題があり、必ずしも成功しているとはいえないが、ここを乗り越えられるかどうかに将来がかかっている。

2）国連環境計画（UNEP）

1972年（昭和47年）、スウェーデンのストックホルムで開催された国連人間環境会議で採択された「人間環境宣言」および「環境国際行動計画」を実施するための機関で、本部はケニアのナイロビにある。

UNEPの目的は、既存の国連機関が行っている環境に関する活動を総合的に管理すること、そして、それ以外の環境問題について国際協力を推進していくことにある。オゾン層保護条約、気候変動枠組み条約、生物多様性条約などの枠組みづくりの中心的な存在である。

3）地球環境ファシリティ（GEF）

GEF は 1991 年（平成 3 年）3 月に開発途上国が環境保全を目的とした活動を行う際の資金の贈与または超低利融資をするためのシステムとして発足した。2012 年（平成 24 年）8 月現在、182 ヵ国がこのプログラムに参加している。

4）国際復興開発銀行（通称：世界銀行（IBRD））

1945 年（昭和 20 年）に国連内の機関として設置された。持続可能な発展と投資を通じて貧困を減少させ人々の生活水準を向上させる目的で、開発途上国の復興および開発を援助するため、資金の貸付や民間貸付に対する保証を行っている。

5）国際自然保護連合（IUCN）

自然資源の持続的利用と、自然界の健全性、多様性を保全する目的で、1948 年（昭和 23 年）に国家、政府機関、非政府機関の連合体による独立した国際団体として設立された。スイスのジュネーブに本部を置く。2014 年（平成 26 年）12 月現在の会員は、86 の国々から、122 の政府機関、1,054 の非政府機関であり、政府と非政府の双方が加盟している中立的な機関である。日本政府は 1995 年（平成 7 年）に国家会員として加入、環境省をはじめとして 18 団体が会員として加入している。

具体的には、以下のような活動を展開している。

○生物種の保護

世界の絶滅のおそれのある生物種を救うために、保護の優先順位を決める手助けとして「レッドリスト」を刊行したり、生態系にダメージを与える外来種の現状とその対処方法を考える上で参考となる「外来侵入種ワースト 100」を紹介したりと、生物種の情報を世界へ向けて発信し続けている。

○保護地域の管理

生物多様性を保全するために、次に示す保護地域の 6 つのカテゴリーを定め、管理、保護を促進するさまざまなアプローチに取り組んでいる。

表 7-14　IUCN6 つのカテゴリー（管理介在の度合い）

分　類	保護地域	管理目的
カテゴリー 1	厳正保護地域・原生自然地域	学術研究、原生自然保護
カテゴリー 2	国立公園	生態系の保護とレクリエーション
カテゴリー 3	天然記念物	特別な自然現象の保護
カテゴリー 4	種と生息地管理地域	管理を加えることによる保全
カテゴリー 5	景観保護地域	景観の保護とレクリエーション
カテゴリー 6	資源保護地域	生態系の持続可能な利用

カテゴリー 1 〜 3：厳格な保護が必要な地域。
カテゴリー 2 、3：自然保護と人間の利用を結びつける地域。
カテゴリー 4 　：必要であれば、人間が介在して生物種や生息地を管理する地域。
カテゴリー 5 　：農地などの土地利用とともに文化があり、人が生活している景観の保護地域。
カテゴリー 6 　：地域の人々の利益のため、天然資源が持続的に利用できるように設定された保護地域。

また、ラムサール条約の事務所を中に置き湿地保全の中心的役割を果たすとともに、IUCNの世界保護地域委員会（WCPA）が自然遺産の技術的な調査・評価を行い、自然遺産の登録について助言するなど、ユネスコの世界遺産委員会に対し公式な諮問機関の役割を担っている。

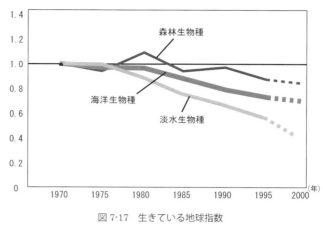

図7-17　生きている地球指数
（出所：WWF『生きている地球レポート2002』より作成）

このように地球規模で生物多様性の保全や自然の保護への取組みを行っている。

6）世界自然保護基金（WWF）

熱帯林や野生生物の保護などを行う世界最大の環境NGOである。1961年（昭和36年）に設立され、本部はスイスのジュネーブにある。約450万人の個人会員と約1万の企業・団体会員がその活動を支えている。

生物多様性の保全、自然環境の持続的利用、環境汚染の削減と資源・エネルギーの節約などの活動を通じて生態系を保護することを目的としている。森林認証制度への支援、森林保護地域の確立、適切な森林管理の普及などにも積極的な活動を展開している。

WWFは、「エコロジカル・フットプリント」や「生きている地球指数」など、地球上で起きている現状を定量的に表現することで、私たちが地球環境を客観的に評価する判断材料を提供し続けている。

「生きている地球指数」は世界の自然生態系の状態を表す指標であり、地球上の森林、淡水、海洋と沿岸域が有する生態系の豊かさや劣化の状況を示し、森林、淡水、海洋に分布する動物種の個体数変化の平均により算出される。これによれば、1970年（昭和45年）から2010年（平成22年）の間で、指数はおよそ52%も低下したことがわかる。

2-2　砂漠化する大地

（1）砂漠化とは

降水量が絶対的に少ないために植物が生育できない土地が「砂漠」とよばれる地帯である。砂漠と聞くと砂砂漠や砂丘を思い出す。しかし世界にはさまざまな種類の砂漠がありさまざまに分類される。1つ目は、雨量による分類で、「極乾燥砂漠」「乾燥砂漠」「半乾燥砂漠」である。2つ目は、成因による分類であり「気候砂漠」「海岸砂漠」「内陸砂漠」である。3つ目は、土質による分類で「礫漠」「岩石砂漠」「砂砂漠」「土漠」である。最後は気候による分類で「熱暑砂漠」「温暖砂漠」「寒冷砂漠」である。

1）雨量による分類

年間降水量を可能蒸発散量の比で示す乾燥度指数で区分されている。可能蒸発散量とは、地表面からの水分損失の強さを示し、植生が十分に茂って土壌水分が十分なときの蒸発散量である。乾燥度指数が 0 に近いほどその地域は乾燥していることになり、0.05 未満を「極乾燥（砂漠）」、0.2 未満を「乾燥」、0.5 未満を「半乾燥」、そして 0.65 未満を「乾燥半湿潤地域」と分類する。

2）成因による分類

○気候砂漠・・・貿易風の影響で形成。

○海岸砂漠・・・寒流の影響で大陸西岸に形成。

○内陸砂漠・・・高い山脈で遮られた内陸に形成。

3）土質による分類

土壌を構成する粒子の直径によりよび方が異なる。

表 7-15　砂漠の種類

礫（れき）	直径 2mm 以上	「礫漠」「岩石砂漠」
砂	直径 2 ～ 0.02mm	「砂砂漠」
シルト・粘土	直径 0.02mm 以下	「土漠」

砂砂漠は全砂漠の 5 分の 1 にすぎず、世界の砂漠面積の大半を占めるサハラ砂漠でも砂砂漠は 3 分の 1 にすぎない。

4）気候による分類

○熱暑砂漠・・・サハラ砂漠、アラビア砂漠

○温暖砂漠・・・海岸砂漠（ペルー、チリの砂漠）

○寒冷砂漠・・・高緯度（中国）、高海抜（イラン、アフガニスタンなど）

いずれの場合も、砂漠の共通点は水が少ないことであり、本来はサンズイに少ないと書いて水の少ない陸地を表す「沙漠」という文字が適切である。英語では沙漠は「desert」であるが、ラテン語の「捨てる」に語源をもち、「荒れ地、不毛の地」を意味している言葉である。日本では、一般的に沙漠を砂漠と表記するので、ここでも慣習に従うことにする。

砂漠は水が少ないとはいったが、水とは降水量と蒸発量の差であり降水量が少なくても蒸発量がそれよりも少なければ土壌水分はあるので、それなりの植物が育つ環境になる。逆に降水量が比較的多くても、蒸発量がそれ以上であれば土壌水分は欠乏し植物は育たない。一般に砂漠とよばれる地帯では、蒸発量は降水量の 10 ～ 50 倍と見積もられている。

砂漠化とは、1994 年（平成 6 年）の「砂漠化対処条約」によると、「乾燥、半乾燥及び乾性半湿潤地域における種々の要素（自然現象、人間活動など）に起因する土地の劣化」のことである。具体的には、土壌中に含まれる栄養分が失われ、水資源が減少し、植生が影響を受けることである。その結果、降雨や風による土壌の流出が発生し、自然植生の多様性が減少し、さらには土地が塩害を受けて潜在力を失っていくことになる。

図 7-18 は、「生態系の崩壊ベルト」とよばれる地帯を示している。砂漠化の進展がとくに大きな地域であり、このベルトは 4 つの地帯に大別される。

7 生態系と地球のバランス ～地球環境の問題～

図 7-18　生態系の崩壊ベルト

（出所：石　弘之『地球環境報告』岩波新書、1988 より作成）

①アフリカ・サヘル地帯から東アフリカ高地に至る地帯
②メキシコから中米、カリブ海を通りペルーのアンデス一帯に至る地帯
③アフガニスタン、パキスタンからバングラデシュ、さらにインド北部からネパールのヒマラヤ山脈に至る地帯
④タイ北東部、マレーシア、ボルネオ島から U 次を描いてフィリピンに至る地帯

この「生態系の崩壊ベルト」は、環境破壊が進展する地帯であるのと同時に、もっとも貧しく武力紛争が絶えない地帯でもある。

(2) 砂漠化の原因

砂漠化の主な原因は、地球規模での大気循環の変動による乾燥地の移動・拡大という気候的要因と、もともと脆弱な生態系である乾燥・半乾燥地帯での環境容量を超えた人間活動による過負荷という人為的要因が考えられ、その相乗作用により引き起こされていると考えられる。

1) 気候的要因

大気中の二酸化炭素の上昇が温暖化を加速させ、温暖化は一部地域を干ばつ化させ著しい土地の荒廃を招く。さらに、熱帯林を減少させ砂漠化を促進させている。

温暖化により、とくに中高緯度の乾燥地帯で一年を通じて気温が上昇し、乾燥地帯はさらに乾燥が進んでいく。乾燥地帯の陸上生態系は脆弱であるため、温暖化の影響がもっとも顕著に現れる。

エルニーニョ・南方振動（ENSO）現象は、アフリカ東南部、南アジア、オーストラリア、南米の熱帯半乾燥地帯の降水量に大きな影響を与えている。サヘルは ENSO 現象の影響は少ないといわれていて、赤道南大西洋とインド洋の近年の昇温傾向が少雨傾向と関係していると考えられている。

1915 年（大正 4 年）の干ばつ以降、比較的降水の多い時期が続いていたサヘル地帯であるが、1960 年代に入ると降水量は減少し、1968 年（昭和 43 年）～ 1973 年（昭和 48 年）、

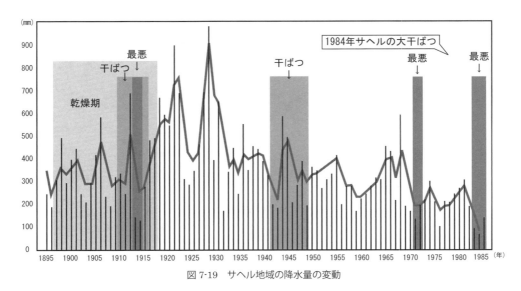

図 7-19　サヘル地域の降水量の変動

　1982 年（昭和 57 年）〜 1985 年（昭和 60 年）には大干ばつが発生し砂漠化が進行していく。1968 年〜 1973 年の大干ばつでは 2,500 万人が被災し、10 万とも 20 万ともいわれる人々が飢えから命を落とした。さらに 1982 年〜 1985 年の大干ばつでは、300 万人以上ともいわれる死者を出してしまった。

　さらに、2005 年、2010 年の度重なる干ばつに続く 2012 年の災害により、ブルキナファソの被災地域では 14％、またモーリタニアにおいては 46％も収穫量が減少した。ニジェール政府は、550 万人以上の国民が飢餓に陥る危険があるとし、迅速な対応を訴えた（国連WFP ニュース『支援機関の代表、サヘルの飢餓で緊急会合』2012）。

　「サヘル」とはアラビア語で「岸辺」を意味する。世界最大のサハラ砂漠の南縁に位置する細長い帯状の地帯で、年間降水量は 200 〜 800mm の半乾燥地帯である。かつてはラクダのキャラバン隊でサハラを旅した人たちが、サバンナの縁の見え始める一帯を砂漠の岸辺に見立ててそうよんだのである。

　サバンナは、年間平均気温が 20℃以上で年間降雨量が 1,000mm 程度の地帯に分布する草原地帯である。この草本類が草食動物を養い、それを肉食動物が捕食するというつながりで生物多様性に富む地帯である。サバンナと砂漠の境界地帯である帯状のサヘルでは、6月下旬に始まる雨季には雨とともに緑の前線を伴って北上し緑が芽吹く。そして 2 月に入り乾季を迎えると緑の前線は再び南下し、サヘルはもとの赤茶けた半砂漠の姿へと戻っていく。

2）人為的要因

　砂漠化の人為的影響としては、草地の再生能力を超えた家畜の放牧（過放牧）、休耕期間の短縮による土壌劣化（過耕作）、薪炭材の過剰採取、不適切なかんがい農業による農地の塩類集積などがあげられる。塩類集積は、かんがい用に地下水をくみ上げる際に地下水位が上昇し、その中の塩類が地表に取り残されたり、海から地下水脈を通じて海水を内陸部

7 生態系と地球のバランス 〜地球環境の問題〜

に引きずり込んだりするため起こる現象である。

これらの影響により植生は減少し、土壌浸食は増大し、土地の生産性は減衰していく。生産力が低下した貧弱な土地は過耕作により裸地状態となったまま放棄され、新たな土地に被害は連鎖していく。

乾燥地帯は地表面積のおよそ 3 分の 1 を占めている。ここには、100 ヵ国以上の 10 億を超える人々の暮らしが、土地の劣化により脅かされている。土地の劣化による生産量の減産は、貧困、飢餓、さらには環境難民という悪循環を生む。UNEP によれば、2020 年までに、6 千万人の人々が、砂漠化したサハラ砂漠以南のアフリカから北アフリカやヨーロッパへの移住を余儀なくされるだろうと推定している（UNEP『Our Planet 日本語版』2006）。

砂漠化の原因のほとんど（90% 以上）が気候的要因ではなく、人為的要因である。

表 7-16 乾燥地帯における人為的要因による土壌劣化

地　域	乾燥地面積	うち土壌の劣化面積 (100 万 ha)					
		過 放 牧	樹木過伐採	過 開 墾	不適切な 土壌・水管理	そ の 他	小　計
ア フ リ カ	1286.0	184.6	18.6	54.0	62.2	0.0	319.4
ア ジ ア	1671.8	118.8	111.5	42.3	96.7	1.0	370.3
オーストラリア	663.3	78.5	4.2	0.0	4.8	0.0	87.5
ヨ ー ロ ッ パ	299.6	41.3	38.9	0.0	18.3	0.9	99.4
北　米	732.4	27.7	4.3	6.1	41.4	0.0	79.5
南　米	516.0	26.2	32.2	9.1	11.6	0.0	79.1
合　計	5169.1	477.1	209.7	111.5	235.0	1.9	1035.2

(出所：UNEP、1997)

砂漠化の影響を受けている土地を形態別にみると、牧草地への影響がもっとも大きく、世界の牧草地の約 73% がなんらかの影響を受けている。1972 年（昭和 47 年）、1983 年（昭和 58 年）をピークとするアフリカ・サヘル地帯の大干ばつの際には多数の人命と家畜が失われ、環境難民が発生し、世界を巻き込む政治・社会的な問題に発展していった。そして多くの生き物が生息し生物多様性に富むアフリカやアジアなどでは、広範囲に渡り生態系が劣化・消失し、多くの自然資源を失った。さらには砂漠化の進行は気候変動へ影響を及ぼすことが懸念されている。

砂漠化が進行すると、「アルベド（太陽からの短波放射が入射しその一部分が反射される際の、反射の割合）」の増加、土壌水分量、蒸発散量の減少などが起こり、それぞれが降水を減少させてしまう。気温と降水量が植生の分布を支配することから、降水量が減少すると熱帯地域の植生は疎林や低木林、サバンナへと移行し、温帯地域では疎林、低木林、ステップへと移行していく。これらの地域でさらに乾燥化が進むと、半砂漠や砂漠が形成されていく。また、温暖化による昇温に植生の遷移が追いつかない地域では、砂漠化が進行していく。

砂漠化の進行は次の砂漠化を引き起こすという負の連鎖が生じている。いったん不毛の砂漠と化した土地を再生することは困難であり不可能な場合も多い。劣化した土地を再生するより、影響の少ない土地の劣化を防止することが実行上有効な対策であると考えられ

247

る。そのためには、貧困に端を発する食糧不足、さらには過放牧や過耕作などの問題を解決する社会的、経済的、文化的、宗教的、政治的な取組みを行い、南北問題の早急な解決へ向け、世界の国々が協力する必要がある。

（3）砂漠化防止の国際的取組み

　砂漠化問題への国際的な取組みは、1968年～1973年のアフリカ・サヘル地帯の大干ばつを背景に、1977年（昭和52年）「国連砂漠化防止会議（UNCOD）」が開催されたことに始まる。この会議で「砂漠化防止行動計画（PACD）」が採択され、「砂漠化」が定義された。

　しかし、このような取組みにもかかわらず1984年に再び同地帯は大干ばつに見舞われ、折からの内戦による混乱も重なり、大量の飢餓と環境難民を出してしまった。

　この原因としては、次のようなことが指摘された。

　①砂漠化防止の必要性に対する理解の低さ。

　②資金が不十分であった。

　③地域住民の参加・協力が十分に得られなかった。

　④技術的対策のみが重視されていた。

　そこで、1992年（平成4年）6月の地球サミットにおいて、アフリカ諸国を中心とする開発途上国からの強い要望により、「アジェンダ21（第12章：脆弱な生態系の管理、砂漠化と干ばつ防止対策）」を採択し、1994年（平成6年）までに砂漠化対処条約の採択を国連総会に要請することが決定された。

　地球環境ファシリティ（GEF）参加国会合で、5番目の地球環境問題として「砂漠化防止」の追加が承諾される。

　1994年（平成6年）6月、第5回砂漠化対処条約の政府間交渉委員会で「砂漠化対処条約」は採択され、この日6月17日を「世界砂漠化・干ばつ防止の日」とすることが国連会議で合意される。

　「砂漠化対処条約」とは、正式名称を「深刻な干ばつ、または砂漠化に直面する国々（特にアフリカの国）において、砂漠化に対処するための国際連合条約」という。過去のトップダウン方式の大規模プロジェクトがことごとく失敗に終わった反省を踏まえ、住民参加とNGOの役割を重視し、地域レベルで土地生産性を改善・向上させ砂漠化を食い止めようとするものである。とくにアフリカなどの砂漠化や干ばつの影響を強く受けている地域の持続可能な開発に貢献することをも目的とし、アジェンダ21の枠組みの中で地域・国際協力を強化することで達成しようとするものである。この条約により、先進国、開発途上国の区別なく世界全体で取り組む姿勢が整えられたことが重要である。

　条約の構成は次のようである。

　①基本的な取組みを「原則」として示し、国際社会の協力体制を強化した上で、

　②砂漠化の影響を受けている締約国が自ら砂漠化防止の行動計画を策定、実施し、

③そして先進国が、この取組みに対し資金の提供、技術移転等の支援を行う。

さらに、条約の中の条項には、国家行動計画（第10条）として、行動計画に包含すべき優先分野として、貧困の撲滅、NGOと住民の連係強化、食糧安全保障、人口動態、自然資源の持続可能な管理、持続可能な農業経営、環境影響の評価と監視の強化、教育と啓蒙活動などの必要性をあげている。

2015年度、砂漠化対処条約（UNCCD）は、持続可能な土地管理の優良事例を表彰する「Land for Life賞」に2地域での取組みを選定した。1つ目は、エジプトの砂漠を回復させるためにバイオダイナミック農法を導入した事例である。オーガニックコットンの栽培を進め、エジプトの繊維工業における化学物質の使用を90％削減することにも寄与した。2つ目は中国で、クブチ砂漠の10万人の農業者の生活を改善し、劣化した広大な土地を生産力のある土地に転換した事例である。

次にNGOの取組みであるが、環境NGOの活動には目を見張るものがある。

海外では、第二次大戦後の復興を目指して米国で設立された「CARE International」が活躍している。戦後復興の後も世界各地の自然災害や紛争による被災地で救援活動を行い、サヘル地帯の砂漠化防止にも精力的な活動を展開している。防風林群として知られる"マジアの谷"プロジェクトは、サヘルでの植林事業の中にあっては数少ない成功例のひとつである。

また、ブルキナファソには、1967年（昭和42年）に伝統的な農村社会の相互扶助組織を母体に結成された農民組合組織である「NAAM（ナーム）」が活躍している。組合数3600、約23万人の農民が加盟している。NAAMは、伝統社会でもなく近代社会でもない調和のとれた社会を形成し、堆肥を利用し地力の回復と環境保全を考慮した農業・牧畜業や穀物銀行などの経済活動を行っている。

日本では、「サヘルの森」「緑のサヘル」などが砂漠化防止の活動をしている。

「サヘルの森」は1987年（昭和62年）に設立された後、主にマリ共和国で植林による緑化活動、環境問題への啓蒙活動、防風・防砂の機能を併せ持つアグロ・フォレストリーの造成、炭焼ワークショップなどの活動を展開している。

「緑のサヘル」は、サヘル地域の砂漠化防止と食糧自給の達成を目的として1991年（平成3年）に設立され、主にブルキナファソ、チャド共和国において、緑を増やすための育苗資材の貸付、技術指導や、緑を減らさないための薪の節約につながる改良カマドの普及、農業生産性の向上と生活改善を精力的に展開している。

（4）砂漠化防止の技術と対策

1）植林による緑化

砂漠という過酷な自然条件下での植林を成功させるには、植える樹種の選択と植栽技術が重要となる。耐乾性、耐塩性に優れていることはもちろんのこと、地域住民の暮らしに役立つ果実をつけたり、家畜のエサとなるような葉をつけたりするような多目的に利用で

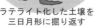

図7-20　マイクロキャッチメント方式

きる樹種が好ましい。もっとも適当な樹種は、以前その地域に生育していた在来種、例えばサヘルではバオバオとよばれる樹木などを植えることである。

地下水が豊富に存在し樹木の成長が可能な地域では、苗木や枝を直接土壌中に挿し木する方法で行われるが、地下水もなく降雨も少ない地域においては、この限られた雨水をいかに有効に利用するかが植林の成否を決めるといってもよい。

例えば「マイクロキャッチメント」とよばれる方式は、土壌の表面を三日月型に掘り返し苗木を植えつけることにより、周囲の雨水を中へ導き土壌中にしみ込ませる方法である。

また「マルチング」とよばれる方式は、土壌中にしみ込んだ雨水が表面から蒸発するのを抑制するために、苗木の周りにマルチングを行うもので、小石を敷き詰める「ストーンマルチ」や砂を敷く「砂マルチ」がある。

一般的にマルチングとは、
①植物の生育促進、雑草防止のために地表面を覆う。
②地表面のエロージョン（侵食）防止、強風による飛散防止のために地表面を覆う。
③地表面の踏圧、および土中水分の蒸発防止のために地表面を覆う。
④地表面の乾燥、凍土、凍結を防止するために地表面を覆う。
ためになんらかの方法にて地表面を覆うことをいう。

「ストーンマルチ」や「砂マルチ」は砂漠に豊富に存在する石や砂を利用し、明け方の冷え込み時の空気中のわずかな水分を石の表面に凝集させ、結露させ水分を確保する方法である。地温調整、雑草防止、病害防除など樹木の育成に対して多くの利点があり、苗木も家畜により根こそぎ食べられないなどの効果を併せ持っている。また、種子を散布する場合には、ストーンマルチを施した後に、その隙間に肥料や保水剤などを混入しペレット状に固めたものを散布する方法もある。

保水効果を高める方法としては、ほかにもピート（草炭など）を土壌中に少量混入する方法がある。ピートは保水性に優れ、分解すれば堆肥となる。砂漠化した土地は保水性・保肥性が低く、緩衝能力に乏しい。さらに気・液・固の三相分布がアンバランスであるなどの特徴を有しているが、これらの原因は土壌組成から考えれば有機物が欠乏していることに起因する。

土壌有機物の主成分はフミン酸（腐植酸）であり、天然資源でフミン酸を多く含むものがピートである。また、ピートの一種である草炭は、草本科の植物遺体が腐植化を受けたもので繊維質が多く残っており保水性が高い。塩集積によって透水性がほとんどなくなっている畑地に草炭を混入すると、ナトリウムが洗脱されpHが低下し、収穫量が増大する。

さらに、紙オムツの素材を利用し緑化しようという試みがエジプトなどで行われてい

る。紙オムツは水を吸収し保水する
能力に優れている高吸水性樹脂を利
用している。この保水剤を粘土に練
り込み顆粒としたものを土壌中にす
き込んで、限られた雨水やかんがい
水を最大限に利用しようとする方法
である。

塩類集積土壌はそのままでは植物
が生育しないため、土壌表層に集積
した塩を除去する必要がある。蒸発
により表層に集積した塩類を削って

図 7-21　マルチング方式

取り除く「スクレーピング」や、水を使い地下水に浸透させないで洗い流す「フラッシング」などの方式がある。

最近の遺伝子工学の発展により、耐乾性、耐塩性の植物をつくり出すことも可能となった。多肉植物の耐乾性とマングローブ種の耐塩性を穀物や豆類に取り込み植栽しようとする試みも始まっている。

　2）アグロ・フォレストリー・システムの導入

乾燥アフリカのサヘル地帯では、「アグロ・フォレストリー」により砂漠化を防止しようとする動きが活発となっている。

ミレットやソルガムを基本とし、その間に多目的に利用できるアカシア等を植栽することにより土壌改良を進めていき、ミレットの収穫後にはトウモロコシを植え、続いてピーナッツ、サツマイモ、陸稲、キャッサバなどが4～6年目まで次々と作られる。その後は地力回復のため休耕期とするが、その間はアカシアを薪炭材などに利用する。このように、作物の収穫量を維持しながら砂漠化を防止しようというシステムである。

スーダンのサヘル地帯には、サヘル地方特有のアカシア・セネガルという樹木が茂っていた。このマメ科のとげのある樹木から採取される樹脂はアラビアゴムとして輸出され外貨を稼ぎ、樹脂が出なくなれば伐採され薪炭材として利用し、土地は焼き払い畑とした。

アカシア・セネガルはマメ科の植物で、根にある根粒菌が大気中の窒素を土壌中に固定するため土が肥沃し、作物がよく育った。地力が衰えると次は家畜を放牧し、この休耕期間に再びアカシア・セネガルが成長してくるという輪作が長い間続いていた。輪作が可能であれば、新たな土地を切り開き耕作地とする手間も省け砂漠化を防止することにつながる。このような農法を復活させようという動きがある。

　3）社会システムの変革

一般的に砂漠化進行の過程は図7-22のようである。人口増加が食糧不足による過耕作、過放牧、薪炭材の過剰伐採を引き起こし、その結果、砂漠化が進行していく。

したがって、この人為的影響を最小限とするような社会システムを構築して砂漠化を防

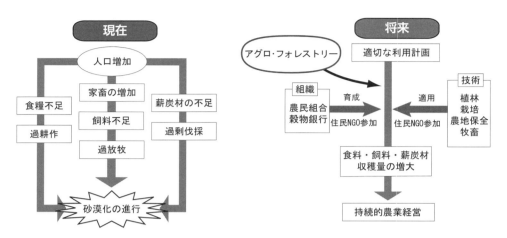

図 7-22　砂漠化進行の過程

止しようとする動きが、ニジェールなどのサヘル地帯で起こっている。

　適切な土地利用の計画を立て、その計画に従ってアグロ・フォレストリーの方法により食料、肥料、薪炭材の収穫量を増大し、持続的な農業経営を行おうとするものである。そのために必要なシステムは、前述した砂漠化防止技術のほかに、農民が利用できる効果的な土地利用計画を推進し、持続的な農業経営を促進するための組織づくりのシステムである。

　組織には、「農民組合」や「穀物銀行」といったものがある。「穀物銀行」の仕組みはこうである。農民は自分で収穫した農作物を穀物銀行に保管することができる。農民は保管施設の利用料金を銀行に支払い、適切な管理のもとに保管される。そのため、ネズミや虫による被害も回避できる。農民は銀行に保管された農作物を担保に総価格の 50 ～ 80% の額の融資を受けられ、銀行はその融資に 15 ～ 25% の利子をかける。農民は自分の農作物を引き出すまでの間の利子を添えて融資額を返済する。非収穫期などの農作物の価格が高い時期に銀行から引き出し販売することで、低価格販売による不利益を回避できる。また、穀物銀行が農民の共同の倉庫である場合は、出資に応じた利益の配分を得ることもできるシステムである。

3. 生態系の汚染

3－1　温暖化する地球

(1) 地球温暖化とは

　地球は太陽から届く可視・近中間赤外線放射エネルギー（太陽放射）と出ていく遠赤外線放射エネルギー（地球放射）が釣り合っているため、地表面付近の平均温度は約 14.5℃となっている。もし大気がなかったとすると理論計算上は −18.5℃になる。この差は大気が地球を温暖にする効果に関係している。

7 生態系と地球のバランス　〜地球環境の問題〜

　太陽から流入するエネルギーは地球を取り囲む大気を通過し地表面で吸収され熱に変わり、エネルギーを吸収して過熱された地表面からは遠赤外線が熱放射される。地球は遠赤外線放射を吸収する温室効果ガスに包まれ温室の状態となっているため、温室効果ガスの濃度が増加すれば大気温度は上昇し、逆に減少すれば低下する。

　地球を取り巻く大気温度が上昇するのが地球温暖化であり、温暖化により生じるさまざまな問題が地球温暖化問題である。

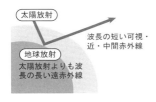
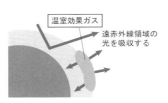

①太陽から届く太陽放射エネルギーは地表面を加熱し、地表面からは遠赤外線が放射される。
②地表面から放射された赤外線の一部は自然状態で存在する大気中の温室効果ガスに吸収され、地球表層を適切な温度に保つ。
③人間活動等により、温室効果ガス濃度が増加していくと、地球から放射されたエネルギーが閉じ込められ地球表層の温度は上昇していく。

図 7-23　温暖化のメカニズム

Column：赤外線（IR=Infrared Rays）とは

　太陽から放射される電磁波（太陽放射）は、波長が短いX線から紫外線、可視光線、赤外線、波長が長いマイクロ波に分類される。波長が380nm〜780nmの目に見える可視光線より波長が短く目に見えない領域には「紫外線（200〜380nm）」と「X線（200nm以下）」が、可視光線より波長が長く目に見えない領域には「赤外線（780nm〜1mm）」と「マイクロ波（1mm以上）」がある。

　赤外線は7色の虹の赤色のさらに外側にある波長の光線で、波長によりさらに3つに分類され、波長の短いほうから順に、近赤外線（1,500nm以下）、中赤外線（1,500nm〜4,000nm）、遠赤外線（4,000nm以上）とよばれる。

　一般的に光は波長が長くなると屈折せず直進する性質があり、赤外線のうち、とくに遠赤外線はこの傾向が顕著である。また、赤外線は物質に吸収されると分子を励起し物質の温度を上昇させる性質がある。そのため、赤外線式ストーブやコタツなどの暖房機器やグリルなどの調理機器に利用されている。

← 短波長										長波長 →	
X線	紫外線			可視光線					赤外線		マイクロ波
	UV-C	UV-B	UV-A	紫	青	水色	緑	黄	橙	赤	近赤外線	中赤外線	遠赤外線	
200nm	280	315	380nm							780nm 1500 4000nm 1mm

図 7-24　太陽光線の波長区分

　図7-25は、過去40万年前から現在までの地球表層の気温と二酸化炭素濃度の関係を調べたものである。氷床深部から浅部にかけて連続的に採取されたボーリング・コア（氷柱）内に含まれる微量大気成分を分析することにより、当時の二酸化炭素等の大気組成と気温が推定される。これによると、地球は約10万年周期で繰り返される氷期・間氷期（地表面付近の温度変化）と地球表層の二酸化炭素濃度の変化の間に比例関係がみられ、二酸化炭素濃度が地球表層の温度に直接関係していることが理解される。

253

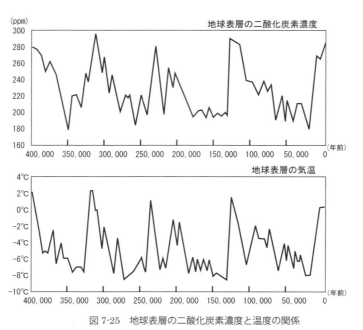

図 7-25　地球表層の二酸化炭素濃度と温度の関係
（出所：気象庁『IPCC 第三次評価報告書、20 世紀の日本の気候』2002 より作成）

ところが、18 世紀末の産業革命以降、産業活動の拡大に伴い温室効果ガスの排出量が飛躍的に増大した結果、表層の気温の平衡状態は崩れ始め、さらに近年のフロン等の人工化学物質が、その傾向を加速させている。

（2）温室効果ガス

温室効果ガスにはさまざまな種類が知られているが、ここでいう温室効果ガスとは、京都議定書の対象で 1998 年（平成 10 年）に制定された「地球温暖化対策の推進に関する法律（通称：地球温暖化推進法）」の中で定められた 6 種類の気体である二酸化炭素、メタン、一酸化二窒素、代替フロンであるハイドロフルオロカーボン（13 種の HFC）、パーフルオロカーボン（7 種の PFC）、六フッ化硫黄（SF_6）を指す。そのほかにも大気中の水蒸気も大きな温室効果の役割を果たしている。

1）二酸化炭素（CO_2）

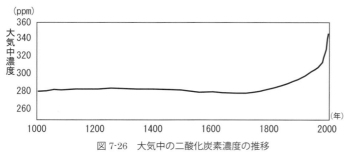

図 7-26　大気中の二酸化炭素濃度の推移
（出所：気象庁『気候変動監視レポート』2002 より作成）

2015 年（平成 27 年）5 月、米海洋大気局（NOAA）は世界の大気中の二酸化炭素（CO_2）平均濃度が測定開始後初めて 400ppm を超えたと発表した。大気中の二酸化炭素は石油、石炭な

どの化石燃料の燃焼により発生するが、産業革命以前は約280ppmで一定であったものが、その後の経済活動によりCO$_2$濃度は120ppm以上増えたことになる。「気候変動に関する政府間パネル（IPCC）」は地球温暖化の被害を避けるにはCO$_2$やメタンなど温暖化ガスの濃度を計450ppm以内に抑える必要があるとしており、危険水域に近づいていることが測定された（NOAA『世界のCO$_2$濃度が危険水域に』2015）。

地域別にその増加傾向をみると図7-27のようであり、日本を除くアジア地域、とくに中国の伸びが著しい。

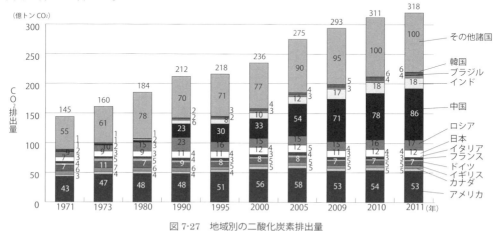

図7-27　地域別の二酸化炭素排出量

（出所：日本エネルギー経済研究所『エネルギー・経済統計要覧2014』より作成）

二酸化炭素排出量は、石油、石炭などの化石燃料使用量に、それぞれに含まれる炭素割合を掛け合わせたもので表される。2012年（平成24年）の国別の化石燃料起源の二酸化炭素排出量は図7-28のようである。日本は世界第5位、中国、アメリカ、インド、ロシアの4ヵ国で世界全体のほぼ半分を排出している。また1人あたりの排出量はカタールが世界一で37.0トン／人（CO$_2$換算）である。

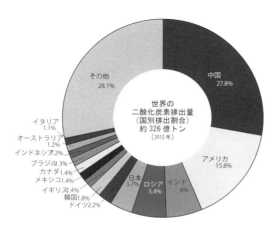

図7-28　世界の二酸化炭素排出量（2012年）

（出所：全国地球温暖化防止活動推進センター『世界の二酸化炭素排出量（2012年）』より作成）

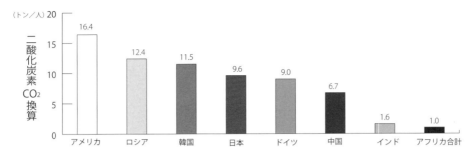

図7-29　世界の1人あたりの二酸化炭素排出量（2012年）

（出所：EDMC『エネルギー・経済統計要覧2015年版』より作成）

2）メタン（CH₄）

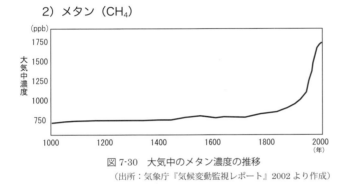

図7-30　大気中のメタン濃度の推移
（出所：気象庁『気候変動監視レポート』2002より作成）

メタンは湖沼や湿原での微生物の嫌気性分解過程で自然発生するが、排出量の60～80%は農業、畜産業、ゴミ、化石燃料の使用等の人為的活動に起因するものである。産業革命以前は約700ppbと見積もられているが、2013年（平成25年）には約2.6倍の1,824ppbにまで増大している。ppbとは容量比で10億分の1を表す単位である。

濃度は低いものの地球放射エネルギーを吸収する能力は大きい。地球温暖化係数は、単位重量の二酸化炭素の放出による温室効果を1とした場合の各気体を単位重量放出したときの温室効果の比であるが、この値は21である。また、温暖化への寄与率は温室効果ガスの20%である。

3）フロン

フロンは自然界に存在しない100%人工的なガスである。量的にはきわめて少ないが地球温暖化への寄与率は14%である。

フロンには大きく分けて次の3種がある。

①クロロフルオロカーボン（CFC）

塩素Cl、フッ素F、炭素Cの3種類の元素からなり、もっとも基本的なフロンである。オゾン層破壊の主因となるもので地球温暖化への影響も大きい。CFC-11、CFC-12、CFC-133、CFC-114、CFC-115の5種類は「特定フロン」といわれ最初に規制されたフロンであり、1995年末で生産廃止となっている。

②ハイドロクロロフルオロカーボン（HCFC）

塩素Cl、フッ素F、炭素Cに加えて水素Hも含むもの。CFCに比べて分解しやすいのでオゾン層破壊性はCFCの10分の1～20分の1程度であるが、温室効果が大きい。

CFCの代替として1990年代前半から急速に普及した「代替フロン」であるが、2020年からの実質全廃が決まっている。

③ハイドロフルオロカーボン（HFC）

フッ素F、炭素C、水素Hからなり、塩素Clを含まないのでオゾン層の破壊性がないため、「代替フロン」として冷媒やエアゾール噴射剤として使用量が急増したが温室効果が大きい。

○リフルオロメタン（HFC–23）

○ジフルオロメタン（HFC–32）

○フルオロメタン（HFC–41）

○ 1・1・1・2・2 ペンタフルオロエタン（HFC–125）

○ 1・1・2・2 －テトラフルオロエタン（HFC–134）

○ 1・1・1・2 －テトラフルオロエタン（HFC–134a）

○ 1・1・2 －トリフルオロエタン（HFC–143）

○ 1・1・1 －トリフルオロエタン（HFC–143a）

○ 1・1 －ジフルオロエタン（HFC–152a）

○ 1・1・1・2・3・3・3 －ヘプタフルオロプロパン（HFC–227ea）

○ 1・1・1・3・3・3 －ヘキサフルオロプロパン（HFC–236fa）

○ 1・1・2・2・3 －ペンタフルオロプロパン（HFC–245ca）

○ 1・1・1・2・3・4・4・5・5・5 －デカフルオロペンタン（HFC–43–10mee）

Column：CFC（クロロフルオロカーボン）の命名法

フロンは日本独自の命名で、炭素数の少ない炭化水素の水素をフッ素や塩素で置き換えたものの総称である。正しくはクロロフルオロカーボン（CFC）とよぶ。CFCの後につけられている番号には以下の意味がある。

100位の数字：Cの数－1（Cが1個の場合はゼロとなり記載しない）

10位の数字：Hの数 +1（Hが1個の場合は2となる）

1位の数字：Fの数

※ HCFC（ハイドロクロロフルオロカーボン）はH、C、F、Clからなり、HFC（ハイドロフルオロカーボン）はH、C、Fからなる。

HCFC －（炭素数－1）（水素数 +1）（フッ素数）

また、フロン類似物質としては、以下のようなものがある。

①パーフルオロカーボン（PFC）

炭素Cのまわりにフッ素Fだけが結合した化合物で、非常に安定した物質である。代表的なPFCであるPFC–14の大気中の寿命は5万年あり、半永久的に温室効果が持続する。オゾン層の破壊性はない。

○パーフルオロメタン（PFC–14）

○パーフルオロエタン（PFC–116）

○パーフルオロプロパン（PFC-218）

○パーフルオロブタン（PFC-31-10）

○パーフルオロシクロブタン（PFC-c318）

○パーフルオロペンタン（PFC-41-12）

○パーフルオロヘキサン（PFC-51-14）

○六フッ化硫黄（SF_6）

硫黄Sのまわりにフッ素Fが結合した化合物で、PFCと同様非常に安定した物質であり温室効果が大きい。オゾン層の破壊性はない。

③ハロン

炭素Cに塩素Clと臭素Brが結合した化合物の総称で、臭素は塩素以上にオゾン層の破壊能力が大きく、フロンに比べて数倍〜10倍程度ある。また、温室効果も大きい。消火性能がきわめて優れており、対象物を汚染しないこと等から危険物貯蔵庫等の消火剤として用いられた。1993年末に生産全廃となっているが、現在も消火装置などに多く使用されている。

④ハイドロブロモフルオロカーボン（HBFC）

炭素Cに水素H、臭素Br、フッ素Fが結合した化合物の総称で、フロンと同程度のオゾン層破壊能力がある。1995年末で生産廃止となっているが、ハロンと同様、現在も消火装置に使用されている。

表7-17　温室効果ガス（一部）の地球温暖化係数と発生源

温室効果ガス		地球温暖化係数	性　　質	用途・排出源
二酸化炭素（CO_2）		1	代表的な温室効果ガス。	化石燃料の燃焼など。
メタン（CH_4）		23	天然ガスの主成分で、常温で気体。よく燃える。	稲作、家畜の腸内発酵、廃棄物の埋め立てなど。
一酸化二窒素（N_2O）		296	数ある窒素酸化物の中でもっとも安定した物質。他の窒素酸化物（例えば二酸化窒素）などのような害は無い。	燃料の燃焼、工業プロセスなど。
オゾン層を破壊するフロン類	CFC、HCFC類	数千〜1万程度	塩素などを含むオゾン層破壊物質で、同時に強力な温室効果ガス。モントリオール議定書で生産や消費を規制。	スプレー、エアコンや冷蔵庫などの冷媒、半導体洗浄など。
オゾン層を破壊しないフロン類	HFC（ハイドロフルオロカーボン類）	数百〜1万程度	塩素がなく、オゾン層を破壊しないフロン。強力な温室効果ガス。	スプレー、エアコンや冷蔵庫などの冷媒、化学物質の製造プロセスなど。
	PFC（パーフルオロカーボン類）	数千〜1万程度	炭素とフッ素だけからなるフロン。強力な温室効果ガス。	半導体の製造プロセスなど。
	SF_6（六フッ化硫黄）	22,200	硫黄とフッ素だけからなるフロンの仲間。強力な温室効果ガス。	電気の絶縁体など。

（備考）地球温暖化係数（GWP:Global Warming Potential）とは、単位重量の二酸化炭素の放出による温室効果を1とした場合の、各気体を単位重量放出した時の温室効果の比のことである。

（出所：IPCC『第二次評価報告書』1995、

環境庁『地球温暖化対策の推進に関する法律第8条第1項に係る「実行計画」策定マニュアル』1999)

⑤臭化メチル（CH₃Br）

炭素 C に水素 H と臭素 Br が結合した化合物でオゾン層破壊性がある。燻蒸殺虫剤として多用されており、農業用については 2004 年末に全廃だが、検疫用は規制対象外となっている。

そのほかにも、有機物の燃焼や、窒素肥料の施肥などの小さな無数の発生源から発生する一酸化二窒素、メタンの酸化反応や工場、自動車などから排出される窒素酸化物、炭化水素が光化学反応を起こし発生する対流圏オゾンなども温暖化に寄与することが知られている。

このように温室効果ガスの排出増大はその多くが人間活動によるものであり、地球の温暖化は私たち人間のライフスタイルによるところが大きいものであることが理解される。

(3) 温暖化する地球

地球は 10 万年周期で氷期・間氷期を繰り返してきた。その周期に従い西暦 1000 年頃から少しずつ低下していた気温が 20 世紀に入ると一転し、上昇する傾向を示し続けている。これは二酸化炭素をはじめとする温室効果ガスの増大によるものであり、1950 年代後半から急速に温暖化が進行している。

アメリカの航空宇宙局（NASA）と海洋大気庁（NOAA）は、2014 年の地球は観測史上もっとも

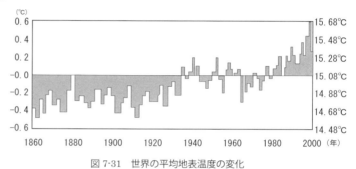

図 7-31　世界の平均地表温度の変化
（出所：IPCC 第 3 次評価報告書第 1 次作業部会より作成）

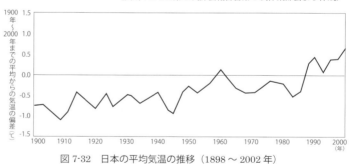

図 7-32　日本の平均気温の推移（1898 〜 2002 年）
（出所：気象庁『気候変動監視レポート 2002』より作成）

気温の高い 1 年だったと発表した。2014 年の世界の平均気温は 1880 年の観測開始以来もっとも高い 14.59℃で、20 世紀の平均値より 0.69℃高く、今までの最高記録である 2005 年と 2010 年を 0.04℃上回った。年平均気温上位 10 年は、第 4 位の 1998 年以外すべて 21 世紀に記録されている。1880 年から 2014 年まで、平均 10 年に 0.06℃のペースで気温が上昇しているが、上昇の大部分はこの 30 年で起こっており、1970 年からは 10 年で 0.16℃に加速している。1990 年以降で平均気温が高かった年はエルニーニョ現象を伴っていたが、2014 年の高気温はエルニーニョを伴わない中でもたらされたことも指摘されている（NASA『NOAA Find 2014 Warmest Year in Modern Record』2015.1）。

2100年末には温室効果ガスの排出量がもっとも少なく抑えられた場合「低位安定化シナリオ（RCP2.6）」でも0.3～1.7℃の上昇、もっとも多い最悪の場合「高位参照シナリオ（RCP8.5）」の場合に最大4.8℃の上昇と予測されている。いずれも、1986～2005年を基準としている。20世紀の100年間で、地球の平均気温は約0.7℃上昇しているが、日本の平均気温は約1.1℃も上昇している。

　1）海面水位の上昇

　2013年（平成25年）の『IPCC第5次評価報告書第1作業部会報告書（2013）』によると、世界平均海面水位の上昇率は20世紀初頭以降増加し続け、1901年から2010年の期間に0.19m上昇している。世界平均の海面水位は21世紀末（2081～2100年）には、1986～2005年の平均海面水位に対して、「RCP2.6」の場合0.26m～0.55m、「RCP8.5」の場合0.45m～0.82m上昇すると予測される。（国土交通省気象庁『世界の過去および将来の海面水位変化』2014）

　北極の氷は海洋に浮かんでいる氷山であり、氷が溶けても水の量は増加しないので海面水位の上昇には影響を及ぼさないが、地球規模の気象や北極の生態系には取り返しのつかないダメージを与える。一方、南極は岩床の上に厚さ最大4500m、平均でも2500mほどの氷が乗っかっているので、すべて溶けたとすれば海面水位は70mと大幅に上昇する。近年のアデリーペンギンの個体数減少は、温暖化による生息地の汚染が強く影響していると考えられている。

　海面水位が1m上昇すれば海面下に没する土地が現れる。ナイル河口、バングラデシュ

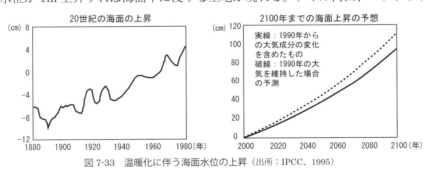

図7-33　温暖化に伴う海面水位の上昇（出所：IPCC、1995）

やマーシャル諸島など海洋に近く低い土地などは真っ先に沈んでいく。現実にツバル王国は島全体が沈没するという危機にさらされており、オーストラリアやニュージーランドへ移住する住民も多数出始めている。

　ツバル王国は南太平洋に浮かぶ面積26km^{2}の小さな国である。人口は1万600人で、国民1人あたりのGNIは2013年（平成25年）で6,400ドル前後である。主な産業は漁業で自給自足に近い生活を送り、電気をはじめとするインフラはほとんど未整備のままである。

　ツバル国総領事館のホームページ（http://www.embassy-avenue.jp/tuvalu/index-j.html）冒頭には、次のような記述がある。

神さまの国 ツバル
ぼくらはそこに すんでいる
金も銀も なーんにもないが
ぼくらはちっとも気にしない
あなたは やさしく あたたかい
あけぼの近く よせ波ひびく
浜辺にあなたの 声をきく
あなたをたたえる 声をきく
あなたをたたえる 声をきく

　日本では、砂浜の9割が、東京下町では江東区、墨田区、江戸川区、葛飾区のほぼ全域が沈んでしまう。

2）生態系や農業に及ぼす影響

　100年間に1.0〜3.0℃と予想されている平均的な温度上昇が起こるとすれば、植生は極方向に年間1.5〜5.5km移動しなければ生育することはできない。これに対し、植生の移動速度はせいぜい年間2kmが限界であり、温暖化による気候変化に植生の移動がついていけない。その結果、森林に依存する多くの生き物に影響が及ぶことになる。

　小麦やトウモロコシの主要産地である中国やインドでは、米の生産は若干増加するものの小

表7-18　木本植物の移動可能速度

植　物	移動速度(m/年)
モミ、シラビソ	40〜300
ハンノキ、ヤシャブシ	500〜2,000
クリ	200〜300
ブナ	200〜300
エゾマツ、トウヒ	400
マツ	80〜500
カシワ、コナラ	1,500
ニレ	75〜500

（出所：環境庁『地球温暖化の重大影響』）

海面の上昇

植生の変化による
生態系への影響

熱帯性伝染病の発
生範囲が拡大

降雨パターンの変化による
洪水、高潮

大干ばつ

病害虫の増加

温暖化による影響

麦、トウモロコシは大幅な減収が予想されている。日本では、米の収穫が東北・北海道で増加し、小麦などはどの地域でも減収になると予想されている。西日本では現在のジャポニカ米は高温障害で栽培が困難となるため、東南アジアのインディカ米を導入する必要があるとの指摘もある。

　また、温暖化により降雨と蒸発の水の循環が活性化し水需給のバランスが崩れ、乾燥地ではさらに乾燥が進み干ばつとなる。逆に多雨地域では洪水が増加する。このような水不足や水害、それに伴う農産物の減収が世界的に多発すること、さらにはマラリア、デング熱などの熱帯性感染症の流行地域が最大で30%も拡大することが予想されている。

　温暖化は食料不足を促す。そしてクーラーなどの消費電力を増大させるため都市部ではヒートアイランド化が進行していく。その結果、食料やエネルギー問題に端を発する「南北問題」を解決することがいっそう困難となってしまう。

（4）温暖化防止に向けての国際的取組み

　地球温暖化に関する研究は19世紀半ば頃から始まってはいたが、この問題が世界的に注目されるようになったのは20世紀に入ってからのことである。1938年（昭和13年）には化石燃料の使用による二酸化炭素濃度の上昇についての報告があり、米国を中心に二酸化炭素の精密な観測・分析が開始され、1985年（昭和60年）10月にオーストラリアで初めての世界会議「フィラハ会議」が開催される。

　1987年（昭和62年）11月には、イタリアのベラジオ会議で初めて行政レベルでの検討が行われ、1988年（昭和63年）6月には、カナダのトロント会合で、2005年までに二酸化炭素排出量の20%を削減する提案が出された。同年11月には、後に地球温暖化防止の中心的役割を担うことになる「気候変動に関する政府間パネル（IPCC）」が設置される。これは、各国政府が地球温暖化問題を科学的に討議する場として、国連環境計画（UNEP）と世界気象機関（WMO）の共催により世界から科学者1000人以上を動員し、科学的知見、環境・社会への影響、対応策などについての検討を行うことを目的としている。そして、1990年（平成2年）の第4回会合で第1次報告書が取りまとめられた。

　1989年（平成元年）11月、オランダのノールトヴェイクにおいて開催された「大気汚染と気候変動に関する環境大臣会議」では、初めて温室効果ガスを安定化させる必要性について言及し、世論に強い印象を与えることが期待された。

　地球環境問題の国際化に伴い、1990年（平成2年）12月に国連内に「気候変動枠組条約交渉会議（INC）」が設けられた。そして1992年（平成4年）4月に、「気候変動に関する国際連合枠組条約（通称：気候変動枠組条約）」が採択される。本条約は、同年6月の「地球サミット」において155ヵ国が署名を行い、1993年（平成5年）12月に条約発効の条件である55ヵ国目の批准があり、1994年（平成6年）3月に発効する。2010年（平成22年）8月現在、日本を含む193ヵ国が批准している。

　この条約の目的は、気候に対して人為的な影響を及ぼさない範囲で大気中の温室効果ガ

スの濃度を低減し安定化させるため、とくに先進国に対し二酸化炭素の排出量を1990年代末までに1990年（平成2年）の水準に戻すことを求めるものである。

条約交渉の席上、温暖化問題の責任はどの国にあり、どのように資金援助を設定するのかといった、南と北の国々、あるいは先進国間での利害関係が錯綜し、交渉は困難を極めたが、図7-34に示すような内容で終結を迎えた。

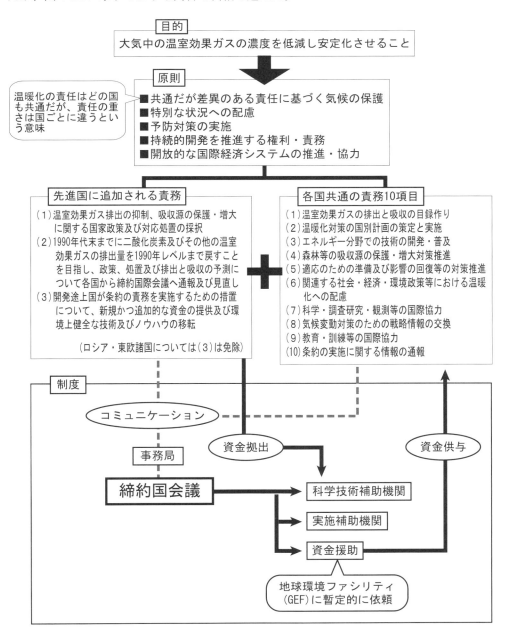

図7-34　気候変動枠組条約の概要
（出所：環境省長官官房総務課『最新環境キーワード第2版』（財）経済調査会）

締約国は気候変動枠組条約に基づき対策を講ずることになってはいるが、この条約には義務的達成目標はなく、また2000年度以降の取組みも規定されていなかったため、各国の歩調が合わず不十分なものであった。これらの点を踏まえ、1995年（平成7年）3月にドイツのベルリンで「気候変動枠組条約第1回締約国会議（通称：COP1）」が開催される。この会合で、2000年以降に締約国がとるべき具体的な対策・目標を定めることなどを決定した「ベルリンマンデート（ベルリンの課題）」が採択される。

　ジュネーブで開催されたCOP2を経て、1997年（平成9年）12月1日から10日まで、具体的な対策・目標を定めることを主目的に、京都において「COP3（通称：京都会議）」が開催される。会議には約160ヵ国から1万人が参加するという日本最大の国際会議となった。会議は各国間の利害関係が錯綜しまとめるには困難を伴ったが、最終的には「6種類の温室効果ガスの排出量（二酸化炭素換算）を先進国全体で基準年の1990年（HFC、PFC、SF_6は95年も選択可能）より少なくとも5%削減しなければならない」という「京都議定書」が採択された。目標は国ごとに異なるが、日本の目標は2008年〜2012年の5年間の平均排出量を1990年比で6%削減することである。

　さらに、削減目標を達成するための方法として、以下のような仕組み（通称：「京都メカニズム」）が考えられた。

　①「排出量取引」：目標値を超える削減を達成した国は、その超過分を達成していない国との間で売買できるという制度。

　②「共同実施」：複数の先進国が共同で削減対策を行い、その事業による排出削減量を分配するという制度。

　③「森林の炭素吸収・排出量の算入」：1990年以降の新規の植林による炭素吸収量と、森林減少による排出量を算入するという制度。

　④「クリーン開発メカニズム（CDM）」：温室効果ガス排出量の数値目標が設定されている先進国が、数値目標が設定されていない途上国内において温暖化対策事業を行い、その事業によって削減された排出削減分（クレジット）を事業の投資国と事業が行われる国（開発途上国）とで分け合うことができるという制度である。実際に事業が行われる国をホスト国、協力する国を投資国とよぶ。

　京都議定書は「55ヵ国以上の条約締約国が議定書を締結し、かつ締結した先進国の二酸化炭素総排出量が先進国の1990年の総排出量の55%以上となったときから90日後に発効する」こととなった。その後、

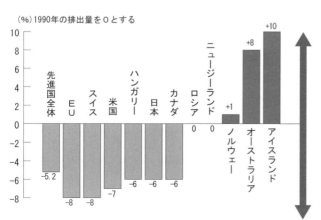

図7-35　京都会議で決められた主要国の温室効果ガス排出量の削減目標

日本は2002年までの議定書発効を強く主張する姿勢を取り続けることになる。

京都会議では具体的な数値目標が初めて明文化されたという大きな進展をみせたが、開発途上国の削減対策への参加問題については、ほとんど議論されることがなかった。

地球温暖化問題は地球環境問題の中でも最優先で解決しなければならない問題である。そこで「京都議定書」以降の国内外の動きを以下に詳細に眺め、今後の展望を考えてみる。

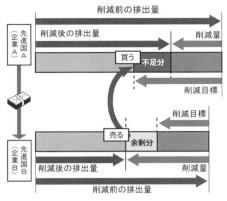

図7-36 排出量の取引

＜1998年の動き＞

10月、国内において、温室効果ガスの排出抑制のための「地球温暖化対策推進法」が成立した。この法律は、国とすべての自治体に政府の定めた基本方針に従い、温室効果ガスの排出抑制の計画を立て、実施状況を公表することを義務づけている。

11月2日から、アルゼンチンのブエノスアイレスにおいて「COP4」が開催される。目的は京都議定書の内容をより具体化することであり、「ブエノスアイレス行動計画」が採択される。2000年秋開催のCOP6においてその作業を完了させることが目標となる。

＜2000年の動き＞

4月に「気候変動に関する政府間パネル（IPCC）」は、京都議定書で定めた温室効果ガスの削減ルールのひとつである「森林の炭素排出量と吸収量の算入」を考慮すると、森林や土壌による二酸化炭素の吸収能力は、先進国が議定書で負った削減義務の総量をカバーするとの調査報告を出す。このことは、森林や土地の保護・管理を進めることで、化石燃料の消費を抑制しなくとも京都議定書の目標を達成できることになり、その後の温暖化対策に大きな影響を与えることになる。

同月には、世界銀行が「炭素基金」を設立し、日本政府と日本の8企業の出資総額が全体の3分の1に及ぶことが報告される。炭素基金を使い途上国で排出削減事業を実施し、削減された量の一部を出資者の削減量とみなす「クリーン開発メカニズム」の制度を活用しようとする動きである。

5月には、国内において石油、石炭などの消費に伴って排出される炭素の量に応じて課税する「炭素税」の導入論議が活発化する。北欧4国、オランダ、ドイツはすでに導入済みであるが、日本では「炭素税の導入は国内産業の競争力を低下させるもの」として反対している。日本は6%の削減目標の大半を排出量取引や植林で埋め合わせようと考えていた。

6月にはインドネシアのジャカルタで「気候変動に関する途上国会議」が開催され、インドネシア、ナイジェリアなど14カ国の開発途上国が参加、「地球温暖化問題に対する

途上国の自主的取組の必要性」を確認し共同声明を発表する。「京都議定書」ではほとんど話題にされなかった途上国が、インドネシアのNGOの力を借りながらも行動を起こしたことは大変重大なことであった。

7月、IPCCが提案した森林による二酸化炭素吸収量の新算定方法によると、日本国内の森林の吸収量は最大でも1%程度で、政府が見込んでいた3.7%には到底及ばないことが判明する。そのような中、世界自然保護基金（WWF）は、日本が森林による二酸化炭素吸収量を大きく見込んでいる点に対し、以下のような激しい批判を展開する。「日本は削減目標の半分以上を森林吸収分に依存し、エネルギー消費の抑制による二酸化炭素削減という京都議定書の精神に反する言動を繰り返している」。

この時点で日本の温室効果ガスの排出量は5%増加し、全体で今後11%も削減しなければならなくなっていた。しかし、依然として「排出量取引」や「森林吸収分」に、その多くを頼ろうとしていた。

日本の「地球環境と大気汚染を考える全国市民会議（CASA）」と「気候ネットワーク」の環境NGOは、

　　○技術対策：機器類のエネルギー効率向上など（とくに、家庭用機器の効率向上）

　　○エネルギー需要抑制対策：自動車交通量の抑制など（とくに、ガソリン自動車の燃費向上）

　　○代替フロン対策

で、総計7.4%削減が可能との試算を発表する。この報告は、国内から政府のとり続ける姿勢へ投げかけられた不信感の表れであると同時に、政府が今後打ち出す必要のある削減対策の一案になることが期待された。

11月には、オランダのハーグで約170ヵ国が参加する「COP6」が開催される。本会議は、京都会議で採択された削減目標を達成するための具体的な方法を定める重要な会議と位置づけられた。しかし、具体的なルールづくりは合意に至らず交渉は決裂し閉幕する。

決裂の要因は、森林による二酸化炭素吸収量の算定方式を巡って日米とEUが対立し、和解することができなかったことにある。さらにいうならば、エネルギー消費の抑制よりは森林吸収量に頼ろうとする日米と、エネルギー消費の抑制など実質的な削減努力を重視したEUの対立に、発展途上国の利害関係が交錯したためである。この背景には各国の政治が関係している。EU諸国は「緑の党」に代表される環境派政党が力をもち始めているため、日米との環境への姿勢は大きく異なっている。とくに削減目標の6%のうちの3.7%を森林吸収分に見込んでいた日本に対する批判は強かった。

世界的な環境NGOの「気候行動ネットワーク（CAN）」はCOP6において、温暖化防止をもっとも妨げている国に授与される「今日の化石賞」を2日連続で日本に与えると発表した。受賞理由はやはり、「日本は森林による二酸化炭素吸収量を最大限に見積もり、原発は温暖化防止に役立つ、という姿勢を一貫してとり続けていることに対して」であった。

COP6の失敗により、京都議定書の2002年発効は困難な状況となった。世界最大の排出国である米国は、京都議定書で7%削減を約束したにもかかわらず不支持の声明を出し

た。これにより G77 とよばれる途上国グループと中国は、年間 10 億ドルの資金援助という原案が破棄となったため、環境への取組みは先送りされることになった。

＜2001 年＞　京都議定書の発効もめどが立たない間に、IPCC は「21 世紀末の地球の平均気温は 1.4 ～ 5.8℃上昇する。とくに北半球の高緯度地域では平均より 40% 以上も急速に温暖化する」との予測を発表した。これまでの 1.0 ～ 3.5℃上昇を上方修正し、温暖化の進行を人為的な影響によるものだと明言した。そして、このまま温暖化が進めば、水不足により悩まされる人口は現在の 17 億人から 2025 年には 50 億人以上になり、干ばつの影響が激化するとしている。

　4 月、オランダは世界に先駆けて「排出量取引」の契約を東欧諸国との間で交わした。ポーランド、ルーマニア、チェコから計 400 万トンの二酸化炭素削減分を約 40 億円で購入する契約である。

　一方、オーストラリアは米国に同調し、京都議定書に不支持を表明する。議定書は 55 ヵ国以上の批准と、批准国が 1990 年に排出した二酸化炭素の合計の 55% を超えることが発効の条件である。米国（36.1%）やオーストラリア（2.1%）抜きでも 55% を超えることが可能であり、早期発効を目指す EU に対し日本は米国が参加しての発効を主張し、京都議定書は先送りされる可能性が高くなってきた。

　この状況を打開するため、EU は COP6 再会合で日本に対し、森林吸収分を日本の主張を上回る 4% を認めるとする案を打診する。あくまでも米国の復帰を貫くのか、EU 案を受け入れ COP6 で合意を目指すのか、日本は決断を迫られる。

　しかし、7 月の COP6 再会合は京都議定書の運用ルールを細部まで詰めることができず時間切れとなり未完成のまま閉幕を迎えた。途上国支援や森林吸収分に関する制度は法的文書がほぼ完成していたが、削減目標を達成できなかった場合の罰則制度では EU、途上国と日本などが対立していた。運用ルール全体の完成は COP7 に持ち越された。

　11 月、モロッコのマラケシュで開催された COP7 において、「京都議定書」の運用ルールを定めた法的文書「マラケシュ合意」が採択される。これで、目標である議定書の 2002 年発効に向けた体制がすべて整った。97 年の京都会議以降 4 年の歳月を経てようやく発効へ向けてのテープが切られた。

＜2002 年＞

　10 月から、インドのニューデリーで約 170 ヵ国 5,000 人が参加し COP8 が開催される。COP7 で京都議定書の詳

表 7-19　京都議定書排出規制対象国における二酸化炭素排出量の割合（1990 年）

米　国	36.1%
ロ シ ア	17.4%
日　本	8.5%
ド イ ツ	7.4%
イ ギ リ ス	4.3%
カ ナ ダ	3.3%
イ タ リ ア	3.1%
ポ ー ラ ン ド	3.0%
フ ラ ン ス	2.7%
オーストラリア	2.1%
ス ペ イ ン	1.9%
オ ラ ン ダ	1.2%
チ ェ コ	1.2%
ル ー マ ニ ア	1.2%
その他小計	1.6%
合　計	100%
（E U）	（24.2%）
（その他諸国）	（7.9%）
（日　本）	（8.5%）
（カ ナ ダ）	（3.3%）
（批 准 国 計）	（43.9%）

細な運用ルールを決めたものの、議定書自体は発効できなかった時期での開催となり、内容的には COP 7 の積み残し事項を解決していく、つなぎ的な会合となった。とはいうものの、2010 年には途上国全体の排出量が先進国を上回るといわれている中、自国の排出抑制について議論することさえ拒んできた多くの途上国が、先進国と同じテーブルに着いたという大きな進展はあった。

　当初、カナダは産業界の猛反発にもかかわらず批准の方向を打ち出したこともあり、COP 8 までには批准国 55 ヵ国以上、二酸化炭素排出シェア 55% 以上がクリアーされ京都議定書が発効されるとの期待感が強かった。批准国は 55 ヵ国を上回っているものの、二酸化炭素排出シェアは EU（24.2%）、日本（8.5%）、カナダ（3.3%）、その他（7.9%）と合計しても 43.9% にしかならず、発効には米国がいない現状ではロシア（17.4%）の批准が不可欠となった。ロシアは批准する方向というだけのコメントを繰り返すだけで、その時期については言及することはなかった。

　地球のあちらこちらで温暖化による影響と考えられる出来事が発生している。IPCC は今世紀末の二酸化炭素濃度が現時点の約 1.5 ～ 3.0 倍程度になると予測し、UNEP（国連環境計画）はヒマラヤ山脈の氷河が急速に溶け出し、洪水による大災害が起こるおそれのあることを報告した。地球の平均気温は 1880 年以来もっとも高い。

　さらに悪いことには、シベリアでの相次ぐ森林火災により排出される二酸化炭素量は、日本の二酸化炭素排出量を大きく上回る年もあるという報告がなされる。アラスカでは氷河の氷が大幅に減少し、アフリカでは大陸最高峰のキリマンジャロ山頂の氷河が消滅の危機に直面している。

　米航空宇宙局（NASA）は、北半球の海洋の植物プランクトン量が 80 年代以降減少傾向にあることを発表し、温暖化による海水温度の上昇と関係していることを指摘した。日本では、とくに家庭やオフィスからの排出量が増大することにより、90 年比で 6% の温室効果ガスの排出削減義務が 8% を上回っていた。東京都は都内の大規模事業所に対し二酸化炭素の排出量削減を条例で義務づける方針を全国で初めて固める（しかし 2004 年 2 月、この方針は断念された。これは産業界からの強い反発を受けたためである）。

＜ 2003 年＞

　京都議定書は未だ発効されていない状況の中、日本は 11%、米国は 14% も増加しているにもかかわらず、温室効果ガスの排出量を 2000 年で 90 年の水準に安定させるという「気候変動枠組条約」の目標は達成されることになる。この不可思議な現象は、EU の排出量 3.5% 減少に加え、ロシアや東欧諸国の経済不況による大幅減によるものであった。

　しかし、これは一時的な現象であり、IPCC は「日本や米国、欧州、ロシアなど先進国全体の温室効果ガスの排出量は各国が現在計画中の削減対策をとったとしても、2010 年では 90 年の水準に比べ 10% 増加する」との悲観的な見通しを発表する。2012 年までに 90 年比で 5% 削減するという京都議定書の目標からは、ほど遠い現状が明らかとなる。

　気象庁は 10 月の世界の月平均気温が平年を 0.6℃上回り、1880 年以降の観測史上最高

値を記録したことを発表する。そして、ロシアがついに「経済成長を阻害する」という理由から、京都議定書の批准を拒否する考えを示した。イタリアのミラノでCOP9が開催されたばかりの出来事であった。

条約締約国167ヵ国、国際機関、NGO等から5,151名が参加したCOP9では、先進国が途上国で実施する植林事業等を先進国の二酸化炭素削減分としてみなす制度のルールづくりに進展はあったものの、京都議定書を早期に発効させる重要性などを再度言及するにとどまる会合となってしまった。

＜2004年＞

地球温暖化防止が求められる中で、国連の気候変動枠組条約事務局（ドイツ・ボン）は、ロシアが地球温暖化防止のための京都議定書の批准書を国連に寄託したことを確認、90日後の2005年2月16日に同議定書が発効すると発表した。

地球温暖化防止のため、1997年に開いた京都会議では、先進各国の温室効果ガス削減義務を定めた。議定書の発効条件のひとつが、批准した先進国のCO_2排出量が90年の総排出量の55%以上というもの。米国が離脱したため「紙切れ同然」となる危機もあったが、排出量17.4%のロシアの批准で条件が満たされた。同事務局によると、発効後は日本など議定書を批准している先進国30ヵ国は温室効果ガスの排出量削減目標達成を法的に義務づけられる。排出量取引も法的に認められるようになる。

発効の見通しがついたことで、先進国全体では、90年の温室効果ガス排出レベルを2008–12年に5%削減する目標達成が義務づけられ、日本は6%削減が目標となる。しかし、日本の温暖化対策は欧州に比べて遅れている。03年度の温室効果ガスの排出量は90年レベルより8%増になり、目標まで14%も減らさなければならない。東京電力の一連のトラブル隠しで原発の運転が停止し、CO_2の排出量が多い火力発電所に依存した影響が出た。京都議定書で日本が義務づけられた6%削減の目標からさらに開いた。

環境省によると、2003年度の温室効果ガスの総排出量は13億3600万トン（CO_2換算）で、その約9割を占めるのがCO_2の排出量である。この内訳は工場など産業部門が37.9%、自動車など運輸部門が20.7%、オフィスビルなど業務部門が15.7%、家庭部門が13.3%などである。

このような現状の中、アルゼンチンで地球温暖化防止のための気候変動枠組条約第10回締約国会議（COP10）が開催された。京都議定書で定めがない2013年以降の温暖化対策のあり方が焦点だったが、議定書を離脱した米国とEU（欧州連合）などが激しく対立し、実質的な議論はほとんど進まなかった。2005年2月の議定書発効を前に、議定書後の枠組みづくりの難しさが浮き彫りになった。中国は「世界最大の排出国が議定書を批准しておらず、批准しながら排出が増えている先進国もある」と米国や日本などを厳しく批判した。

一方、南太平洋の島国など、温暖化で被害を受ける途上国への支援策も会議の大きなテーマで、最後の焦点だった発展途上国の温暖化被害に対する支援策に関する「ブエノスアイレス行動計画」に合意した。また各国が、京都議定書に定めのない2013年以降の国

際制度を含めて、温暖化対策を話し合うセミナー形式の国際会合を 2005 年 5 月に開催することなどを本会議で正式に決め閉幕した。

＜2005 年＞

　二酸化炭素など温室効果ガスの排出削減を義務づける京都議定書が 2 月に発効する。これに先立ち、2005 年 1 月 1 日から、欧州連合（EU）で独自の「排出権取引制度」を世界に先駆けて始めた。京都議定書は二酸化炭素など 6 種類の温室効果ガス、全業種の排出源を対象としているが、EU の制度は二酸化炭素に限定している。ただ、同制度は京都議定書のシステムとは多少異なるため、同システムで購入した排出権を日本国内に持ち帰ることはできない。

　気候変動に関する政府間パネル（IPCC）の報告書によると、過去 1,000 年間の中でも 20 世紀の気温の上昇は著しく、21 世紀中には 1.6 度から 5.6 度上昇するという。そのような現状の中、京都議定書の批准文書の寄託先である国連本部がある米ニューヨークで議定書が正式に発効した。1997 年 12 月、京都市を舞台に誕生した地球温暖化防止のための「京都議定書」が採択から 7 年余りを経てようやく発効したことになる。これで、温室効果ガスの削減目標は国際公約となり、法的拘束力が生じた。削減目標が達成できなかった場合のペナルティーの科し方については、次回のカナダ・モントリオールで開催される「気候変動枠組条約第 11 回締約国会議（COP11）兼第 1 回議定書締約国会合（MOP1）」にて話し合われることとなる。

　しかし、世界最大の排出国の米国は批准に反対の態度をとっており、排出大国の中国・インドも「途上国」のため削減義務がない現状にある。温暖化で化石燃料の販売収入減を危惧する産油国、海面上昇で島が水没するおそれのある島しょ国など、立場の違いが際立ってもいる。スペインやポルトガル、アイルランドなど多くの参加国が基準値をはるかに上回る温室効果ガスを排出している。イギリスは工業界に対する排出基準の緩和をめぐって欧州委員会と対立、イタリアは費用問題でいらだちを強めている。

　しかし、ロシアが加わり 140 ヵ国と欧州連合（EU）が批准、削減目標の達成に向けて新たなスタートが切られたのは事実である。各国の関心は、2013 年以降の新たな温暖化防止体制「ポスト京都」へと移行していく。

＜2006 年＞

　世界気象機関（WMO）は、地球の大気中に存在する二酸化炭素（CO_2）の平均濃度が昨年は 379.1ppm に達し、観測史上最高を記録したとの報告書を発表した。前年比 0.53% 増で、産業革命の始まった 18 世紀後半と比べると 35.4% 増となった。地球温暖化に与える他の温室効果ガスでは、一酸化二窒素（N_2O）も、前年比 0.19% 増の 319.2ppb と過去最高を記録した。メタン（CH_4）は、前年と同レベルだった。

　日本をみると、政府は前年 4 月、産業など各部門の対策強化を盛り込んだ「京都議定書目標達成計画」を閣議決定したが、2005 年度の排出量は 90 年比で 8.1% 増えている。会議では、オフィスや家庭の民生部門からの 2005 年度排出量は 90 年比で 40.1% 増えて

7 生態系と地球のバランス ～地球環境の問題～

いる現状などが報告されている。

このような現状の中、京都議定書第2回締約国会議（COP/MOP2）は、途上国を含めた13年以降の温室効果ガス削減の取組みを、08年冬の京都議定書第4回締約国会議（COP/MOP4）で協議することを明記した会議報告書を採択し閉幕した。最大の課題だった途上国の取組みを合意に導くことができたが、経済への悪影響を嫌う途上国に配慮し、具体的な内容の協議は2007年以降に先送りした。今後、世界第2位の温室効果ガス排出大国・中国などを実効性のある取組みに巻き込めるかが課題となる。京都議定書は、先進国が08～12年に負う温室効果ガスの削減義務を取り決めているが、途上国に関してはとくに定めていない。

＜2007年＞

日本の温室効果ガス削減の主要策のひとつ、森林整備による CO_2 吸収量が、2005年度分は京都議定書の運用ルールで認められた上限の約7割にとどまっていることがわかった。政府はこの上限の吸収量を前提に議定書の削減義務(90年比で6%減)を果たす計画だが、不足分は省エネ努力などで埋め合わせしなければならない。不十分な森林整備で目標達成がいっそう困難になりそうだ。政府は議定書の削減量算定ルールが確定したため、2005年度の温室効果ガス排出量報告の中で、森林整備による吸収量を3500万トン（CO_2 換算）と初めて算定した。これは基準年の約2.8%だが、日本は3.8%の約4800万トンまで森林の CO_2 吸収量を排出削減とみなすことを認められている。林業の不振や高齢化などのため、日本は森林吸収の潜在能力を十分に生かしていない。不足分は再生可能エネルギーなどの普及、他国から買い取る排出権などで埋め合わせしなければならない。樹木は大気中の CO_2 を取り込み光合成をし、有機物をつくり成長する。その過程で炭素を樹体に固定し、酸素を排出するため、温暖化防止には植林が有効といわれている。林野庁の試算では、林齢50年の杉の人工林では、CO_2 換算で、1本が1年に取り込む量は平均で約14キロという。1人が呼吸で吐き出す CO_2 は年間320キロで杉23本分の年間吸収量、1世帯が排出する量は年間6,500キロで同460本分にあたる。成長するにしたがい1年に固定する量は減り、樹齢80年の杉は同20年に比べて4分の1以下に減少するという。

1997年の気候変動枠組条約第3回締約国会議（COP3 温暖化防止京都会議）において、京都議定書が合意されてから10年が経つ。国連気候変動枠組条約の第13回締約国会議（COP13）は、2013年以降の国際枠組に関する「バリ・ロードマップ」を採択し、すべての主要排出国が参加して議論を開始することで合意した。数値目標については今後議論されることになったものの、米国や中国など各国の姿勢に大きな変化があった。「地球温暖化が自明となった今、米中も『合理性の力』には抗えなかった」（政府関係者）。国際的に対策が必然のものとして受け止められつつある中、日本が今後存在感を発揮するには、実現可能な中長期目標を早期に示すなど自らの姿勢を明確化する必要がある。

＜2008年＞

京都議定書の第一約束期間（2008年～2012年）がスタートした年である。温室効果ガス

の排出を 2020 年までに 1990 年比で 20％以上削減するという目標を具体化する包括法制案、2013 年以降の長期的な地球温暖化防止対策の枠組みのあり方、とくに京都メカニズム、対象ガスおよび適応問題、森林減少問題等が主要議題として議論された。

今回の会議では、COP13 で採択された「バリ・ロードマップ」において、参加国の長期的協力行動に関する特別作業部会が創設され、2009 年に開催される COP15 で作業結果を採択することが決められた。京都議定書締約国は、2013 年以降も第一約束期間の削減目標に沿った排出削減を継続実施することで合意、引き続きワークショップなどを活用して検討していくことが確認された。

また、途上国の森林減少を防止する目的で、森林減少を抑制した分を新たに排出権と認め、2013 年以降の枠組みに入れようとする提案がブラジルやインドネシア、パプアニューギニア等の森林大国から出された。

技術の分野では、地球環境ファシリティの「技術移転に関するポズナニ戦略プログラム」が承認され、途上国が要望している温暖化防止技術や適応技術に民間投資を呼び込むこと、「技術移転に関するポズナニ戦略プログラム」が承認される。

クリーン開発メカニズム（CDM）に関連する議論では、第一約束機関における改善点が主となり、2013 年以降の CDM についての議論は持ち越されたが、政府は、CDM 事業で得た利益の一部や寄付金を財源とした途上国向けの適応基金の創出、CDM 手続きの簡素化・迅速化、森林減少・劣化からの温室効果ガス排出削減についても進展は見られたとしている。

一方、多くの環境保護団体からは、COP12 から後退するものではなかったが、前進するものでもなかったとする声明が提出された。EU はすでにエネルギー消費に占める再生可能エネルギーの割合を 20％に拡大することなどを義務付ける規制案に合意しているが、二酸化炭素排出枠の有償化をめぐる交渉は難航している。急速の悪化する経済危機の中で、ドイツ、イタリアやポーランドが「包括法制案はさらに景気を悪化させる」と反対に回ったこともあり、進展をみることはできなかった。

＜ 2009 年＞

京都議定書の第一約束期間（2008 年〜 2012 年）以降、2013 年以降の地球温暖化対策の国際的な枠組み（ポスト京都議定書）の柱となる削減目標については、ラクイラ・サミットで 2050 年までの長期目標とした世界全体で「90 年比で半減」を達成するため、「先進国は 2050 年までに温室効果ガス 80％ 減」と合意している。しかし、先進国と途上国との対立は激しく、アメリカと中国が参加する京都議定書に続く新たな議定書の採択は困難となった。

COP15 開催に先立ち、米国ホワイトハウスは「温室効果ガス排出量を 2020 年までに 2005 年比で 17％削減する」との目標を発表する。翌日には、中国政府が「国内総生産を一定額産出するために排出する二酸化炭素量を 2020 年までに 2005 年比で 40 〜 50％削減する」という目標を発表した。矢継ぎ早に発表された二大排出国の発表は世界を驚かせた。しかし、COP15 に出席した米国の気候変動問題担当特使は、「中国には自らの行動に対処

できるだけの十分な資金があるはずだ。中国に対する温暖化対策を支援するための資金援助は行わない」「米国を含む先進国は、過去の二酸化炭素排出に対する補償を実行するべきであるという意見には断固反対する」という発言を行い、それに対し中国は、「あまりにも常識を欠いている発言である」「米国は先進国であり、中国は発展途上国である。COPにおいても、その責任と義務には本質的な区別がある」と猛反発する事態となった。

　COP15では、途上国全体の排出量については、温暖化対策をとくに取らなかった場合に見込まれる排出量と比べて20年までに削減する割合や、排出量が減少に転じる年を明記したこと、島国やアジア・アフリカなどの最貧国を除き、途上国は自国が定めた削減計画を国連に自主的に登録する仕組みを設けるとしたことなど、一応の進展もあったが、最終的には議長国デンマーク政府が提示した合意案に、「途上国にとって不公平だ」、「国連気候変動枠組条約」が定めた「共通だが差異ある責任」に違反していると途上国が猛反対し、特別作業部会による協議を経て作成された「コペンハーゲン合意」は、全会一致での採択を断念、同協定に「留意する」との決議を採択して閉幕した。

＜2010年＞

　COP15で承認された「コペンハーゲン合意」を受けて、2013年以降の地球温暖化対策（ポスト京都議定書）を議論するCOP16は、途上国の温暖化対策を支援する「グリーン気候基金」の設立などを盛り込んだ「カンクン合意」を採択して閉幕したが、2012年に期限切れとなる京都議定書の延長については、途上国やEUが京都議定書第2約束期間の設定を求めたのに対し、日本は米国と中国を含むすべての主要排出国が参加する枠組みの構築を強く主張、意見は平行線をたどり、議論はCOP17へと先送りされた。

　中国を含む途上国側は、途上国に排出量削減を求めていない京都議定書の延長を主張している。一方、日本、カナダ、ロシアなどは京都議定書延長への反対を表明しており、米国や中国、インドを含め温暖化ガスの主要排出国が新たな枠組みに参加することを求めた。

　EUは京都議定書の延長を提案したが、日本は、京都議定書には世界の主要排出国である米国と中国が参加していないため、世界の排出量の約30％しかカバーしていないとして同議定書の単純延長に反対する姿勢を示した。ただし、インドが将来的には、義務としての行動を検討すると表明したことには進展があった。

　今回の会議の主な成果は、気候変動交渉の崩壊の阻止、低炭素経済への移行の支援促進、先進国と途上国間の信頼関係の再構築、森林の減少や劣化による温室効果ガスの排出を減らす仕組みである「REDD+」の採択と、カンクン合意では産業化以前の水準からの気温上昇を2度以内に抑える目標を呼び掛けるとともに、森林破壊防止対策や、各国の気候変動対策の実施状況を検証することでの合意である。

　しかし、2013年以降の「ポスト京都議定書」に関しては大きな進展はなかった。すべての国を対象にした温暖化ガス排出削減など、合意が難しい問題の多くは次回のCOP17に持ち越された。年1000億ドルのグリーン気候基金の資金調達も資金拠出に積極的な国はほとんどなく不透明であり、世界銀行が基金の新組織を監督するとされたが、世界銀行

に不信感を抱く一部の参加者から反対を受けている。

＜2011年＞

南アフリカのダーバンで開催されたCOP17では、「将来枠組みへの道筋」、「京都議定書第2約束期間のルール設定」という大きな課題への対応が注目された。

ダーバンプラットフォーム特別作業部会を設置し、2015年までのできるだけ早い時期にすべての国に適用される議定書、法的効力を有する合意成果を採択し2020年から発効・実施すること、京都議定書の第2約束期間、グリーン気候基金（GCF）の設立、そしてカンクン合意の実施が主たる内容であり、これらをまとめて「ダーバン・パッケージ」の採択とよんでいる。

途上国が求めていた京都議定書を正式に改正することに対し、第2約束期間の京都議定書の改正案は採択されなかったが、第2約束期間に参加する先進国は、2012年5月までに削減目標の数値を自己申告すること、第2約束期間は2013年から5年間（2017年末まで）、または8年間（2020年末まで）の2案があり、次回の特別作業部会で設定すること、一部のルール改正（森林吸収源など）が決定された。

先進国だけに削減目標を課した京都議定書を継続したい途上国と、全ての国を対象とした法的拘束力のある枠組みを求める先進国の間での交渉は難航した。急速な発展を遂げる中国やインドなどの新興国は枠組み維持を表明し、京都議定書の枠外にあるアメリカは、全ての国が同じ法的拘束力のある形でない限り次の枠組みには合意しないと主張していた。しかし、最終的には「ダーバン・パッケージ」が採択されるという合意を得ることになる。COP17での合意は2009年のコペンハーゲン合意、2010年のカンクン合意など過去の合意を踏まえたものである。

従来から途上国と先進国の間の対立という構図は続いてきたが、COP17では途上国の姿勢に変化が現れてきたといわれている。たとえば、中国は「省エネ技術で世界一の技術立国」を目指していること、将来的にも現在の高成長の経済モデルが持続していかないことなどの理由が挙げられている。一方、二酸化炭素排出大国アメリカは目立つ発言はなかった。これは、燃焼による二酸化炭素排出量が大幅に低下するシュールガス開発への期待感の現れであるともいえるだろう。

＜2012年＞

カタールのドーハでCOP18、CMP8が開催された。京都議定書の第1約束期間が期限切れを迎える時期にあたり、「ドーハ気候ゲートウェイ」という合意事項のパッケージが取りまとめられた。最大の成果は、第2約束期間設定のための改正案が採択されたことである。第2約束期間の長さを2013年から2020年の8年とすること、そして各国の削減目標について、2014年までに再検討を行うということが決まった。

主要参加国は、EU（27ヵ国）とオーストラリア、ノルウェー、スイスなどであり、参加しない主な国は、もともと京都議定書を批准していない米国、2011年末に脱退したカナダ、そして第2約束期間において削減目標をもたないことにした日本、ロシア、ニュー

ジーランドである。京都議定書に参加しない国々は、カンクン合意による自主的な削減目標に従い削減計画を実行することになる。また、アメリカや日本、カナダなどは、2013年以降、公表された自主的削減目標を履行していくことになる。なお、削減約束をもたない国のクリーン開発メカニズム（CDM）、共同実施（JI）、国際排出量取引によるクレジットの獲得・移転は、原則としてできないこととなった。

COP18で決定された京都議定第2約束期間は、世界のすべての国で実施されるものではなく、一部の国からの排出量を法的拘束力のある枠組みでしばるものである。日本を含め、アメリカなど多くの主要排出国が含まれていないことからも、削減効果において不十分な状況である。

気候変動による深刻な影響を抑えるためには、「地球の平均気温の上昇を、産業革命の前と比べて「2℃未満」に抑える」ことが必要だと考えられている。主要参加国の削減目標を積み上げても、地球の平均気温上昇を産業革命目と比べ2℃未満に抑制するという削減量とは大きな隔たりがある。「ギガトン・ギャップ」とは、温暖化抑制のために必要な削減レベルと、現在各国が掲げている温室効果ガス排出量の削減目標（2020年）をすべての国が達成した場合に実現できる排出レベルとの間に大きな隔たり（ギャップ）があることを指す。UNEPよれば、このギャップは60〜110億トンに上るとされている。

今後の課題の一つは、温室効果ガス排出・吸収量や緩和対策の実施状況等に関する「測定・報告・検証（Measurement, Reporting, Verification: MRV）」制度と先進国から途上国への削減行動援助の仕組みの構築である。現行のMRV制度では、先進国と比べると途上国の報告頻度や内容等の義務が軽減されていることから、途上国からの排出量が正確に把握できないなどの問題が生じている。

＜2013年＞

ポーランドのワルシャワにおいて、COP19が開催された。COP17の内容を受け、2020年以降の新たな温暖化対策の枠組みのあり方、約束草案の提示時期等が話し合われた。これら主に2点の議論を進めるため、2011年にダーバンで開催されたCOP17でダーバン・プラットフォーム特別作業部会（ADP）が設立され議論が進められてきた。

2020年以降の新たな枠組みに関しては「事前協議型の目標決定方式」すなわち、各国が国内で決めた目標案を国連に提示し事前に協議・見直しを図ってから国連の場で最終決定していく形式が決められた。これにより協議の中で国際的な比較・検討が可能となり、2℃未満の達成を推進していこうとする道筋が見えてきた。

約束草案の提示時期については、時期を明記しようとするEUや後発発展途上国グループ（LDC）、先進的なラテンアメリカ6ヵ国グループ（AILAC）とインド、中国などが対立した。インド、中国などは、先進国が2020年までの削減努力をしないで、その努力不足を途上国に押し付けることに反対する、提示時期の明示は先進国だけで良いと激しく対立をした。最終的には、2020年以降の枠組みについて、締約国会議（COP）は、すべての国に対し、自主的に決定する約束草案のための国内準備を開始しCOP21に十分先立ち約束

草案を示すことを招請する、という曖昧な表現となった。

COP19 では、大きな成果はなく失望と落胆、反発と批判の声が相次いだ。特に日本は2005 年度比 3.8％減との温室効果ガス削減目標を発表したが、この値は京都議定書の基準年である 1990 年換算すると 3.1％増となる値で、排出量を減らすのではなく増やすという方向性を世界に発信したからである（WWF ジャパン『COP19/CMP9 日本の新たな削減目標に対し高まる批判』）。

「日本が世界の温暖化防止の努力にブレーキをかけている」「対策を率先すべき先進国がこれでは、途上国がやれるわけがない」と批判する国も出てきた。

＜ 2014 年＞

ペルーのリマにおいて、COP20 が開催された。ここでは主に 2 つの論点があり、新しい枠組みの中での国別目標案（温室効果ガス削減目標）のあり方、新しい枠組みが始まる 2020年までの対応である。

約束草案（目標案）は大気中の温室効果ガスの濃度安定化の達成に向けて提出し、その内容を現在のものよりも進んだものとすることや、約束草案に含む事前情報については、共通のルールとして、参照値（基準年等）・期間・対象範囲・カバー率等を内容とすることができることが決定された。

2020 年以降の枠組みについては、2015 年にフランス・パリで開催される COP21 に十分先立って（準備のできる国は 2015 年第 1 四半期までに）、すべての国が提出する温暖化ガス削減の目標等の取組み（約束草案）に示す事前情報等を定めた合意文書（COP 決定）「気候行動のためのリマ声明」が採択された。

日本は EU や中国に比べ 20 年以降の温暖化ガス削減の目標づくりの作業が遅れている。背景には、原子力発電所の扱いが定まらない政策の停滞等が響いている。今回の COP20でも存在感は非常に薄いものとなった。

表 7-20　気候変動枠組条約締約国会議（COP）の変遷

会 議 名	開 催 年 月	開 催 都 市	主要合意事項
COP1	1995 年（平成 7 年）3 月	ベルリン	2000 年以降に締約国がとるべき具体的な対策・目標を定める。
COP2	1996 年（平成 8 年）2 月	ジュネーブ	対象時期や法的拘束力ある目標設定の方針を打ち出す。
COP3	1997 年（平成 9 年）12 月	京　都	京都議定書、京都メカニズムの採択。
COP4	1998 年（平成 10 年）11 月	ブエノスアイレス	京都メカニズムの運用ルールを COP6 までにより具体化すること。
COP5	1999 年（平成 11 年）10・11 月	ボ　ン	京都メカニズムの詳細を詰め、2002 年までに京都議定書発効を目指す。
COP6（1）	2000 年（平成 12 年）11 月	ハ　ーグ	京都議定書運用ルールの調整つかず、決裂する。
COP6（2）再会合	2001 年（平成 13 年）6 月	ボ　ン	京都議定書運用ルールを詰めることができず時間切れ閉幕。COP7 に持ち越される。

COP7	2001年（平成13年）10・11月	マラケシュ	運用ルールを定めた法的文書「マラケシュ合意」が採択される。議定書2002年発効に向けた体制がすべて整う。
COP8	2002年（平成14年）8・9月	ニューデリー	クリーン開発メカニズムの運用ルールの承認、途上国と先進国が協調して取り組むデリー政治宣言が発表される。
COP9	2003年（平成15年）12月	ミラノ	クリーン開発メカニズムの実施等の細則が確定するものの、京都議定書を早期に発効させる重要性などを再度言及するにとどまる会合となる。
COP10	2004年（平成16年）12月	ブエノスアイレス	京都議定書の発効を歓迎し、各締約国が排出削減約束の確実な達成を確認する。
COP11	2005年（平成17年）11・12月	モントリオール	京都議定書の運用ルールの確立とCDMなどの改善（マラケシュ合意を採択）
COP12	2006年（平成18年）11月	ナイロビ	京都議定書後（2013年以降）の将来枠組み、途上国への技術支援、京都メカニズム
COP13	2007年（平成19年）12月	バリ	2013年以降の枠組み、途上国問題
COP14	2008年（平成20年）12月	ポズナニ（ポーランド）	2050年までに世界全体の排出量を半減させる長期目標の共有。適応基金による途上国支援の条件の整備。長期的協力行動に関する特別作業部会が創設。
COP15	2009年（平成21年）12月	コペンハーゲン（デンマーク）	米国を含む先進国に対して、2020年までの削減目標を約束させる内容を盛り込む。途上国に対しては、義務ではないものの削減のための行動を求めた。
COP16	2010年（平成22年）12月	カンクン（メキシコ）	ポスト京都につながる原案文書、ポスト京都の枠組みができなかった場合の京都議定書延長案文書の採択。「グリーン気候基金」の設立。
COP17	2011年（平成23年）	ダーバン（南アフリカ共和国）	「将来枠組みへの道筋」、「京都議定書第2約束期間のルール設定」
COP18	2012年（平成24年）	カタール	新たな国際枠組みの構築、
COP19	2013年（平成25年）	ポーランド（ワルシャワ）	2020年以降の新たな温暖化対策の枠組みのあり方、約束草案の提示時期
COP20	2014年（平成26年）	ペルー（リマ）	新しい枠組みの中での国別目標案のあり方、新しい枠組みが始まる2020年までの対応
COP21	2015年（平成27年）	フランス（パリ）	

（5）日本の現状

　地球環境が国際的な重要課題となりその解決が急務とされる中、1990年（平成2年）10月に「地球温暖化防止行動計画」が策定される。温暖化対策を計画的に推進していくための政府方針を明確にしたもので二酸化炭素排出量を、

　　○ライフスタイルや交通体系の見直しなどにより2000年以降、1990年レベルで安定化させること。

　　○革新的な技術開発等を早期に大幅に進展させること。

　　○二酸化炭素吸収源である緑の保全を推進させること。

　　などで改善していこうとするものである。

　しかし、図7-37を見てわかるように、1990年以降も日本の二酸化炭素排出量は増大し、2000年以降1990年レベルで安定化の目標を達成することはできなかった。

　1990年以降の二酸化炭素排出量の推移をみると、2007年までは増加の一途をたどる排

出量であったが、2009年に大きく減少している。これは、2008年の金融危機（リーマンショック）による経済活動の落ち込みによるものである。2012年には、2007年以前の排出量と同程度となるが、東日本大震災以降、原子力発電が停滞し火力発電が増加することによる化石燃料消費量の増加があげられる。

1998年（平成10年）10月に「地球温暖化対策の推進に関する法律（通称：地球温暖化対策推進法）」が公布される。1997年のCOP3での京都議定書の採択を受け、国や地方自治体、事業者、国民が一体となり地球温暖化対策に取り組むための枠組みづくりを定めたものである。ここでは、国とすべての地方自治体に、政府の定めた基本方針に従って温室効果ガスの排出抑制計画を策定し、実施状況を公表することを義務づけている。ただし、排出量が一定量を越える事業者の義務化は見送りとなった。

しかし、図7-37からわかるように、1999年以降も二酸化炭素排出量が低減する兆しは見受けられない。

図7-38は、京都議定書の対象となっている6種類の温室効果ガス排出量の推移である。基準年は、二酸化炭素（CO_2）、メタン（CH_4）、一酸化二窒素（N_2O）は1990年度、オゾン層を破壊しないフロン類（HFCs、PFCs、SF_6）は1995年度である。

二酸化炭素は年により増減があるものの、1990年

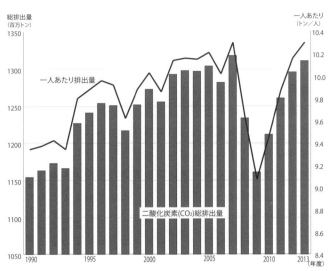

図7-37　日本の二酸化炭素排出量の推移

（出所：国立環境研究所温室効果ガスインベントリオフィス『温室効果ガス排出量・吸収量出データベース』2015より作成）

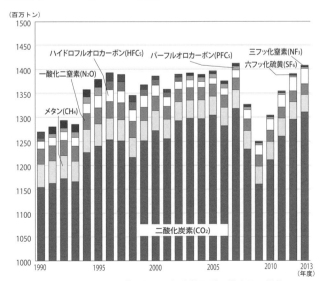

図7-38　日本における温室効果ガス排出量の推移

（出所：国立環境研究所温室効果ガスインベントリオフィス『温室効果ガス排出量・吸収量出データベース』2015より作成）

前半と比較すれば 2000 年へ向け増加傾向を示し、2009 年には景気の悪化により排出量は減少するが、その後は増加を続けている。六フッ化硫黄を除くその他のガス排出量は 1996 年以降同じレベルを保っている。

　京都議定書で約束した 6% 削減どころか排出量が増大している日本においては、より積極的、具体的な取組みが必要であるとの判断から、2002 年（平成 14 年）3 月、政府は「地球温暖化対策推進大綱」を決定する。

　大綱は、
○環境と経済の両立
○ステップ・バイ・ステップのアプローチ（2004、2007 年の節目に対策の見直しを図る）
○日本中が一丸となった取組みの推進
○国際的連携
の基本的考え方のもとに作成された。

　図 7-39 は、2013 年度（平成 25 年度）の日本の二酸化炭素排出量の部門別割合を示したものである。直接排出量とは、発電に伴う排出量をエネルギー転換部門からの排出と計算したもので、間接排出量とは、それを電力消費量に応じて配分したものである。

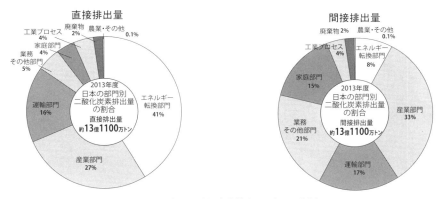

図 7-39　日本の二酸化炭素排出量の部門別割合
出所：国立環境研究所温室効果ガスインベントリオフィス『温室効果ガス排出量・吸収量出データベース』2015 より作成

　この現状を考慮し、大綱は以下の表に示すような対策を盛り込むものとなった。

表 7-21　地球温暖化対策推進大綱に盛り込まれた主な対策

省エネ対策	
産業部門	・高性能工業炉の導入促進（110 万トン） ・高性能ボイラー、高性能レーザーの普及（150 万トン）
民生部門	・最高の省エネ性能をもつ機器の利用拡大（3040 万トン） ・高効率給湯器の利用拡大（110 万トン） ・高効率の照明の普及（180 万トン）
運輸部門	・低公害車の開発・普及促進（260 万トン） ・高速道路交通システムの推進（370 万トン） ・海運の利用促進（260 万トン） ・トラック運輸の効率化（80 万トン）

家庭や職場での取組み	
家庭で	・白熱灯を電球型蛍光灯に替える（74～114万トン）。 ・食器洗い機で湯量を節減（118～160万トン）。 ・テレビを見る時間を1日1時間減らす（19～35万トン）。 ・家族全員がシャワーを1日1分短くする（93万トン）。 ・カーエアコンの冷房温度を1度上げ、急発進や不要な荷物を積まない（81～162万トン）。
職場で	・屋外照明の上に向かう光を50%削減（17～32万トン）。 ・昼休みの時間の一時消灯（18～31万トン）。 ・無駄なコピーを減らす（1～3万トン）。 ・昼休みなどはパソコンの電源を切る（4～7万トン）。
エネルギー供給における二酸化炭素削減対策	
・太陽光や風力、廃棄物発電などの新エネルギーの導入（3400万トン） ・老朽石炭火力発電を天然ガスに転換、原子力発電の推進（1800万トン）	

（カッコ内はCO_2換算の削減見込み量）

　図7-40は、2013年（平成25年）の家庭からの温室効果ガス排出量（世帯あたり）を示している。燃料種別で見ると、電力、ガソリンで全体の72%の排出量を占め、その内の多くは自動車、照明・動力に使用されることで排出されている。

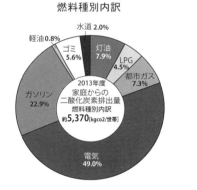 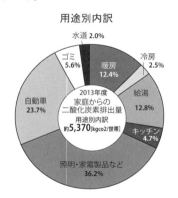

図7-40　家庭からの二酸化炭素排出量（世帯あたり）
（出所：国立環境研究所温室効果ガスインベントリオフィス『温室効果ガス排出量・吸収量出データベース』2015より作成）

　2010年（平成22年）3月、温暖化対策の基本方針となる「地球温暖化対策基本法案」が閣議決定される。

　概要は、全主要国による公平かつ実効性のある国際的な枠組みの合意を前提に、
　①中期目標：2020年までに1990年比で25%削減
　②長期目標：2050年までに1990年比で80%削減
　③2020年までに太陽光発電など再生可能エネルギーの供給量を全供給量の10%まで引き上げる。
である。また、基本的施策は、
　①国内排出量取引制度の創設
　②地球温暖化税の導入
　③再生可能エネルギーの全量固定価格買取制度の創設

④原子力発電を含めた革新的な技術開発

⑤森林や緑地による温室効果ガスの吸収作用の保全・強化

⑥環境教育の振興

などから構成されている。

　しかし、同年6月の首相の突然の辞意表明により廃案となる。2010年10月、新内閣の下、先の通常国会で廃案となった地球温暖化対策基本法を原案通りで臨時国会に再提出することが閣議決定される。

　IPCC第5次評価報告書では、気候変動の深刻な被害を回避するべく気温上昇を2℃未満に抑制する「2℃目標」の達成が急務としている。将来的には温室効果ガス排出量をゼロに近づける、さらにはマイナスにする必要があることを示すとともに、先進国が2050年80%以上削減する必要があることを世界に向け発信している。

　一方、COP21に向け、すでに7ヵ国と地域（スイス、EU、ノルウェー、メキシコ、アメリカ、ロシア、ガボン）が、「自主的に決定する約束草案（INDC）」を公表した。一方、日本はCO2排出量に大きな影響を与えるエネルギーミックスに関する方針が固まらない状況にあり、INDCの早期公表を見送っている。

　2011年の福島第一原子力発電所事故以来、日本のエネルギー政策、気候変動政策の動向は海外から多くの注目を浴びている。日本は、京都議定書の採択、そして発効において国際的なリーダーシップを発揮したと評価された時期もあった。COP21での新たな国際枠組みにおいても、日本が環境分野で世界を牽引していくことが世界から期待されている。

　私たちの毎日のライフスタイルを見直すことは、二酸化炭素の排出量を減らすためにも、遅々として進まないように思える温暖化対策を進展させていくためにも必要不可欠である。そして、将来にわたり人と自然、そして生き物たちが、この地球上で共生していくために必要なのである。質素な暮らしの意味するところを考え、そして行動する時は今しかないのである。

　京都会議の議長国でもある日本は、温暖化対策で世界を牽引する国であるべきだ、との指摘がなされる中、政府は遅まきながらも次のような取組みに着手し始めた。しかし、これらも本格的導入には至っておらず、早急に整備する必要がある。

○環境税

環境汚染物質の排出や環境に負荷を与える製品を削減するための税・課徴金のこと。世界には、炭素税、硫黄税、使い捨て容器に対する税などが存在する。例えば炭素税とは、二酸化炭素の排出抑制を目的としたもので、産業界や家庭で使用する石油、石炭などの化石燃料に課せられる税のことである。フィンランド、オランダ、スウェーデン、ノルウェー、デンマーク、イタリアなどで導入されている。

○グリーン電力

再生可能な自然エネルギーなどによりつくられた電気のこと。二酸化炭素の排出抑制を希望する消費者からの寄付金を、風力・太陽光発電の施設などに助成するグリーン電力

基金がスタートしている。

グリーン電力証書とは、再生可能エネルギーが持つ「環境負荷価値」を「証書」化して取引することで、再生可能エネルギーの普及・拡大を応援する仕組みである。再生可能エネルギーにより発電された電力は、化石燃料の燃焼により発電された電力と比べると、二酸化炭素等の排出量の少ない電力であることの価値（環境付加価値）を有している。グリーン電力証明書は、この環境付加価値を証書化し、市場で取引を可能とするものである。利用者は、電力会社から供給される電力料金に併せてグリーン電力証書を購入する分が上乗せされる。この上乗せ分が最終的には再生可能エネルギー発電事業者に助成金として配分される。

証書を購入する企業・自治体などは、「グリーン電力証書」の取得により、発電設備を持たなくても証書に記載された電力量相当分の自然エネルギーの普及に貢献し、グリーン電力を利用したとみなされるため、地球温暖化防止につながる仕組みとして関心が高まっている。

○ ESCO 事業
顧客の省エネルギー化を請負い、それで得たメリットの一部を報酬として受け取る事業の推進。

Column：エコなクッキング

世界で消費されている木材の半分近くが薪炭材として燃やされている。森林伐採は二酸化炭素の固定量を減少させ、燃やす際には多量の二酸化炭素が排出される。すなわち、薪炭材の使用は森林破壊とともに地球温暖化を促進させる。薪炭材への依存度を低減させることは、薪集めが女子供の仕事になっている地方では重労働からの解放を意味するし、子供の就学にもつながる。

そこで期待されている技術のひとつがエコクッキングの太陽熱調理（ソーラークッカー）である。日照が比較的多い途上国、とくに電化されていない地域や難民キャンプなどでソーラークッカーの設置活動を行うNGOもある。太陽のエネルギーを直接利用するので構造も単純だし材料も現地調達が十分できる。

ユニセフの推測によると、安くて簡単につくられる太陽熱調理器を使うと世界の薪使用量を36%減らすことができ、年間3億5,000万トンの木材が燃やされずに済むという。また、安全な飲み水が手に入らない所では、65℃以上に加熱すれば水は殺菌され飲料用として使えるので、ソーラークッカーはここでも威力を発揮するのである。

すでに50万個以上のソーラークッカーが世界で使われているという。火を使わないソーラークッカーは、インド西部地震の被災地でも余震による火事の心配がないために活躍している。ユニセフはソーラークッカーを2億個まで普及できると推測している。国民の76%が炊事用に薪を使い、森が育つ倍の速度で燃料用木材の需要が増加しているネパールでは、段ボールや竹かごから作ったソーラークッカーが薪需要量を減らし森林を保護する手段として注目されている。

ソーラークッカーにはさまざまなタイプがあるが、ポイントは光を反射する鏡やアルミ箔などを使って太陽光を一点に集中させ、その熱でお湯を沸かしたり調理をする点である。例えば、

①アルミシート（油汚れ防止用に売られているガス台マットなど）を半円形に曲げてついたてのように立て、中央に金網を置く。

②黒く塗った空き缶を金網に置き、太陽光が集中的に当たるようにする。

③調理したいもの（例えばサツマイモ）を缶の中に入れ、ふたをかぶせ、温まった空気が外部へ逃げないようにペットボトルを半分に切った口側をかぶせる。これで出来上がり。

つくり方によっては、日差しの強いときには中心温度は約300度になり5分ほどで目玉焼きが焼ける。夏にはご飯を炊くこともできるし焼き芋も焼ける。

3-2 オゾン層の破壊

(1) オゾンとは

オゾンとは酸素原子3つからできた物質であり、ギリシャ語で「臭う」を意味する刺激臭のある気体のことである。分子量48、沸点-112℃で、地表から120km程度までの大気圏の中の、地表から10～50km程度の成層圏の中でとくにオゾン濃度の高い層を「オゾン層」とよんでいる。

大気は地球からの引力により地表に近いほど密度は大きくなる。0℃、1気圧に換算すると大気の厚さ約8,000mとなるが、オゾン層はわずか3mmという薄い層である。

酸素分子（O_2）は成層圏上空で太陽光の紫外線により分解され2つの酸素原子（2O）となり、不安定な酸素原子は安定しようと酸素分子（O_2）と結合してオゾン（O_3）になる。オゾンは太陽光の強い赤道付近の上空で日中に大量に作られ極方向に移動していく。

オゾンは紫外線で光化学反応し分解する。これはオゾンの自然破壊であり、生き物にとって有害な紫外線を吸収し、地表へ到達する量を減少させるフィルター効果となる。しかし、今このような自然循環のバランスが崩れ始めている。

オゾンは不安定な物質で、菌に接触し酸素原子を分離して安定なO_2に戻ろうとする強力な酸化作用を示す。その際、菌の細胞壁を破壊する。残留性がなく、発ガン物質も出さないため、この性質を利用してウィルスや大腸菌等の殺菌や水道水の殺菌に使われたりもする。また、脱臭においてもオゾンがきわめて不安定な構造にあるため、食品等の腐敗臭物質と結合することにより強い酸化作用を示し、腐敗臭物質の大きな分子を小さな分子に分解し脱臭することができる。

このように、O_3からO_2に戻ろうとする際の酸素原子が殺菌や脱臭作用として働き、残るものはO_2という無害な物質となる。

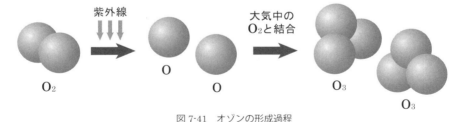

図7-41　オゾンの形成過程

(2) オゾン層の役割

地球を取り巻くオゾン層は太陽光に含まれる有害な紫外線を吸収する役割を果たしている。生命が誕生した36億年前、地球には有害な紫外線が降り注いでいたため、生き物たちは海の中でしか生存することができなかった。水中の植物の光合成により生成された酸素がオゾンとなりやがてオゾンは地球大気を覆うようになると、降り注ぐ紫外線の濃度が薄くなり、海の中から陸へと上がってくる生き物たちが現れる。

生命に有害といわれる紫外線とは、いったいどのようなものなのだろうか。

紫外線（UV：UltraViolet rays）は、赤外線と同様で太陽から放射される電磁波（太陽放射）の一種である。可視領域より短波長（200～380nm）の光であり、生物体に及ぼす影響の相違から、

「A領域紫外線（UV-A：波長315～380nm）」
「B領域紫外線（UV-B：波長280～315nm）」
「C領域紫外線（UV-C：波長200～280nm）」

に分類される。

UV-CとUV-Bの一部はオゾン層に吸収されて地表には届かないが、UV-Aは地表に到達し生物体に影響を与える。

表7-22　紫外線の種類と概要

種類	波長	地表への影響	健康被害
UV-A	315～380nm	大気圏で吸収されず、地表に届く。	波長が長いため、皮膚の奥深くまで届き、しみやたるみの原因となる。
UV-B	280～315nm	オゾン層により強く吸収され、残りの一部が地表に達する。	日焼けの原因となるほか、皮膚ガンや白内障などを起こす原因となる。
UV-C	200～280nm	大気圏で吸収され、地表には届かない。	DNA（遺伝子）を傷つけるもっとも有害な紫外線。

UV-Bは地表に到達し、生き物にとって有害であることから「有害紫外線」あるいは人間にとっては「レジャー紫外線」とよばれる。長時間浴びると炎症を起こし、赤味が引いた後にはメラニン色素が生成され色素沈着が起こり、肌が黒くなる。一方「生活紫外線」ともよばれるUV-Aは、熱やほてりを感じないが肌の深い部分（真皮層）まで達し、しみやたるみといった老化を促進させる。

赤外線は太陽から地球にわずかなエネルギーを運び、赤外線を吸収した分子は励起され摩擦熱を出し温められるが、分子自体を破壊することはない。しかし、紫外線は十分なエネルギーがあり、吸収すると分子は崩壊する。UV-Bの増加は皮膚ガン、白内障を増大させ免疫機能を低下させる。また海洋では海面表層のプランクトンが影響を受け減少する。

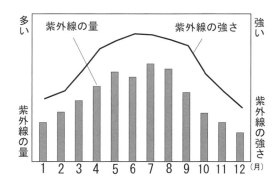

図7-42　紫外線の強さと年間変動

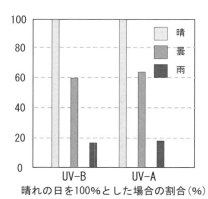

図7-43　天候による紫外線量の変化

紫外線は一年を通じて地球に降り注いでいるが、とくに4月から8月の晴れた日に量が多い。春先は真夏とほぼ同程度の量であり、曇りの日でも、晴れた日の6割程度の紫外線量がある。

「SPF」や「SPA」など、紫外線を防ぐ効果を表す指数がある。「SPF」とは「Sun Protection Factor」の略で、UV-Bを防ぐ効果を表す指数である。SPF10とは、素肌で過ごすよりも10倍長い時間、肌が赤くなるのを防ぐことができるという意味である。

「SPA」とは「Sun Protection grade of UV-A」の略で、「PA+」は効果がある、「PA++」はかなり効果がある、「PA+++」は非常に効果があるの3段階に分かれている。

UNEP（国連環境計画）の報告によると、オゾン量が10%減少するとUV-B量が12%増加し、白人では皮膚ガンの発生率が17〜30%増加すると分析している。また、オゾン量が25%減少すると大豆の収穫量が20%落ち込むともいわれている。

（3）オゾン層破壊のメカニズム

オゾンは通常、波長280〜315nmのUV-Bにより光化学反応を起こし自然分解するが、近年ではフロンなどの人工化学物質により破壊されていることが明らかになっている。オゾン層破壊物質としては、フロンのほかに、消火剤として用いられるハロン、洗浄剤等に用いられる1・1・1－トリクロロエタン、溶剤やフロンの原料である四塩化炭素、農薬として用いられる臭化メチルなどがある。

フロンは炭化水素の水素や塩素を塩素やフッ素で置換した数多くの人工化学物質の総称であり、温室効果ガスでもある。これらのうち、水素を含まないものはクロロフルオロカーボン（CFC）とよばれ、化学的に安定で無毒、洗浄力に優れ、圧力に応じ容易に気化、液化を繰り返すという特長を有していたため、冷蔵庫やエアコンの冷媒、電子回路等の精密部品やクリーニングの洗浄、クッションやウレタンなどの発泡剤、スプレーの噴射剤などに広く使われてきた。

1994年（平成6年）に米国の化学者ローランドらが、フロンが成層圏オゾンを破壊するという論文を雑誌「ネーチャー」に発表し世界中に大反響を巻き起こす。そこで、初めてフロンとオゾン層の関係を知ることになる。

特定の種類のフロンは化学的に安定であるため、工場や家庭などから放出されると対流圏ではほとんど分解されずに蓄積され、やがて成層圏に到達する。太陽からの強い紫外線を吸収し分解し塩素原子を放出、この塩素原子はオゾンと反応してオゾンを酸素分子に変える。この反

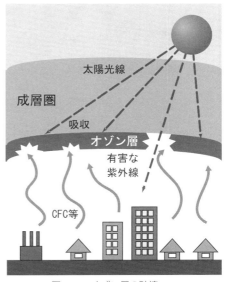

図7-44 オゾン層の破壊

応は連鎖し繰り返され、塩素原子が成層圏にとどまる半年間ほどで塩素原子1個あたり数万個のオゾンを破壊していく。

1985年（昭和60年）末には、南極域上空においてオゾンの量が極端に減少する「オゾンホール」という現象が観測され、世界に強い衝撃を与える。南極では、冬から初春にかけて「極夜渦（きょくやうず）」とよばれる強い上昇気流が発生する。極を巡る成層圏のジェット気流である。この気流は地表上のフロンをオゾン層周辺まで吹き上げるため、南極域上空はオゾン層が極端に薄くなるオゾンホールというオゾンの穴が確認されるようになった。

1998年（平成10年）9月、気象庁や米航空宇宙局（NASA）の観測により、オゾンホールが8月から急激に大きくなり、面積は2,443万km²と南極大陸をすっぽりと覆っていることが判明した。オゾン破壊物質の削減努力が継続している中での発表であった。さらには「成層圏の破壊物質の量は、減少傾向にはない」とも報告された。一度放出してしまえば、その影響がなくなるまでには多くの時間を必要とする現実を、改めて知らされる出来事であった。

同年10月には気象庁の調査結果が発表され、オゾンホールが過去最大で南極大陸の約2倍に達し、オゾン量が世界的に減少し続けていることが示された。

2002年（平成14年）11月には、南極域上空のオゾンホールが消滅する。オゾンホールは、例年9月から10月に最大となり、11月下旬から12月下旬に消滅するが、成層圏のフロンガス量は、まだピーク値を示したままであった。

2003年（平成15年）10月、再び南極上空のオゾンホールが拡大し、過去2番目の大きさとなる。11月から12月には例年どおり消滅するが、気象庁は

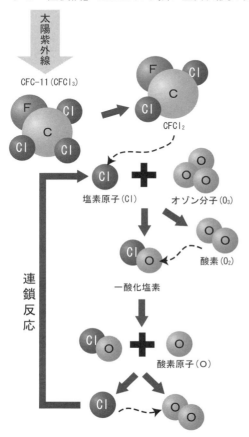

図7-45　オゾン層破壊のメカニズム

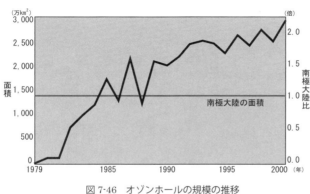

図7-46　オゾンホールの規模の推移
（出所：気象庁『オゾン層観測報告2000』）

7　生態系と地球のバランス　〜地球環境の問題〜

「オゾン量に回復の兆しはみられない」とのコメントを発表する。さらに国立環境研究所の観測により、UV-B の大半を吸収する高度 15 〜 20km のオゾンが過去最悪のペースで破壊され、10 月初旬までにほぼ完全に破壊されたことを発表した。例年になくオゾンホールが続き、生態系への影響が懸念されている。

　1994 年（平成 6 年）の UNEP の「科学・環境影響・技術経済アセスメントパネル統合報告書」では、すべての締約国が 1992 年（平成 4 年）の改正モントリオール議定書を守った場合、対流圏におけるオゾン層破壊物質の量は 1994 年に最大となり、成層圏では 3~5 年遅れて最大となった後に減少に向かうと予測されている。2010 年（平成 22 年）10 月、気象庁は「2010 年の南極域上空のオゾンホールの面積は、1990 年以降で 3 番目に小さい規模であった」と発表した。その理由は、オゾン層破壊が促進される南極域上空の低温域の面積が 6 〜 8 月に小さかったことが原因と考えられるとしているが、地球規模で展開されているオゾン層回復対策が功を奏し、縮小傾向に向かっていると推測する研究者は多い。世界気象機関（WMO）と国連環境計画（UNEP）のレポート「オゾン層破壊の科学アセスメント：2010」によれば、オゾンホールの拡大は止まり修復傾向にあること、そして、2015 年 5 月、米航空宇宙局（NASA）は、オゾンホールは着実に縮んでおり、21 世紀末までには実質的に消滅するだろうという調査報告書を発表した。現在約 3,100 万平方キロメートルあるオゾンホールが、21 世紀末までに完全に元に戻ると予測している。

（4）オゾン層破壊防止への取組み

　オゾン層の破壊を防止するために、1985 年（昭和 60 年）3 月、国際的取組みとしては初めての「オゾン層保護のためのウィーン条約（通称：ウィーン条約）」が、さらには 1987 年（昭和 62 年）9 月には、フロン類を規制するための「オゾン層を破壊する物質に関するモントリオール議定書（通称：モントリオール議定書）」が採択される。これにより、5 種類の特定フロン（CFC-11、12、113、114、115）と 3 種類の特定ハロン（halon-1211、1301、2402）の生産量の削減が合意される。

　このような世界動向を受け、日本においては国際約束を確実に実施するため、1988 年（昭和 63 年）5 月に「特定物質の規制等によるオゾン層の保護に関する法律（通称：オゾン層保護法）」を制定するとともに、同年 9 月に「ウィーン条約」および「モントリオール議定書」を締結する。

　しかし、その後の調査により、オゾン層の破壊が予想以上に進んでいることが判明し、従来のフロン類等の規制ではオゾン層保護が不十分であることがわかり、1990 年（平成 2 年）に開催された「モントリオール議定書第 2 回締約国会合」では、5 種類の特定フロン、3 種類の特定ハロンのほかに、そのほか 10 種類のフロン類、1・1・1 −トリクロロエタン、四塩化炭素が規制対象物質に加えられる。

　その後、1995 年（平成 7 年）、1997 年（平成 9 年）、1999 年（平成 11 年）の計 5 度にわたり、議定書の改正による規制強化が図られる。

287

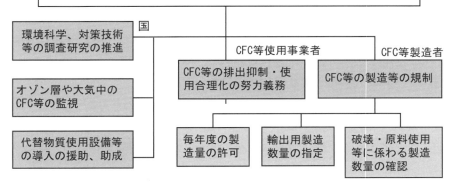

図 7-47 「オゾン層保護法」に盛り込まれた事項
(出所:環境省『平成 15 年版環境白書』)

議定書に定める主な規制措置は、

○各オゾン層破壊物質の全廃スケジュール

例えば、5 種類の特定フロン類およびそのほか 10 種類のフロン類は、先進国では 1996 年までに、途上国では 2010 年までに全廃。3 種類の特定ハロンは、先進国では 1994 年までに、途上国では 2010 年までに全廃。

○非締約国との貿易の規制（規制対象物質の輸出入の禁止または制限）

などである。

日本においては、「オゾン層保護法」でモントリオール議定書で規制対象となった「特定物質」の段階的削減を行い、3 種類の特定ハロンは 1993 年（平成 5 年）、5 種類の特定フロン、1・1・1－トリクロロエタン、四塩化炭素については 1995 年（平成 7 年）をもって生産等が全廃されている。他のオゾン層破壊物質についても、2019 年（平成 31 年）をもって全廃されることになっている。

フロン類の主要なオゾン層破壊物質の生産は 1995 年をもってすでに全廃されているが、過去に生産された冷蔵庫やカーエアコンの機器の中には、充填された状態で存在しているフロン類が相当量残されているため、こうしたフロン類の回収・破壊を促進するため、2001 年（平成 13 年）6 月に、議員立法により「特定製品に係わるフロン類の回収及び破壊の実施の確保等に関する法律（通称：フロン回収破壊法）」が制定され、業務用冷凍空調機

器およびカーエアコン中のフロン類（CFC、HCFC、HFC）の回収・破壊が義務づけられた。

　フロン回収破壊法に基づき回収されたフロン類は、再利用される分を除き、経済産業大臣および環境大臣の許可を受けたフロン類破壊業者により破壊されることになっている。

表7-23　主なフロン類の破壊技術

破壊処理方法	内　容
ロータリーキルン法	液体状および気体状のフロン類を産業廃棄物焼却炉の円筒回転炉（ロータリーキルン）および二次燃焼室で焼却することにより破壊処理する方法。フロン類は通常1,000～1,200℃の二次燃焼室で分解する。
セメントキルン法	液体状及び気体状のフロン類をセメント焼成炉として使用されるロータリーキルンで1,500℃付近の高温で焼却し分解する。発生した HF や HCl はアルカリ性のセメント・クリンカーで中和・吸収できる特長を有している。
リアクター・クラッキング法	水素と酸素で形成された2,000℃の炎の中に、気体状のフロン類を投入して分解させる方法。
液体注入法	液体状および気体状のフロン類を助燃剤、廃油などとともにノズルで炉内に噴霧し、拡散燃焼することにより破壊処理する方法。
都市ゴミ焼却法	硬質ウレタンフォーム（断熱材）の固体中に閉じ込められたフロン類を、都市ゴミ焼却施設でゴミと一緒に焼却、分解する方法。
高周波プラズマ法	コイルに高周波電流を流しプラズマを発生させ、気体状のフロン類と水蒸気を通過させることにより分解する方法。

　米国、ドイツ、イギリスなどは、冷蔵庫、エアコンなどのフロン類を使用している製品を廃棄する際にはフロン回収を義務づけ、放出すれば罰則が科せられる。フロン類は大気中に放出され成層圏にたどり着き、オゾン層を破壊するためには10年程度の時間がかかり、オゾン層に到達すると、1個の塩素原子が寿命である半年間の間に数万個のオゾンを破壊していく。この事実は、フロン類を規制した以降も過去に排出したフロン類による被害は拡大していくことを暗示しており、これからの私たちの対応が将来の地球環境を左右することになる。

3－3　酸　性　雨

（1）酸性雨とは

　「酸性雨（acid rain）」とは、石炭や石油などの化石燃料の燃焼に伴い、工場や自動車などから硫黄酸化物（SOx）や窒素酸化物（NOx）が大気中へ放出され、拡散していく間に太陽光や炭化水素、酸素、水分などの働きにより酸化され硫酸イオン（SO_4^{2-}）や硝酸イオン（NO_3^-）などに変化し、これらが水分に取り込まれ強い酸性を示す「湿性降下物」となったり、雨に溶け込まないで粒状の状態で降下する「乾性降下物」となる現象である。このように、酸性雨とはいっても酸性の降雨のみを意味するものではなく、乾性降下物も含む概念として使われている。

　硫黄酸化物は、硫黄分を含む石炭、石油などを燃焼する発電所や大規模工場から発生したり、火山噴火のように自然現象によるものがある。窒素酸化物は燃焼用空気中の窒素が高温中で酸化されたり、燃料中の窒素化合物が酸化され発生するもので、ボイラー、燃焼

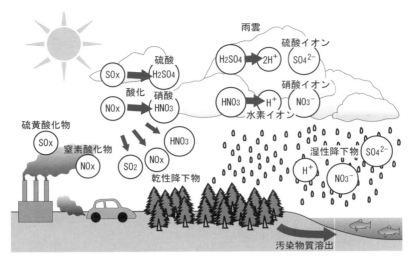

図7-48　酸性雨の降る仕組み

炉や自動車の排出ガスが原因である。このように、主な原因は硫黄酸化物と窒素酸化物であるが、そのほかにも石油の精製過程や石油溶剤、ガソリンからの蒸発で発生する非メタン炭化水素や、自動車の排ガス中の一酸化炭素、それにメタンやアンモニアなども対象物質である。

　硫黄酸化物や窒素酸化物は気流などにより、発生源から1,000km離れた遠方にまで運ばれていくこともあるので、国境を越えて被害をもたらしている。

　地球上の生き物たちが利用している大気は長い時間をかけ植物がつくり出してきたものである。植物は大気中の二酸化炭素、硫酸イオン、そして微量の栄養素を取り込み体を形成し、酸素を放出してこの大気を形成してきた。しかし、人類による石油や石炭の過剰な燃焼は、あたかも、この逆の過程をたどっているようである。大気中の酸素を消費し、炭素や硫黄、窒素の酸化物を大量に排出し続けている。

　通常、大気汚染の影響を受けていない雨は、中性ではなく弱酸性を示す。これは、自然状態で大気中の二酸化炭素が溶け込んでいるためであり、日本ではpHは5.6程度である。したがって、日本において酸性雨という場合には、pHが5.6以下の雨水ということになる。米国ではpH5.0以下を酸性雨としている。

　酸性、アルカリ性の程度を表現する際に用いられるpH（ピーエイチ）とは、水素イオン濃度の表記法のひとつであり、

　　　　pH＝－log［H^+］　　［H^+］：水素イオン濃度（mol/リットル）

のことである。水に溶解している水素イオン濃度が10の何乗分の1であるかを示し、pH＝7は中性、pH＞7はアルカリ性、pH＜7が酸性となる。

　酸性雨は、産業革命の起こった19世紀のイギリスで初めて観測され、酸性雨という用語は1872年にイギリスの科学者ロバート・スミスが初めて使用したといわれている。

7 生態系と地球のバランス　〜地球環境の問題〜

Column：梅干は酸性？アルカリ性？

結論からいえば、酸性でもあり、アルカリ性でもある。梅干はクエン酸や酢酸を含んでいるので酸性であるが、梅干を体内で燃焼させるとクエン酸が水と二酸化炭素、そしてカルシウムやカリウムなどのミネラルとなり、これらミネラルはアルカリ性なので梅干はアルカリ性なのである。

梅の実は、実の収穫を目的とした実梅と観賞用の花梅がある。実梅は、梅酒に使われるもっとも実の大きい「豊後」、梅酒や梅干用で大きさも品質もバランスの取れた「白加賀」、種が小さく果肉の品質のよい南高（梅干、梅漬け）や、養老（梅干）、小梅でカリカリ漬けなどに最適な「甲州最少」、梅干、梅漬け、梅酒にと広く利用できる「改良内田」などの種類がある。

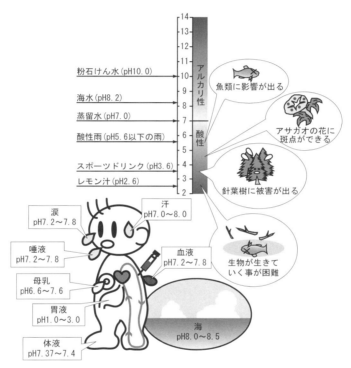

図 7-49　酸性、アルカリ性

（2）酸性雨の影響

酸性雨が直接人体に及ぼす影響としては、1952年（昭和27年）のロンドンで起きた「殺人スモッグ」が有名である。わずか5日間ほど濃霧が続いただけで、暖房、工場、自動車等から排出された汚染物質が行き場を失い地表面付近に滞留し、大気を汚染し酸性

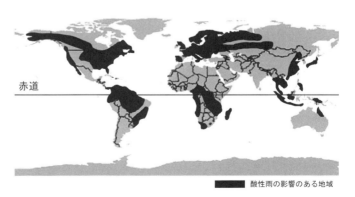

図 7-50　世界の酸性雨の状況

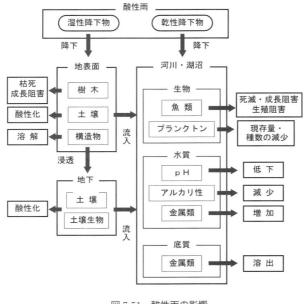

図 7-51　酸性雨の影響
（出所：東京都資料『酸性雨』）

霧を降下させ 4,000 名もの死者を出した。このときの酸性霧の pH は 1.5 であったとの報告が残されている。

1970 年代のスウェーデンのある村では、金髪が緑色に変色するという騒動が起きている。この原因は、酸性雨が地下水を酸性化し、その水が銅管を通じて各家庭に送水されたため、溶け出した銅の化合物が髪の毛を緑色に変えたというものであった。

日本においては 1974 年（昭和 49 年）、関東北部一帯に降った霧雨で 3 万人以上の人が目や喉、皮膚に刺激を訴える出来事が発生している。

酸性雨の影響は、図 7-51 に示すように広範囲に及ぶ。

1）植物への影響

植物への影響は、図 7-52 に示すように、酸性雨が直接、葉や幹の表面に付着し作用して起こる場合と、酸性雨が土壌を変質させ植物の生育を妨げる場合がある。

土壌中にはカルシウムやマグネシウムなどの金属イオンが存在しており、酸性雨が降ってもある程度までは中和作用が働いている。しかし、その上限を超えると土壌の酸性度が高まり、「土の中の農夫」とよばれるミミズや土壌微生物などは生存できなくなる。ミミズの糞はカルシウムを多く含み酸性化した土壌を中和する働きをしているが、そのミミズが減少し、さらに腐植土を分解して肥沃な土壌をつくり出す微生物までもが死滅していくのである。

土壌の酸性度が pH4.2 以下になると土壌中の金属が分離し始める。北米大陸ではソングバード（歌う鳥）として有名なウタツグミの生息数が減少しているが、この原因は酸性雨が土壌に染み込むと土壌からカルシウムが流出し濃度が減少する。その結果、カルシウムを必要とするカタツムリなどの昆虫が減り、鳥はエサ不足となり減少しているという。植物にとっては溶け出したアルミニウムは非常に有害であり、樹木の根の生長を阻害する。

また、酸性雨が直接葉や幹に付着することで樹木は気孔を痛めつけられダメージを負う。酸性雨に対する抵抗性は、

　　木本植物＞草本植物、広葉樹＞針葉樹、落葉広葉樹＞常緑広葉樹

であり、一年中葉をつけている常緑針葉樹には大きな影響が出ている。酸性化した土壌を

もとの姿に戻そうと、アルカリ性の石灰を広範囲に散布し中和する努力が世界でなされているが、一度壊した環境を再生するには気の遠くなるような年月が必要となる。

森林への影響は、ドイツのシュバルツバルト（黒い森）をはじめとして、オランダ、スイス、イギリスなどで全森林面積のほぼ半分に黄変や芽、葉が失われる現象が続いている。

「黒い三角地帯」で知られるチェコ、ポーランド、ドイツにはさまれた山岳地帯では、硫黄含有量の高い石炭が火力発電に利用されているため、発生する多量の硫黄酸化物がトウヒなどの樹木に被害を与えている。

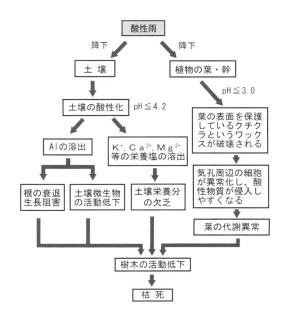

図7-52 酸性雨が与える樹木への影響

米国では高山帯の針葉樹に影響が出ており、ニューヨーク州アジロンダック山では、ここ25年間にトウヒの半分以上が枯れ、中国では四川省の我眉山のスギの90％近くが被害を受け、重慶市付近でも森林被害が拡大している。日本では、1985年（昭和60年）にスギの被害が報告され、それ以降も北欧や北米ほどではないにしても、赤城山のシラカンバ、ミズナラ、カラマツ、丹沢大山のモミなどに酸性雨の影響が現れているという報告がある。

Column：土壌の酸性化を抑制する機能について

土壌は、礫、砂、シルトや粘土といったさまざまな大きさの粒子と、有機物や腐植成分などから構成されている。粒径0.002mm以下の粘土は、ケイ素、アルミニウム、酸素、水酸基（−OH）の各原子が結合した結晶であり、結晶全体がマイナスに帯電しているものや、結晶の末端部が周囲の土壌のpHに応じてプラス（酸性側）やマイナス（中性・アルカリ側）を発現するものがある。腐植物質を構成しているフェノール基やカルボキシル基に対しても同様の現象が生じる。

粘土の結晶や腐植物質がプラスやマイナスに帯電すると、土壌溶液中の陽イオンや陰イオンをひきつけることにより、酸性雨による影響を緩和する機能の一つである「陽イオン交換反応」が起こり、粘土や腐植物質の表面に水素イオン（H$^+$）が吸着し、土壌溶液中の水素イオン濃度を低下させ酸性化を抑制したり、「陰イオン吸着」が起こり、粘土表面の水酸基（−OH）と硫酸イオン（SO$_4^{2-}$）の交換が起こり酸性化を抑制している。

酸性土壌を中和する際、炭酸カルシウムを散布するのは、

$$CaCO_3 + 2H^+ \Leftrightarrow Ca^{2+} + CO_2 + H_2O$$

の反応式が示すように炭酸カルシウム（CaCO$_3$）が土壌中の水素イオン（H$^+$）を吸着し、二酸化炭素（CO$_2$）と水（H$_2$O）をつくり出すことで、土壌中の水素イオン濃度を低下させるためである。

日本の土壌は、北欧や北米と比較すると緩衝機能が大きいため、今のところ酸性雨による大きな被害は発生してはいない。

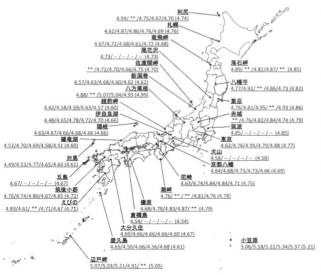

図 7-53　日本の酸性雨（pH値）の状況（平成20年度/21年度/22年度/23年度/24年度（5年間平均）

（出所：環境省『平成24年度酸性雨調査結果について』より作成）

森林被害は必ずしも酸性雨のみによって生じているのではなく、硫黄酸化物、窒素酸化物、オゾンなどの大気汚染物質が複合的に作用して起こるものである。東アジア地域の大気汚染物質の排出量は世界最大の伸びを示しており、将来の生態系への影響が懸念されている。

2）河川、湖沼への影響

酸性雨の河川・湖沼への影響はその水質により異なる。花こう岩地帯の北欧では、容易に酸性化し生態系への被害が拡大しているが、今のところ日本では生態系へ影響を与えるほどの被害は出ていない。これは、日本

Column：酸性雨と植物

　樹木は同じ場所で長年の間生育しているため、大気汚染や酸性雨の影響を受けて樹形が変形したり、衰え弱ったりしている。一般に、樹木には「大気環境推奨木」と「大気環境指標木」がある。

　大気環境推奨木とは、大気浄化能力の高い樹木のことで、アキニレ、イチョウ、カキノキ、キリ、クヌギ、ケヤキ、サルスベリ、シダレザクラ、ハリエンジュ、マサキ、ミズキ、モモ、ユリノキなどがある。

　一方、大気環境指標木とは、大気汚染や酸性土壌に弱い樹木のことで、アカマツ、サザンカ、シダレヤナギ、スギ、ツゲ、ポプラ、モクレン、モミなどがある。図7-54は、酸性雨によるスギの健康度の評価基準を示す。スギは大気環境指標木であり、大気汚染や酸性雨の状況を間接的に評価する際に利用される。

　また、アサガオは酸性雨に当たると花の色が抜けたり、ひどいときには葉が黄色く変色する。これは酸性雨の影響であり、pHが4.5以下の酸性雨に当たると花に白い斑点が現れ、酸性雨と密接な関係にある光化学オキシダントに長時間さらされると、葉が白っぽくなったり、黄色く変色する。アサガオは酸性雨を調べるために用いられる指標生物のひとつである。

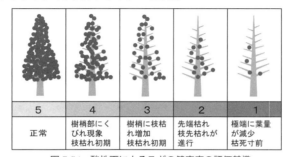

図 7-54　酸性雨によるスギの健康度の評価基準
（出所：神奈川県環境部大気保全課資料より作成）

7 生態系と地球のバランス　〜地球環境の問題〜

の河川や湖沼へ流れ込む土砂が火山灰などアルカリ性に富む物質が多く酸性を中和してきたためとも、石灰岩地帯が多いため酸性を中和してきたともいわれている。

　この事実は、河川や湖沼の酸性化に対する抵抗力（緩衝作用）は場所により異なることを示唆している。緩衝作用は、酸性を減少させる水や生き物の作用のことであり、

　　○水中に含まれる炭酸水素イオン（HCO_3^-）が酸と反応し二酸化炭素となるので、水中
　　　から酸性物質が取り除かれる。

　　○硫酸還元菌は硫酸イオンを硫化水素（H_2S）として水中から取り除く。

　　○脱窒菌は嫌気性状態で硝酸イオンを窒素と水に分解し取り除く。

といった作用がある。

　水質の酸性化は、上記のバランスが崩れたときに起こる現象である。緩衝能力を超える負荷は水中の硫酸イオン、硝酸イオン濃度を増加させ、河川、湖沼の底泥からアルミニウム、ナトリウム、カリウム、マグネシウムやカルシウムなどの金属イオンが溶出する。また、水が酸性化すると魚類の体内塩分濃度が低下し弱っていく。そして、溶出するアルミニウムイオンなどの毒性により卵が孵化しなくなったり、プランクトンから弱い順に減少し食物連鎖が断ち切られ、生態系が崩壊していく。

　欧州や北米では河川、湖沼の酸性化が進行している。スウェーデンでは、1960年ごろからゲルサヨン湖で酸性化が進んでいることが報告され、1979年（昭和54年）にはpH4.5にまで被害は拡大していく。また、1985年（昭和60年）の大規模な調査により8万5千ヵ所ある湖沼のうち2万5千ヵ所が酸性雨の影響を受けており、1万5千ヵ所はすでに酸性化していることが判明した。さらに、酸性化した湖沼の4,500ヵ所では魚類が死滅し、さらに1,800ヵ所では水生昆虫などの生き物も全滅した「死の湖」となっていることがわかり、生態系に重大な影響が出ている。

　スウェーデンの湖沼では、pH5.5前後を境にサケ科、コイ科の魚類が姿を消した。魚類への影響は、卵や稚魚の時期にもっとも強く表れ、この時期が酸性の雪が解ける季節と重なると被害は大きくなる。これは、pH6.0でサケ科の魚類の主要なエサであるヨコエビが死滅することも関係しているであろう。pH6.0を限界として炭酸カルシウムの殻をもつ巻貝や二枚貝にも大きな被害が出ている。

　カナダでは、4,000ヵ所の湖沼が「死の湖」と化し、サケの仲間も姿を消してしまった。これは、春になり気温が上昇すると、酸性の汚染物質を多量に含んだ雪が一度に溶け出し河川や湖沼を酸性化するのである。サケは秋に産卵し稚魚は翌年の春までその川で過ごすが、サケ科の魚はもともと酸性に対する耐性が弱いことや稚魚ということが災いし、この雪解け時に死滅していくのである。

　カナダ漁業省が1975年（昭和50年）から8年かけて実施した壮大な実験がある。これは、小さな無名の湖に人工的に酸を流し込み続けpHと生態系の関係を調べたものである。はじめpH6.8であった湖水がpH6前後になると最初にエビとコイ科の魚類が急速に姿を消していった。pH5.9では1年以内に動物プランクトンのアミが全滅し、アミをエサとする

295

マス類の稚魚が姿を消していく。pH5.6 では、殻となるカルシウムの吸収がうまくいかなくなったザリガニの殻が軟らかくなる。pH5.1 になると、エサとなるザリガニが絶滅し貝類や水生昆虫もいなくなったため、親のマス同士が共食いを始める。そして pH4.5 以下になると、主要な魚類はすべて死滅し、湖の生態系は一挙崩壊したのであった。

3）影　響

　酸性雨は、アテネのパルテノン神殿、ローマの遺跡、ドイツのケルン大聖堂やロンドンのウエストミンスター寺院など、主に大理石や銅を多用した歴史的遺跡や建物、石像などにも影響を与えている。

　大理石でできた建造物は、高濃度の二酸化硫黄や酸性雨に触れると、

$$CaCO_3（炭酸カルシウム）＋H_2SO_4（硫酸）＋H_2O　→CaSO_4・2H_2O（石膏）＋H_2O$$

という反応により、石膏に変化していく。

　石膏は大理石と結晶構造が異なり結晶自体の膨張率も異なるために、建造物にゆがみを生じさせ亀裂が発生し、そこから奥へと酸性雨がさらに侵入し被害を拡大していく。

　また、ひび割れの発生したコンクリート内部に酸性雨が侵入すると、セメントの主成分である水酸化カルシウムが炭酸カルシウムに変化するなど徐々に分解しコンクリート構造物を破壊させていく。コンクリート内部の炭酸カルシウムが外部へ溶出し「つらら状」となったものを「コンクリートつらら」とよぶこともある。

　銅製品は酸性雨に触れ腐食し、緑色の緑青へ変質する。そして緑青が浮き出し表面に雨水の流れに沿ってできる条痕（アシッドライン）を発生させる。

（3）酸性雨対策への国際的取組み

　酸性雨の影響は、発生源から大気を通して遠くは 1,000km 先にまで及ぶことから、国境を越えた国際問題に発展している。

　酸性雨問題は、1969 年（昭和 44 年）、OECD（経済協力開発機構）により初めて問題提起され、1972 年（昭和 47 年）4 月には、「大気汚染物質長距離移動計測共同技術計画」を発足させ、欧州の酸性雨を監視する体制を整えていくことで合意する。

　1977 年（昭和 52 年）にノルウェーが酸性雨に関する国際条約の必要性を唱えると、1979 年（昭和 54 年）11 月には「長距離越境大気汚染条約」が国連欧州経済委員会（UNECE）において採択され、1983 年（昭和 58 年）3 月に発効した。この条約は、加盟国に越境大気汚染防止のための政策を求めるとともに、硫黄などの排出抑制技術の開発、酸性雨の監視、情報交換などの国際協力の実施が規定されている。

　その後、この条約をもとに酸性雨の原因物質である硫黄酸化物と窒素酸化物を削減するための 2 つの議定書が締結された。

　1 つ目は、1987 年（昭和 62 年）9 月に発効された「ヘルシンキ議定書」である。この議定書では、硫黄の排出量を 1993 年（平成 5 年）までに 1980 年（昭和 55 年）の排出量と比較して、最低限 30% を削減することが定められた。

2つ目は、1991年（平成3年）2月に発効された「ソフィア議定書」である。この議定書では、窒素酸化物の排出量を1987年時点の排出量に凍結することを定めている。と同時に、新規の施設と自動車に対し、経済的に可能な範囲で最良技術に基づく排出基準を適用しなければならないことを定めている。

従来の酸性雨被害は欧米諸国で顕著であった。しかし、現在では急速な経済発展を続けている中国やインドなどのアジア諸国での被害が増大している。これまでの日本における調査によると、秋から冬にかけて日本海側で硫酸イオン濃度が高くなることが明らかとなっている。これは、中国で発生した硫黄酸化物が風に乗り国境を越え広域的に拡散していることが原因であると考えられている。1999年（平成11年）には、中国の重慶でpH3.42という強酸性雨が記録されたときに、佐渡でもpH3.79という記録的な値を示している。

このように、将来はアジア、とくに世界人口の3分の1強を占め、経済成長が著しく、しかもエネルギーを石炭に依存する多くの国々を有する東アジア地域からの硫黄酸化物、窒素酸化物の発生を抑制し、酸性雨を未然に防止する国際協力の体制確立が急務となっている。そのため、東アジア12ヵ国（カンボジア、中国、インドネシア、日本、ラオス、韓国、マレーシア、モンゴル、フィリピン、ロシア、タイ、ベトナム）が協力し、「東アジア酸性雨

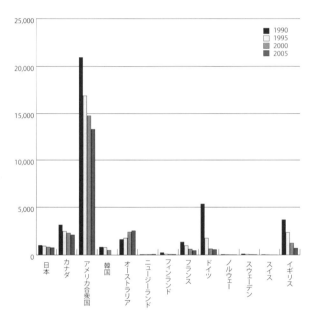

図7-55　各国の硫黄酸化物排出量の推移
（出所：環境省環境経済情報ポータルサイト『各国の硫黄酸化物排出量の推移』より作成）

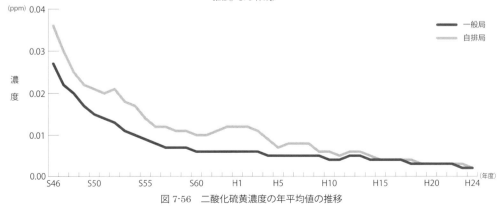

図7-56　二酸化硫黄濃度の年平均値の推移
（出所：環境省『大気環境モニタリング実施結果』2015より作成）

モニタリングネットワーク（EANET）」を構築している。このネットワークは、各国共通の手法で酸性雨のモニタリングを行い、酸性雨の現状を把握し、国際協力のもとで発生源対策等を行っていくものである。

日本における二酸化硫黄、二酸化窒素の推移を図7-56、58に示す。二酸化硫黄の濃度は減少を続けている。これは、世界的にも厳しい排出抑制が行われており、排煙脱硫で世界的にも高く評価されている防除施設の成果である。この方法は、石灰石を粉状にして水との混合液を作り、工場等の排ガスに霧状にして吹きつけると、排ガス中のSOxと石灰が反応して亜硫酸カルシウムとなる。これを酸素と反応させて石膏として取り出すものである（図7-57）。

二酸化窒素は一般局、自排局ともゆるやかな低下傾向が認められる。環境基準達成率は、一般局では100％であり、平成18年度から8年連続ですべての測定局で環境基準を達成している。自排局では99.0％で平成24年度（99.3％）とほぼ同水準であった。工場等から排出されるNOxは、図7-59に示す排煙脱硝装置で除去される。これはNOxを含んだ排ガスにアンモニアを加え触媒層の中を通すことで、NOxは触媒の働きで窒素と水に分解する方法である。

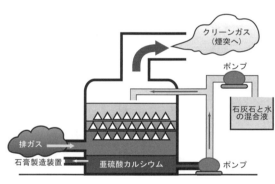

図7-57　排煙脱硫装置の仕組み

大気汚染物質の発生源には、自動車、船舶、航空機などの移動発生源がある。とくに大都市圏においては自動車から排出される窒素酸化物による大気汚染が著しく、その対策が求められてきた。そこで、大気汚染防止法により、自動車1台ごとの排出ガス量の許容限度を定めたり（自動車排出ガス規制）、一定の自動車に関して、より窒素酸化物や粒子状物

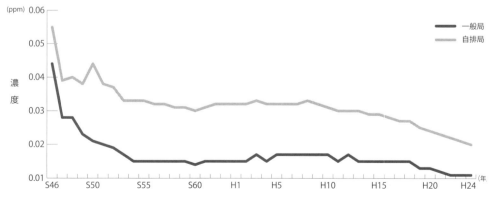

図7-58　日本における二酸化窒素濃度の推移
（出所：環境省『平成12年度版大気汚染状況報告書』）

質の排出の少ない車の利用を促進させる「車種規制」という規制を盛り込んだ「自動車 NOx・PM 法」を制定することにより、大都市圏（首都圏、近畿圏、愛知・三重圏）で使用できる車が制限されることとなった。

1978 年（昭和 53 年）に導入された自動車排ガス規制（日本版マスキー法）は、既存の技術では対応しきれない規制基準を設け、強制的に技術を促進させる特徴を有し、いち早く規制を達成した企業が業界における優位を得ることができるという競争原理の導入を取り入れたものであった。その結果、図 7-60 に示すように、日本の NOx 規制値は世界的にみても最高水準にある。

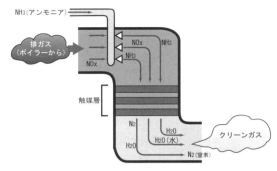

図 7-59　排煙脱硝装置の仕組み

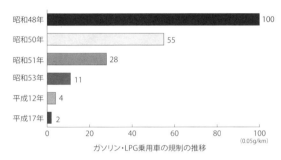

図 7-60　日本の自動車排出ガス（NOx）規制値の推移
（出所：環境省・平成 26 年版 図で見る環境・循環型社会・生物多様性白書『自動車排出ガス（NOx）規制値の推移』より作成）

3－4　海洋汚染

(1) 海洋とは

海洋とは、地球表面の約 4 分の 3 を占めている塩水で満たされた広大なくぼ地のことである。太陽系の惑星で海洋が存在するのは、この地球だけである。

日常の会話の中で、私たちの多くは「海」とはいっても「海洋」ということは少ない。「海洋」という言葉は海洋汚染、海洋技術、海洋資源など、特定の目的を取り扱う場面で用いられることが一般的である。それに対して「海」という言葉は、海で泳ぎ、海を散策するといった日常的な場面で用いられることが多い。

陸の平均高度が約 840m であるのに対し海洋の平均深度は約 3,800m である。最高標高はチョモランマ（エベレスト）の 8,848m であるが、最高深度はマリアナ海溝の 10,924m である。海洋は広く、深く、起伏に富んだ地形を呈している。

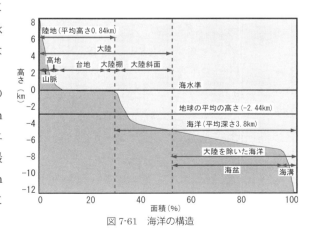

図 7-61　海洋の構造

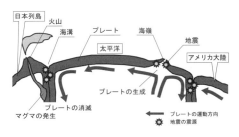

図 7-62　プレートの動きと海洋の構造

図 7-63　1990 年から 2000 年までの世界の地震の震央分布
（マグニチュード 4.0 以上、深さ 50km より浅い地震　出所：気象庁）

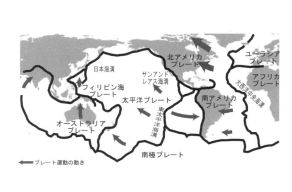

図 7-64　地球のプレート

図 7-65　日本付近のプレート

　海洋は一続きであるが大陸や海流を境に区分され、大陸によって隔てられている「大西洋」「太平洋」「インド洋」、南緯 45 度付近の南極周極海流より南の海域を「南極海」、大西洋の北側の北極付近を「北極海」とよんでいる。

　大陸が海水に覆われた約 200m 以浅の領域を「大陸棚」とよぶ。大陸棚の外側には、勾配がやや緩やかな斜面が続くが、これを「大陸斜面」とよび、その先は深海底あるいは海溝へとつながる。大陸斜面のふもとは堆積物がたまって形成される傾斜の緩やかな斜面があり「コンチネンタルライズ」とよばれている。

　海洋の中央部には「海嶺」や「海膨」とよばれる大山脈が連なっている。海嶺の中軸部はマントルからマグマが湧き上がってくるところで、マグマが固まると新しい海洋地殻となり、そのプレートは左右に移動していく。その速度は年に 1～10cm 程度である。海洋のプレートは陸のプレートより密度が大きいため、その先端は陸のプレートの下に沈み込んでいき、沈み込むところが海溝となる。プレートの沈み込み帯（海溝沿いの地域）には活発な火山活動や地震活動が起きる。大西洋の中央をほぼ南北に走るのがプレートの湧き出し口で、大西洋中央海嶺である。

　地震の分布（図 7-63）と地球のプレートの分布（図 7-64）を比較すると、地震の震源や火山の集中しているところにはプレートとプレートの境界があることがわかる。

Column：大陸移動説からプレートテクトニクス そしてプルームテクトニクスへ

ペルム紀から三畳紀にかけての時代（約3億～2億年前）には、すべての大陸は一続きの「パンゲア」とよばれる超大陸を形成していた。その後、約1億7000万年前頃（ジュラ紀中期）にパンゲアは分裂を始め、まず南北2つのブロックに分かれていく。北側のブロックが「ローラシア大陸」で、現在の北アメリカ、アジア、ヨーロッパが含まれる。南側のブロックが「ゴンドワナ大陸」で、アフリカ、南アメリカ、オーストラリア、南極大陸、インドなどが含まれる。ローラシアとゴンドワナの両大陸はその後も分裂と移動を続け、現在に至っているのである。

地殻の一部である大陸はマントルより軽いのでその上に浮いており、マントルが対流すると大陸もいっしょに移動するという「大陸移動説」をはじめに唱えたのはドイツの気象学者アルフレッド・ウェゲナー（1880～1930）である。大西洋をはさむ両側の大陸は海岸線の形がパズルのようであり、動植物の分布や、地質構造なども検証して説を唱えたのである。しかし同時に、大陸が移動するしくみを地球物理学的に説明することはできなかった。

ウェゲナーの大陸移動説は、海洋底の上を大陸が漂移するとしたところに無理があった。しかし海洋底そのものが移動するのなら、大陸が移動することも無理なく説明できる。そこで「海洋底は海嶺を軸に両側に拡大していて、新しい海洋底が海嶺で生産されている」とする説、いわゆる「海洋底拡大説」が登場する。

海洋底拡大説と大陸移動説は「地球の表面は水平移動する数枚のプレートでできている」という考え方、すなわち「プレートテクトニクス」へと発展していく。現在では、プレートテクトニクスは世界共通の見解となっている。

最近では、従来のプレートテクトニクス理論が主に地球表層を取り扱うのに対し、地殻内部のマントル全体や核までを含めて地殻変動を解き明かす理論「プルームテクトニクス説」が注目されている。プルームとは、マントルの内部を上昇したり下降したりする流れのことをいう。これによると「南太平洋やアフリカの下には、高温のマントルがキノコ雲のように湧き上がっているホットプルームが存在し、アジア大陸の下には、すでに沈み込んだ海洋プレートが、さらに地球中心の核へ向けて下降しているコールドプルームがある。こうした地球規模の大きな対流が地表に表れたのが、プレート運動である」ということになる。

プルームテクトニクスにより未来の地球の姿を予測すれば、5000万年後にはユーラシア大陸にオーストラリアが衝突し、フィリピン海は消滅することになる。そして5億年後には、ユーラシア大陸に北アメリカ大陸が衝突して太平洋が消滅し、超大陸「アメイジア」が出現することになる。

（約1億5000万年前）

図 7-66　ジュラ紀後期の地球

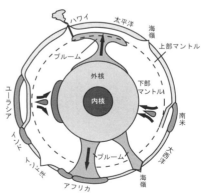

南太平洋とアフリカの地下にある巨大ホットプルーム
沈み込んだ海洋プレートは上部マントルの底に滞留した後、核に向かって崩落

図 7-67　プルームテクトニクス
（出所：丸山茂徳『46億年地球は何をしてきたか？』岩波書店、1993より作成）

(2) 海洋の役割

1）炭素循環

　生き物はすべて炭素化合物から構成されている。近年では炭素を含む二酸化炭素が地球を温暖化させる主原因であることから、地球の炭素循環は世界で注目されている。

　地球の炭素循環は大きく「地球上の炭素循環」と「海洋中の炭素循環」に分けられる。「地球上の炭素循環」においては、二酸化炭素の増減は地球全体に貯蔵された炭素の授受によって決まってくる。炭素は大気、海洋、陸地および生き物に二酸化炭素、炭酸塩、有機化合物などの形で蓄えられ、その間を行き来している。例えば、二酸化炭素の水に対する溶解度は温度が低いほど大きいため、場所や季節によって海水中により多く溶け込んだり、海水中からより多く放出されたりしている。海水中には大気中の約50倍もの二酸化炭素が含まれているため、大気 ― 海洋の間の二酸化炭素の交換は大気中の二酸化炭素濃度に大きく影響を与える。

　近年では、大気中の二酸化炭素濃度は上昇し、人間活動により炭素循環のシステムにおけるバランスが崩れている。大気中の二酸化炭素の平均滞留時間は約5年といわれ、人為的に放出された二酸化炭素も5年で海洋に溶けたり植物体の炭素となる。そして、吸収・固定された分の二酸化炭素が陸上植物体からは呼吸という形で放出されている。海洋、陸域とも、吸収と放出の差が吸収量あるいは放出量ということになる。

　人間活動により放出された二酸化炭素のうち大気に蓄積される量は半分程度であり、残り半分は海洋、あるいは植物に吸収・固定されたと考えられているが、どこに蓄積されているのか今のところ明確ではない。これは二酸化炭素の「ミッシング・シンク」といわれている。いずれにせよ、海洋は二酸化炭素を吸収し、高温化した表層の海水を海洋循環により深層へと運び温暖化を遅らせる働きをしている。海洋は気候変化において中心的役割を果たしていることは事実なのである。

　「海洋中の炭素循環」においては海洋中の生き物が主役となる。海洋では、光の届く「有光層」で植物プランクトンが基礎生産（光合成）を行うが、この際、窒素や燐などの栄養塩、二酸化炭素などの物質が体内に取り込まれる。そして、生産された有機物の粒子態はプランクトンの死骸や糞として光の届かない「無光層」へ沈降していき、中・深層でバクテリアなどの働きにより分解・再生されて栄養塩に戻る。このように、

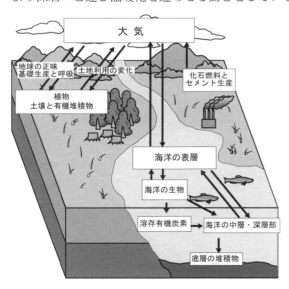

図7-68　地球の炭素循環

海洋には栄養塩を下層へ運ぶ働きがあり、これを「生物ポンプ」とよんでいる。

海洋中の炭素循環における生物ポンプの役割は、海洋の炭素吸収量を見積もる上で重要であり、「ミッシング・シンク」を解く鍵となるかもしれないと考えられている。

生物ポンプの働きにより深海には膨大な量の栄養塩があることがわかっている。これらの栄養塩は、そのままでは生き物に利用されないが、これらを有光層にまで運べば再び植物プランクトンが利用し、生物生産性の高い海域となる。

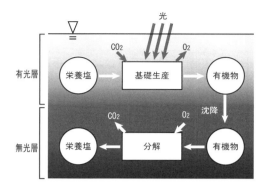

図 7-69　海洋中の炭素循環

このような場所が世界にはいくつもあるが、中でも有名なのは南米ペルーの沖合である。ここでは、風が起こす湧昇流により深海の栄養塩が海面付近にまで上昇するため、カタクチイワシなどの豊かな漁場となっている。しかし、いったんエルニーニョが発生するとこの海域は暖水に覆われ、深海の栄養塩が上がってこられなくなり、生産性のきわめて低い海域となる。

このほかにも、極域海では海面が冷却され重くなり、下へと沈降することにより鉛直対流が起こり、深海の栄養塩が表層へと上昇してくるため、高い生産性をもつ海域となっている。

　2）気候形成

海洋は気候の形成に大きな役割を果たしている。海洋の気候形成への影響は、その規模により、「中規模渦」「偏西風」「エルニーニョ」そして「深層水、底層水」があげられる。

- 「中規模渦」：直径100〜200km程度の渦で、大気における高気圧や低気圧に相当する。海洋における熱の輸送や二酸化炭素の循環の働きをする。
- 「偏西風」：北太平洋の気候は、偏西風の影響が海洋に及び、膨大な熱をもった表層が時間をかけ拡散し、黒潮やエルニーニョを通じて、再び大気に影響を与えている。
- 「エルニーニョ」：熱帯太平洋の暖水プールは年間を通じて28℃以上の海面水温を維持し、地球規模で天候を左右するエネルギーを有している。この暖水プールが東側へ移動していくのが「エルニーニョ」現象である。また、夏に暖められるアジア大陸と温度変化の少ない太平洋・インド洋の間に起こる大規模な海陸風にも、この海域の変動が影響を与えている。

海洋を簡単にモデル化すれば、表層を暖かく密度が小さな海水が覆い、その下層を冷たく密度の大きな海水が占めている構造となる。また、太平洋の低緯度海域の海面気圧は西低東高なので、この気圧差により「貿易風」とよばれる東風が吹いている。貿易風により、暖かい表層水は太平洋の西側に吹き寄せられ、東部では、その影響で深層の冷たい水が「湧

図 7-70 大気 - 海洋の相互関係
(出所：Jamstec 資料より作成)

図 7-71 海洋深層水の大循環

昇流」として表層に上ってくる。

貿易風が例年に比べ弱いと、西側に溜まっていた暖かい水が東側へ拡散し、東側では湧昇流が弱まり、太平洋赤道域の東部は海面水温が平常時よりも高くなる。これが「エルニーニョ」である。また、南太平洋の海面気圧は東部が平年に比べ高いときには、西部は平年より低く、西側が高いときには東部が低くなるという、シーソーのような変化をしていることが20世紀初頭から知られており、これを「南方振動」とよんでいる。

現在では、この南方振動とエルニーニョ現象は大気と海洋が密接に結びついた同一の現象と考えられている。そのため、両者を併せた「エルニーニョ・南方振動（ENSO）」という用語が使われるようになってきた。

○「深層水、底層水」

　北極海は、冷たい上空の大気に熱を与え冷却され重くなった水が、海中深く沈み込み、「深層水、底層水」を形成させる。グリーンランド周辺で塩分濃度差により生じた「プルーム」とよばれる鉛直方向の海流は、最大4,000mの深海にまで沈降し、北大西洋で沈んだ水は2000年かけて深海を巡り、北太平洋にまでたどり着くという大循環を繰り返している。

3）天然資源の供給

　湿った雪のように見える物質、これが「メタンハイドレード」である。メタンハイドレードの中には、エネルギーとして利用可能なメタンガスが大量に含まれており、世界中に広く分布しているため新しいエネルギーとして期待されている。

　メタンガスは温室効果ガスであるが、硫黄・窒素分を含まないため燃やしても硫黄酸化物や窒素酸化物を放出しないクリーンなエネルギーといわれている。バンクーバー沖、パナマ沖、アラスカ沖などの水深500mを越える深海やシベリアの凍土の下など、ある温

度と圧力の条件で存在し、日本周辺でも埋蔵確認の調査が行われ、いくつかの地点で存在が確認されている。その総量は日本の天然ガス使用量の100年分と予想され、全世界では現在知られている天然ガス、石油、石炭の総埋蔵量の2倍以上あると考えられている。

　海洋には、そのほかにも多くの天然資源が存在しており、今後いっそうの海洋開発が進むことが懸念されている。

Column：太平洋と大西洋

　「太平洋」と「大西洋」だが、一方は「太」でもう一方は「大」になっている。いったい、これはどうしてなのだろうか？

　太平洋は英語の「Pacific Ocean」の訳で「平和の海」という意味である。太平洋を「Pacific Ocean」と名づけたのはマゼランであるが、マゼランは1519年、南米最南端のマゼラン海峡を発見・通過した。その際、荒れ狂う大西洋とは違い太平洋は非常に穏やかな海だったため、この「Pacific」がつけられたのである。英語の「Pacific」を日本語へ訳すときも、「泰平」を用いて「太平洋」となった。「泰平」も「太

平」も同じ意味で、「太」は「泰」の略字である。

　一方「大西洋」は英語の「Atlantic Ocean」の訳であるが、「Atlantic」の語源はギリシャ神話で地球を支えている巨人アトラスであり適当な訳語がないので「大きな西の海」と言う意味で「大西洋」になったという説と、昔中国でヨーロッパのことを「大西洋」とよんでいたのがそのままヨーロッパの海という意味で使われたという説、大西洋上にあったとされる伝説の大陸「アトランティス」からとったという説や、アフリカの北西端を海岸に沿って東西に走る山脈から名づけたという説がある。

（3）海洋汚染

　海洋の表層水の水温は熱帯の30℃から極地域の−2℃と幅があり、海水温度の季節変化は陸域に比べずっと小さい。また、水温は深さ方向にも変化し、一般に水深100mまではほぼ一定で、100m以深で急激に低下し、1,000mではおおよそ5℃になる。それよりも深いところでは徐々に低下しながら最深部で氷結温度の−1.4℃より少々高い1℃前後となる。水温が急激に変化するところを「水温躍層」という。

　海水中の主要な陽イオンは、ナトリウム、マグネシウム、カルシウム、カリウムであり、陰イオンには塩化物、硫化物がある。また、海洋の生物生産にとって重要な栄養塩としての炭素、窒素、そして燐は、重炭酸、硝酸、リン酸として存在している。

　海洋の表層には流れがあるが、これを海流と呼び、海流は大きな渦を描きぐるぐると海洋を巡っている。これを海洋の「循環」とよぶ。

　海流は主に風により引き起こされるが、流れの方向は地球の回転によって変化する（コリオリの力）。メキシコ湾流と黒潮はその代表であり、どちらも海洋の東岸沿岸の気候を和らげる働きをしている。

　陸地から沖へ向かう風が一年を通じて強く吹くところでは表層水も沖へ向かって流れていくが、流れ去った表層水の分を埋め合わせようと深層から上部へ向かって冷たい水が湧き上がってくる。これを「湧昇流」という。深いところの海水は死滅したプランクトンが沈み始め、分解され、栄養塩となるため栄養塩に富んだ海水となる。これが湧昇してきた

海域は、そのため生物生産性が高くなる。生産性が高い海域の多くは、海水の鉛直方向の混合が盛んな場所にある。

　海洋表面で蒸発が起こると、表層水の塩分濃度が高まり密度が高くなるため表層水が沈んでいったり、海水が氷結し始めると塩分が外へ放出されるため、周辺海域の塩分濃度が上昇し重くなった表層海水は沈んでいく。このような現象で沈んでいった北大西洋と南極付近の深層水は、一度も大気と接することなくインド洋と太平洋に向け流れていく。

　このように、海洋は生物多様性に富む環境にあり、私たちの食料を提供してくれるだけでなく、マグネシウム、臭素、マンガン、鉄や銅、コバルトといった有用な天然資源を与えてくれる。海洋は多種多様な資源の供給源となっている一方で、海洋は汚染され続けている。

　人為起源の物質のほぼすべてが最終的には海洋に流入することを考えると、海洋はこれまでに多くの不用物を受け入れ続けてきた。海洋は地球表面の約4分の3という広大な面積を占めるため、天然資源の供給や不用物の収容量に関しては無尽蔵といった印象がもたれていた。しかし最近では、各水域で漁獲量は大幅に減少し、有害化学物質や原油、プラスチックなどによる環境問題が顕在化している。汚染とは無関係に思えていた外洋に関しても、汚染の進行が懸念されている。

　海洋汚染は、海を通して世界の国々へ影響を及ぼすことから、国際的な取組みがなされてきた。「国連海洋法条約」では、海洋汚染を次のように定義している。

　「生物資源及び海洋生物に対する害、人の健康に対する危惧、漁業等の海洋活動に対する障害、海水の利用による水質の悪化及び快適性の減少というような有害な結果をもたらし、又はもたらすおそれのある物質又はエネルギーを、人間が直接又は間接的に海洋環境に持ち込むこと」をいう。

　そして、海洋汚染の原因を次のように分類して考えている。

○陸からの汚染（全体の7割程度）

　河川などを通じて海洋に流れ込む工場や家庭からの汚染物によるもの。

○海底資源探査や沿岸域の開発などの活動による生態系の破壊、汚染物質の海洋への流入など。

○投棄による汚染（全体の1割程度）

　廃棄物を海洋に投棄することによる汚染。

○船舶からの汚染（全体の1割程度）

　船舶の運航に伴い発生する石油や廃物などの排出による汚染。

○大気を通じての汚染

　大気汚染物質が海洋に達して生じる汚染。

　さらに、湾岸戦争での大量の油流出のように戦争も大きな海洋汚染の原因となっている。

7 生態系と地球のバランス ～地球環境の問題～

1）原油汚染

　1997年（平成9年）に日本海で発生したナホトカ号の油流出事故は、世界でも取り上げられる大惨事となった。日本周辺海域で最大規模となったこの油流出事故は、大量のC原油を山形県から島根県に至る海岸一体に拡散し、水産資源への被害にとどまらず、海鳥

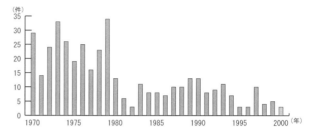

図7-72　タンカーの油流出事故（対象：700トンを超えるタンカー）
（出所：国際タンカー船主汚染防止連盟）

や国立・国定公園等の貴重な生態系へ重大なダメージを与えてしまった。

　座礁、衝突、破損などが原因で起こるタンカー事故は世界中の各所で発生しているが、近年では油流出事故に関してみれば発生件数が急激に減ってきている。700トン以上のオイルタンカーの油流出事故の発生件数は、1970～79年には年平均24.6件であったものが、1980～89年で9.3件、1990～99年で7.8件、2000～09年で3.3件にまで減少し、2010～12年では1.7件となっている。

　さらに、5,000トン以上の新造船は「国際海事機関（IMO）」の条約により、1996年（平成8年）7月以降は「二重殻構造方式」または「中間甲板方式」での建造が義務づけられているため、耐久年数を過ぎたタンカーは減少している。しかし、一度事故が起きれば、それは地域の生態系を汚染するだけでなく広域生態系へ影響を及ぼす大惨事となる。日本沿岸で発生した油流出事故をまとめると、図7-73のようである。

　一般的な大型タンカーは25万トン級であるが、1回に運ぶ原油量は東京ドームの4分の1ほどで、そのうちの40%は火力発電に使用されるC重油である。C重油は原油を精製してガソリン、灯油、軽油、重油、潤滑油などの石油製品を生産した後の残渣分であり、粘性の高いどろどろした黒い液体である。事故により流出した油は海面上を覆い、潮流や風により拡散しながら水分を含んで「ムース化」したり「オイルボール化」したりする。オイルボール化したものはやがて海底に

図7-73　日本沿岸で発生した油流出事故

307

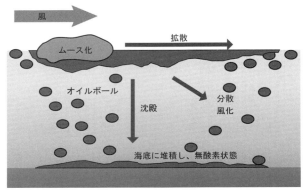

図 7-74 油流出による海洋汚染の仕組み

堆積し、海底を無酸素状態に変えていく。沈んだオイルボールを回収する作業は非常に困難である。

原油の中に含まれている揮発性有機化合物（VOC）、硫化水素、ベンゼンおよび多環芳香族化合物（PAH）等は、大気中に拡散し呼吸や接触を通じ生き物へ影響を及ぼす。また、窒素酸化物と炭化水素は、太陽光の紫外線により光化学オキシダントに変化し生態系へダメージを与える。そして、沿岸に漂着したり海底に堆積した重油などが長期にわたり残存することで、海洋生態系を変えてしまうことになる。

南米エクアドルのガラパゴス諸島には約5,000種の生き物が生息しており、そのうちの約40％がガラパゴスゾウガメやウミイグアナなどの固有種（ガラパゴス諸島にのみ生息する種）である。また、ゾウガメの甲羅やダーウィンフィンチの嘴（くちばし）のように、島によって形が大きく異なる例も数多く知られ（適応放散）、ダーウィンの進化論に大きな影響を与えた「世界遺産」にも登録されている諸島である。

2001年（平成13年）1月、そのガラパゴス諸島サン・クリストバル島沖で燃料船「ジェシカ」が座礁、約70万リットルのディーゼル油と重油が流出し、動植物などへ大きな影響を与える事故が発生した。流出油の一部はサンタフェ島に漂着して、アシカや少数のアオアシカツオドリとペリカン等に被害を与えた。これら生き物に対する直接的な被害のほか、長期的な生態系への影響も心配されている。

国際自然保護団体「世界自然保護基金」は「ガラパゴスの生態に深刻かつ長期的な影響を与える可能性がある」と警告し、エクアドル政府の求めで米国沿岸警備隊が現場海域に到着し回収作業を始めた。油は一部の海岸に流れ着き被害は拡大している。エクアドルの沿岸警備隊や漁民、国際協力やボランティアが中和剤を散布するなどしたが、流出した燃料が海底に沈殿した場合、藻類が死滅して食物連鎖が絶ち切られ、ウミイグアナやサメ、鳥などの生態を脅かす懸念が出ている。

何よりも事故が発生したら速やかに処理することが大切である。流出油の処理としては、次に示すような方法がある。

○人間がひしゃくなどで海面に浮いている油を除去する。
○オイルフェンスを設置して油を回収する。
○油吸着マットを海面に敷き、油を吸着除去する。
○油処理剤を散布し、油を分解除去する。
○微生物の働きを利用するバイオ・レメディエーションにより分解除去する。

ナホトカ号の油流出事故の際には、日本各地から多くのボランティアが集結し、海岸の砂や岩場に付着した油を拭き取ったり、洗い流したりという作業が連日連夜行われた。この作業はある程度の成果をもたらすが、海底に堆積した油等の処理には無力であった。

オイルフェンスの使用は油の拡散を防御するのに有効ではあるが、タンカーが座礁するような地形、気候の下では使用できない場合も多い。そのほかにも局所的に油吸着マットを設置する方法もあるが広範囲の処理には向かない。空中から油処理剤を散布する方法は広範囲に使用できる利点があるが、薬剤の毒性、環境への影響など解決するべき問題が多い。現在では、微生物の分解力を利用するバイオ・レメディエーションという方法が注目されている。

「バイオ・レメディエーション」とは、「バイオ（Bio：生物）とレメディエーション（Remediation：修復、浄化）の造語であり、環境修復技術の一つ」である。海洋や河川、湖沼には、生息する微生物の働きによって汚れを浄化する「自浄作用」が備わっている。細菌は汚染物質を酸化・還元して分解したり、藻類は汚染物質の一部を体内に取り込み光合成を行い処理したり、プランクトンや原生動物は有機汚濁物質や細菌を摂食したりする。これらが自浄作用とよばれるものである。バイオレメディエーションは、この自浄作用を人為を加えより積極的に機能させることにより有害物質を分解し、環境を修復しようとする方法である。

その方法であるが、汚染された水や土壌中の微生物にエサを与えることにより増殖させ、微生物による有害物質の分解を促進させたり、とくに有用な機能をもつ微生物を選択的に培養して備蓄しておき、必要なときにエサとともに分解微生物を対象地に散布したりすることなどがある。この方法は新たな微生物を環境に持ち込むことの是非など解決しなければならない問題が残されているものの、1989年（平成元年）アラスカ沖で発生したエクソン・バルディーズ号の油流出事故や日本海での重油流出事故の際には実証試験が行われている。

2）海洋浮遊物（プラスチック）汚染

人間活動が活発化するに伴い、多くの産業廃棄物が海洋に投棄されたり、河川等を通して流入している。国連環境計画（UNEP）の2009年の報告書によれば、世界中で毎年64万トンのごみが海洋に流出していると推測されている。海へ流出するごみは、①漂着ごみ（海岸に漂着しているごみ）、②漂流ごみ（海面を浮遊し続けているごみ）、③海底ごみ（海底に沈んでしまっているごみ）の3つに分類され、その中でも、密度は低いものの海面に浮遊するプラスチックなどの石油化学物質は広く海洋全域で確認されている。2000年頃の世界

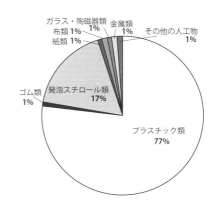

図7-75　日本の海岸における漂着ゴミの分類結果
（出所：環日本海環境協力センター『漂着物対策等活動先進事例集』2014より作成）

図7-76　日本列島周辺の海流

のプラスチック総生産量は1億7,800万トンであったが、その後も生産量は増大し、2012年では2億8,800万トンに達した。世界のプラスチックの生産量は、とくに発展途上国において増加している。日本の生産量は、2000年の1,400万トンから2010年には1,200万トンに減少しているが、たとえば中国においては、1995年の500万トンから2010年には4,300万トンへと大きく増大し、アメリカに次ぐ世界第2位の生産国となっている。

2015年2月、米国ジョージア大学は、科学誌サイエンスに、海に接する192の国や地域を対象に海洋に流出するプラスチックゴミに関する調査結果を発表した。これによると、海洋に流出するプラスチックゴミは世界全体で480万～1,270万トン／年に達し、最も流出が多い国は中国であるとの結果であった。上位は中国の132～353万トン、インドネシアの48万トン～129万トン、フィリピンの28万～75万トンであり、リサイクルや焼却、埋め立てなどの廃棄物処理が適切に実施されていることによると考えられる。

プラスチックなどは微生物により分解されない物質であり、一度海洋に排出されると半永久的に存在し続ける。プラスチックボトルが分解されるまでにかかる時間は約450年と見積もられている。ちなみに、アルミ缶80～200年、発泡スチロールのブイ80年、プラスチックの袋10～20年、リンゴの芯2ヵ月、バナナの皮2～5週間である。その結果、船舶のスクリューに巻き込まれ運航に障害を起こすといった出来事だけでなく、海生哺乳類や海鳥がプラスチック製魚網やロープに絡まり死亡する事件や、プラスチック片をエサと間違え誤飲し死亡する事故が多発している。

最近では「レジンペレット」「マイクロプラスチック」という小さなプラスチック製の粒や細片が海洋を汚染し海洋生態系にダメージを与えている。レジンペレットとは、プラスチック製品の製造工場で金型に入れプラスチック製品を形成するのに適したプラスチック原材料のことで、直径2～5mm程度の粉末状、粒状の形態をしている。可塑剤、安定剤、着色剤などの化学物質がすでに配合されている。

これがプラスチック工場や運搬中の船舶などから漏出して海洋を漂い、沖合へ流れ、その一部が海岸に漂着している。今では、世界中の海洋に汚染は広がり、日本周辺でも広範囲に存在が確認されている。

1971年（昭和46年）に、北大西洋のサルガッソ海で実施された海洋表層に浮遊するプ

7 　生態系と地球のバランス　　〜地球環境の問題〜

ラスチック粒子の確認調査では、1km² あたり平均して 3,500 個ほどのレジンペレットや
プラスチック片が発見されている。IPW の調査結果によると、2014 年現在、世界 5 大陸
50 ヵ国約 400 の海岸でレジンペレットの漂着が確認されている。

　漏出したレジンペレットは分解されず長い時間存在し続けるので、その間に海鳥やウミ
ガメ、魚などが誤って摂食し、腸閉塞や栄養失調を引き起こす。さらにレジンペレットは
PCB などの有害物質を吸収したり、その内部から配合された化学物質が環境ホルモンと
して海洋に溶け出していることも確認されている。

　一方、近年海洋生態系への影響が懸念されている物質に「マイクロプラスチック」が指
摘されている。漂流・漂着ごみのうち約 70％を占めるプラスチックゴミは、海岸に漂着
すると強い紫外線や大きな温度差の影響で劣化が進行したり、海岸砂による摩耗等で次第
に細片化していく。このうち、一般的には 1mm ないし 5mm サイズを下回るものをマイ
クロプラスチックとよび、世界各地の海域で確認されている。

　マイクロプラスチックには、製造過程において難燃剤として添加されるポリ臭化ジフェ
ニルエーテルや、漂流中に表面に吸着した残留性有機汚染物質（POPs）などが含まれてい
る。動物プランクトンと同程度の大きさを持ったマイクロプラスチックは、魚類等による
誤食を通して容易に生態系に混入するため、生物濃縮による海洋生態系汚染の可能性も指
摘されている。

　1999 年（平成 11 年）に環境庁（現：環境省）は、全国 20 地点の海岸線に打ち上げられたり、
海面を漂流しているゴミの調査を行った。その結果によると、海岸漂着ゴミのうち、プラ
スチック類は全体の 18.3％ で流木などを除く人工物の 52.7％ を占め、収穫物の中でもっ
とも多いものであった。プラスチック製ゴミの内訳は、レジンペレットが 28％、プラスチッ
ク製品の小片 26％、プラスチック製の袋 12％ の順であった。

　2001 年（平成 13 年）6 月に行われた、海上保安庁と 3,700 名の小中学生による全国
50 ヵ所の海岸調査でも、プラスチック製品のゴミの多さがとくに目立っている。2015 年
（平成 27 年）に至る 5 年間、環境省は全国 7 ヵ所（茨城県神栖市、石川県羽咋市、兵庫県淡路市、
山口県下関市、長崎県対馬市、鹿児島県南さつま市、沖縄県石垣市）の海岸で漂着ゴミ（個数、種類、
量等）のモニタリングを実施している。この 5 年間の調査結果によると、プラスチック類
は回収数の 6 〜 9 割を占めている。漂着ゴミに占めるプラスチック類の割合が増大して
いることが分かる。

　全国的にみてプラスチック類の漂着ゴミの割合は高い傾向となっているが、漂着ゴミに
は地域性がある。海上保安庁第四管区海上保安本部のレポートによれば、例えば、渥美半
島の高松海岸や西の浜では、それぞれ 92％、99％ がプラスチック、ビニールである。

　日本列島周辺には、図 7-76 に示すような海流が存在し、その海流に乗って海外からの
ゴミが日本に漂着したり、逆に日本のゴミが海外に向け漂流している。例えば、韓国のゴ
ミは対馬暖流に乗り日本海沿岸へたどり着く。日本の太平洋側からのゴミは、黒潮海流に
乗り沖合いへ運ばれ、北太平洋海流でハワイやアメリカ西海岸にたどり着く。

311

環境省『平成26年度沿岸地域における海洋ごみ調査の結果について』によれば、日本の海岸に漂着するペットボトルの言語標記等から製造国別の割合を調査した結果、ペットボトルの漂着数が最も多かった沖縄県石垣市は約8割が中国のものであった。一方、日本海側では、韓国が約3〜5割、中国は約2〜3割確認された。鹿児島県南さつま市と茨城県神栖市では約7〜8割に日本語表記が確認され、瀬戸内海ではほぼ全てが日本のものであった。

　海洋汚染を軽減するためには、一人一人がゴミを出さないライフスタイルへ転換していくことと同時に、海流に乗って国境を越えて広がる問題でもあるため、国際機関を中心に実効性のある流出防止対策を進めていかねばならない。

Column：海のゴミを減らし、地球を美しい平和な星へ

　このような現状の中、「地球を美しい平和な星に」との願いを込めて、海のゴミを減らそうと努力しているグループがある。「クリーンアップ全国事務局（JEAN）（http://www.jean.jp/)」は、毎年春と秋に全国一斉クリーンアップ・キャンペーンを開催している。春はアースデー（4月22日地球の日）から環境週間（6月5日の週）にかけて、まずは気軽にゴミ拾いをと、とにかくやってみることを呼びかけている。秋は9月22日の国際海岸クリーンアップ・デーを中心に、世界中で一斉にクリーンアップを実施し、ゴミを拾うのと同時に客観的なデータを集め原因を明確にし、さらに根本的な解決策を探っていこうとするものである。

　毎年の調査結果は「クリーンアップキャンペーン・レポート」にまとめられ、一般市民、企業や関係省庁などへ報告され、改善策の検討や提案を行っている。世界各地の調査結果はアメリカ本部でまとめられ発表され、海洋環境保全のために活用されている。

毎年100ヵ国前後の国と地域で実施されている。

　サーフライダーファウンデーションは、1984年（昭和59年）、アメリカのカリフォルニアのサーファーが、海岸の汚染や自然の海岸線の破壊を危惧し立ち上げた環境保護団体である。海岸保全、地域活動、政策提案、調査研究、環境教育を活動の柱として活動を展開しているが、日本には同様な問題を危惧したサーファーが1993年（平成5年）に立ち上げた「サーフライダーファウンデーション・ジャパン（http://www.surfrider.gr.jp/ja/)」がある。国際ビーチクリーンアップへの参加や協力の呼びかけを行ったり、沿岸域での水質調査やダイオキシン汚染の実態調査、重油流出事故へのボランティア活動支援、海岸侵食とそれに伴う護岸の実態調査などを手がけている。

　横断的な草の根団体の連携をよびかけ、現在ではサーファーによる全国の海岸での清掃活動が定着してきているなど、実績を上げつつある。

3）有害化学物質

　化学物質は工場からの廃棄物や合成洗剤、農薬、化学肥料などが水に溶け込み、河川を通じて最終的に海洋に流れ着く。DDT、ディルドリン、PCBなどの有機塩素化合物は、先進国では1970年代から使用禁止などの規制措置がとられている。今では、化学物質の投棄に関する法律や条令が厳しく、工場などからの化学物質の投棄は減少している。しかし、これらの物質は、環境中での分解、消滅がきわめて遅く、農薬にいたっては現在でも開発途上国で使用され続けている。その間に北極や南極にいたる地球の海洋で広く検出されている。

　海洋生態系では、ほとんどの生き物の体内から有害化学物質が検出されている。とくに、食物網の上位に位置する生き物は、「生物濃縮」により高濃度で汚染されている傾向にある。

7 生態系と地球のバランス ～地球環境の問題～

化学物質は海洋生物の免疫力を低下させ、内分泌系の疾病や潰瘍などの病的異常を引き起こしている。イルカやクジラなど多くの海生哺乳類は、化学物質をほとんど分解できなかったり、陸生の動物に比べ非常に弱い能力しか持ち合わせてはいない。このため、生涯にわたり多量の有害物質を摂取し体内に蓄積していくことになる。このように、現在のヒトを基準とした化学物質の安全基準では海洋の生態系を守ることはできない。

（4）海洋汚染に対する取組み

海洋汚染は国境を越えた地球環境の問題であることから、「国際海事機関（IMO）」を中心とした国際的取組みがなされてきた。IMO は国際貿易に関わる海運に関し、海上の安全、航行の能率、船舶による海洋汚染の防止などについて政府間の協力を促進するための国際連合の専門機関であり、日本は 1958 年（昭和 33 年）に加盟している。

1975 年（昭和 50 年）に発効された「廃棄物その他の投棄による海洋汚染の防止に関する条約（通称：ロンドン条約）」は、主として「陸上で発生する廃棄物の船舶、航空機、人工海洋構造物からの海洋投棄処分を規制すると共に、海洋における廃棄物の焼却を規制」している。日本は 1980 年（昭和 55 年）に批准、発効している。

1978 年（昭和 53 年）には、「船舶からの油や有害液体物質、廃棄物の排出など」を規制する「マルポール 73/78 条約（通称：海洋汚染防止条約）」が採択され、1983 年（昭和 58 年）に発効した。これは、1978 年の議定書により修正された 1973 年の船舶による汚染防止のための国際条約である。

1983 年（昭和 58 年）に採択され、1994 年（平成 6 年）11 月に発効された「海洋法に関する国際連合条約（通称：国連海洋法条約）」は、今日の海洋保全に関する諸問題について包括的な法秩序を規定するものである。陸上からの汚染、大気からの汚染、船舶からの汚染など 6 項目について、それぞれ国際条約に基づいた措置をとるよう締約国に求めている。日本は 1996 年（平成 8 年）7 月 20 日（海の日）に発効した。

さらに、1989 年（平成元年）3 月、米国アラスカ州バルディーズ港付近で発生した「エクソン・バルディーズ号事件」を契機に、1990 年（平成 2 年）には、第 16 回 IMO 総会において、大規模油流出事故に対応するための国際協力体制の確立を目的とした「油による汚染に関わる準備、対応及び協力に関する国際条約（通称：OPRC 条約）」が採択され、1995 年（平成 7 年）に発効した。日本は 1996 年 1 月に発効している。

国連環境計画（UNEP）は、閉鎖性の高い海域とその沿岸海域を海洋汚染から守るために、協定等の締結を通じて地域的に協力しようとする取組みを推進しており「地域海計画」とよばれている。1975 年（昭和 50 年）に採択された「地中海行動計画」を最初に、世界の地域において計画が実施されている。

この計画は、
○研究、モニタリング、汚染源の管理などに関し、協力するための行動計画
○各国の公約を具体化する協定や条約

○海洋投棄、緊急時の協力、保護すべき海域の特定に関する事項についての議定書などから構成されている。

日本は世界で12番目の「地域海計画」として、中国、韓国およびロシアとともに日本海および黄海を対象とした「北西太平洋地域海行動計画」を採択している。

国内では「海洋汚染防止法」に基づき、油、有害液体物質および廃棄物の排出規制や焼却規制が行われている。また「OPRC条約」に対応して、1995年（平成7年）に閣議決定された「油汚染事件への準備及び対応のための国家的な緊急時計画」に基づき、日本周辺の海域で発生した油汚染事件に対して、油汚染発生時の即応体制、関係機関の緊密な連携等の強化が図られている。

表7-24　海洋汚染に関係する主な国際条約

年	条約名	備考
1958年（昭和33年）	国際海事機関（IMO）	国際貿易に関わる海運に関し、海上の安全、航行の能率、船舶による海洋汚染の防止などについて政府間の協力を促進するための国際連合の専門機関。
1975年（昭和50年）	ロンドン条約	「陸上で発生する廃棄物の船舶、航空機、人口海洋構造物からの海洋投棄処分を規制」するとともに、「海洋における廃棄物の焼却」を規制。日本は1980年（昭和55年）に批准、発効。
1978年（昭和53年）	マルポール73/78条約	「船舶からの油や有害液体物質、廃棄物の排出など」を規制。
1989年（平成元年）		「エクソン・バルティーズ号事件」発生。
1990年（平成2年）	OPRC条約	大規模油流出事故に対応するための国際協力体制の確立を目的とする。日本は1996年1月に発効。
1996年（平成6年）	国連海洋法条約	海洋保全に関する諸問題について包括的な法秩序を規定するもの。日本は1996年（平成8年）7月20日（海の日）に発効。

Column：法令用語

○条約：国家間、国家と国際機関との間で結ばれる、国際上の権利・義務に関する、文書による法的な合意のことである。協約・憲章・議定書・宣言などの名称のものも含む場合もある。
○議定書：国家間の合意文書であり、条約に付属する文書を指すことが多い。
○採択：いくつかあるものの中から選ぶこと。
○批准：国家の代表によって署名された条約に関して、国家が最終的に同意の意思を確定すること。
○発効：条約・法律などが効力をもつようになること。
○協定：条約の一種であり、国際法上では効力などは条約と同じだが、厳重な形式をとらず、比較的重要でない合意について用いられる。
○締約（締結）：契約・条約などを結ぶこと。

（出所：三省堂『大辞林 第二版』）

✣･･✣･･✣･✣･･✣ 4. 生物多様性の減少 ✣･･✣･･✣･✣･･✣

1600年から2000年までの400年間に絶滅した生物種は、哺乳類85種、鳥類113種に及ぶ。そして、その大半は、ここ150年間に起きた出来事なのである。その中には北米原産のリョコウバトのように、19世紀には50億羽が生息していたと推測されている種もある。50億羽いても1914年には絶滅してしまったのである。

7　生態系と地球のバランス　〜地球環境の問題〜

　生き物の絶滅は、森林伐採や埋立地などの開発による生息地の破壊・分断や温暖化や酸
性雨などによる生息地の汚染によるところが大きいが、その他の要因として「乱獲」や「外
来種の影響」も見逃すことはできない大きな問題である。

　例えば、日本ではニホンオオカミやトキのような大型哺乳類や鳥類の乱獲、そして絶滅
は社会の注目を集める。しかし、名も知らぬ生き物たちがこの地球上から姿を消していっ
ても人々は無関心でいられる。また、タイワンリスやアライグマ、ブラックバスなど外国
から日本に持ち込まれた種に対して人々は寛大であり、それにより在来の生き物の暮らし
が脅かされていようとも釣りの対象となったり、かわいければそれで良いのである。

　しかし、生き物は、それ自体が人間にとって有用か否かにかかわらず、すべてが生態系
を形成する上で等しく重要な構成要素なのである。生態系を保全する上では、すべての生
き物を保全することが大切なのである。さらには、生態系は長い時間をかけ、その地域特
有の構造を形成していった結果であるのに対し、外来種はいとも簡単にその生態系を崩し
始める力をもっている。

　以下に、生物多様性を減少させている「乱獲」と「外来種の影響」についての現状を概
説する。

４－１　乱　　獲

（1）乱 獲 と は

　ブラジルのアマゾン市では、絶滅に瀕しているマナティー、アマゾンガメやピンクカワ
イルカなどの動物の体の一部や油を買うことができる。これらの動物は取引が禁止されて
いるが、マナティーの脂肪は鼻水止めとして、アマゾンガメは薬以外に石けんとして買う
ことができる。また、人間の手のひらに乗ってしまうほどの小さな霊長類ブラックタマリ
ンは世界中から人気を得ており、お金を上乗せすれば密輸入の手配までもしてくれる。

　ブラジルでは違法な動物取引が横行し、薬や武器に次いで３番目の外貨獲得源にまで
成長している。以前は海外の研究者といった特定少数の手へ渡っていった野生動物たちも、
今では世界中の不特定多数のペット収集家の手へと渡っていくのである。そして、その多
くは世界最大の熱帯雨林アマゾンのジャングルから持ち去られていくのである。

　野生動物取引は元手が要らず儲かる。貧困は密猟を横行させ、彼らをまとめる組織は巨
大化していく。貧困な密猟者はたとえ捕まっても払えないので罰金を科せられることはな
く、再び猟に出る。

　日本では、最近のエキゾチック・アニマル（ペットとして売買される野生動物）をはじめと
するペットの業界が形成されており、その市場は日々膨張を続けている。その要求に応え
るために世界中からペット用として野生動物が輸入されてくる。しかし、その裏側ではワ
シントン条約により商取引が禁止されているオランウータンが密輸入されたり、希少イン
コやカメ、ワニ、トカゲなどが狭い箱に押し込まれ違法に運ばれている。オランウータン
を違法に購入し販売しようとした業者は摘発され、「種の保存法」により裁かれた。イン

ドネシアのオランウータンは、森林伐採、密猟、山火事により、その数を半減させている。

　世界的に絶滅の危機にあるカワウソが東南アジアから30匹も空路で密輸される事件も発覚した。カワウソの赤ちゃんはインターネット上で1匹20万円以上で取引されていたという。また、映画が公開されれば、そこに登場する熱帯性のクマノミの輸入が急増し、琉球列島ではカクレクマノミが乱獲され続けている。

　その一方で、日本で殺処分される犬猫の数は現在約13万頭である。日本では現在15歳未満の子どもの数1,714万人を上回る2,200万頭の犬猫が飼育されており、毎年35万頭近くが捨てられている。私たちは、「命」をどう受け止め生きているのであろうか。

　密猟、乱獲を加速させているひとつの要因が実験動物であることはあまり知られていない。例えば人体実験の代替として使われるサルなどの霊長類、あるいは特別な薬効特性を研究するための特殊な生き物たちの多くはブラジルのアマゾンから連れ去られている。医薬品だけではなく、新規に人工化学物質がつくり出されるたびに、それを使う化粧品に洗剤、農薬に食品添加物といった人の肌に触れ口に入るものは、動物実験が行われているのである。私たちの日常の暮らしは、多くの実験動物たちの犠牲の上に成り立っていることも忘れてはならない。

　さらには、内戦が多くの難民を生み出し、それは野生動物の肉（ブッシュ・ミート）への需要を増大させている。ルワンダ、コンゴ民主共和国、ウガンダにまたがるヴィルンガ国立公園と白ナイル上流のウガンダのブウィンディ国立公園には、世界中に600頭しか確認されていないきわめて絶滅の危険が高いマウンテンゴリラのうちの325頭が生息している。現在地球上にはニシローランドゴリラ、ヒガシローランドゴリラ、マウンテンゴリラの3種が存在するが、マウンテンゴリラはもっとも絶滅の危機に瀕している種である。ルワンダの国立公園内では、マウンテンゴリラがフツ族の民兵に捕まり食用されていた。また、食べられた母ゴリラが連れていた赤ちゃんが密売する目的で密猟者に持ち去られるケースもあった。大型の霊長目はきわめて繁殖の遅い動物であり、密猟、乱獲による個体数の減少は、密猟者にとっても長期的にみれば無益なものである。

　世界遺産にも指定されたブウィンディ国立公園のマウンテンゴリラを観察するエコ・ツアーはウガンダでもっとも有名な観光スポットである。毎年3,000名以上の観光客が公園を訪れ、年間何百万ドルもの利益をあげている。徹底した環境管理がなされるようになった結果、マウンテンゴリラの個体数は以前の約3倍にまで回復している。この成功例は世界各地で行われている同様の問題を解決する手本となっている。

　西アフリカや中央アフリカでは、霊長目のゴリラやサル、アンテロープなどの動物を中心としたブッシュ・ミートの取引が盛んに行われており、今や森林破壊よりも大きな脅威となっている。森林伐採のためにつくられた道路を利用し、密猟者は森の奥へと簡単に入り込むことができるようになった。そして、森林伐採現場で働く労働者の食事として、その森で得たブッシュ・ミートは重宝されるのである。アフリカの一部の地域では、このようにブッシュ・ミートの需要と供給があり悪循環をなしている。

7 生態系と地球のバランス ～地球環境の問題～

このように、ブッシュ・ミートの多くは野生生物保護区域での密猟によるものであり、国際取引はワシントン条約で禁止されている。しかし、現実には法はあっても規制力が弱く、広範囲にわたる犯罪を取り締まる人員や仕組みをももたない国が多いのである。

カンボジアでは絶滅危惧種を大量捕獲しても罰金のみで逮捕されることはないと聞く。そのためか、首都プノンペンをはじめとする100以上のレストランで絶滅危惧種を料理に出していたことがわかった。ウミガメ、センザンコウ、ナマケグマやトラ、アリクイなどの肉は、食べると精力が増進するとか病気が治ると信じられているからである。しかし、その後の市当局の要請で、レストランの経営者は希少動物のメニューを排除する方向にあるという。

このような事態は海洋でも起きている。海洋の食物連鎖で高い位置を占めるサメが乱獲により短期間で急速に減少している。大西洋北西部の海域では、シュモクザメは86年当時の約10分の1にまで激減し、シロザメとオナガザメは4分の1以下に減っている（科

Column：ゴ リ ラ

霊長目ショウジョウ科。世界最大の霊長類で、オスは頭胴長170～180センチ、体重150～180キロにも成長する。寿命は40～50年程度。北はナイジェリアから南はアンゴラ、西はナイジェリアからコンゴ、中央アフリカ、東はウガンダ、ルワンダにかけて生息する。ニシローランドゴリラ、マウンテンゴリラ、ヒガシローランドゴリラの3亜種に分かれる。

3亜種ともに湿気の多い森林に住み主に果実や木の葉などを食べる。オス1頭とメス数頭の群れ（ハーレム）をつくって暮らす。推定生息数は、もっとも多いとされるニシローランドゴリラで約35,000頭、ヒガシローランドゴリラで約3,000～5,000頭、マウンテンゴリラは約600頭が生存するにすぎず、もっとも絶滅の危機にさらされている。ヒガシローランドゴリラ、マウンテンゴリラはワシントン条約付属書I、国際自然保護連合（IUCN）のレッドデータブックでは「絶滅危惧種」に指定されている。

そのような現状の中、2008年（平成20年）8月、米国の野生生物保護協会はコンゴ共和国北郡の熱帯雨林に新たに12万5,000頭のニシローランドゴリラが生息していると発表した。地球には未知なる地がまだあることを思い知らされる出来事であった。

私たちの生活が、遠く離れたアフリカの国々のゴリラの惨状と関係があるとは考えにくいかもしれない。しかし、その原因の一端が携帯電話にあると聞いたらどうだろうか。携帯電話のコンデンサーにはタンタライトという金属が使われているが、その原料となる鉱石コルタンは、ゾウやゴリラが高密度に生息するコンゴ民主共和国の東部森林に豊富に分布

する。そこで、大勢の人間がこぞってタンタライト発掘のためにカフジ・ビエガ国立公園やオカピ野生生物保護区に入り込み、そこに生息するゴリラなどの新たなる脅威となっている。これらの地域では利権を争う内紛が勃発しており、内戦で横流しされた武器の使用によりゾウやゴリラが犠牲になっている。

また、地下の資源を採掘するためには、その上を覆っている森林を伐採する必要が生じ、ゴリラの生息地が分断されていく。逃げ場を失ったゴリラは密猟者の手にかかりやすく、乱獲されブッシュ・ミートとして市場に、あるいは地域に出回る。

国連環境計画（UNEP）は世界の大型類人猿を絶滅から救うため「大型類人猿生存プロジェクト（GRASP）」を立ち上げた。「大型類人猿は、このままでは、あと5年か10年でそのほとんどが絶滅する」と危機的状況を訴え、生き物が消えていくのをこれ以上手をこまねいて傍観しているわけにはいかないと各方面からの協力を要請している。
―映画「愛は霧のかなたに」1988年製作 米国―

絶滅の危機に瀕していた中央アフリカ・ルワンダの山岳地帯に棲息するマウンテンゴリラに限りない愛を注ぎ、18年間過ごした山奥のセンター小屋の中で何者かによって惨殺され、その一生の幕を閉じた実在の女性動物学者ダイアン・フォッシーの後半生を描いたこの映画は、ゴリラの保護の必要性と難しさを浮き彫りにした作品である。愛情豊かなゴリラと女性動物学者のふれあいは人々の心に感動を与える。

学雑誌「サイエンス」2003年1月）。サメは、そのヒレ（フカヒレ）が高級中華素材として人気があり、日本や中国での需要が急増しているために乱獲が起きていると考えられている。海洋での乱獲は大きな問題であり、カナダ・ダルハウジー大学のランサム・マイヤーズらの調査によると、サメに限らず世界の大型捕食魚の90%が20世紀後半の約50年間で姿を消したという。これは、全世界に高性能の大型漁船が増えたこととシーフードの需要が伸びていることが原因であると考えられている。

　国連食糧農業機関（FAO）の推定では、世界の海洋魚場の4分の3で持続可能な漁獲量以上の漁が続けられており、この過剰漁獲が海洋から魚介類を減少させる最大原因であると考えている。海洋という世界の共有地に対して、各経済主体が自由に出入りできる場合には自由競争が起こり「共有地（コモンズ）の悲劇」が起こり、その共有地の資源は環境容量を超え利用され、極端な場合には枯渇してしまう。

　「コモンズの悲劇」を回避するには、漁師に漁獲資源の所有権を与えることで自由な漁獲を制限したり、魚類の繁殖に重要な海域を海洋保護区とすることで自由競争としての共有地を放棄し乱獲から守ったり、即効性はないかもしれないが、消費者が魚介類の過剰摂取を控え、持続可能な管理のもとで漁獲された魚介類を選択するなどの方法が考えられ、一部実行され始めている。

　上記の方法により、漁師は乱獲をやめ、保護区内あるいは周辺で稚魚が増え、その保護区をネットワーク化しサンゴ礁、藻場、干潟などを再生することで漁獲高が90%も増加した例もある。国際認証機関である「海洋管理協議会」は、持続可能な管理がなされ環境への影響が最小限に管理されている魚場を認証している。

　このように野生動物は、

　○医薬品、装飾品としての価値

　○ペット動物としての価値

Column：コモンズの悲劇

　生物学者ハーディンは、1986年に科学雑誌「サイエンス」誌で、人々が限られた資源を共有している場合、各自が自身の利潤のみを考え行動するならば共有資源の持続可能性は失われてしまい、共有資源は枯渇し生活の基盤を失うと主張した。これを「共有地の悲劇（The Tragedy of the Commons）」とよんだ。そしてハーディンは「羊飼いと共有された牧草地」の思考実験を通して次のような「共有地の悲劇」モデルを提示した。

　羊飼いたちに共有されたある一定の広さの牧草地があるとする。羊飼いたちは各自自由に飼育する羊の数を決めることができる。しかし、牧草地の草の量は限られているため羊の飼育可能量（環境容量）は決まっている。

　ここで、自身の利潤を考えた羊飼いたちは、より多くの利益を得ようと飼育する羊の数を増やすことにした。いつの間にか羊の数は環境容量を超え、さらに増え続けた結果、牧草地の草はなくなり羊は息絶え、羊飼いは共倒れ、生活の基盤（生きる糧）をすべて失うことになった。

　この論文は、共有地においては必ずしも、個人主義・自由競争は望ましくないことを示唆している。同様の問題として、環境汚染や海洋での漁獲の例をあげている。ハーディンは、「共有地の悲劇」の解決は科学技術や良心への訴え、ライフスタイルの変革といった自己改革を促そうとする試みなどでは実現不可能とし、「その影響を受ける人々の大多数が相互に合意する相互的な強制によって、自由ないしは共有地を放棄する」ことを通じて可能であると主張している。

7　生態系と地球のバランス　〜地球環境の問題〜

　○実験用動物としての価値

　○食用としての価値

から密猟、乱獲され続けているのである。

　野生生物が最良の状態を維持していくためには、まず大切なことは地元民の理解を得ることである。例えば、野生動物を捕獲し食べたり売ったりするよりも、野生動物を生かしていくことの方がより以上の価値を生み出すことを教えていくべきである。エコツーリズムは、そのひとつの具体的方法として期待されている。実際には、NGO や NPO の助けを得ながら環境教育を普及させ、違法行為の監視システムを整備し、法による取締りを強化していくことなどが必要であろう。

　（2）乱獲される動物たち

　以下に、乱獲により生存が脅かされている動物たち（ごく一部）の現状を追ってみる。

　1）サ　イ

　インドサイは、かつてはインド亜大陸北部に広く生息していた。1600 年ごろまではインド北部やパキスタン、ネパール、バングラデシュあるいはブータンなどで普通に見られたという。しかし、現在ではネパールやインド北部の限られた保護区に 2,500 頭程度が生息する絶滅危惧種（IUCN レッドリストの VU：危急種）に指定されている。19 世紀から 20 世紀初頭にかけてのスポーツハンティングと漢方薬としての角の密猟により急激に減少、1966 年にはネパール国内のインドサイ個体数はわずかに 100 頭にまで減っていた。しかし、継続した保護活動の成果により、2008 年には 435 頭、2011 年には 534 頭と個体数が増えていることが確認されている。

　1960 年代に、アフリカ中部に 2,000 頭あまりが生息していた別亜種のキタシロサイは、保護活動もむなしく生息地各国で起きた内戦の中で絶滅してしまった。一方、同じ頃アフリカに 10 万頭いたと推測されるクロサイは、密猟により 2,410 頭にまで激減、もっとも絶滅のおそれが高いとされる CR（近絶滅種）に指定されている。アフリカ南部に生息するシロサイの亜種ミナミシロサイは、狩猟によって 19 世紀の終わりに 100 頭以下にまで減少したが、保護活動の成果が実り現在では 2 万頭にまで回復している（WWW JAPAN『活動トピック ネパールのインドサイ保護に成果（2015）』）。

　サイは、その角が漢方薬として珍重されるという点で密猟にあうが、サイの角を消費するアジア諸国の対応がカギとなっている。ちなみに、サイの角もトラの骨も、科学的にその効果は否定されている。

　2）ト　ラ

　20 世紀初頭までアジア大陸に広く生息していたトラは、パルプやパーム油の需要に伴う森林伐採による生息地の減少（100 年間で 9 割以上が損失）、そして密猟や違法取引によるものである。

　トラは現在、9 の亜種が知られているが、すでにジャワトラ、バリトラ、カスピトラは

319

絶滅している。現在生息が確認されているトラは、インド亜大陸に生息するベンガルトラが推定個体数約 2,500 頭で IUCN のレッドリスト EN（絶滅危惧亜種）、中国東北部、ロシア沿海地方に生息するシベリアトラが約 330〜390 頭で EN（絶滅危惧亜種）、インドシナ半島に生息するインドシナトラは 350〜2,500 頭の間と推定され EN（絶滅危惧亜種）、マレー半島に生息するマレートラは 493〜1,480 頭の間と推定され EN（絶滅危惧亜種）、スマトラ島に生息するスマトラトラは 441〜679 頭の間と推定され CR（近絶滅亜種）に指定されている。中国華南地方に生息していたアモイトラは野生では絶滅した可能性が高いと考えられている。

2006 年、スマトラ島内におけるスマトラトラの流通に関する市場調査の結果、貴金属店、土産品店、中国の伝統薬店、骨董品店、宝石店など 326 店舗の 10％で犬歯、ツメ、毛皮、骨といったトラの部位を販売していることが判明した。一方で、ロシア国内でアムールヒョウの生息地を大規模に保護する取組みをした結果、シベリアトラの生息数も増加していることが確認されている（WWW JAPAN『活動トピック スマトラトラに迫る密猟の脅威（2015）』）。

3）クジラ

国際捕鯨委員会（IWC）では、捕鯨、反捕鯨国の対立が長い間こう着状態を続けている。捕鯨に反対する人々からは、

○乱獲がクジラを減らしてしまう。

Column：クジラに触る旅

　成田からロサンゼルス経由でメキシコのラパスに到着する。そこからサボテンの群生を抜け車で 2 時間ほど走ると原始の半島バハ・カリフォルニア半島のマグダレナ湾に行き当たる。砂丘に囲まれた静かな内海はマングローブとサボテンそして砂丘という、世界でも珍しい風景を見せている。

　南北 1680km、世界最長のバハ・カルフォルニア半島の中央付近にあるエル・ビスカイノのクジラ保護区には、アラスカが寒気に覆われる 1 月から 3 月にかけて求愛、出産そして子育てのために多くのコククジラ（グレイ・ホエール）が集まる。その数 1 万頭とも 1 万 5 千頭ともいわれ、地球上の全コククジラの半数以上が集まるのは世界でもここしかない。乱獲により一時は 2 千頭にまで減り絶滅の危機に瀕していた種である。この保護区にはマッコウクジラ、シロナガスクジラ、絶滅の危機に瀕している 4 種類のウミガメなどもやってくる海洋動物の宝庫である。1993 年に「エル・ビスカイノのクジラ保護区」は自然遺産に登録されている。

　保護区ではパンガとよばれるボートでクジラに触れる距離まで近づくことができる世界でも数少ない「ホエール・タッチング」の場所として有名である。

エル・ビスカイノのクジラ保護区の地図

7 生態系と地球のバランス　〜地球環境の問題〜

○クジラは特別に知能が高い動物なので殺すべきではない

○クジラ肉を食べられなくても誰も困らない。

といった意見が代表的である。

一方、賛成する人々からは、

○世界には約80種類の鯨類がいる。その中にはシロナガスクジラのように絶滅の危機に瀕している種類もあるが、捕鯨はミンククジラのように資源量がきわめて豊富な種類に対してのみ実施している。

○食文化を守るための捕獲であり、必要量は限られ、過去のような鯨油生産目的の乱獲は行われない。

○反捕鯨国ではクジラが動物のシンボル的存在となっており、政治的に利用することができる動物になっている。

といった意見が代表的である。

捕鯨に関する国際条約に、1946年（昭和21年）に署名された「国際捕鯨取締条約（ICRW条約）」がある。この条約の目的は、「鯨類資源の保存と捕鯨産業の秩序ある発展」であり、その実現のため、国際的な捕鯨の規則を確立する目的で制定された。日本の加盟は1951年（昭和26年）であり、2012年現在、加盟国は89ヵ国である。

対象種は大型鯨類13種である（シロナガスクジラ、ナガスクジラ、ホッキョククジラ、セミクジラ、イワシクジラ、マッコウクジラ、ザトウクジラ、コククジラ、ニタリクジラ、ミンククジラ、クロミンククジラ、キタトックリクジラ、ミナミトックリクジラ、コセミクジラ）。

4) ゾ　ウ

ゾウはアジアゾウとアフリカゾウの2種に分類される。サハラ以南の草原や森林に分布するアフリカゾウは、さらにサバンナで暮らすサバンナゾウと中央アフリカから西アフリカにかけての森林に生息するシンリンゾウ（マルミミゾウ）の2つの亜種がいる。

サバンナゾウは地上最大の哺乳類で、体高約3〜4m、体重5〜7tもあり、1日あたり150〜200kgの植物を摂食する。成長過程や寿命はほぼ人間と同じで70歳程度まで生きる。サバンナゾウには前肢に4本、後肢に3本の蹄があるのに対して、森林に住む小型のシンリンゾウは前肢5本、後肢4本が基本で、後者は前者よりも耳介が丸く、牙が真っ直ぐに伸び、頭の形も丸いのが特徴である。

アジアゾウは、インド、ミャンマー、インドネシア、スリランカ、タイ、中国など13ヵ国に分布する森林性のゾウである。体高2.5〜3.5m、体重3〜6tとアフリカゾウより小ぶりである。アジアゾウは過剰な森林伐採により生息地を追われ、里の畑へ降りてきた害獣とみなされることも多く、また、オスだけが持つ牙のために選択的に密猟され、今では太くて長い牙を持つオスゾウは見当たらなくなっている。その結果、オスとメスの性比が崩れ繁殖に影響を及ぼしている。

今世紀初頭に10万頭いたと推測されているアジアゾウは、今では3〜5万頭にまで減少している。生態系の形成に大きな役割を果たす「森の植木職人」の存在は、今まさに正

念場を迎えている。1988年（昭和63年）には、国際自然保護連合（IUCN）のレッドデータブックに「絶滅危惧種」と指定されている。

とくにスマトラゾウは、一世代のうちに生息地の約7割と個体数の半分を失い、IUCN（国際自然保護連合）の絶滅のおそれのある野生生物のリスト「レッドリスト」において、絶滅危惧亜種（EN）から絶滅の恐れがもっとも高い近絶滅亜種（CE）に分類された。これは、製紙産業とパーム油を得るためのアブラヤシ農園開発によるゾウの生息地の森林の減少・分断が主な原因である。群れが小さな森林に閉じ込められている。世界でももっとも急激に森林破壊が進行している地域である。ここ25年間で生息の3分の2以上が失われているという。IUCNによると、野生で生息する推定個体数は3,000頭以下で、1985年の推定個体数からほぼ半分にまで減少している。科学者らはこの傾向が続けば、野生に生息するスマトラゾウは30年以内に絶滅すると予測している（WWW JAPAN『WWWの活動　スマトラゾウ、生息地の減少により絶滅の危機に』2012）。

アフリカゾウはオスもメスも牙を持ち、その象牙を目的とした密猟、乱獲が後を絶たない。1980年代の10年間だけみても約134万頭から約62万頭へ半減するという事態を招いている。1980年代は日本において印材や装飾品に利用するための象牙の需要が増大する時期にあたり、大規模な象牙需要とそれを賄うためのアフリカでの自動小銃による大量殺戮が結びついたための結果であると環境NGOは考えている。

1989年（平成元年）のワシントン条約で、アフリカゾウは付属書Ⅰとなり国際取引が全面禁止される。その結果、急激な減少はやんだが、1997年（平成9年）には日本などが象牙取引再開を強く求めた結果、一部諸国のアフリカゾウが付属書ⅠからⅡに格下げされ、南部アフリカ3国から日本だけに約50tの象牙が輸入された。2000年（平成12年）のワシントン会議開催中には、神戸港で約500kgの象牙の密輸が摘発される事態を招くという、お粗末な事態が発生している。

2002年（平成14年）の第12回ワシントン会議では、ボツワナ、ナミビア、南アフリカの3ヵ国が日本向けの象牙の輸出を認めるよう提案し、それぞれ20、10、30tの在庫象牙を一度だけ取引できるという案が採択された。これらの象牙は自然死や政府の害獣駆除により合法的に得たものを貯蓄してあった分である。一方で、同様の提案を行ったザンビア、ジンバブエは、きちんとした密猟監視体制や象牙登録システム等の欠如により否決されている。

ボツワナ、ナミビア、ジンバブエ、そして南アフリカ共和国の南部アフリカ4ヵ国は、自国のアフリカゾウは保護政策の結果、順調にその数が増えており、1979年から1998年の19年間で個体数が約3倍の18万頭まで回復したと説明する。その結果、増えすぎたゾウによる食圧により植生が貧困になっているため、象牙取引は正当であると主張している。

一方、「野生生物保全論研究会（JWCS）」などの日本の環境NGO、NPOは、一部南部アフリカ諸国のゾウの増加は、ジンバブエに隣接するアンゴラやモザンビークなどで発生

している紛争に追われた難民ゾウが一時的に流入した結果によるところが大きいことを主張し、その根拠を、この4ヵ国のゾウの増加と反比例するように減少している、それ以外の南部アフリカ諸国のデータによっている。

JWCS や「グリーンピース・ジャパン」、ならびに野生生物の国際取引監視団体「トラフィック・ジャパン」などは、象牙の取引開始は密猟を激化させ、ゾウの個体数を急速に減少させる恐れがあると主張する。その一方で、保護と象牙の持続的利用の両立が大切であると主張する人もいる。自然死や合法的な駆除で得た象牙の取引を認めることで、ゾウ保護資金の余裕すらない国々が、自国の資源である象牙を売って資金を得ることができれば、保護活動を活発化させることもできると考えている。

このような状況の中、象牙の密輸は一向にやむ気配をみせない。2002年のワシントン会議で象牙取引の一部再開が採択されて以降、象牙の密輸入は残念ながら増加しているし、密猟者に殺された新規ゾウの数も増大している。シンガポール政府は日本向けコンテナの中に隠された6トンに及ぶアフリカゾウの象牙を押収し、中国ではケニアから密輸された象牙3トンが差し押さえられている。

コンゴ民主共和国のヴィルンガ国立公園では2008年1月以降、ゲリラや兵士、密猟者によるゾウの虐殺が相次いでいる。その数は同公園内に生息しているゾウ全体の10%にも及ぶという。その背景には中国での象牙の需要増大にあると考えられている。ワシントン条約の常任委員会は2008年7月に中国に対する一時的な象牙の売買を認め、南部アフリカ4ヵ国の政府が保有する108トンの象牙の競売への参加を許可した。この競売には日本の参加も認められている。

2011年の国連環境計画（UNEP）、ワシントン条約（CITES）事務局、国際自然保護連合（IUCN）の報告書によると、ワシントン条約に従う「ゾウ密猟モニタリング」の調査結果で全個体数の7.4％（カバーしている個体数はアフリカの全個体数の40%）のゾウが密猟で殺されたという。その数は、アフリカ大陸全体の個体数（約40〜50万頭）の内の約1万7千頭にのぼる。とくに深刻視されているのが熱帯林に覆われた中央アフリカに生息する森林性のマルミミゾウまたはシンリンゾウのアフリカゾウ亜種である（JTFF（トラ・ゾウ保護基金）『アフリカゾウの密猟はどれほど深刻なのか』2015）。

外貨を獲得したい国、そして象牙を買いたい国、業者、消費者、そしてゾウは畑を荒らす害獣と考える現地の一部の人達、さまざまな立場の人間の思いや利権が交錯しながらゾウの問題は複雑化している。唯一つの真実は、ゾウにはなんの問題もないことである。

Column：タイの国はゾウの顔

タイの国はゾウの顔に似ている。よく見るとゾウの横顔が見えてくる。タイではゾウは神様の使いであるが、現代ではそう思う人は少ないのかもしれない。

タイ北部のランパーン州には世界で唯一のゾウ専門病院がある。地雷を踏んで片足が吹っ飛んでしまったメスのゾウ、密猟者に撃たれ瀕死の重傷を負って運ばれた若者のオスゾウ、木材運搬用に使役させられ過労で倒れ捨てられていた年寄りゾウ、中には、目の前で母親が撃ち殺され、それを見てしまっ

タイの国はゾウの顔

たためノイローゼにかかった赤ちゃんゾウも収容され治療を受けている。

この病院で働く人々は獣医師をはじめマハウトとよばれるゾウ使い、そして地元ボランティアである。

ゾウ使いの朝は早い。朝6時にもなると皆起き出し支度にかかる。ゾウ使いは皆、手にはコーンとよばれる棒（ゾウを操る際に使用する）、頭には麦藁帽子を被っている。そして傷ついたゾウたちに献身的な治療を施している。中でも精神的に病んでいるゾウのリハビリは大変である。

ゾウ使いは、代々親から子へ受け継がれていく。一日タバコ一箱分程度の賃金で過酷な労働ではあるが、マハウトを誇りに思うと口を揃えて話してくれる。

一人の年端も行かないマハウトが近づいてくる。そしてささやく。

「僕は生まれ変わったらウンパーン（担当ゾウの名前）になるんだ」「どうして？」

「だって、僕はウンパーンがこんなに好きだろう。そして彼も僕のことが大好きなんだ。だから、僕が死んだらウンパーンになり、ウンパーンが死んだら、今度は僕になるのさ。そうすれば、お互いの心の中にいつも二人がいることになるんだ」

彼らは家族と一緒に過ごす時間よりも、担当するゾウと過ごす時間のほうが長い。死ぬまでずっと一緒なのである。マハウトもゾウも、いつかは森の中へ戻れることを信じて今日もリハビリに励む。しかし、現実には二度と戻ることはできないゾウが多いのである。

マハウトはゾウとのコミュニケーションを特別の言葉で交わしている。ここではゾウ語とよぶことにする。ゾウとマハウトは、このゾウ語を使い信じられないような連携プレーを見せてくれる。

また、言葉だけではなく、ゾウの上に乗っている時には両足の動き等も重要な合図となる。つま先からすねにかけての部分でゾウの耳の後ろを突っつくことにより、前に進んだり右に曲がったり、早足をしたりする。

以下に、基本となるゾウへの乗り方を紹介する。

表7-25 ゾウ語の一例

前足を上げて	ハップ・スーン	前足を下ろして	ハップ・ローン
頭を下げて	タック・ローン	前足を折って	マップ・ローン
座って	ナン・ローン	起き上がって	ルックン
前に進んで	パイ	止まって	ハァウ
後ろに下がって	ソック	右に曲がって	ベル・クワァ
左に曲がって	ベル・サイ	拾って	ケップ・ボン

ゾウの乗り方①
①ハップ・スーンと号令をかけ、前足を持ち上げてもらう。このとき乗り手は片方の手でゾウの耳上を、空いている手でゾウの横腹の皮膚をつかむ。

ゾウの乗り方②
②つぎに、ソン・スーンと号令をかけ、前足をより高く持ち上げてもらう。このとき乗り手は片方の手でゾウの耳を力一杯引き寄せ、ゾウの膝に乗っている足を使い思いっ切り跳躍する。

ゾウの乗り方③
③乗ることができたら、体勢を整える。座る位置は頭の真上より若干背中側がいい。そしてつま先をゾウの耳の下に入れ込むようにして膝を折り曲げる。決して両足を垂れ下げないように。足を固定させていないと、ゾウが横を向いたときに振り落とされてしまう。

7 生態系と地球のバランス 〜地球環境の問題〜

（3）アフリカ諸国以外の事例
1）イ ン ド

インド・アッサム州バルペタおよびボンガイガオン地区、ブータンとの国境沿いに、1990年に国立公園の指定を受けた面積3,000km²弱のマナス国立公園がある。ここには現在確認されているだけで、60種以上の哺乳類、321種の鳥類、42種の爬虫類、7種の両生類、54種の魚類、100種の昆虫類が生息している。ベンガルトラ、ゴールデンキャット、ウンピョウ、インドサイやガンジスイルカなどの絶滅の危機にある21種ほどの動物も生息している。乱獲により一度は絶滅したと考えられていた体長30cm程のコビトイノシシやベンガルショウノガンという鳥も発見されている。

1985年（昭和60年）には、種の保存上とくに重要な地であるとの認識から世界自然遺産に登録された。しかし、1989年（平成元年）より反政府ゲリラの襲撃が始まり、自動小銃等の武器により貴重な野生動物が数を減らしていく。1987年（昭和62年）には123頭確認されていたトラも、1993年（平成5年）には81頭にまで減少している。1994年までに6人の国立公園保護官が犠牲になったことを踏まえ、ユネスコはマナスを「危機にさらされている世界遺産」に指定した。治安回復後には、復興策の一環としてエコツーリズムなどの観光産業の活性化が行われる予定である。

2）中 　 国

中国は世界で野生動物の種類がもっとも多い国のひとつで、脊椎動物だけでも6,266種あり、そのうち陸生脊椎動物は2,404種、魚類が3,862種で、世界の脊椎動物総数の約10%を占めている。ジャイアントパンダ、キンシコウ、ヨウスコウワニなど100余種の稀少野生種は世界でも中国にしか生息していない。しかし、その一方でワシントン条約の付属書に登録されている動物は世界全体の4分の1を占め、中国はいかに多くの絶滅危惧種を抱えているのかがわかる。

中国では市場経済の急速な発展により森林は伐採され河川は汚染されてきた。さらには希少動物の密猟、密輸は増大し、国際化している。チベットレイヨウや国の保護鳥ハヤブサなども裏の市場へ送られているという。

1978年（昭和53年）の改革・開放の新時代に入ってから、政府は野生動物の保護政策に取り組む姿勢を見せ始め、野生動物の救護と希少動物の繁殖を目的としたセンターが設立されていった。2006年現在では自然保護区も増え、全国で2,395ヵ所、国土面積の15.2%を占めている。

平均海抜4,000m以上の青海・チベット高原のホフシル地区にひっそりと暮らすチベットレイヨウは、集団で行動するが危険が迫るとオスは列の最後に回り仲間を守り、メスは子供を守るためなら敵に向かって飛びかかっていく。たとえ相手が銃器を携えていたとしてもである。そのために密猟されやすい動物でもある。

チベットレイヨウのカシミアで作られたショールはヨーロッパへ密輸されていく。この20年間で数10万頭から7万頭程度にまで減少している。そして最近では、年間2万頭

の割合で乱獲され、急速に絶滅への道をたどっている。

中国政府は国際的犯罪組織に打撃を与えると同時に、WWFと協力しチベットレイヨウの保護と貿易規制に関する宣言を発表した。その後、密猟や密輸の件数は減っているという。

しかし、もう手遅れである動物もいる。揚子江に生息していたヨウスコウカワイルカである。このイルカは視力・聴力は退化しているものの知覚系統は異常に発達している。1993年（平成5年）に100頭以下に減少して世界を驚かせたが、それから4年しか経過していないのに、その数は21頭にまで減っていた。ヨウスコウカワイルカを守る方法はないという。それは、揚子江のひどく汚染された水質に耐えたとしても、この河を上り下りする無数の汽船のスクリューが彼らを切り刻んでいくからである。専門家の間でも、彼らを救う道はただひとつ、すべての汽船の運航を即時中止すること、それ以外には道はないという。そして2007年8月、日本と中国、米国、英国の共同調査チームは6週間の調査の末にヨウスコウカワイルカはおそらく絶滅したとの見解を明らかにしたのである。

（4）乱獲に対する取組み

生物多様性の減少に歯止めをかけ、そして再生していくために、前述した「ワシントン条約」「ラムサール条約」「生物多様性条約」や「渡り鳥保護条約」などが採択されている。これらの条約は経済的に価値のある動植物の国際取引を規制し、それらの遺伝子、種を保全することで生き物を絶滅の道から救い出し、健全なる生態系を再生していく上で重要な取決めである。

そのほかに、「移動性の野生動物種の保護に関する条約（通称：ボン条約）」がある。これは、陸生動物、海洋動物、鳥類の長距離を移動する種を、それらの生息地に渡って保護することを目的としたものである。各国を横断しながら移動する動物を保護するためには、各国の責任と共同の責任をもつことが必要である。この条約は1983年（昭和58年）11月に施行され、2008年（平成20年）12月時点で110ヵ国が加盟している。日本はクジラ類も保護の対象となっているとの理由から2015年現在、未加盟である。

ボン条約加盟国は、絶滅の恐れのある移動性動物、例えばソデグロツル、オジロワシ、タイマイ、チチュウカイモンクアザラシなどを厳格に保護すること、これらの生息地を保護し再生すること、移動の障害を軽減することなどが求められる。

国内では前述した「自然環境基本法」「種の保存法」「鳥獣保護法」や「自然公園法」などで野生生物、あるいはその生息地を保護している。1999年（平成11年）12月には、「動物の保護及び管理に関する法律（通称：動物管理法）」が改正され、「動物の愛護及び管理に関する法律（通称：動物愛護法）」が成立した。これにより、従来は野放し状態であったペット業者に対する規制を厳しくしたり、飼い主の虐待を防止、罰する条項が加えられた。しかし、環境NGOやNPOが期待していた実験動物についての法規制等は見送られた。

国際条約は広域的で大がかりな犯罪を抑制する効力はあるものの、地域ごとの事情で発

生する小規模の事件や、一般市民への啓蒙といった点では効力を発揮できないでいる。そこで活躍するのが NPO や NGO である。以下に、日本に事務局を置く一部の団体の活動内容を紹介する。WWF や IUCN などについてはすでに概説しているので省略する。

1)「地球生物会議（ALIVE）」

もし地球上の生き物が集まって会議を開いたら、彼らの口からどんな議題が飛び出すのであろうか、そんなユニークな発想のもとに活動を展開している市民団体である。

ALIVE の活動内容は多岐にわたるが、概略すると以下のようである。

○野生動物の捕獲、輸出入、その売買などを監視、規制強化を求めるなどの法的整備の活動

○全国の動物園・水族館の実態調査（ズーチェック）、飼育環境の改善・提案

○ペットショップ・チェック（全国 100 店舗以上）によるペットショップの環境改善に関わる活動

○飼い主のモラル向上の呼びかけ

○行政による犬猫の引取りと殺処分、および動物実験への払い下げの改善

○動物の犠牲や環境へのダメージの少ないライフスタイルの提案

2)「野生生物保全論研究会 (JWCS)」

人間と野生生物との共存関係をつくることで野生生物を保全し、それによって現在および将来世代の豊かな自然環境を実現することを目指す特定非営利活動（NPO）法人である。

JWCS の活動概略は以下のようである。

○ワシントン条約を効果的なものとし、日本の政策や人々の意識を変えていくための活動

○保護活動や地元住民の活動を支えるためのトラ保護基金、ゾウ保護基金の開設

○野生生物保全教育

○プロジェクトの基盤となる、実践的な野生生物保全の理論の構築

3)「トラフィック・イーストアジア・ジャパン」

WWF Japan（世界自然保護基金日本委員会）の野生生物取引調査部門で、世界 22 ヵ所に事務所をもつトラフィック・ネットワークの日本事務所として活動している。WWF と IUCN の共同プログラムである「トラフィック（TRAFFIC—Trade Records Analysis of Fauna and Flora in Commerce）」は、絶滅の危機にある野生生物の国際取引問題や、ワシントン条約に関連する問題を専門とし、ワシントン条約がきちんと守られているか調査したり、条約がうまく機能するよう、国内の法律を改善するなどの活動を行っている。

原産国で輸出を禁止しているカブトムシやクワガタムシが日本で広く流通していることを突き止めたのはこの団体である。日本には、動植物の輸入に関わる法律として「植物防疫法」が、条約として「ワシントン条約」がある。しかし、植物検疫法は生態系への影響は考慮しておらず、また大半のカブトムシやクワガタムシはワシントン条約対象外となっている。このような現状の中、多種多様な甲殻類の大量輸入の実態が

明るみに出たのである。すでに国内のヒラタクワガタの中に外国産と国産の交雑種が確認されている。今後、在来種の遺伝的な固有性が奪われることが懸念されそうだ。

　最後に、たった一人の人間が多くの野生動物を救う原動力になったという実話を紹介する。詳細は「ナショナルジオグラフィック（日本語版）2003年9月第9巻9号」やテレビで紹介されている。

　1999年（平成11年）、400日をかけてアフリカ中央部3,200kmの徒歩横断を敢行した一人の男がいる。生態学者で自然保護団体WCS（ワイルドライフ・コンサベーション・ソサエティ）の活動家でもある米国人マイケル・フェイである。彼はその徒歩横断中に手つかずの大自然の美しさ、迫力そして大切さを世界に伝えてきた。その中でも、アフリカ中部赤道直下の国ガボンで発見した「ラング・ベイ」は世界中の人々に感動を与え、そして彼自身もこの冒険で得た一番の収穫であると話している。ラング・ベイとは大森林地帯の中に突如として現れる湿原地帯の水場であり、水を求めて多くの動物たちが集まってくる地帯である。このぬかるんだ湿地の中に動物が足を踏み入れることができる地場を築いたのはゾウの働きであった。ゾウが踏み固めたぬかるみは、いつしかほかの多くの動物たちが命を支える水場と姿を変えていったのである。

　しかし、ここラング・ベイはガボン政府が数少ない外貨獲得のための資源と頼ってきた大森林地帯にあり、政府と業者の間で伐採の許可がおりている土地でもあった。ブッシュ・ミート取引は野放し状態であり、乱伐採、乱獲により森林生態系はずたずたな状態であるガボンは、長い間木材輸出と油田が経済を支えてきた国である。マイケル・フェイはこの実情を憂い、守り抜こうと決心、ガボンの大統領に直接説得にかかることにした。

　予想外に大統領はマイケル・フェイの説得に応じ、2002年（平成14年）8月、国土の11%に13の国立公園を指定する大統領令に署名するのである。この裏には、石油も枯渇し始め、森林資源も頼りなくなってきたという現状、ならびに米国からの資金援助等の目算があるが、それにしてもガボンは大転換を決意したのである。コスタリカなどエコツーリズム産業で栄えている国々を手本とし、自然を楽しむ産業を育成することで国を建て直そういう決意の現れである。

　ガボンの手つかずの大自然、そしてそこで暮らす多くの生き物たちにとって大きな前進である。しかし、問題はここからであろう。IUCNによると世界には保護地域に指定された土地が世界の土地面積の10%近くあるという。価値のある場所を保護地域に指定することは比較的簡単ではあるが、実際に保護するには資金、専門的知識などに加え、地元住民の理解や支援が必要不可欠となるからである。動物を捕獲し食用とし、または売ることにより生計を立ててきた人々を非難するのではなく、雇用の提供、自然環境に対する理解、地域のつながりの重要性などについて、彼らを巻き込んだ活動を展開することが大切である。このような問題は途上国にのみあるのではなく、先進国といわれている国々に暮らす人々にとっても必要なことなのである。そして、住民を巻き込んだ活動には、NGOやNPOの支援は欠かすことのできない宝物なのである。

Column：ズーストック計画

現在、私たちが訪れている近代的な動物園がロンドンに誕生してから約180年、上野動物園が開園して約130年である。世界には約1,200の動物園、水族館が開設されているが、その中の1割以上に相当する170程度は日本にある。日本は世界最大の動物園保有国である。

最近、動物園、水族館の役割が変化している。加速する野生動物の種の絶滅を救うため、1980年（昭和55年）にIUCNは野生動物を将来にわたって保全するための戦略を発表するが、この中で動物園や水族館を「種の保存、遺伝子の多様性の保存、環境教育の場の提供」と位置づけた。「ズーストック計画」とは、この国際的な計画の一環であり、動物園や水族館を「野生動物の絶滅に手を貸すことのないよう、動物園、水族館で展示する動物はそこで繁殖した個体のみとし、飼育繁殖個体を野生に復帰させることにより種を保存する場」として活用しようとするものである。

東京都は、1986年（昭和61年）都内4つの動物園（上野、多摩、井の頭、大島）とともに「ズー2001年計画」を作成し、後に葛西臨海水族館が加わる。現在は「Tokyo Zoo Plan21」として受け継がれている。ここで重点的に種の保存を図る必要のある動物を「ズーストック対象種」に選定している。ズーストック対象種の選定基準は、

○ワシントン条約付属書ⅠおよびⅡの掲載種
○国内外の国内法で保護されている種
○野生個体が減少し保護が必要とされる種

とされ、展示と繁殖を両立させるためのさまざまな工夫がなされている。

例えば、そのひとつに「ブリーディング・ローン」がある。これは上野動物園にゴリラとトラが集中的に集められ飼育管理されているように、繁殖を目的とした動物の貸借により各動物園が担当する動物たちを一ヵ所に集め複数飼育を実施し、より本来の生態に近い環境の中で育てていこうというものである。しかし、繁殖した個体を野生に復帰させるには多くの困難が伴う。これからの動物園は野生復帰の問題を解決していかなければならない岐路に立っている。

表7-26 ズーストック対象種

上野動物園 （16種）	哺乳類（6種）	ニシローランドゴリラ、ドール、マレーグマ、ジャイアントパンダ、ベンガルヤマネコ、スマトラトラ
	鳥類（2種）	オウサマペンギン、ショウジョウトキ
	爬虫類（6種）	スッポンモドキ、ニシアフリカコビトワニ、ヒョウモントカゲモドキ、マダガスカル産カメレオン、アメリカドクトカゲ、アフリカニシキヘビ
	魚類（2種）	ネオセラトダス、アジアアロワナ
多摩動物公園 （15種）	哺乳類（13種）	ニューサウスウェールズコアラ、ボルネオオランウータン、チンパンジー、シセンレッサーパンダ、ユキヒョウ、アムールトラ、アフリカチーター、モウコノウマ、グレビーシマウマ、マレーバク、インドサイ、シフゾウ、ターキン
	鳥類（2種）	ニホンコウノトリ、ソデグロヅル
井の頭自然公園 （9種）	哺乳類（4種）	ニホンリス、ニホンイタチ、ホンドテン、ツシマヤマネコ
	鳥類（4種）	コハクチョウ、カリガネ、オシドリ、トモエガモ
	魚類（1種）	ミヤコタナゴ
大島公園動物園 （5種）	哺乳類（1種）	オガサワラオオコウモリ
	鳥類（3種）	ハワイガン、カラスバト、ハハジマメグロ
	爬虫類（1種）	アルダブラゾウガメ
葛西臨海水族園（1種）	鳥類（1種）	フンボルトペンギン
葛西臨海公園鳥類園（2種）	鳥類（2種）	ニホンコウノトリ、シジュウカラガン
ズーストック種52種の内訳（亜種・属を含む） 哺乳類：25種　鳥類：17種　爬虫類：7種　魚類：3種　合計：52種			

4－2　外来種の影響

　ある地域の生態系を考えたとき、その生態系を構成するすべての生き物が揃って初めて完全なものになるのだということは理解できる。しかし、その生態系にはどのような生き物が不可欠な構成要素であり、どれがなくてもよいものかなど判断することは不可能である。

　そのような性質の生態系に他の生態系からある種が紛れ込んできたとしたら、いったいどうなるのであろうか。その生き物は、新たな生態系にとって必要なものなのか、あるいは不必要なものなのかはわからない。しかし、生態系に入り込んだ後、長い時間をかけながら生きながらえていくものもあるだろう。生態系には回復力があり、その姿を変えながらもある姿に落ち着いていくのである。

　問題なのは、その落ち着く先の生態系の質であろう。生物多様性に富んでいるのであれば問題は少ないと考えられる。しかし、貧弱な多様性、あるいは死の世界へ向かっていくのであれば、新たに入り込んできた種は元の生態系にとっては不必要なものであったのだ。残念ながら、そのような種が世界で数多く発見されている。

　生き物はより多くの子孫を残そうと、絶えず生息空間を拡大していこうとする性質を有している。その方法も多様であり、自分で歩いて移動したり、あるものは風の力を利用し、またあるものは水流の力を利用する。しかし、いずれにしても自然の力を利用するのである。それが、現在では人間や物資の移動という人為の影響で生息空間を拡大しているものが多い。自然の営力を超える範囲にまで拡散していく生き物たちは、ある地域の生態系を改変するにとどまらず、地球規模で生物多様性を減少させている。

　人とモノのグローバル化は生き物の生息空間を劇的に変えつつある。生き物をペットや園芸用などとして意識的に持ち込んだり、船や飛行機などで運ぶ物資や人間の体に混入して無意識に持ち込まれている。いるはずのないところに謎の生き物を発見することなど珍しいことではなくなった。

　生物多様性を減少させる脅威は、生息地の開発、汚染や乱獲だけでなく、外来種の影響も見逃すことはできない。そして、これらの要因が相互に交錯し、地球上の生き物の多様性を構成する多くの種、生態系が失われていくのである。

（1）外来種とは

　もともとの生息地にいる生き物は、在来種（nature species）あるいは土着種（indigenous species）とよばれるのに対し、他の地域から人間がなんらかの形で介在し、ある生態系に紛れ込んできた生き物は「移入種」「外来種」「帰化種」「侵入種」あるいは「導入種」などさまざまな用語が使われている。

　「本来の生息域外からなんらかの形で人為が介在し運び込まれたもの」を「外来種（alien species）」と表現し、その種が生態系に定着、野生化すると「侵入種」と表現されること

がある。さらに外来種は通常他国から入り込んだものを指すが、国内での移動はとくに「国内移入種」とよぶこともある。

このように用語の定義は必ずしも明確とはなっていないが、ここでは国内外を問わず「人為によって、自然分布をしている範囲外の地域（生態系）に持ち込まれた種」を「外来種」と総称してよぶことにする。そして外来種のうち、定着した場合に生物多様性を脅かす種を「侵略的外来種」、その中でも、とくに規制・防除の対処となる種を「特定外来生物」とよぶ。特定外来生物には、タイワンザル、アライグマ、ヤギ、マングースなど哺乳類（25種類）、カナダガン、ガビチョウ、ソウシチョウなど鳥類（5種類）、カミツキガメ、グリーンアノール、ミドリオオガシラなど爬虫類（16種類）、オオヒキガエル、ウシガエルなど両生類（11種類）、カダヤシ、ブルーギル、オオクチバス、ノーザンパイクなど魚類（14種類）、そしてオオキンケイギク、アレチウリ、オオフサモなど植物（13種類）が指定されている。（環境省『特定外来生物等一覧』2015）。

一般的に、外来種が定着しやすい条件とは以下のようである。

①生態系が比較的単純な食物連鎖から構成されている環境

②人為によるかく乱が進行している環境

③交雑することが可能な近縁種がいる環境

大陸から離れた海洋島や長い期間を周辺地域と地史的に隔離された環境では、同一のエサを争う競争相手となる種がいないことや天敵がいなかったために、被食者は捕食に対し抵抗力をもっていないことなどの理由から、複雑な生態系と比べると定着しやすい。

ハワイやフォークランド諸島、セーシェル諸島や小笠原諸島などの海洋島では、島固有の動植物が外来種の影響で減少している。ハワイ諸島では、18世紀後半に食用として持ち込まれた家畜が野生化し固有植物を食べ尽くしているため、深刻な危機的状況下にある。そして固有の植物と共生していた昆虫にも大きな被害を与えている。また、ガラパゴス島のヘビも、人間が持ち込んだブタやヒツジなどの家畜により減少している。

劣悪な環境でも繁殖、成育することのできる多くの外来種は、在来種では暮らすことのできない破壊された環境へも優先的に入り込むことができる。河川敷や都市部は常に人為によりかく乱されているが、このような場所には外来種が多い。

また、たとえ一個体が侵入したとしても、それが近縁種と交雑することにより遺伝子を汚染しながら繁殖し定着することができる。

外来種は侵入先の生態系の中に入り込みキーストーン種としての役割を果たすことが多く、在来の生態系構造を異質なものへ変えてしまう。

外来種問題に対する対策は、大きく分けて次の3つの段階がある。

①地域内に持ち込まれることを防止する対策

②ペットや家畜を含めた動植物の野外への放逐の規制

③すでに野外に定着したものの管理、駆除

世界の生物種のうち、哺乳類20%、鳥類22%、魚類25%、そして、爬虫類42%が外来

種による影響で絶滅したという。

（2）生物多様性を脅かす外来種

国内外では多くの外来種が確認されている。とくに生態系に影響を与える外来種として、国際自然保護連合（IUCN）は「世界の侵略的外来種ワースト100」を、日本生態学会は「日本の侵略的外来種ワースト100」を選定している。

以下にその一部を紹介し、いくつかの事例について状況を眺めることにする。

表7-27 「世界の侵略的外来種ワースト100」「日本の侵略的外来種ワースト100」に共通する外来種

哺 乳 類	ヤギ、ヌートリア、ジャワマングース
鳥　　類	なし
魚　　類	ブラウントラウト、オオクチバス、ニジマス、カダヤシ
爬 虫 類	ミシシッピーアカミミガメ
両 生 類	ウシガエル、オオヒキガエル
昆 虫 類	アルゼンチンアリ、イエシロアリ
植　　物	ホテイアオイ

（出所：日本生態学会編『外来種ハンドブック』日本の侵略的外来種ワースト100、2002）

表7-28 「世界の侵略的外来種ワースト100」から一部抜粋

哺 乳 類	フクロギツネ、イエネコ、カニクイザル、ハツカネズミ、アナウサギ、アカシカなど
鳥　　類	ガイロハッカ、シリアカヒヨドリ、ホシムクドリ
魚　　類	コイ、カワスズメ、ナイルパーチ、ヒレナマズ
爬 虫 類	ミナミオオガシラヘビ
両 生 類	コキコヤスガエル
昆 虫 類	ヒトスジシマカ、マイマイガ、スクリミリンゴガイ、ヒアリなど
植　　物	イタドリ、クズ、チガヤ、ストロベリーグァバ、ハリエニシダ、ギンネムなど

（出所：日本生態学会編『外来種ハンドブック』日本の侵略的外来種ワースト100、2002）

表7-29 「日本の侵略的外来種ワースト100」から一部抜粋

哺 乳 類	アライグマ、イノブタ、カイウサギ、タイワンザル、チョウセンイタチ、ニホンイタチ、ノネコ
鳥　　類	ガビチョウ、コウライキジ、シロガシラ、ソウシチョウ、ドバト
魚　　類	コクチバス、ソウギョ、タイリクバラタナゴ、ブルーギル
爬 虫 類	カミツキガメ、グリーンアノール、タイワンスジオ
両 生 類	シロアゴガエル
昆 虫 類	アメリカシロヒトリ、ウリミバエ、チャバネゴキブリ、セイヨウオオマルハナバチなど
植　　物	アカギ、アレチウリ、オオアレチノギク、セイタカアワダチソウ、ハルジオン、ヒメジョオンなど

（出所：日本生態学会編『外来種ハンドブック』日本の侵略的外来種ワースト100、2002）

1）海外の事例

①「カダヤシ（米国東部および南部原産）」

メダカに似ているが尾びれが丸く、成熟した雄には交尾器がある（尾びれの一部が変形したもの）。卵胎生で交尾により体内受精し、100尾程度の子供を産む。河川では、下流で流

れのゆるいところや、海に連絡し海水の混じる水路に生息する。

カダヤシとメダカ

蚊を絶やすことから「カダヤシ」という名がついたとおりボウフラを食べるが、そのほかにも水面に落下した昆虫やミジンコなどのプランクトン、小魚などなんでも食べる雑食性である。また水の汚れにも強く繁殖力も高いため、在来のメダカを駆逐しているところもある。

日本へは、1916年（大正5年）やはり蚊の駆除の目的で台湾島経由で東京に移入され分布を拡大する。その後、1970年頃から日本全国へ分布を広げている。蚊の駆除のため東南アジアをはじめ世界各地へ移植されている。

②「ストロベリーグァバ（ブラジル産）」

高さ3～5mになる常緑の低木。果実は直径2.5～4cmほどの球形または卵型でイチゴのような芳香がある。食用としてハワイ、ポリネシア、モーリシャス等へ移植されたストロベリーグァバは、やぶを形成し森林の植生を変化させてしまう。ハワイやモーリシャスでは植生が壊滅的な打撃を受けており、最悪の植物とまでいわれている。グァバの実は野生ブタにより運ばれ生息域を拡大している。

③「ホテイアオイ（南米原産）」

世界で最悪の有害植物といわれている。この観賞植物は12日間で数が倍になることで知られており、世界50ヵ国以上で確認されている。ホテイアオイはその旺盛な繁殖力で短期間に水面を覆い尽くし太陽光を遮断するため、水中、水底の生態系に大きな影響を与える。また水路を塞ぐことにより船の航行に支障をきたす。駆除する場合には、水面に浮いている個体を取り除く以外にない。

このような旺盛な成長・繁殖は、水中から大量の栄養分を吸収していることを示しており、水質浄化に利用することも試みられているが、導入にあたっては注意を要する。

④「ナイルパーチ（ナイル川原産）」

アフリカ最大のビクトリア湖は、ケニア、ウガンダ、タンザニアの3ヵ国に囲まれた九州の2倍の面積を有する湖であり、世界第3位の大きさである。かつては約500種類の固有種が生息し、研究者たちに「ダーウィンの箱庭」と称されるほどの「生物多様性の宝庫」であった。しかし、その多くの種がこの地球上から姿を消すという悲劇が襲った。この主因とされるのは外来種ナイルパーチの急激な増加である。ナイルパーチは体長2mを超える巨大な淡水魚で、日本の食卓にもスズキとして出されていることからわかるように、食肉用として重宝されていた。

もともとビクトリア湖には生息していなかったナイルパーチは、1957年（昭和32年）に最初に捕獲されたのに続いて、1980年代には広大な湖全域に広がり、しばらくの潜伏期間を経て爆発的に増加した。それに伴い湖周辺では、大型漁船の導入、大規模な冷凍・処理施設の建設などが展開され、雇用の創出など地域社会の構造も大きく変化した。もともとビクトリア湖に生息していた魚のほとんどが草食性であったところに、肉食性のナイ

ルパーチを移入したことによって、もともとの固有種500種は200種にまで激減し、湖の生態系は壊滅的な状態となった。さらに、植物プランクトンをエサとする草食魚が減少したことにより、消費されないまま死んだ大量の植物プランクトンが湖底に沈降し、それが分解する過程で大量の酸素が消費されるため、湖底の無酸素化が進行している。

「生物多様性の宝庫」ビクトリア湖は、ナイルパーチの移入により地域の伝統的な漁業や水産加工を衰退させ、湖に依存していた地域社会を荒廃させていった。さらには湖の食物連鎖の頂点に外来種が入り込むことにより、湖の生態系は劇的に変化し「ビクトリア湖の悲劇」とよばれる取り返しのつかない事態を引き起こしてしまった。最近では、このナイルパーチの漁獲量すら減ってきているという。将来、どうなっていくのだろうか心配である。

2）国内の事例

国内の外来種の多くは、ペットや家畜の逃亡や放逐、あるいは人為的な天敵導入が原因である。

①「アライグマ（北米原産）」

アライグマは魚、鳥などの小動物から果実、農作物に至るまでなんでも食べる雑食性の哺乳類である。1970年代のテレビ番組でブームとなり数万頭がペット用として輸入されるが、多くは飼い主の放逐により野生化していく。今では北海道、関東一円、愛知などで湿地や農耕地、市街地と多様な環境に適応しており、日本には天敵がいないこと、繁殖力旺盛なことが災いし生息地は拡大している。そしてキツネやタヌキなどの在来種と競合し生態系を改変している。

夜行性で優れた学習能力を有し手先の器用なアライグマにとっては、家屋から逃亡することなど簡単なことであったのであろう。また、小さいときはかわいくても成獣になると凶暴になるので、飼い主はお手上げとなったのかもしれない。ペットとして飼うこと自体に無理があったのだ。

アライグマは狂犬病の媒介動物であり、人間にも感染するアライグマ回虫も見つかっていることから、人獣共通感染症をもつ動物である。

②「ヤギ」

小笠原諸島では食用として持ち込まれたヤギが野生化し、大繁殖し、島の植生を食い荒らし踏みつけている。以前は島民による狩猟で個体数が一定に保たれていたが、国立公園に指定されて以降は急激に増えていった。小笠原固有の植生は破壊され、オガサワラシジミやシマアカネといったチョウやトンボも個体数を減らし、荒地から流れ出す土砂はサンゴ礁にダメージを与えている。無人島の媒島は、かつてはジャングルに覆われた島であったが、死の島とよばれるほど悲惨な状況になってしまった。

東京都は1994年（平成6年）から「小笠原国立公園植生回復事業」を開始し、当面はヤギ被害の大きい聟島列島の4島を対象としてヤギの駆除、植生回復、モニタリングを実施している。2000年（平成12年）には、媒島に生息する400頭前後のヤギが全頭捕獲

7　生態系と地球のバランス　～地球環境の問題～

された後、薬殺駆除された。その後も嫁島で地元 NPO によりヤギは駆除された。

③「ジャワマングース（イラン、インド、ミャンマー、マレー半島原産）」

ジャワマングースは 19 世紀後半、ネズミを駆除するため主にモーリシャス、フィジーやハワイなどの海洋島に導入された。天敵のいない固有の生態系の中で暮らす在来種は、すばやい動きのマングースの餌食となり、とくに鳥類、爬虫類、両生類は地域的にその数を減らし絶滅の危機に瀕している。

日本には、ハブ退治として 1910 年にインドから 17 匹のマングースが沖縄本島に持ち込まれたのがはじまりである。それが短期間のうちに生息域を広げ、1993 年（平成 5 年）には那覇から 70km 離れた山原の森の入り口で確認されている。マングースはハブも捕食するが、主にネズミや鳥、昆虫をエサとするため、はじめは家畜のニワトリやアヒルを襲っていたものが、ついには山原の森に生息する国の天然記念物、飛べない鳥「ヤンバルクイナ」を襲い始めた。

ヤンバルクイナは 2006 年（平成 18 年）、717 羽の生存が確認されるのみで、絶滅危惧ⅠA 類にランクされた。しかし、環境省の調査によると、マングースの捕獲事業の成果が出てきたため、2013 年以降は生息数が増加傾向にあり 1,500 羽前後と推定されている。

奄美大島も同じ状況にある。1979 年（昭和 54 年）にハブ退治として 30 匹のマングースが放逐された。奄美大島には国の特別天然記念物アマミノクロウサギや天然記念物トゲネズミなどの希少な動物が生息するが、それらは唯一の天敵ハブの攻撃をかわすことだけを考え進化してきている。そこへ突然動きの早いマングースが侵入し、無抵抗のうちに個体数を減らしている。

環境省は、この奄美大島でマングース絶滅作戦を開始した。捕獲したマングースは 1匹 4,000 円で買い取られ、狩猟も講習会を受ければ誰でも行えるようになっている。その成果が現れたのか、2009 年の環境省の調査では、2004 ～ 2008 年には姿を現さなかった6 地点で生息が確認された。天敵のマングースの捕獲事業が進んだことで、分布域が回復している可能性があると考えられている。

マングースは野生動物の捕食だけでなく、養鶏農家の卵やヒナを襲ったり、人獣共通感染症のレプトスピラ菌を保有していたり、狂犬病の媒介動物でもある。ハブ退治の切り札として導入され、そして今度は自分が人間たちに駆除されるのである。

④「タイワンザル（台湾原産）」

1955 年（昭和 30 年）に和歌山県の動物園の閉園に伴い 30 匹のタイワンザルが野山に放逐された。40 年後の 1998 年（平成 10 年）、DNA 鑑定によりニホンザルとタイワンザルとの混血ザルが確認される。このように交雑が進めば純粋なニホンザルはいなくなってしまうかもしれないと心配されている。

サルは熱帯、亜熱帯地帯に生息するが、青森県の下北半島を北限とするニホンザルは世界最北端に住むサルであり、国の特別天然記念物でもある。両者は体形や体色は酷似しているが、尾の長さがそれぞれ 40cm、10cm 程度であり異なっていることで判断できる。

ニホンザルを守ることはできるのであろうか。日本霊長類学会はタイワンザルを全頭捕獲し安楽死させる計画を知事に提出した。人の身勝手でタイワンザルを殺すことへの是非が問われたが、このまま放置すれば在来種であるニホンザルは遺伝子汚染を受け純粋種の存続が危ぶまれるであろう。さらに生態系は改変され生物多様性は減少していくのである。

和歌山県では県民のアンケートを取った。そしてそのアンケート結果を踏まえ「捕獲、安楽死」処分の最終案をまとめた。200頭前後いると思われるサルに対し、無人島への放逐、避妊・去勢後に再放逐、県有林を柵で囲う、などの案を検討し、県民1,000人を対象としたアンケートは、①動物園に施設を建設し、一代限りの飼育を行う（建設費と飼育費で11億円）か、②致死量の麻酔薬を使った安楽死（注射代など100万円）を選択するものであり、回答者648人のうち414人（63.9%）が②を選んでいる。

国内では年間1万頭以上、和歌山県でも500頭以上のニホンザルが有害駆除されている。同様な問題は、ニホンリスとタイワンリスの間でも発生している。

⑤「ブラックバス（北米原産）」

全長50cm、最大で70cm程に成長するスズキ目の淡水魚である。ブラックバスには6種あるが、日本に持ち込まれたものはオオクチバスとコクチバスの2種である。

大きな口に入る大きさのものは、小魚はもちろんエビ、カニ、カエル、ネズミ、鳥など

Column：遺伝子汚染　～近交弱勢～

「近交弱勢」とは、一般的には大きな集団が乱獲や生息地の分断等の要因で個体数を減少させていくことで急速に小さな集団となっていく際に起こる現象である。

小集団化することで遺伝子の近縁者と交配する確率が高くなり、近親交配を長く続けていくことで一般には動植物の生活力が低下していく。近交弱勢が起こると生活力の低い子孫が生まれるため、その集団はますます小さくなっていく。

近交弱勢は劣性有害遺伝子のホモ結合の遺伝子をもっている部位が増加し、雑種が両親より優れた形質をもったり、強い生活力を表したりする「雑種強勢」に関する遺伝子がなくなることに起因すると考えられている。

遺伝子の研究から日本産の淡水魚であるメダカは、450万年前に北日本集団と南日本集団に分かれ、後者はさらに9つの地域集団に細分化されることがわかっている。見た目は同じでも遺伝子の異なるメダカが交雑すれば遺伝子汚染が起こることになる。また、カントウタンポポやカンサイタンポポなどニホンタンポポと総称される在来種は、明治以降に日本に導入された欧州原産のセイヨウタンポポと交雑していることが確認されている。

昆虫の世界にも遺伝子汚染が広がりつつある。最近の昆虫ブームは、農作物の害虫の侵入を防ぐ「植物防疫法」の規制が1999年（平成11年）から緩和され、それまで輸入全面禁止であったクワガタやカブトムシなど計約540種が輸入されたことがきっかけとなっている。

年間100万匹以上の昆虫が生きたまま輸入され売られている。昆虫類は環境適応力と繁殖力が強く、野外でも生存しやすい。定着すると生態系を乱す恐れも高い生き物である。外国産と交雑した日本産大型クワガタのヒラタクワガタが発見されたり、中国原産の大型チョウであるアカボシゴマダラが神奈川県に定着していることも確認されている。

ニホンタンポポ
（在来種）

セイヨウタンポポ
（外来種）

図7-77　ニホンタンポポとセイヨウタンポポの見分け方

何でも捕食する肉食魚である。1925年（大正14年）に食用やゲームフィッシング目的でアメリカから輸入し、神奈川県芦ノ湖に80匹が放流されたのがはじまりとされている。

1964年（昭和39年）までに生息域は5県に増え、その後のルアーフィッシングのブームによりブラックバスは日本各地の水域に放逐され、1974年（昭和49年）には23府県、1988年（昭和63年）には45都府県にまで広がる。

1992年（平成4年）に水産庁は「内水面漁業調整規則」を改正し、ブラックバスやブルーギルの移殖放流を制限するよう通達を出す。これによりオオクチバスが漁業権魚種に認定され、合法的に繁殖保護される水域は神奈川県芦ノ湖、山梨県河口湖、山中湖、西湖の4ヵ所となった。しかし、2000年（平成12年）にはついに全都道府県にまで広がりをみせている。

渓流の王者イワナもブラックバス同様貪欲な魚であるが、イワナは清流にしか生息できず他の魚たちと生息場所を棲み分けして生態系を形成している。しかし、コクチバスはその生態系の中に侵入し希少種と競合しているし、オオクチバスは流れの緩やかな比較的水温の高い湖沼や河川下流に生息域を広げ、その生態系を破壊している。

ブラックバス同様、北米原産のニジマスや北部欧州原産のブラウントラウトも生態系に大きな影響を与えている。ゲームフィッシングの対象魚として人気の高いブラウントラウトは、北海道では在来のアメマスを凌ぐ勢いで繁殖している。

北海道では、希少野生生物のリストが「レッドリスト」とされていることを踏まえて、外来種のリストを「ブルーリスト」と命名し「北海道のブルーリスト2010」を指定している。哺乳類、鳥類、爬虫類、両生類、魚類、昆虫、昆虫以外の無脊椎動物及び植物で860種の生物が選定された。哺乳類25種、鳥類8種、爬虫類10種、両生類19種、魚類36種、昆虫90種、植物639種などの計860種である。その内、原産地が国外が706種、国内が125種、不明が29種である。

外来哺乳類をはじめとする外来種は、今までいなかった生態系に突如として侵入し定着するものもいるため、農作物に被害を与えたり人獣共通感染症により人間社会に直接的に影響を与えるだけでなく、捕食等による在来種の減少、在来近縁種との交雑による遺伝子汚染、植生の改変など生態系に大きなダメージを与え、生物多様性の減少を引き起こしているのである。

（3）外来種問題への取組み

1993年（平成5年）に批准された「生物多様性条約」では、締約国は外来種の対応として「生態系、生息地もしくは在来種を脅かす外来種の導入を防止し、またはそのような外来種を制御し、もしくは撲滅することに努めること」とされている。また、世界自然保護連合（IUCN）の外来種規制のガイドラインでは「外来種は定着後の管理が極めて困難であることから、早期の予防措置に重点を置くことが有効である」とされている。

2002年（平成14年）、環境省は野生生物の外来種問題への対応方針づくりのため「移入種検討会」を設置した。そこで検討された事項は、「意図的な国内への持込を未然に防ぎ、

早期発見、早期対応、そして導入されたものの駆除管理」の３段階で対応することとしている。また、飼料への混入雑草、船のバラスト水の放出による水生生物の侵入、建設資材に混入する生き物の侵入などの非意図的な国内への持ち込みについては、主たる経路でのモニタリングを強化し定期的に実施することや、要注意地域を指定し海洋島などへの物資の輸送には注意を払うこととしている。

外来種の侵入を国際条約や国内法で規制しようとする取組みをまとめると、以下のようである。

表 7-30　主要国際条約等における外来種の規制措置（一部）

条　　約	内　　容
生物多様性条約	外来種の導入を防止し、制御し、もしくは撲滅すること。 遺伝子組み換え生物を規制し、管理し、または制御すること。
生物多様性条約生物安全議定書 （カルタヘナ議定書）	遺伝子組み換え生物の国際的な移動、輸送、取扱い及び利用について規制する。
国連海洋法条約	海洋環境に重大かつ有害な変化を及ぼす外来種の導入を防止し、軽減し及び規制するための措置を取ること。
移動性野生動植物の保全に関する条約 （ボン条約）	締約国は、移動性の種の保全のために障害となる外来種の導入を厳しく規制し、すでに導入された外来種を管理・除去すること。

(出所：川道美枝子他『移入・外来・侵入種』築地書館、2001)

そのほかに、国際植物防疫条約、南極条約環境保護議定書、日米渡り鳥条約、ラムサール条約などでも条項に規制措置を掲げている。

日本においては、平成 17 年 6 月に施行された「特定外来生物による生態系等に係る被害の防止に関する法律（外来生物法）」に基づき実施されてきた。ここで、要注意外来生物が選定され、防除などが推進されてきたが、具体的対策が示されていないなどの課題が指定されていた。平成 20 年 6 月に「生物多様性基本法」が施行され、生物の多様性の保全及び持続可能な利用についての基本原則が定められる。平成 22 年 10 月、名古屋で開催された生物多様性条約第 10 回締約国会議において、「2020 年までに侵略的外来種とその定着経路を特定し、優先度の高い種を制御・根絶すること」等を掲げた愛知目標が採択された。そして、平成 24 年 9 月には生物多様性基本法に基づき策定された「生物多様性国家戦略 2012-2020」において、外来種による生態系への影響を日本の生物多様性が直面する重大な危機の一つとして位置付け、愛知目標を踏まえ、外来生物法に基づく特定外来生物のみならず、生態系等に被害を及ぼすおそれのある外来種のリストを作成することを目標の一つとした。これを受けて、環境省と農林水産省は、平成 24 年度から有識者からなる会議を設置し、「我が国の生態系等に被害を及ぼすおそれのある外来種リスト（生態系被害防止外来種リスト）」の作成を進めた（環境省『「我が国の生態系等に被害を及ぼすおそれのある外来種リスト（生態系被害防止外来種リスト）」の公表について』2015 年 3 月）。

掲載種は、国外由来の「定着予防外来種」では、植物：22 種、哺乳類：12 種、鳥類：2 種、爬虫類：12 種、両生類：8 種、魚類：21 種、昆虫類：8 種など 100 種、国内由来（国内に自然分布を持つ国外由来の外来種を含む）では、植物：1 種の計 1 種、国外由来の「総合対策外来種」では、植物：127 種、哺乳類：23 種、鳥類：13 種、爬虫類：9 種、両生類：5

338

7 生態系と地球のバランス ～地球環境の問題～

種、魚類：31種、昆虫類：11種など281種、国内由来では、植物：9種、哺乳類6種、爬虫類5種、両生類2種、魚類4種、昆虫類2種など計29種、「産業管理外来種」は国外由来で18種、国内由来は指定種はない。

表7-31 生態系被害防止外来種カテゴリ分類

定着を予防する外来種（定着予防外来種）
国内に未定着であるが、定着した場合に生態系への被害のおそれがあるため、導入の予防や水際での監視、早期駆除が必要な外来種。 1. 侵入予防外来種：特に導入の予防、水際での監視、バラスト水対策で国内侵入を未然に防ぐ必要のある種。 2. その他の定着予防外来種：侵入の情報はあるが、定着は確認されていない種。
総合的に対策が必要な外来種（総合対策外来種）
国内に定着が確認されていて、生態系への被害を及ぼしているかおそれのある種。国や自治体、国民の役割において防除などの普及啓発など総合的に対策が必要な外来種。 1. 緊急対策外来種：対策の緊急性が高く、特に、各主体がそれぞれの役割において積極的に防除を行う必要がある。 2. 重点対策外来種：甚大な被害が予想されるため、特に、各主体の役割における対策の必要性が高い。 3. その他の総合的外来種
適切な管理が必要な産業上重要な外来種（産業管理外来種）
産業または公益的役割において重要で、代替性がなく、その利用に当たっては適切な管理を行うことが必要な外来種。種ごとに利用上の注意、適切な管理をよびかける。

（出所：環境省『「我が国の生態系等に被害を及ぼすおそれのある外来種リスト（生態系被害防止外来種リスト）」の公表について』2015年3月より作成）

Column：野生動物を感じる旅

カナダ、アメリカの国境、セント・ローレンス湾に浮かぶ総面積200km²ほどの小さな島、これがマドレーヌ島である。マドレーヌ島は全部で12の島からなるマドレーヌ諸島の中心に位置し、ラテン語で「砂の島」を意味する。日本からはバンクーバー、モントリオールと乗り継ぐことになる。

そのマドレーヌ島には2月から3月中旬にかけて流氷が押し寄せてくる。その流氷に乗ってタテゴトアザラシ（ハープ・シール）が集まり、流氷の上で一斉に出産し子育てを始める。ここはタテゴトアザラシの繁殖地として知られ、この短い期間に約25万頭ものアザラシたちが繁殖のため訪れている。

出産直後の赤ちゃんは、お母さんの羊水の色が付着して黄色身を帯びているためイエローコートとよばれる。しばらくすると太陽の光や海水に洗われ白くなる、これはホワイトコートとよばれる。

アザラシは成長が早く、母乳だけで1日2キロずつ体重が増えていく。生後1週間ほどで泳ぎの練習が始まる。お母さんが何度も誘いにくるがなかなかその気にならないようだ。そして2週間程度の子育ての期間で親と見間違えるほどの大きさに成長していく。フワフワの毛でおおわれたアザラシの赤ちゃんは氷上で生活しているが、毛の短い親は水中にいることが多い。そのため絶えず穴から顔を出して赤ちゃんを確認している。

水中で暮らすアザラシは、氷上では光の屈折率の違いから物がはっきりと見えていないといわれている。そのため、生まれたばかりの赤ちゃんは人間であろうと動くものをお母さんと間違えて近寄ってくる。そしてお母さんの臭いと違うことを確認するとさっさと逃げていく。

そんな光景に出会える場所が、ここにはある。

タテゴトアザラシに会う

Chapter 8 人、自然そして地球
～つなぐ～

1. 私たちの進むべき道
～持続可能な循環型社会を実現するために～

　地球誕生からの長い歴史を振り返るとき、とくに20世紀後半の数十年間は異常ともいえる時代であった。産業革命以降、人類の飽くなき欲望はエネルギー消費量、食糧消費量などを飛躍的に増大させ、生物多様性の崩壊や天然資源の枯渇化などの深刻な環境問題に直面している。

　20世紀後半の経済発展がかつてない速度で進行している点がもっとも大きな問題であるが、その発展パターンにも問題を抱えている。世界の人口の2割にすぎない先進諸国が、地球全体の資源・エネルギーの約8割を独占的に消費する偏った消費パターンである。その結果何が起きたのか、富裕層上位3名の資産は後発発展途上国の全GNP合計より多いという現実を生み出し、富の一極集中が起きている。CO_2排出量などの環境負荷の格差は、当然のことながらこの富の分配に対応している。

　経済格差、資源・環境格差、教育・情報格差に至るまで、南北間に、また一国内にも新たな階層的格差を形成させている。

　私たちはどこへ向かって歩こうとしているのだろう。私たちも生き物の一員であることを忘れてしまったのであろうか。地球に生息するすべての生き物に共有の財産である環境や資源を持続的に活用しつつ、広く平等に使うことなどできるのであろうか。将来世代に、この地球をつないでいくことなどできるのであろうか。

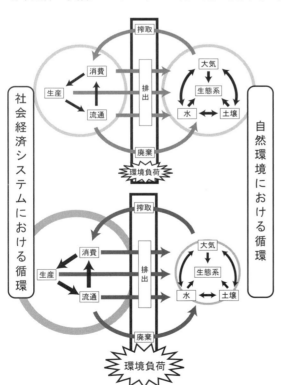

図8-1　自然環境に負荷をかける経済システム
（出所：環境省『平成14年版環境白書』）

1－1　持続可能な社会へのアプローチ

　今日の大量生産・大量消費・大量廃棄型の社会経済システムは、生態系を破壊しながらものすごい速さで天然資源や食糧などを採取し、モノを生産し、その代わりにゴミや汚染物質を自然環境へ捨て去ってきた。自然環境は自らの循環の中で経済システムから排出された物質を分解・吸収し自浄してきたが、その能力に陰りが見えてきた。

　人間社会は大きくなりすぎた。この地球のもつありとあらゆる潜在能力を踏みつけて歩いてきた。今や地球はヒトという1種類の生き物の行き過ぎた行為により健全な状態を確保することが困難な状況下に置かれている。しかし、事態は変化し始めている。地球のあちらこちらから"この地球を健全な姿に戻そう"と声が上がり始めたのだ。

　社会経済システムと自然環境のかかわりについて、そのあるべき姿を模索し始める動きが活発化している。あるべき姿について、その考えは多岐にわたるが、その中でも「持続可能な発展（Sustainable Development）」という発想が世界的に広く受け入れられている。

　「持続可能な発展」という概念は、1987年（昭和62年）に「環境と開発に関する世界委

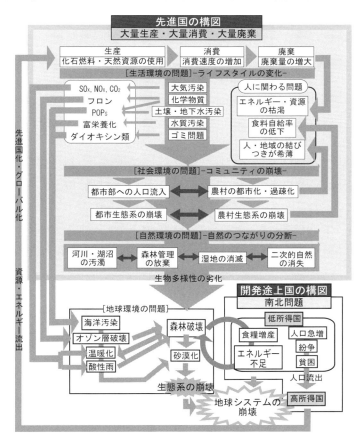

図 8-2　地球環境問題のかかわり

員会」が発表した報告書「我ら共有の未来」の中で初めて提唱された概念で、1992年（平成4年）の地球サミットにおいて、これを実現するための世界行動指針として「アジェンダ21」が採択された。

「持続可能な発展」とは、「将来の世代の要求を満たす能力を損なうことがないような形で、現在の世代の要求も満足させること」であり、具体的には、

　①現在世代内でのバランス（南北問題の解決：貧困、資源・財・環境の不平等の解決）
　②将来世代との間のバランス（将来世代の活用する資源・環境などの収奪回避）
　③人と他の生き物たちとのバランス（自然界の環境維持・浄化機能能力の保持）

の3つを同時に達成することである。

この基本三原則ともいえる条件を同時に達成させるためには、次に述べる「トリレンマの構造」を解くことが、もっとも現実的な取組みのひとつであると考えられる。

1－2　トリレンマの構造

生態系に負担をかけず、次世代そして地域の経済、エネルギー需要を安定させるという困難な問題の解決にあたっては、「トリレンマの構造（3つのE）」を解く鍵を探すことが重要課題となる。ジレンマが2つの間の矛盾を意味するように、トリレンマは三重矛盾を意味している。

3つの"E"とはEconomic Growth（経済成長）、Energy SecurityまたはEnergy Supply（エネルギー危機、エネルギー供給）、Environmental Protection（環境保全）の頭文字である"E"である。「トリレンマの構造」とは、3つの"E"の間の三重矛盾のことであり、解く鍵は、この3つの"E"を同時に達成させるための方法のことである。

今までの考えでいけば、3つの"E"は相反する関係になる。例えば、経済成長だけを考えれば、エネルギー消費は増大し環境への負荷が高まる結果、エネルギーの安定供給に支障をきたすことになる。また、環境を保全しようとすれば、エネルギー消費を抑制する必要が生じ経済成長が停滞することになる。いずれの場合も3Eを同時に達成することはできなくなる。しかし、この考えは経済成長を「従来型の消費経済の量的な拡大」としかと

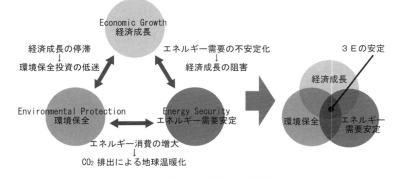

図8-3　トリレンマの構造
（出所：(財)エネルギー総合工学研究所『?を!にするエネルギー講座』）

8　人、自然そして地球　〜つなぐ〜

らえていないためであり、従来からの生き方では経済成長を続けるためにはエネルギー資源が消費され、環境への人為的負荷が高まってしまう結果しか生まないのである。

　廃棄物や汚染物質が私たちの暮らしから絶えず排出されているという現実は、私たちの社会が資源・エネルギーをいかに非効率的に、不完全に消費しているかを物語っている。逆に、廃棄物や汚染物質をいかに減らそうかと努力している成熟社会では、生産性とエネルギー資源の効率を合理化し、地域コミュニティーを復活させ、環境技術を推進することなどにより廃棄物や汚染物質の排出を未然に防止し、経済と環境そしてエネルギーの調和する社会を構築できると考えられる。

1－3　地球的公正とは

　広く平等に“南北問題”や“世代間の公正さ”を考慮した「地球的公正」という理念がある。これは、現状の資源制約や環境制約を前提とし、南北間そして世代間の公平を考慮して、貴重な資源を人間一人一人がどの水準で利用すべきかを考え、実行していこうというものである。その結果として、経済と環境そしてエネルギーの調和する社会を構築することである。

　持続可能な発展の実現には「トリレンマの構造」を解く鍵を見つけることが重要であり、そのための現実的な取組みのひとつが地球的公正の概念である。地球的公正を実現するための具体的プログラムには「環境容量（環境スペース：Environmental Space）」、「環境効率性（Eco-efficiency）」などの取組みが知られている。

（1）環 境 容 量

　国際環境 NGO「地球の友」グループの「地球の友オランダ」が、1992 年の地球サミットに合わせて持続可能な社会の実現のために取り組んだものである。持続的な社会を実現するためには、大量生産・大量消費・大量廃棄型の社会構造をもつ先進国の発展パターンを具体的に軌道修正する必要があるが、「将来の世代の資源利用の権利を奪うことなく、どの程度のエネルギー、資源などの利用や消費活動、そして環境汚染が許されるのか、それを世界中の人々が公平に与えられる一人あたりの利用許容限度を具体的に算出する」ものである。そして、算出された環境容量の範囲内でライフスタイルや生産・消費の様式をどう変えていくか、さらには技術開発の進め方や産業構造の改変などについて考え行動する具体的な計画である。環境・資源に関する地球的公正の考え方を定量化・具現化した点が注目されている。近年、エコツーリズムの広がりにより、自然公園などへの最大受け入れ可能人数などの議論にも用いられる。

　算出の根拠や方法は省略するが、例えばガソリンなどといった石油の燃焼利用は 1 人 1 日あたり 1 リットル程度とし、将来的には太陽・風などを利用する再生可能エネルギーへ転換することがよびかけられている。

　日本では、環境容量の試算が具体的な活動へとつながった例として、「地球にダイエット」

343

キャンペーンがある。この活動は、LOVE THE EARTH 実行委員会（シャプラニール―市民による海外協力の会、曹洞宗国際ボランティア会、日本国際ボランティアセンターの 3 つの国際協力民間団体で構成）により、1998 年（平成 10 年）に取組まれたキャンペーンである。先進諸国の環境負荷型の生活を見直すことで資源・エネルギーの消費を削減し環境負荷を減らし、その際の節約分を環境容量の試算をもとに評価し、そこで生み出された資金を南北問題の解決に充てようとする運動である。

「環境容量」への取組みはヨーロッパへ拡大し、31 ヵ国の NGO が国からの財政的な支援を受けて、93 年「サスティナブル・ヨーロッパ・プロジェクト」が立ち上がるまでに成長している。

EU 諸国の州政府や自治体は、エコロジカル・フットプリントを活用し環境負荷を評価していこうという方向性である。日本は、産業・運輸・家庭などの部門（セクター）ごとにたとえば温室効果ガス削減可能量を算出し、その合計を国別の総量目標とするセクター別アプローチで環境負荷への対応を評価していこうという方向性である。

世界的な水産物の消費拡大を背景として、水産資源の将来的な持続可能性が危ぶまれる中、WWF ジャパンと MSC 日本事務所は、日本への導入が始まっている MSC（海洋管理協議会）、ASC（水産養殖管理協議会）の水産認証制度の活用と、消費国としてのマーケットのあり方についての検討会を開催した。ASC では環境や社会に配慮した責任ある養殖業に関する基準と原則を定め、ASC では環境や社会に配慮した責任ある養殖業に関する基準と原則を定めている（WWF ジャパン『サステナブル・シーフード・ウィーク　ビジネスフォーラム～ 2020 年に向けた日本市場の役割を考える』2015）。

（2）環境効率性

「環境効率性」とは、「可能な限り資源・エネルギーの使用を低減し効率化することにより、経済活動の環境負荷を低減すること」を意味している。同じ機能や役割を果たす製品やサービスの生産を比べた場合、それに伴って発生する環境への負荷が小さければ、それだけ「環境効率」が高いことになるという考え方である。

そのためには、エネルギーや食糧などの浪費を抑制し資源の再利用を徹底させ、省エネ技術や再生可能エネルギー利用（太陽、水、風など）を積極的に進展させ、社会経済システムの変革を成し遂げる必

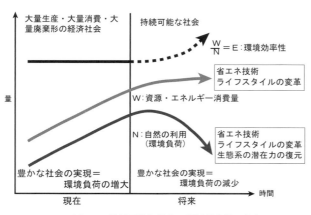

図 8-4　持続可能な社会＝環境効率性の向上
（出所：環境省『平成 14 年版環境白書』）

要がある。さらには、企業自体の体質を「社会的企業（ソーシャル・エンタープライズ）」へと変革する必要がある。これは、利潤の追求や生産性の向上を図ることが唯一の目的ではなく、環境負荷をできるだけ削減することが消費者に認められるなどの社会的効用を生み出し経済的なメリットに結びついていくため、環境や福祉、雇用問題なども解決する社会目的の企業のことで、これからの企業形態として注目されている。

企業における環境効率性向上のための取組みとしては、製品の製造、使用、廃棄等のライフサイクルの各段階における環境負荷を低減しようとする試みや、同一の効用を実現するため、事業者が自主的に環境に関する方針や目標を決定し、これらの目標に向けて努力する「環境マネジメント」への取組みがある。

製品のライフサイクル分析（LCA）やエコラベル評価、環境マネジメントや環境監査、環境会計などへの取組みは、企業や自治体が共に歩む道として、エコロジー産業の形成（ゼロ・エミッションへの取組み）や環境調和型の地域づくり（エコシティなど）の動きへと活性化しつつある。

1) インバース・マニュファクチュアリング・システム

これまで廃棄されてきた使用済み製品や加工途中で発生するゴミなどを回収し、再利用する技術（インバース・マニュファクチュアリング・システム）の構築が求められている。

従来の企業の生産方式は、「生産→使用→廃棄」といった順工程（エンド・オブ・パイプ）の生産システムであるが、これからは「回収→分解・選別→再利用→生産」という逆工程を重視した循環型のモノづくりが必要である。逆工程を重視した製造技術体系を「逆工場」という。

産業活動によって発生する廃熱・廃棄物などをリサイクルしたり、他の産業の原料として活用することにより、最終的な廃棄物をゼロにすることを「ゼロ・エミッション」というが、企業は今、「エンド・オブ・パイプ」型から「ゼロ・エミッション」型へと産業構造の変革を求められている。

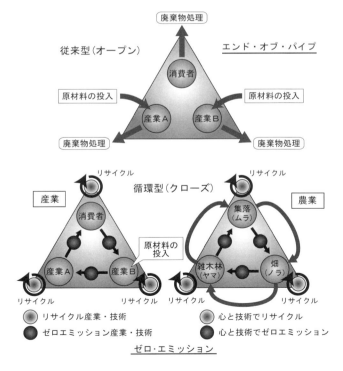

図 8-5　循環型産業への転換

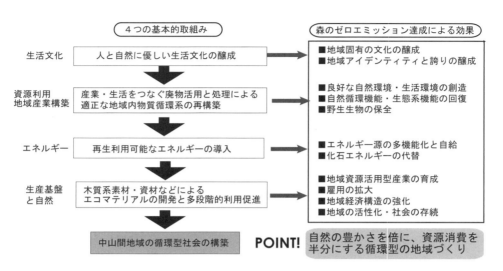

図 8-6　農村におけるゼロ・エミッション
（出所：兵庫県農林水産部『森のゼロエミッション構想』より作成）

2）環境マネジメントシステム

　企業の組織は法令等の規制を守るだけにとどまらず、自主的・積極的に環境保全のためにとる行動を計画・実行・評価することが大切である。これを「環境管理」という。自主的に進めるためには、

　①経営者自らが環境保全に関する方針、目標、計画を策定し、

　②これを実行するための組織やマニュアルの整備を行い、

　③目標の達成状況や計画の実行状況を点検し、全体のシステムの見直しを行う。

という一連の手続きが必要であり、これを「環境マネジメントシステム（EMS）」という。

　企業が環境マネジメントシステムを導入するメリットは、環境負荷を軽減させるにとどまらず、環境保全に対し意識の高い消費者は、意識の高い企業のサービス、製品を優先的に選択することにある。

　さらに、企業活動を環境保全に配慮したものへ定着させていくためには、第三者により環境マネジメントシステムの実施状況や成果などを監査基準と照らし合わせて適合状況のチェックを実施する体制づくりが欠かせない。この経営管理の方法の一つを「環境監査」という。

　企業等の環境保全への取組

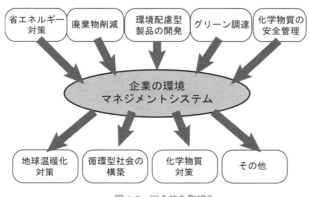

図 8-7　総合的な取組み

8 人、自然そして地球 ～つなぐ～

みを定量的に評価するための枠組みの一つに「環境会計」がある。環境活動に対して、どれだけ費用・資源を投入し、それによってどれだけの効果を生んだのかを測定し、分析、公表するための仕組みのことである。

環境マネジメントシステムが注目されたのは、1992年（平成4年）の「地球サミット」のときであった。このとき ISO（International Organization for Standardization：国際標準化機構）に対して環境マネジメントシステムの国際規格化を要請し、ISO は 1996年（平成8年）に企業が満たさなければならない環境マネジメントの要求事項を記載した規格「ISO14000シリーズ」を発行した。ISO とはモノやサービスの国際的な流通を促進するため、工業製品などの規格を定める代表的な国際組織であり、2011年（平成23年）8月現在、162カ国が参加している。日本からは JIS の調査・審議を行っている JISC（日本工業標準調査会）が 1952年（昭和27年）から加盟している。ISO の規格に法的拘束力はないが、事実上の国際標準となっているものが多い。

ISO が定めた環境に関する国際規格群は、「環境マネジメントシステム」、「環境監査」のほかに「ライフサイクルアセスメント」「環境ラベル」などで構成されている。このうち、環境マネジメントシステムに関する規格 ISO14001 は、唯一第三者認証の対象となっている。

「ライフサイクルアセスメント（LCA）」とは、ある製品を考えるとき、その製品の原料となる資源の採取から製造、流通、使用、廃棄、輸送、再利用など製品の一生を通して生じる環境負荷による地球や生態系への環境影響を客観的・定量的に評価する手法のことである。LCA は商品やサービスなどを利用する人が、環境負荷という観点から評価・選択する際に役立てることができる。世界共通の LCA を確立する目的で、1998年（平成10年）に LCA の原則と枠組みを示す ISO14040 が発行された。

さらに環境ラベルや環境家計簿の評価基準として LCA の考え方が適用され始めている。「環境ラベル」とは、製品やサービスの環境情報を、製品やパッケージ、広告等を通じて購入者に伝えることにより、環境配慮型の製品の選択を促すものである。

3）ファクター4、10

「環境効率」の概念を応用し全ヨーロッパの環境容量の統一計算方法が提示されている。これは「ファクター4」、「ファクター10」とよばれ、省エネ、省資源を4倍、10倍にするための具体的な計画として世界的に注目を集めている。

「ファクター4」は 1970年に設立された「ローマクラブ」のレポート「第一次地球革命（1992）」の中で提唱された用語である。これは環境対策を進めながら開発途上国の問題を解決するには、「豊かさを倍に、環境への負荷を半分に」しようという考えである。

「ファクター」とは「資源・エネルギー利用の飛躍的な効率化を図ること」を意味する用語であり、「ファクター論」とは「資源の利用効率を高めることで増大する人間の間の不均衡を是正し、資源採取から廃棄に至るまでの過程でムダを徹底的に削減し、資源を将来世代に残し地球環境に対する負荷を削減するための考え、方法」のことである。

生活の質を維持しながらも資源・エネルギーの消費量を抑制し、環境負荷を低減させるため環境効率を4倍に高めることを「ファクター4」とよんでいる。ファクター4の4という数値は、地球全人口の20%を占める先進国の人間が全世界の80%の資源を消費しているため、先進国は直ちに4分の1に削減しなければならないというところから出てきた数字である。製品の性能や役割を2倍にして、資源やエネルギーの消費を従来の半分に削減することで環境効率を4倍に高めようとするものである。

具体的には、炭素繊維の超軽量自動車、太陽光を利用したパッシブハウスや自動車共有システム、土地利用と輸送を統合した都市計画など、エネルギー、素材、輸送分野の資源・エネルギー利用効率4倍化などが実現している。

一方、「ファクター10」は、1991年にドイツのボパタール研究所により提起された考えで、先進国一人あたりの資源・エネルギー消費量あるいは二酸化炭素排出量を、2050年に現在の10分の1に削減することを目標としている。人類全体の産業活動が地球に及ぼす影響を1990年時に保つためには、人口増加や経済成長を考慮すると「ファクター10」になると考えている。

将来世代にわたり大切なことは、都市部、農村部における人口の不平等、工業に依存した経済体制、自浄能力を失いつつある自然生態系、地域内再生資源の未利用などを解消していくことであり、これらの改善なくしては「ファクター」議論も行き詰まりをみせることになるだろう。

地球公正を実現するためには、大量生産・大量消費・大量廃棄型の経済システムを改善する必要がある。そのために、この経済システムを入り口である「大量生産」の前の段階で制御しようとする「環境容量」、生産・流通・消費・廃棄の「途中過程」を制御しようとする「環境効率性」、そして「出口」を制御しようとする「インバース・マニュファクチュアリング・システム」などの必要性が検討され、具体的な取組みが行われ始めている。

1-4　私たちにできること

環境容量や環境効率性の考え方を参考に、私たちができる具体的な取組みについて概観する。

もっとも大切なことは一人一人の心がけである。社会における物質循環の形成を通した天然資源の消費抑制と環境負荷の低減を実現させるには、まず第一に一人一人の意識・行動変革が必要である。

地域間、国においては、山―川―海を通した生態系保全管理、広域事業での環境影響評価（アセスメント）、そして環境基本法や循環型社会形成推進基本法に代表される法規制による取組みがあげられる。さらに国際間では、国際条約や多国間協定、フェアー・トレード（草の根貿易）、途上国の債務削減、ODAの見直し、ISO（国際標準化機構）、国際NGOをはじめとする持続可能社会への取組みがあげられる。

（1）４つのR

私たち個人がすぐに取り組めるものとして "４つのR" の実践がある。４つの "R" とは、

Refuse：ゴミとなるものは買わない

Reduce：モノを活用してゴミは極力減らす

Reuse：ゴミとなる資源を再利用する

Recycle：ゴミとして捨てたものを再資源化する

のことである。

　最近、環境負荷が少ない製品・サービスを優先的に購入する消費者（グリーン・コンシューマー）が増えつつある。これは個人、家庭、学校あるいは地域における教育を通したエコライフの浸透や環境改善への意識の高まりの結果である。家庭においては環境家計簿づくりを通したライフスタイルの見直し、学校においては、本来の意味での総合教育の実践が、地域においては、地域コミュニティーの再構築のための「地域通貨（エコ・マネー）」の導入などがある。

　現在の貨幣経済が環境に負荷を与えている大きな原因であるとの認識から、環境保全等の市場価値を生みにくい、すなわち現金化されにくいサービスのやり取りを地域内で行われるサービスに交換できる地域通貨の導入は、社会環境の充実を図る上で効力のある取組みとして期待されている。

（2）グリーン・コンシューマー

　近年の地球環境問題に対する人々の関心の盛り上がりにより、グリーン・コンシューマー活動が注目をあびている。グリーン・コンシューマー（緑の消費者＝地球環境にやさしい消費者）とは、環境に配慮し、より環境に対する負荷の少ない商品を優先的に購入する人々のことをいう。

　日々の暮らしの中の買い物という行動を通して環境問題への意識を行動に移し、自分たちの生活そして企業活動を環境に対する負荷の少ないものに変えていこうとするものがグリーン・コンシューマー活動である。市民意識の高いヨーロッパでは、多少高くても環境に配慮した製品を購入するという消費者の行動が企業を環境重視の方向に導いてきた。環境負荷の少ない商品に対するエコラベリング制度や、具体的な商品や企業の情報を提供する「買い物ガイドブック」が市民団体などにより発行されている。

　グリーン・コンシューマー活動は、1988年にイギリスで発行された「ザ・グリーン・コンシューマー・ガイド（環境の視点からみた商品選択のための情報）」がはじまりであるといわれている。「ザ・グリーン・コンシューマー・ガイド」の出版により業界１位と２位のスーパーマーケットの売上げが入れ替わったり、カナダのブリティッシュ・コロンビア州の伐採企業が「皆伐（成木も幼木も種類も構わず全部伐ってしまう）から択伐（出荷したい木だけ選んで伐る管理伐採法）」へ切り替えざるをえなくなってきたのも、ヨーロッパで展開された「皆伐する企業製品は買わない」というボイコット運動が効果を発揮したためである。

グリーン・コンシューマー活動は、消費者が企業を監視・管理していこうという行動というよりは、企業が消費者の意見を取り入れ、両者の協働で環境に配慮した製品開発・販売に努力していこうという取組みである。

　日本では市場のグリーン化を促進するために1996年、企業、自治体、消費者団体が共同で設立したNGO"グリーン購入ネットワーク（GPN）"がある。2015年（平成27年）7月現在約2,456団体が加盟している。GPNではグリーン購入のためのガイドラインを設定し、商品の分野ごとに環境配慮製品の基準を公表している。また、各社の製品が環境面から比較できるように、商品選択のための環境データブックを作成・公表している。データのみの公表で、特定の商品を環境商品として推薦することはしていない。

＜グリーン・コンシューマー10原則＞

①必要なものを必要な量だけ買う。

②使い捨て商品ではなく、長く使えるものを選ぶ。

③包装はないものを最優先し、次に最小限のもの、容器は再使用できるものを選ぶ。

④つくるとき、使うとき、捨てるとき、資源とエネルギーの消費の少ないものを選ぶ。

⑤化学物質による環境汚染と健康への影響の少ないものを選ぶ。

⑥自然と生物多様性を損なわないものを選ぶ。

⑦近くで生産・製造されたものを選ぶ。

⑧つくる人に公正な分配が保証されるものを選ぶ。

⑨リサイクルされたもの、リサイクルシステムのあるものを選ぶ。

⑩環境問題に熱心に取り組み、環境情報を公開しているメーカーや店を選ぶ。

（出所：グリーンコンシューマー全国ネットワーク『グリーンコンシューマー10原則』より）

（3）環境家計簿、地域通貨

　「環境家計簿」とは、日常的な暮らしの中において、生活行動と環境とのかかわりを記録していくことにより自分の生活を点検し、環境へ負荷を与える生活様式を改めることにより、地球環境や生態系の保全活動を実践することである。今後、普及することが期待されている取組みである。

　一方、「情報とサービスは豊かに、モノとエネルギー消費は慎ましく」を合言葉とする「地域通貨（エコ・マネー）」は、限られた地域で値段のつけられない手助けや、環境・福祉・教育・文化などに関するサービスを行ったときに、「ありがとう」の言葉がボランティア交換券に姿を変えたもので、お金では表せない"善意"の価値を交換券（地域通貨）に託したものである。

　地域通貨を導入すると、以下のようなメリットが考えられる。

①困りごとを一人で抱えないで、快く助け合える仲間ができる。

　（例えば、足が不自由で買い物に行くのが大変なお年寄りがいたとする。近所の主婦がついでだから

買い物をしてきましょうと声をかける。その代わり子供に童謡を教えてくださいという交渉が結ばれる。善意の交換に地域通貨が使われる。）

②年代を超えた異世代の交流

（例えば、宿題をみてほしい小学生と、犬を散歩に連れて行ってほしい大学生の間で善意の交換が行われる際に地域通貨が支払われる。地域通貨は他人に対して使用することができるため、単なる善意の交換とは異なったシステムである。）

③環境や文化・福祉といった地域問題への関心が高まる。

（地域内に知り合いが増え、互いに支え合う心が芽生える。）

④地域内経済の活性化

（地域通貨は地域内のみで使用できるため、今まで郊外のスーパーに買い物に出ていた人たちは、地域内の商店で買い物をするようになる。地域通貨は一定期間が過ぎると価値が下がっていくため、期間内に使用したい人は、地域内の経済に還元することになる。）

(4) 環境アセスメント

環境影響評価（あるいは環境アセス）とは、開発行為が環境に著しい影響を及ぼす恐れのある事業の実施に際し、その影響の程度と範囲、防止策、代替案等の比較検討を含む総合的で十分な事前調査・予測・評価を行い、その結果を公表して地域住民の意見を聴き、十分な環境保全対策を講じようとするものであり、環境負荷を未然に防止するための手段の一つである。

環境影響評価法とは、一定規模以上の公共事業において事業者が、これに定める方法で環境影響評価を行うことを定めた法律であり、1997年（平成9年）6月に公布された。

(5) フェアー・トレード

フェアー・トレード（草の根貿易）とは、南北間の不平等な自由貿易をより公平な貿易とするため、「南」の弱い立場にある生産者や労働者の権利を保障し適正な価格で商品取引を継続することで、南の国々の持続的な生活水準の向上を支えていくことを目的としている。

発展途上国の輸出産品は価格や市場の不安定な一次産品に偏っており、付加価値の高い安定的な需要のある工業製品は先進国に独占されている状況にある。こうした現状の中で途上国の自然環境は先進国による鉱物資源等の搾取により破壊され、国内での貧富の差はいっそう拡大している。さらには

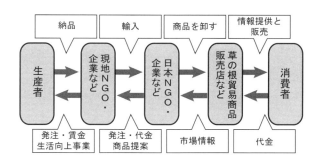

図8-8　フェアー・トレードの仕組み

伝統的なコミュニティーのあり方は崩壊し、仕事を求め若者は都市へと流出していく。自然の恵みを糧にしてきた多くの人々の暮らしは成立しなくなってきており、都市部へ出稼ぎに行った若者もわずかな賃金しか得ることはできずにいる。

こうした状況の中で人間、とくに若い子供たちはモノ同然に売買され、整備の行き届かないレンガ工場やカーペット工場など劣悪な環境の中で強制的に労働させられている。インド北部の薄暗い倉庫に閉じ込められ輸出用のアクセサリーをつくり続ける9才の子供、西アフリカでは5才の子供が自動車修理工場でガスバーナーを操っている。エジプトでは100万人の子供たちが綿花の取り入れ作業で強制的に働かされているという。世界人口の約半分にあたる30億人は、1日2ドル以下でやっと暮らしている状況にある。

国際的に児童労働の禁止・撤廃を定めるILO（国際労働機関）の国際基準として、1973年採択の「就業が認められるための最低年齢に関する条約」と1999年採択の「最悪の形態の児童労働の禁止及び撤廃のための即時の行動に関する条約」がある。2014年（平成26年）1月現在、166ヵ国が批准しているが、米国、オーストラリア、ニュージーランド、カナダ、ソマリア、インド、バングラディッシュなどは未批准である。

「就業の最低年齢に関する条約」では、最低年齢とは義務教育終了年齢後、原則として15歳となっている。ただし、軽労働については一定の条件の下に13歳以上15歳未満、危険有害業務は18歳未満は禁止されている。開発途上国のための例外規定では、就業最低年齢は当面14歳、軽労働は12歳以上14歳未満とされている。2012年（平成24年）の児童労働者の現状は、5〜17歳で1億6800万人、うち8500万人が危険有害労働と推計されている。地域で見ると、全体の21.4％がサハラ以南アフリカ、アジア太平洋、中南米・カリブ、中東・北アフリカは10％弱である。仕事では農業が60％弱と多く、次にサービス業（家事労働を除く）が25％程度である（国際労働機関『児童労働に関するILO条約』2015）。

外貨を稼ぐための輸出商品をつくり続け農作物を収穫するのは、こうした多くの子供たちの小さな手が支えている面があることを忘れてはならない。こうした世界貿易機関（WTO）が進めてきた「自由貿易」による弊害を改善するための交易方法（オルタネイティブ・トレード）としてフェアー・トレードは期待されている。

自由貿易の場合、生産者と消費者の間には複数の仲介が入り込み生産者の収入は搾取されてきたが、生産地と消費地のNPOがその仲介の役目を担当することで、手数料は生産者へと還元することが可能となる。また、生産者と消費者を直接つなぐことにより消費者の声が生産者へ届くようになり、消費者が望む商品（例えば、有機栽培のバナナや手織りの民族衣装など）を提供することができるようになる。

ネパールやインドなどでは「No Aid But Trade（援助より貿易を）」と考える人が多い。とくに自立の遅れた女性に多く、「恵んでくれなくていい、公平な貿易をしてくれるだけでいい。この国を変えるのは援助ではなく、人々の自立なのである」との声を聞く。

フェアー・トレードを監視し、南と北のフェアー・トレード組織と生産者組織が情報を交換する場としての機能をもつ「世界フェアー・トレード機関（WFTO）」がある。2015年（平

成27年）1月時点で約75ヵ国、450団体が会員となっている。

IFATの会員は以下の事項を守らなければならない。

①最低保証：生産者の最低コストを守るための価格を最低保証とすること。

②前払い：生産者が費用のかかる収穫時に借金しなくても済むように前払い制度を設けること。

③奨学金の設置：農業技術研修、子供たちの就学援助、女性の自立などを目的とした社会活動に使うこと。

④有機栽培奨励金：農業と環境保全を両立させるための支援を行うこと。

⑤長期安定計画：長期契約を結ぶことで将来の生活基盤を安定させること。

フェアー・トレードは1940年代の米国で始まり、欧州を中心に1960年代から「第三世界ショップ」活動として世界へ広がっていった。1942年（昭和17年）にイギリスに設立された団体「OXFAM」は1960年代からフェアー・トレードに取り組み、イギリス中に800以上ものOXFAM直営店をもちリサイクルやフェアー・トレード商品の販売を展開している世界最大手である。取引先は40ヵ国に及び専従スタッフは400名以上もいる。

また、貧しい人や弱い立場の人たちから搾取することにより成り立っている社会構造や経済システムを変革する目的で、1991年（平成3年）にイギリスで設立された団体「グローバル・ビレッジ」も15ヵ国55団体と取引を広げている。イギリスでのフェアー・トレード商品の販売はここ1年間で40%以上の伸びを示し、グリーン・コンシュマーが定着していることが理解される。

日本では、主にフィリピン、インドネシア、エクアドルを対象として、モノをつくる人と食べる人をつなぐ目的で設立された「オルター・トレード・ジャパン」などが活躍しているが、一般市民のレベルにおいては関心が低いのが実情である。日本の消費文化は未成熟であり、産地直送や地産地消などの消費者運動との連携活動も貧弱である。例えば、イギリスでは約7割、スイスでも約6割以上の消費者が価格的には少々割高のフェアー・トレード商品を選択して購入している。さらにイギリスやスイスでは8割以上の消費者がそしてオランダやベルギーでも6割の消費者がフェアー・トレード商品につけられるフェアー・トレード・ラベルの存在を知っている。

しかしながら、世界の海運総輸送量の約2割にも及ぶ物資が海外から毎日運び込まれ、エビ、木材そして鉄鉱石、石炭などは世界貿易量の約3割が、穀物や石油では約2割が日本というただ一国に集まってきている。面積にして地球の全陸地の0.3%、人口にして2.3%にしかすぎない日本にこれだけの資源が集中している。そして相手側の輸出国においては自国の環境、人権を切り刻んでの輸出なのである。日本は地球環境に対し多大な責任を負わねばならない国なのである。

図8-9 フェアー・トレード・ラベル

Column：ヨハネスブルク・サミット

2002年（平成14年）8月から9月にかけて、南アフリカのヨハネスブルクで「持続可能な開発に関する世界首脳会議（通称：ヨハネスブルク・サミット）」が開催された。

1992年（平成4年）6月にブラジルのリオ・デ・ジャネイロで開催された“地球サミット”から10年を記念して開かれた国連主催の会議であり、190ヵ国の政府代表、NGOや産業界、研究者など総勢6万人を越える人々が参加した。

“地球サミット”では、環境と開発に関する世界の行動計画である「アジェンダ21」や「環境と開発に関するリオ宣言」が採択され、「生物多様性条約」や「気候変動枠組み条約」の署名など、大きな前進を遂げた。さらには計画を実施する際の基本的考えである「汚染者負担の原則（PPP）」や「共通だが差異のある責任」という原則も採択された。「汚染者負担の原則」とは、環境を汚染する者がその費用を負担するというものであり、「共通だが差異のある責任」とは、先進国と開発途上国の責任を定めたものである。

しかし、それから10年、地球環境は改善されているのだろうか。地球の温暖化は進行し、熱帯林や寒帯林は乱伐され、絶滅に至る生き物が後を絶たない。水不足は深刻化し、南北間の経済格差は一部を除き広がる一方である。グローバリゼーションばかりが進行し、その恩恵にあずかれないばかりかいっそう貧困化が進む地域も多く見受けられる。

このような現状を踏まえ、ヨハネスブルク・サミットでは、以下の3つの文章を採択し、「持続可能な発展」を遂げることを誓い合った。

①政治宣言：各国首脳の決意を誓う文章

②ヨハネスブルク・サミット実施計画：アジェンダ21の実施を促進するための具体的取組み

③約束文章：国やNGO、企業などが自主的に、そしてパートナーシップを形成しつつ実行する取組み

以下に、「共通だが差異のある責任」の原則に留意し、あらゆるレベルで具体的な行動、措置をとることが目的で取り決められた実施計画の概要についてまとめる。

＜ヨハネスブルク・サミット実施計画の概要＞

1. 生産消費の変革の10年計画
先進国主導のもと、すべての国が持続可能な生産・消費への転換を加速するため10年事業計画の策定を促進する。

2. 世界連帯基金の設立
開発途上国の貧困撲滅などを目的とした世界連帯基金を設立する。

3. 政府の開発援助（ODA）
開発途上国が目標を達成するため、先進国は国民総生産（GNP）の0.7%をODAにあてる努力をすること。

4. 天然資源の保護と管理
枯渇性天然資源の消費速度に歯止めをかけるために国や地方が目標を立て、戦略的な保護・管理計画を立てる。

5. 再生エネルギー
エネルギーの供給を多様化し、再生エネルギーが全エネルギー供給に占める割合を増やしていく。

6. 持続可能な漁業
2015年までに、水産資源を持続可能な水準まで回復させる。

7. 生物多様性の保護
2010年までに、生物多様性の減少速度を大幅に低下させる。

8. 京都議定書
京都議定書を批准した国は、批准していない国に対し、その批准を強く求める。

9. 有害化学物質の規制
2020年までに、化学物質が健康や環境に与える影響を最小にする生産・使用方法を確立する。

しかし、採択された政治宣言や実施計画だけでは地球環境を改善することなどできないことは、1992年の地球サミットで実証されている。アジェンダ21の実施がなぜ進まなかったのか、という現実もここでは深く検討されていない。

ヨハネスブルク・サミットが絵に描いた餅とならないためには、サミットが開催され安心するのではなく、私たちが自分自身のライフスタイルを見つめ直すことにより地域の環境が改善され、地域を見直すことにより国が、そして世界が、という“広がり・つながり”を強く認識し行動することしかないのでは、と考えてしまう。

8 人、自然そして地球 〜つなぐ〜

──── • POINT! • ────

図 8-10 持続可能な発展を実現するために

2. 循環型社会への法的取組み

「持続可能な発展」を実現するため、日本においては2000年（平成12年）に改定された「環境基本計画」において「持続可能な社会」という概念を取り込んだ。これは、「環境を構成する大気、水、土壌、生物間の相互関係により構成される諸システムの間に健全な関係を保ち、それらのシステムに悪影響を与えないために、社会経済活動を資源を減少させず、環境自浄能力及び生態系の機能が維持できる範囲で行う社会」であると定義している（『環境省　環境基本計画』）。

ここでは、前半部の「社会経済活動を資源を減少させない範囲で行う社会」を「循環型社会」に、後半部の「環境自浄能力及び生態系の機能が維持できる範囲で行う社会」を「自然再生型社会」と位置づけ、両者の取組みについて概説する。

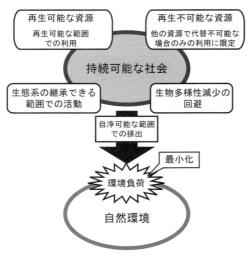

図8-11　「環境基本計画」における「持続可能な社会」の定義
（出所：環境省『環境基本計画』）

2-1　循環型社会とは

持続可能な社会の構築のためには「循環型社会」の確立が必要である。「循環型社会」とは、「人間の活動が、できるだけ自然の物質循環を損なわないように配慮し、環境を基調とする社会システムを構築していく経済社会」のことで、具体的には「資源等が廃棄物となることが抑制され資源等が循環資源となった場合においては、これについて適正に循環的な利用が行われることが促進され、循環的な利用が行われていない循環資源については適正な処分が確保されることで天然資源の消費を抑制し、環境への負荷ができるかぎり低減される社会」をいう。

例えば、人工林を適切に管理するためには、間伐による維持・管理が必要となる。この間伐材は、いうなれば自然からもらいうけた利子分に相当する。利子分

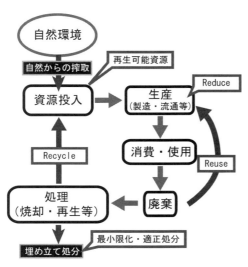

図8-12　持続可能な循環型社会とは

の間伐材を循環型社会に「資源投入」することにより、熱帯雨林の木材などの天然資源の消費は抑制され、さらにはもとの人工林も適切に管理されることになる。木材などは適切な管理のもとで消費されていれば、使った分が再生する。このような資源を、石炭や石油のような「枯渇性資源」に対し「再生可能資源」という。

２－２　環境基本法とは

　図 8-13 は循環型社会の形成のための法体系の略図である。以下、この図を追って循環型社会形成への法体系を概観する。

　環境に関する基本的な考え方や環境の保全に関する施策の基本となる事項は、1993 年（平成 5 年）8 月に公布・施行され、1994 年（平成 6 年）8 月に完全施行された「環境基本法」において定められている。完全施行とは、すでに一部対象物に対して施行されているが、順次対象物が増加し、すべて出揃っての施行のことである。

　本法は数多く存在する環境関連法の根幹を成すものであり、「環境の保全について基本理念を定め、並びに国、地方公共団体、事業者及び国民の責務を以下に示すように明らかにするとともに、環境の保全に関する施策の基本となる事項を定めることにより、環境の保全に関する施策を総合的かつ計画的に推進し、現在及び将来の国民の健康で文化的な生活の確保に寄与するとともに人類の福祉に貢献することを目的としている」（環境基本法第一章総則（目的）第一条）。

　国、地方公共団体、事業者及び国民の責務とは、本法第一章によれば以下のようである。
（国の責務）

　国は、環境の保全についての基本理念にのっとり、環境の保全に関する基本的かつ総合的な施策を策定し、及び実施する責務を有する。

（地方公共団体の責務）

　地方公共団体は、基本理念にのっとり、環境の保全に関し、国の施策に準じた施策及びその他の地方公共団体の区域の自然的社会的条件に応じた施策を策定し、及び実施する責務を有する。

（事業者の責務）

　事業者は、基本理念にのっとり、その事業活動を行うに当たっては、これに伴って生ずるばい煙、汚水、廃棄物等の処理その他の公害を防止し、又は自然環境を適正に保全するために必要な措置を講ずる責務を有する。環境の保全上の支障を防止するため、物の製造、加工又は販売その他の事業活動を行うに当たって、その事業活動に係る製品その他の物が廃棄物となった場合にその適正な処理が図られることとなるように必要な措置を講ずる責務を有する。事業活動に係る製品その他の物が使用され又は廃棄されることによる環境への負荷の低減に資するように努めるとともに、その事業活動において、再生資源その他の環境への負荷の低減に資する原材料、役務等を利用するように努めなければならない。

（国民の責務）

　国民は、基本理念にのっとり、環境の保全上の支障を防止するため、その日常生活に伴う環境への負荷の低減に努めなければならない。また、環境の保全に自ら努めるとともに、国又は地方公共団体が実施する環境の保全に関する施策に協力する責務を有する。

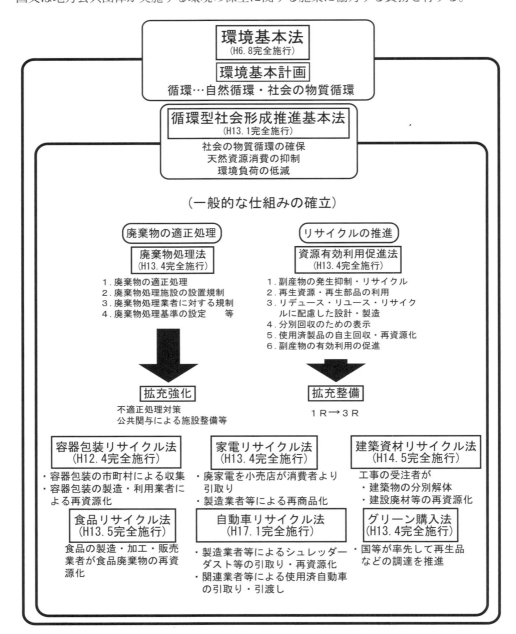

図8-13　循環型社会の形成のための法体系（略図）

（出所：経済産業省資料より作成）

2－3　環境基本計画とは

　国の環境政策の方向を定めるものである。環境基本法の環境政策の理念を実現し、持続可能な社会を構築するための条件を満たすために、4つの長期目標を掲げている。4つの長期目標とは「循環」「共生」「参加」そして「国際的取組」であり、環境省「環境基本計画―環境の世紀への道しるべ―　第1節」（2000年）によると

【循環】

　大気環境、水環境、土壌環境などへの負荷が自然の物質循環を損なうことによって環境が悪化することを防止する。このため、資源採取、生産、流通、消費、廃棄などの社会経済活動の全段階を通じて、資源やエネルギーの利用の面でより一層の効率化を図り、再生可能な資源の利用の推進、廃棄物等の発生抑制や循環資源の循環的な利用及び適正処分を図るなど、物質循環をできる限り確保することによって、環境への負荷をできる限り少なくし、循環を基調とする社会経済システムを実現する。

【共生】

　大気、水、土壌及び多様な生物などと人間の営みとの相互作用により形成される環境の特性に応じて、かけがえのない貴重な自然の保全、二次的自然環境の維持管理、自然的環境の回復及び野生生物の保護管理など、保護あるいは整備などの形で環境に適切に働きかけ、社会経済活動を自然環境に調和したものとしながら、その賢明な利用を図るとともに、様々な自然とのふれあいの場や機会の確保を図るなど自然と人との間に豊かな交流を保つ。これらによって、健全な生態系を維持、回復し、自然と人間との共生を確保する。

【参加】

　「循環」と「共生」を実現するため、各主体が、人間と環境との関わりについて理解し、汚染者負担の原則などを踏まえつつ、環境へ与える負荷、環境から得る恵み及び環境保全に寄与しうる能力などに照らしてそれぞれの立場に応じた公平な役割分担を図りながら、社会の高度情報化に伴い形成されつつある各主体間の情報ネットワークも積極的に活用して相互に協力、連携し、長期的視野に立って総合的かつ計画的に環境保全のための取組を進める。特に、浪費的な使い捨ての生活様式を見直すなど日常生活や事業活動における価値観と行動様式を変革し、あらゆる主体の社会経済活動に環境への配慮を組み込んでいく。これらによって、あらゆる主体が環境への負荷の低減や環境の特性に応じた賢明な利用などに自主的積極的に取り組み、環境保全に関する行動に主体的に参加する社会を実現する。

【国際的取組】

　地球環境の保全は、ひとりわが国のみでは解決ができない人類共通の課題であり、各国が協力して取り組むべき問題である。わが国の社会経済活動は、世界と密接な相互依存関係にあるとともに世界の中で大きな位置を占めており、地球環境から様々な恵沢を享受する一方、大きな影響を及ぼしている。

　わが国の取組の成果や深刻な公害問題の克服に向けた努力の結果得られた経験や技術な

どを活用し、地球環境を共有する各国との国際的協調の下に、わが国が国際社会に占める地位にふさわしい国際的イニシアティブを発揮して、国際的取組を推進する。そのため、あらゆる主体が積極的に行動する。

また、環境政策の基本的な指針として、環境省「環境基本計画―環境の世紀への道しるべ―第2節」（2000年）では、以下の4つの考え方を掲げている。

①汚染者負担の原則（PPP）

社会経済に環境配慮を織り込み、希少な環境資源の合理的利用を促進するための最も基本的な方策は、生産と消費の過程における環境の汚染のコストを市場価格に内部化することである。そのような観点から「汚染者負担の原則」を環境保全のための措置に関する費用の配分の基準として活用する。

②環境効率性

持続可能な社会を構築していくためには、経済活動の評価に環境保全における効率性の視点を導入することが必要である。すなわち、技術の向上や経済効率性の向上を通じて一単位当たりの物の生産やサービスの提供から生じる環境負荷の低減を目指す環境効率性の考え方について、生産現場から社会全体に至る各レベルにおいて採用し、物の生産やサービスの提供に伴う環境負荷の低減の目標設定あるいは改善効果の評価に活用する。環境効率性は経済と環境の双方に利益をもたらすアプローチを具体化する際の指標としての役割も担う。

③予防的な方策

環境問題の中には、科学的知見が十分に蓄積されていないことなどから、発生の仕組みの解明や影響の予測が必ずしも十分に行われていないが、長期間にわたる極めて深刻な影響あるいは不可逆的な影響をもたらすおそれが指摘されている問題がある。このような問題については、完全な科学的証拠が欠如していることを対策を延期する理由とはせず、科学的知見の充実に努めながら、必要に応じ、予防的な方策を講じる。

④環境リスク

内分泌かく乱化学物質などの化学物質による人の健康や生態系への影響をはじめとして、不確実性を伴う環境問題への対処が今日の環境政策の重要な課題である。このような環境問題について、科学的知見に基づき環境上の影響の大きさや発現の可能性などを予測し、対策実施の必要性や緊急性を評価して、政策判断の根拠を示すための考え方として、環境リスクの考え方を活用する。環境リスクの考え方は、多数の要因を考慮して政策と取組の優先順位を判断する場合や、環境媒体あるいは各分野を横断した効果的、整合的な対策を推進する場合の考え方として有用である。

2－4　循環型社会形成推進基本法とは

「環境基本法」の理念にのっとり、循環型社会の形成に関する施策を推進するために、「循環型社会形成推進基本法」が2001年（平成13年）1月に完全施行された。本法の目的は、

大量生産・大量消費・大量廃棄型の経済システムから脱却し、生産から流通、消費、廃棄に至るまでのモノの効率的な利用やリサイクルを促進させることにより、資源の消費を抑制し環境への負荷が進まない循環型の社会を形成するため、廃棄物・リサイクル対策を確立し取組みの推進を図るものである。

（1）概　　要

1. 形成すべき「循環型社会」の姿を明確に提示
  ①廃棄物等の発生抑制
  ②循環資源の循環的な利用
  ③適正な処分

が確保されることによって、天然資源の消費を抑制し、環境への負荷ができるかぎり低減される社会のこと。

2. 処理の優先順位を初めて法定化
  ①発生抑制　②再使用　③再生利用　④熱利用　⑤適正処分

3. 主体の責務の明確化
  ①事業者・国民の「排出者責任」を明確化
  ②生産者が、自ら生産する製品等について使用され廃棄物となった後まで一定の責任を負う「拡大生産者責任」の一般原則を確立。

　その中で、とくに廃棄物への対策を具体化させるために「廃棄物処理法」が 2001 年（平成 13 年）4 月に完全施行された。この法律は、廃棄物の排出を抑制し、廃棄物を適正に分別、保管、収集、運搬、再生、処分し、快適な生活環境を保全することを目的としている。例えば、産業廃棄物の排出企業が処理業務を委託した際、処理業者に産業廃棄物管理票（マニフェスト）を公布し、処理終了後に処理業者から管理票が返送されることにより、委託内容どおりに廃棄物が処理されたことを確認・管理する「マニフェスト制度」が導入されている。不法投棄や不適切な処理が生じた場合に、排出企業にも罰則や原状回復の義務を負わせることにしている。

　廃棄物処理法は過去何度か改正が行われてきた。従来の廃棄物処理法には、排出企業が最終処分までの責任を負う「排出事業者責任」が規定され、不法投棄を防ぐ手段と期待されていた。これは、1972 年 OECD（経済開発協力機構）の環境指針原則勧告で提唱された「汚染者負担の原則（PPP）」に基づくものである。

　PPP は「汚染物質を出している事業者は公害を起こさないように、自らが費用を負担して必要な対策を行うべきである」という考え方であり、廃棄物対策の基本的原則として国際的に定着したものとなっている。しかし実情は、企業が処理業者に委託した後は、ゴミがどのように処理されても責任が問われないなどの抜け道があった。瀬戸内海に浮かぶ小さな島「豊島」の問題では、不法投棄した処理業者は複数の会社からゴミを請け負っていた。業者は処理法違反容疑で摘発されているが、複数の会社は法的責任を問われてい

ない。
　循環型社会形成推進基本法では委託後も企業に責任があることを明記している。これを受け、「改正廃棄物処理法」では企業に最終処分を確認することを義務づけた。違反した場合などには、都道府県は不法投棄された廃棄物の撤去を企業に命じることができる。しかし、確認は企業が処理業者に発行したマニフェストで行われるため、処理業者がこのマニフェストに手心を加えれば真実は闇へと葬られる可能性がある。排出企業がゴミ処理を委託してから適正処理されるまでのすべての過程を監視・管理する義務を負う必要性について、今後検討していかねばならない。
　一方、リサイクルを推進させるために、2001年（平成13年）4月に「資源有効利用促進法」が完全施行された。従来のリサイクル対策（廃棄物の再利用等）の強化に加えて、「Reduce対策（廃棄物の発生抑制対策）」と「Reuse対策（廃棄物の部品等としての再使用対策）」が導入され、"3R"の推進を目的としている。
　本法では、自動車、パルプ・製紙、建設、家電製品、パソコンなど10業種69品目（一般・産業廃棄物の約半分）を対象種、対象製品とし、事業者に対して"3R"の取組みを求めていくこととしている。
　さらに、個別物品の特性に応じた規制として、以下のような法が施行されている。

1）容器包装リサイクル法

　2000年（平成12年）4月に完全施行された法律である。1997年（平成9年）4月からペットボトルやプラスチック容器の再商品化（リサイクル）が始まり、2000年（平成12年）4月からは、対象を紙製品類などにまで拡大した。再商品化の義務は容器包装を利用した中身を製造する製造業、容器包装を生産・販売した製造業などの事業者に課せられる。
　再商品化することが義務づけられた「指定表示製品」には「識別マーク」を表示し、消費者・自治体・事業者の三者が協力して容器包装の再商品化を進めていこうとするものである。第三者機関「財団法人　日本容器包装リサイクル協会」も設立された。
　平成18年6月に改正容器包装リサイクル法が成立・公布され、容器包装廃棄物の排出抑制の促進（レジ袋対策）、質の高い分別収集・再商品化の推進、事業者間の公平性の確保、容器包装廃棄物の円滑な再商品化に対応することにより、容器包装廃棄物に係る排出の抑制およびリサイクルの合理化を促進することとなった。

表 8-1　識別マークの一部紹介

	紙製容器包装 段ボールおよびアルミニウムを使用していない飲料用パックを除く紙製容器包装
	プラスチック製容器包装 飲料用・しょうゆ用PETボトルを除くプラスチック製容器包装

8　人、自然そして地球　〜つなぐ〜

2）家電リサイクル法

2001 年（平成 13 年）4 月に完全施行された法律である。本法により製造業者にはリサイクルの義務が、小売業者には排出者から引取った廃家電を製造業者に引渡す義務が課せられ、消費者はリサイクル料を負担するという役割分担を担うことになった。現在のところ、対象品目は冷蔵庫・冷凍庫、テレビ、洗濯機、エアコンの 4 種である。大手製造業者が公表した再商品化料金は、大きさなどにより異なるが冷蔵庫 4,000 円前後、テレビ 3,000 円前後、洗濯機 3,000 円前後、エアコン 2,000 円程度である。

3）食品リサイクル法

食品の売れ残りや食べ残し、あるいは食品の製造過程で生じる大量の食品廃棄物について、その発生を抑制し減量化することで最終処分量を減少させるとともに、飼料や肥料などの原料として再生利用するため、食品製造、流通、外食産業等の事業者による食品資源の再生利用等を義務づけるものである。2001 年（平成 13 年）5 月に完全施行された。

対象は、食品卸業、食品製造・加工業、食品小売業（デパート、スーパー、コンビニ）、ホテルや外食産業など食事の提供を行う事業者、処理業者、飼料・肥料製造業、自治体、農業・畜産業に及んでいる。対象事業者は、食品廃棄物の発生抑制、減量化または再生利用に取り組まなければならないことが規定され、発生量が一定以上の事業者で取組みが著しく不十分な場合には、勧告、公表および命令がある。

4）建設資材リサイクル法

建設解体廃棄物を中心に、コンクリート、アスファルト、木材などの特定建設資材を用いた建築物を解体する際に、廃棄物を現場で分別解体し、資材ごとに再資源化することを解体業者に義務づけるものである。2002 年（平成 14 年）5 月に完全施行された。

分別解体、再資源化の実施を確保するための措置として、発注者による工事の事前届出、受注者から発注者への分別解体の計画説明、再資源化完了時にはその旨を発注者に書面で報告し、その記録は保存しなければならない。

国土交通大臣は関係行政機関の長に対し、都道府県知事は工事の発注者に対し、再資源化され得られた建設資材の利用について必要な協力を要請することができる。登録を受けずに解体工事をしたり、分別解体または再資源化に関する命令に違反すると罰則を科せられる。

5）自動車リサイクル法

使用済み自動車から生じるシュレッダーダスト（破砕ゴミ）やエアバックなどの低減化を図り、最終埋立処分量の極小化を図るもので、2002 年（平成 14 年）7 月に公布された。関連業者等による使用済み自動車の引取り、引渡し、リサイクル業務等については、2005 年（平成 17 年）1 月に施行された。

6）グリーン購入法

国や地方公共団体などによる環境物品等の調達の推進を図るため、「グリーン購入法」が 2001 年（平成 13 年）4 月に完全施行された。グリーン購入法への取組みが効率的に実

行されるよう、国や地方公共団体などが重点的に調達すべき物品として、以下に示すような紙類、文具類、OA機器など21分野270品目（2015年2月）を「特定調達品目」として選定している。

　　○紙類：情報用紙、印刷用紙、トイレットペーパー

　　○文具類：シャープペンシル、ボールペン、ハサミ、のりなど

　　○OA機器：コピー機、コンピューター、プリンターなど

「特定調達品目」の判断基準は、例えばコピー用紙なら古紙配合率100%であり、さらに白色度70%以下であること、文具であれば、金属を除く主要材料がプラスチックの場合、プラスチック重量の40%以上が再生プラスチックであること、木質の場合は間伐材などの木材が使用されていること、などが定められている。

（2）環境ラベル

「環境ラベル」とは、「製品やサービスの環境側面について、製品や包装ラベル、製品説明書、技術報告、広告、広報などに書かれた文言、シンボル又は図形・図表を通じて購入者に伝達するもの」を幅広く指す用語である。代表例としてはエコマークがあげられる。特定調達品目以外でエコマークを取得した商品も多い。

　現在、ISOでは、環境ラベルを「タイプⅠ」「タイプⅡ」および「タイプⅢ」の3種類に分類して運用ルールなどの規格制定を進めている。

　①「タイプⅠ」環境ラベル

　ISO14024として国際規格が発行されているもので、第三者の審査機関が要求基準を満たしているかどうかを判定し、ラベルを付与するもの。エコマーク（日本）、ブルーエンジェルマーク（ドイツ）、ノルディックスワンマーク（北欧）、国際エネルギースタープログラムなどがある。

　②「タイプⅡ」環境ラベル

　自己宣言型のラベルで、ISO14021として国際規格が発行されているもの。製品の供給者が独自の基準を設定し、自らが付与するラベルである。

　③「タイプⅢ」環境ラベル

　製品の環境特性をLCA的な定量情報として開示するラベルである。材料の採掘から製造・物流・使用、さらにリサイクル・廃棄に至るまで、製品のライフサイクル全体における環境負荷を把握し、その内容を定量情報として評価し、環境配慮型製品であるかどうかを購入者に判断させるものである。

　環境ラベルタイプⅠに属するエコマークとは、「環境に負荷が少ないなど、環境保全に役立つと認められる商品につけられるマークで、消費者が暮らしと環境の関係を考えたり、環境にやさしい商品を選択する際に役立ててもらうこと」を目的として、環境配慮型商品にマークを表示する制度である。エコマークは1989年（平成元年）から運営されており、2015年（平成27年）6月現在、50以上の商品分野で5,000以上の商品が認定を受けている。

他国の同様な環境ラベル制度と比較すると多い商品数となっている。

エコマーク商品の認定を受ける条件は

①その商品の製造、使用、廃棄などによる環境への負荷が、他の同様の商品と比較して相対的に少ないこと。

②その商品を利用することにより、他の原因から生じる環境への負荷を低減することができるなど、環境保全に寄与する効果が大きいこと。

である。

エコマーク（日本）　　ブルーエンジェルマーク（ドイツ）　　ノルディックスワンマーク（北欧）　　国際エネルギースタープログラム

図 8-14　世界の環境ラベル

表 8-2　日本の環境ラベル

	エコマーク 生活の中で環境を汚さない、環境を改善できる商品と認定されたもの。1989年から財団法人日本環境協会が認定、告知している。
	グリーンマーク 古紙を再生利用した雑誌、トイレットペーパー、学習帳、コピー用紙等の製品についている。古紙を有効利用して森林資源を守り、緑豊かな暮らしを育むためのマークである。
	R（アール）マーク 印刷物などの再生紙を使用しているものについている。
	パックマーク 牛乳パックを再利用して作られ、一定の品質を満たした製品につけられる。
	プラスチック樹脂材質認識マーク よく目にするプラスチック樹脂判別マーク。リサイクルに貢献している。番号は材質により1～7まである。
	スチール缶材質識別マーク 「再生資源の利用の促進に関する法律（リサイクル法）」により、スチール空缶の分別収集が正しく行われるよう材質を識別するためのマーク表示。
	アルミ缶材質識別マーク 「再生資源の利用の促進に関する法律（リサイクル法）」により、アルミ空缶の分別収集が正しく行われるよう材質を識別するためのマーク表示。
	PETボトルリサイクル推奨マーク PETボトルをリサイクルしてできた繊維、シート、ボトル、成形品についている。PETボトルリサイクル推進協議会が認定している。平成21年3月で359件の認定商品がある。

Column：発表と同時に予約殺到！ 使い捨て携帯電話

世界初、使い捨て携帯電話がアメリカにお目見えし注目を集めている。大きさは縦108ミリ、横57ミリ、厚さ10ミリのカードサイズ。価格は30ドルで60分間使用でき時間追加も可能である。購入店に返却すれば5ドル払い戻されるデポジット制度も実施している。また、他社では10ドルで60分間使用できるリサイクル紙でボディーが作られている使い捨てが販売されている。しかもこの会社では、次の製品は使い捨てノートブックを予定しているらしい。予定販売価格$20でリサイクル紙をもとに作られるようだ。

この使い捨て携帯電話が中国国内で販売されることになったという。本体とカードが一体となったものでトランプほどの大きさだという。内側には超小型の電池とプリペイド式通話カードが内蔵されている。メールの送受信はできないそうだ。

3. 自然再生型社会への法的取組み

「持続可能な社会」とは、前述のように「社会経済活動を資源を減少させず、環境自浄能力や生態系の機能が維持できる範囲で行う社会」である。すなわち、「循環型」で「自然再生型」の社会を構築することで「持続可能な社会」の実現に近づくことができる。

3－1　自然再生型社会とは

海、河川そして森林、それらを取り巻く大気や水、生き物などから構成される自然は、人為的に排出された人工物（生活雑排水、排ガスなど）を自然界の循環の中で浄化し自然環境を一定の状態に保つ能力を有しているはずであった。そして森には多くの木の実やキノコなど、多くの動物たちが暮らしていけるだけの食料が存在しているはずであった。しかし、生活・生産様式の変化や社会経済の変化に伴い、海、河川そして森林、さらには手入れ不足の里山などの生態系の自浄能力ならびに生産能力は著しく劣化している。その結果、汚染物質は蓄積され続け、自然の恵みは貧弱なものとなり、多種多様な生き物の中には絶滅に追いやられたものも数多く存在する。

「持続可能な社会」を現実の社会とするためには、自然の自浄能力ならびに生産能力を高めることが不可欠である。このように「過去の損なわれた自然環境を積極的に取り戻し、恵み豊かな生態系が将来世代に渡って維持される社会」をここでは「自然再生型社会」とよぶことにする。

「自然再生型社会」の構築を考える際は、地域性・広域性を考慮することが大切である。海や河川そして森林などの生態系は地域性がある一方で、流域の水循環や物質循環を介して密接な相互関係を有している。地域の自然再生を進めるためには、周辺地域とのつながりや、河川の上流部、中流部、下流部の流域単位、あるいは海—川—森といった広域な視点で問題をとらえる必要がある。

3-2 自然再生とは

「自然再生推進法」によれば、「自然再生」とは「過去の損なわれた自然環境を取り戻すことを目的として、関係行政機関、関係地方公共団体、地域住民、NPO、専門家等の地域の多様な主体が参加して、自然環境を保全し、再生し、創出し、またはその状態を維持管理すること」とある。

自然再生事業は、まずはそれぞれの地域に固有の生態系を再生していく事業である。その実現のためには、

①地域をよく知る地域住民やNPO、専門家等の多様な主体が参加し、行政、地方公共団体と協働して取組むこと。

②複雑で絶えず変化する自然環境を対象とするので、専門家の協力を得て十分な調査・研究を行い、科学的知見を蓄積し、自然再生の目標や達成方法などを定めること。

③再生事業着手後も再生した自然環境の監視を続け、その結果を科学的に分析・評価し、この結果を再び計画段階にフィードバックさせ、計画や達成方法の見直しを図る「順応的管理」の手法により実施すること。

が大切である。

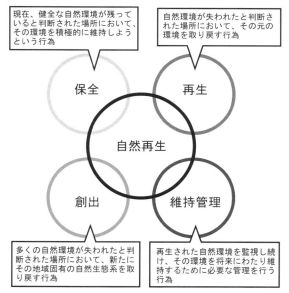

図 8-15　自然再生とは

Column：生態系管理、順応的管理とは

「生態系管理」とは、森林、河川、湿原などの利用と管理の基本方針として、北米、オーストラリアなどで1980年代から取り入れられている手法である。生態系は広がりやつながりなどが複雑であり、将来どのような方向に遷移するかを予測することは困難であるという自然の不確実性を踏まえ、短期的な利益・利便性よりも自然からの恵みを将来世代に継承する長期的な持続可能性を最優先し、多様な主体の参加の下「順応的な管理」を行うことを意味する。

「順応的管理」とは、予測不能な振る舞いをすることもある生態系を管理するためには、不規則に変化する事態に柔軟に対応する必要があるため、専門家の意見を取り入れ望ましい管理計画や達成方法を決定した後に管理を実施し、その結果が生態系を損なうなど不適切な方法であると判断された場合には、当面の損失は覚悟してでも、その方法は撤去を含めて速やかに変更するという管理方法である。順応的管理では計画は基本的に仮説であり、監視によって仮説検証を試み、その結果を判断することにより新たな仮説を立てて、より良い方法を模索し続ける繰り返しの管理方法である。

3－3　自然再生推進法とは

　「自然再生についての基本理念を定め、自然再生に関する施策を推進することにより、生物の多様性を高め、自然と共生する社会を実現する。あわせて地球環境の保全に寄与する」という目的で 2002 年（平成 14 年）12 月に公布、2003 年（平成 15 年）1 月に施行された法律である。この法律における主務大臣は、環境大臣、農林水産大臣および国土交通大臣である。

　本法の基本理念は第三条にまとめられており、以下のようである（自然再生推進法第三条）。

1. 自然再生は、健全で恵み豊かな自然が将来の世代にわたって維持されるとともに、生物の多様性の確保を通じて自然と共生する社会の実現を図り、あわせて地球環境の保全に寄与することを旨として適切に行われなければならない。

2. 自然再生は、関係行政機関、関係地方公共団体、地域住民、特定非営利活動法人、自然環境に関し専門的知識を有するもの等の地域の多様な主体が連携するとともに、透明性を確保しつつ、自主的かつ積極的に取り組んで実施されなければならない。

3. 自然再生は、地域における自然環境の特性、自然の復元力及び生態系の微妙な均衡を踏まえて、かつ、科学的知見に基づいて実施されなければならない。

4. 自然再生事業は、自然再生事業の着手後においても自然再生の状況を監視し、その監視の結果に科学的な評価を加え、これを当該事業に反映させる方法により実施されなければならない。

5. 自然再生事業の実施に当たっては、自然環境の保全に関する学習の重要性にかんがみ、自然環境学習の場として活用が図られるよう配慮されなければならない。

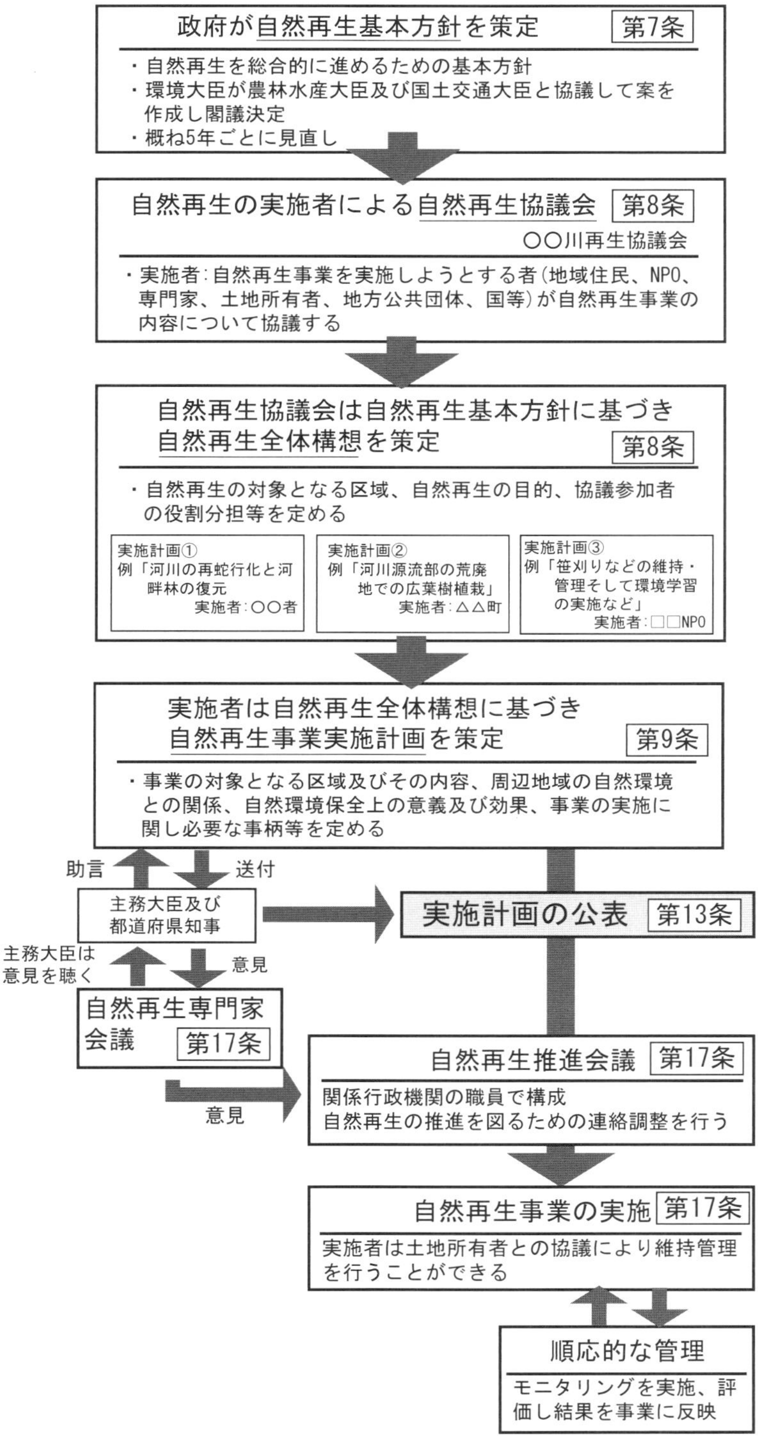

政府が自然再生基本方針を策定 　第7条
・自然再生を総合的に進めるための基本方針
・環境大臣が農林水産大臣及び国土交通大臣と協議して案を作成し閣議決定
・概ね5年ごとに見直し

自然再生の実施者による自然再生協議会 　第8条
〇〇川再生協議会
・実施者：自然再生事業を実施しようとする者（地域住民、NPO、専門家、土地所有者、地方公共団体、国等）が自然再生事業の内容について協議する

自然再生協議会は自然再生基本方針に基づき自然再生全体構想を策定 　第8条
・自然再生の対象となる区域、自然再生の目的、協議参加者の役割分担等を定める

実施計画①
例「河川の再蛇行化と河畔林の復元」
実施者：〇〇者

実施計画②
例「河川源流部の荒廃地での広葉樹植栽」
実施者：△△町

実施計画③
例「笹刈りなどの維持・管理そして環境学習の実施など」
実施者：□□NPO

実施者は自然再生全体構想に基づき自然再生事業実施計画を策定 　第9条
・事業の対象となる区域及びその内容、周辺地域の自然環境との関係、自然環境保全上の意義及び効果、事業の実施に関し必要な事柄等を定める

助言 / 送付

主務大臣及び都道府県知事

実施計画の公表 　第13条

主務大臣は意見を聴く / 意見

自然再生専門家会議 　第17条

意見

自然再生推進会議 　第17条
関係行政機関の職員で構成
自然再生の推進を図るための連絡調整を行う

自然再生事業の実施 　第17条
実施者は土地所有者との協議により維持管理を行うことができる

順応的な管理
モニタリングを実施、評価し結果を事業に反映

図 8-16　自然再生事業の実施に関する流れ図

（出所：環境省　http://www.env.go.jp/nature/saisei/law-saisei/shikumi.html）

3－4　自然再生推進法の制定まで

　2001 年（平成 13 年）7 月、「21 世紀『環の国』づくり会議報告」で順応的管理を取り入れた自然再生型公共事業の推進の必要性が提議される。さらに 2003 年（平成 15 年）3 月の「新・生物多様性国家戦略」では、「自然再生」を施策する柱のひとつとして位置づけて、自然再生、自然再生事業を以下のように考えることが提案される。

　自然再生とは、過去に失われた自然を積極的に取り戻すことを通じて生態系の健全性を回復させることであり、自然再生事業を進めていく上で留意する点は以下のようである。

　①十分な調査・研究、そして事業着手後は順応的管理を行うこと。

　②人の手は補助的に加える程度とし、基本的には自然のもつ復元力に期待すること。

　③地域の再生可能資源や伝統的工法の活用を推進すること。

　④調査計画段階から維持管理に至るまで、地域住民、NPO、専門家、地方公共団体等の多様な主体が参画できる体制づくりが重要であること。

　⑤多様な主体の間での合意形成により再生目標を設定すること。

　また、わが国の生物多様性における「3 つの危機」を「種の減少・絶滅・生態系の破壊」「里地・里山の減少」「外来生物」、そして生物多様性保全のための「3 つの目標」を「種・生態系の保全」「絶滅防止と回復」「持続可能な利用」と定義した。そして 2002 年（平成 14 年）12 月には「自然再生推進法」が制定されるに至る。

3－5　自然再生事業とは

　自然再生事業とは従来型の行政指導ではなく、地域住民、NPO が計画段階から参加するのが特徴であり、地域に住む住民の意向を活かすことができる “市民型公共事業” ともいうべき事業である。

　自然再生型事業の適用が埼玉県くぬぎ山地区や北海道の釧路湿原においてすでに行われている。

　埼玉県所沢、川越、狭山、三芳の 4 市にまたがる「くぬぎ山」、通称「産廃銀座」には建築廃材など産廃の焼却施設が周辺地域を含めると 50 基を超え集積していた。同地区では、豊かな武蔵野の雑木林が産廃処理施設や資材置き場に変わり、ダイオキシン汚染が長年問題になってきた。そして、オオタカやキツネ等が生息する環境は失われ続け、雑木林特有の生態系は荒らされ続けてきた。

　埼玉県と関係 4 市は国の方針に基づいて産廃施設を撤去し、主として植林により損なわれた自然を再生する事業を開始した。

　用地をもとの自然の姿に戻すため、

　①根株を移植（郷土種の根や株を移植）

　②実を植える（ドングリをまき発芽させる）

　③表土のまま（何もしない）

の３つの部分に分け自然再生に着手、市民の憩いの場、子どもたちの環境学習の場として活用するとしている。

釧路湿原は、日本全体の湿地面積の 60% を占める国内最大の湿原で、標高は海抜３〜10m の平坦な低地、地表は１〜4m の泥炭で覆われている。天然記念物のタンチョウやオオハクチョウが生息し、日本最大級の淡水魚イトウやキタサンショウウオ、エゾカオジロトンボをはじめとする数多くの生き物の貴重な生息地となっている。

この釧路湿原は 1980 年（昭和 55 年）にラムサール条約の登録地（国内第 1 号登録地）となり、今や世界を代表する湿原となった。ところが、河川管理の利便性により河道は直線化され、農地や宅地開発の影響で土砂や汚染物質が湿原に流れ込み、昔から見られたヨシやスゲの代わりにハンノキが増え続け、湿原面積は 1947 年から 1996 年の 50 年間で 20%以上も減少してしまった。その結果、釧路湿原の生態系は著しく劣化し、タンチョウなどの生息環境への影響も現れ始めた。

このような現状を踏まえ、2001 年（平成 13 年）３月に釧路湿原をラムサール条約登録時の環境に回復させることを目標とした"釧路湿原の河川環境保全に関する提言"がなされ、具体的な取組みが検討されるに至った。

具体的には、1960 年代に農地に造りかえられ、今では放置されている農耕跡地に堆積した有機土層を剥ぎ取り、地表を地下水位に近づけることによりヨシやスゲなどの湿地植物の回復を促したり、皆伐された裸地や手入れが行き届かない人工林など荒廃した森林に、地元 NPO や地域住民との連携による落葉広葉樹林を主体とした豊かな森を再生したり、さらには保護が必要な土地をトラスト運動により買い上げたり、地元企業や高校と連携して水生植物による水質浄化の試みを検討したり、とさまざまな主体の協働による自然再生事業が営まれている。

釧路湿原再生は以下の３つを基本構想としている。

①湿地の保全・復元

②地域の生活と産業の両立

③人と湿原のかかわりの見直し

自然再生推進法が施行され、失われ続けてきた自然を復元、再生する活動に弾みがつくことが期待されている。

私たちは、自然が失われていくその過程を見て見ぬ振りをして逃げてきた。しかし今や、自然を復元、再生する一部始終の過程を監視し、そのすべてに参画し、人の言葉を発することができない生き物たちの真の代弁者となるよう大きな責務を担っていることを自覚しなければならない。

Column：湿原とは

　「湿原」とは「湿地」の概念の中に入る用語である。湿地はラムサール条約でも定義されているように、沼沢地、湿原、泥炭地、水域、低潮時における水深が6mを超えない海域、水田、マングローブ、サンゴ礁を指す用語である。

　一般的に湿原とは「水位は地表面付近にあり、樹林などの木本類は生育せず、コケ類などの湿原植生の発達する自然草原」と定義することができる。湿原の形成は、有機物が分解されずに堆積して形成されていく「泥炭」と密接な関係にある。湿原は冷涼な地域に多く見受けられるが、その理由は、冷涼な地域では有機物の分解が遅く、湿った土地であるため分解されなかった有機物は堆積して泥炭が形成されることにある。泥炭が形成されると、有機物中の栄養素はその内部に閉じ込められ、さらには土中に埋没していくため、植物が吸収することができない貧栄養の土壌が形成されるのである。

　湿原は、発達過程により「低層湿原」、「中層湿原」、「高層湿原」の3つのタイプに分類される。これは、標高の違いではなく、地下水面と湿原表面の位置関係、ならびに湿原を潤している水に含まれる栄養による分類である。

　○低層湿原（Low moor）
　河川や湖沼の周辺部に見られ、周辺から流入する水によりかん養される湿原である。湿原表面が平坦で地下水面付近にあるため、湿原は表面まで水に浸かり流入水の影響を強く受けている。流入する水は多少とも栄養塩を溶かし込んでいるため富栄養であり、そのためヨシ、ガマ、スゲなど大型の植物が生育する。

　○高層湿原（Height moor）
　低層湿原での泥炭の堆積が進行することにより、湿原の中心が周囲に比べドーム状に盛り上がってくる。ドーム状に発達した湿原の植物は周囲からの流入水の影響を受けにくくなり、貧栄養の雨水により生育することとなる。このように、主に雨水によりかん養される湿原を高層湿原という。貧栄養な条件下でのみ生育が可能なミズゴケなどの植生が発達する。

　低層湿原は絶えず周囲から水の流入があり湿っているが、高層湿原は降雨に依存しているため乾燥する可能性がある。しかし実際には、冷涼な気候帯に発達し、空気中の水分飽和量が低いため雲霧が発生しやすく、ミズゴケが高い保水力を有しているため、湿原は乾燥しにくい状態を保っていられる。

　○中間湿原（Intermediate moor）
　低層湿原から高層湿原へ移行する途中の湿原のことであり、低層湿原と高層湿原の中間的性質を有する。

　釧路湿原は、湿原面積の80％程度をヨシ、スゲ群落とハンノキ林によって特徴づけられる低層湿原である。また一部にはミズゴケが生育する高層湿原が分布する。誕生してから数千年の時を経て、今や国内最大面積を誇る湿原となっている。

❖・❖・❖・❖・❖・❖・4. 環境技術の現状と未来　❖・❖・❖・❖・❖・❖

　企業の環境に対する配慮は、近年積極的な形で具現化されている。従来は環境への取組みを「社会貢献」のひとつとしてとらえていたが、「企業の存在を左右するもっとも重要な経営戦略」ととらえる企業が増えている。企業の経営方針を変えてきた背景には、国による環境保全関連法制の整備や、商品を購入する消費者の意識変化があげられる。グリーン・コンシューマーとよばれる消費者が徐々にではあるが増えてきており、こうした消費者の意識の変化に対応した商品開発が企業の生き残りにとっては必須項目となったのである。

　私たちを取り巻くさまざまな環境問題を改善し、解決するための技術を総称して「環境

技術」とよんでいる。身近なところでは、廃材を活用した再生技術（再生紙など）や生ゴミのコンポスト化技術がある。そのほかにも、再生可能エネルギーの利用技術、環境を創造する技術、環境を保全する技術など、多種多様の環境技術が開発されている。いずれにせよ、環境技術の推進により省エネの徹底と環境負荷の低減を目指すものである。

　環境省では環境技術を約50の技術分野に区分けし実証事業を行っている。環境技術の中には適用可能な段階にあり有用と思われる先進的環境技術が数多く見受けられるが、必ずしも普及は進んでいない。環境省では、平成15年度より、「環境技術実証モデル事業」を開始し、このような普及が進んでいない先進的環境技術について、その環境保全効果等を第三者機関が客観的に実証する事業を試行的に実施している。

　例えば、

　○山岳部等下水・排水管、電気等のインフラが未整備の地域において、公衆が利用するトイレのし尿を処理するための技術。

　○製造業や医療機関等において、滅菌のために使用されている酸化エチレンガスを浄化するための技術。

　○小規模事業場の厨房から排出される有機性排水を処理するための技術。

　などがあげられる。

ここでは、環境技術を以下の表に示すように分類し、その一部について概説する。

表 8-3　環境技術の分類

クリーンなエネルギーを作る技術	エネルギーを有効利用する技術	ゴミとならないモノづくりの技術	モノを再生する技術
風力発電	燃料発電	生分解性プラスチック	廃プラスチックの再生
太陽光発電	コジェネレーション	再生木材	ガラスビンの再生
バイオマス	発光ダイオード	カーボンナノチューブ	缶の再生
大気を汚さない技術	有害物質を分解・除去する技術	快適な地域づくりの技術	自然を復元・再生する技術
ハイブリッド自動車	ダイオキシンの分解	水循環システム	ビオトープ工法
光触媒による分解	PCB 処理	環境共生住宅	河川の水質浄化
二酸化炭素の固定化	フロンの回収	屋上緑化	砂漠緑化

４－１　ゴミとならないモノづくりの技術

（1）生分解性プラスチック

　「生分解性」とは、「土中や水中に一定期間放置されると、微生物の働きで水と二酸化炭素に分解する性質のこと」である。

　プラスチックは「石油系」と「植物系」に分類され、植物性プラスチックは植物からできるポリ乳酸が原料となる。具体的には、トウモロコシやジャガイモ、米などのデンプンを多く含む植物からデンプンを抽出し、微生物の力で発酵させることにより乳酸やセルロースをつくる。これを高分子ポリマー（分子量の大きい分子）に加工すればプラスチックができあがる。このプラスチックを生分解性プラスチックといい「グリーンプラ」という愛称でよばれることもある。

使用時には石油系プラスチックと同様の機能を保ち、使用後は水や二酸化炭素に分解されるため、畑の保温用フィルムや苗のポットなどに使われる。そのほかに、自動車の内装材やパソコン部品等へ利用されている。

特長として、
○再生可能資源である植物からつくり出される循環型の素材である。
○従来のプラスチックと同様の機能・性能を有し、使用後は水と二酸化炭素に分解される。
○焼却してもダイオキシン類などの有害物質が発生しない。

問題点として、
○ケナフと同じで、生分解性プラスチック専用の単一作物の畑が増えることにより、生態系を狂わせる恐れがある。
○環境にやさしいということで消費が伸び、その結果、大量生産・大量消費・大量廃棄型の経済社会に後戻りするおそれがある。
○食糧問題が大きな課題である地球で、食糧である作物をプラスチックの代替品として利用することの功罪について。

などの声がある。

生分解性プラスチックが分解すると二酸化炭素が発生するが、これは地球の温暖化に寄与することとなり、結果的には地球環境を悪化させる技術ではないかという疑問の声を聞く。この問題に関する一般的認識は、「光合成により植物体内に蓄積した二酸化炭素が生分解性プラスチック内に保存され、分解されると再び大気中に放たれるだけのことである。化石燃料を燃やして発生する二酸化炭素とは性質を異にしている。大気中の絶対量を増やすものではない」というものである。

生分解性プラスチック研究会（BPS）は、基本的に重金属を含まず生分解性と安全性が一定基準以上であるプラスチック製品を「グリーンプラ製品」と認定し、グリーンプラ・マークを与えることにしている。

生分解性プラスチックは、その製造過程でのエネルギー効率や、安易な利用による大量廃棄などの問題点をクリアーすることで本当の意味での環境技術になるのかもしれない。

図8-17　グリーンプラ・マーク

(2) 再 生 木 材

「再生木材」とは、「リサイクル率の低い建設廃棄物の中の木材や製材所で不要となった廃材、余った間伐材などを再資源化し、新しい資源として活用する木材」のことである。廃材を粉砕し、プラスチック（ポリプロピレン）を混合・融解させ一体化してつくられる。プラスチックを混ぜることで水分の吸収が抑制され腐朽に対し強い耐久性を示す。また、

8　人、自然そして地球　〜つなぐ〜

紫外線による劣化がほとんどないなどの優れた性質をもっている。

　不要となった再生木材は、粉砕して再び再生木材として生産することができる。

（3）カーボンナノチューブ

　カーボンナノチューブは、直径ナノメートル（1ナノメートルは10億分の1メートル）の炭素のチューブで、

　○鉄よりも強度が高く、アルミニウムよりも軽い。

　○銅より電気抵抗が低く、状態によって導電性の金属と半導体のいずれの性質にもなる。

　○低い電圧で効率よく電子を放出する。

　○化学的に安定していて腐食しない。

などの優れた特長をもっている21世紀の新素材である。

　燃料電池、軽量・高強度材料など、多彩な応用が期待されている。燃料電池は、水素や水素を含む燃料と酸素を反応させて化学エネルギーを直接電気エネルギーに変換する電池であり、排出物は主に水と炭酸ガス、体積あたりのエネルギー密度も高いため次世代のエネルギー源といわれている。

　カーボンナノチューブを電極に使用した携帯電話、ノート型パソコン向けの小型燃料電池などがある。

4－2　大気を汚さない技術

（1）ハイブリッド自動車

　エンジンとバッテリーや油圧ポンプを組み合わせ低公害化、省エネルギー化を図る自動車である。

　エンジンで発生させたエネルギーやブレーキをかけた時の制動エネルギーを発電機や油圧で回収し、発進や加速の際にそのエネルギーを利用する。外部からの充電は不要で、加速がよく、しかも停止状態のアイドリングがないため、従来のガソリン車と比べると低燃費で排出される有害排出ガス量も非常に少ない。

　2013年におけるハイブリッド自動車数の国内の販売台数は約100万台である。普及の課題は、ハイブリッドシステムのコンパクト化とコストダウンにある。

（2）光触媒による分解

　光触媒に光（紫外線）を当てると、マイナスの電荷をもつ電子とプラスの電荷をもつ正孔という部分が生じ、これらに接している水を酸素と水素に分解したり、環境汚染物質である窒素酸化物（NOx）や硫黄酸化物（SOx）、揮発性有機化合物、雑菌などを分解・無害化させる。光触媒の原料は主に酸化チタンである。

　光触媒は半永久的に利用でき、空気や水の浄化、土壌浄化など広範囲に活用できる特長をもつ。

(3) 二酸化炭素の固定化

二酸化炭素の回収・固定化には以下のような方法が考えられている。

○生物的な固定化法
　・森林再生による固定化
　・藻類・細菌などの微生物を利用した固定化
　・海洋生物を利用する固定化

○化学的な固定化法
　・化学品合成の原料として使用する有機化学品合成法
　・光や電気、水素を用い還元して、有用物に変換する光触媒法
　・電気化学的固定化法

○物理的な固定化法（回収した二酸化炭素を地中や海洋に貯留する方法）
　・海洋隔離法（深度2,000mほどに液体二酸化炭素を放出し広範囲に希釈溶解させるか、3,000m以深の深海底の窪地に液体二酸化炭素を貯留する）
　・地中貯留法（不透水層を上部にもつ背斜構造内の帯水層に二酸化炭素を圧入する）
　・炭層固定法（石炭層に圧入し石炭表面に二酸化炭素を吸着させる）

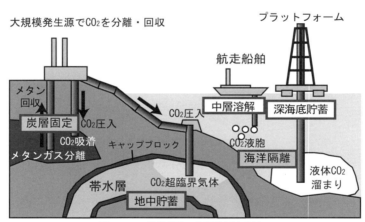

図8-18　二酸化炭素の物理的固定化法

4－3　有害物質を分解・除去する技術

(1) ダイオキシンの分解

ダイオキシン類に汚染された土壌の浄化法として、代表的な3つの方法がある。

1）溶融固化法

汚染土を含む土壌中に電極棒を設置・通電することにより高熱（1,600～2,000℃）を発生させ、土壌を汚染物質とともに溶融する方法である。土壌中のダイオキシン類は熱分解して二酸化炭素等の物質となる。この二酸化炭素は捕集され再加熱器に送り込むことで、850℃以上の温度で分解処理される。

2）アルカリ触媒化学分解法

汚染土に食品添加物として用いられる重曹（$NaHCO_3$）を添加することにより、ダイオキシン類の塩素を除去し無害化する。

3）バイオ・レメディエーション

生物的浄化法のひとつで、主に微生物がもつ化学物質の分解能力や蓄積能力などを活用して、汚染した環境を修復する技術である。処理コストが安く、経済性に優れている。

バイオ・レメディエーションは、微生物の活用法により2つに分類される。

①汚染土に窒素、燐、有機物、空気などを注入し、現場に生息している微生物を増殖させて浄化活性を高める方法。

②汚染土に浄化微生物が生息していない場合、人為的に導入して浄化する方法。

（2）フロン回収・分解

2001年（平成13年）6月に、「特定製品に係わるフロン類の回収および破壊の実施の確保等に関する法律（通称：フロン回収破壊法）」が制定された。

対象となるフロン類は、

○オゾン層保護法で指定されるオゾン層破壊物質

　CFC（クロロフルオロカーボン）

　HCFC（ハイドロクロロフルオロカーボン）

○地球温暖化対策推進法で指定される温室効果ガス

　HFC（ハイドロフルオロカーボン）

であり、対象となる特定製品は、「第1種特定製品」の業務用冷凍空調機器、「第2種特定製品」のカーエアコンである。

業務用冷凍空調機器の使用事業者は、「第1種フロン類回収業者」に回収を依頼し、回収・運搬・破壊の費用を負担することが義務づけられている。

また自動車のオーナーは自動車を廃棄する際引取業者へ引渡しを行うが、このとき登録を受けた「第2種特定製品引取業者」にカーエアコン付使用済自動車の引取りを依頼しなければならない。自動車のオーナーは、フロンの回収・処理に関わる費用を負担することが義務づけられている。

このような過程を経て回収されたフロンの分解は、一般的には1,600℃程度の高熱を利用して分解される。ロータリーキルン法、ガス・ヒューム酸化法、高周波プラズマ法、触媒法、微生物分解法などの技術があるが、その中でも有効な方法としてロータリーキルン法がある。

この技術は、産業廃棄物焼却炉として全国に多数存在するロータリーキルン型焼却炉に特定フロン（クロロフルオロカーボン）を投入して、他の廃棄物と一緒に分解処理する方法で、

①大量の特定フロンを処理できる。

②投入されたフロンの99.9%以上が分解される。

③既存の焼却設備が利用できる。

などの特長がある。

　フロンを燃焼処理すると、フッ化水素（HF）、塩化水素（HCl）および副生成物質であるダイオキシン類等の有害な有機塩素系化合物が生成されるが、有害物質濃度は基準値以下でその処理方法も確立されている。

Column：ESCO　～省エネと経費削減に挑む～

　事務所や工場、家庭といった人々が利用する環境では、実に多くのムダなエネルギーが使われている。そのムダを減らして、削減が見込める光熱費の範囲内で設備を改修する動きが広がっている。省エネと経費削減を同時に達成しようとする試みであり、工事は「ESCO（エスコ）」とよばれる専門の業者が請け負っている。

　例えば、多くの人間を収容するホールなどでは十分な換気をするため一律に必要以上に換気してい

る。しかし、お客の吐き出す二酸化炭素濃度などを監視し換気の程度を加減することでかなりの電力量を削減できる。

　ESCOは「エネルギー・サービス・カンパニー」の略であるが、これらの業者は削減できる光熱費を見込み、その範囲内で改修を請け負うので依頼する企業等も負担が少ない。さらには、契約で定められた年内に改修費を回収できなかった場合には、業者がその分を補填することになっている。

美しき地球の姿

　環境問題を論ずると悲観的な気持ちになる。そのようなとき、人はどうしてよいのかわからなくなり絶望的になったりする。時には目を背ける道を選ぶ。しかし、そんな必要のないことを自然は教えてくれる。

　雄大な大自然の中に一歩足を踏み入れた瞬間、人は涙し圧倒される。吹きすさぶ嵐に、砕け散る大波に、まるで戦争が始まったかと見間違う対岸の雷に。そして、どこまでも続く海原を悠々と泳ぐクジラたち、春の陽を浴びて飛び交う名もない虫たち、雪の上を腹をすかせ彷徨うキツネたちに出会い、自分の姿を見つめ直す。

　都会という忙しい場所から離れれば、そんな風景が私たちを待っている。地球上には未だ美しい風景が数多く残されている。私たちは自然や地球の今の姿を嘆くのではなく、この美しい地球の姿に触れることが大切なのである。人間が自然に与える影響を理解するにとどまらず、自然が人間に与える影響を理解したとき、私たちは今何をしなければならないかを学ぶことになる。

　美しい地球は、「ホットスポット」や「世界遺産」などに選定され後世に残されようとしている。ここで、その一部を旅してみる。いつかは訪れてみたいところばかりである。

1. ホットスポットを巡る旅

1－1　ホットスポットとは

　「動植物の宝庫であるにもかかわらず、その存在がもっとも脅かされている地域」、そのような地域が世界中には存在する。現在、地球上で35ヵ所がこの「ホットスポット」に選定され、その中の1つに日本列島も含まれている。

　ホットスポットは地球の面積の2.3%を占めるにすぎないが、そこには全世界の90%にのぼる生物種が生息しており、約20億人の人間も暮らしている。平均人口密度は世界平均の約2倍、人口増加率は1.5倍というこの過密地帯では、哺乳類の12%、鳥類と植物の11%が絶滅の危機に瀕している。生物多様性を保全するためには家族計画などへの支援が不可欠といわれるのは、このような事情があるからである。地球上でもっとも生物多様性に富む地域は、同時にもっとも生物多様性が危機に瀕している地域でもある。

　ホットスポットを決定する2つの基準は、
　　○固有性（ある特定の地域のみに生息する植物種）
　　○危機的状況（動植物の生息地の減少）

の2つの観点から測られている。植物は生態系の基礎を担う生産者であり、地球上の生き物すべてが生きながらえていく上での土台となるため、植物の種構成の変化はホットスポットを選定する上で重要である。

　ホットスポットを選定することで、「ホットスポット・アプローチ」とよばれる「速やかに最大の保全効果を上げるための保護資金の優先的、重点的活用」を実行することができるようになる。

　ホットスポットの選定は、国際的な自然保護団体「コンサベーション・インターナショナル（通称：CI）」が中心となり1999年（平成11年）に開始された。CIは1987年（昭和62年）に設立され、本部は米国ワシントンDCにある。CIは生物多様性の保護を重点的に取り組んでおり、自然保護を人とのかかわりにおいて考えるという活動方針に基づき、人と自然の共生のためのモデルづくりを進めている。

　CIは「地球環境ファシリティー（GEF）」、「世界銀行」と共同で「クリティカル・エコシステム・パートナーシップ基金（CEPF）」を設立し、集められた資金でNGOや国際機関が行うホットスポットの生物多様性保護活動を支援するなど、世界の政府、企業、国際機関との連携を進めている。この取組みが評価され、1997年（平成9年）には環境のノーベル賞ともいわれる「ブループラネット賞」を受賞した。2002年（平成14年）6月には日本政府も「CEPF」への参加を表明している。

　「CEPF」がすでに支援を実施中のホットスポット地域は、マダガスカル島、フィリピン、スンダランド、ブラジルの大西洋沿岸森林地帯、南アフリカのケープ・フロリスティック地域、コロンビア・エクアドルの国境のチョコ・ダリエン地域、西アフリカのギニア原生林地域、中央アメリカ、熱帯アンデスなどの地域である。支援はほとんどが無償支援で、ホットスポットの生物多様性の保全に向けて取組むNGOや大学、現地コミュニティ、地元の草の根グループに向けられる。

　日本は北海道の釧路湿原、東京都の小笠原諸島、鹿児島県の屋久島、沖縄本島など各地に希少生物が多数生息しているが、原生林はかつての約2割にまで減少していることから2005年の再評価に際して追加された。

１－２　ホットスポットを旅する

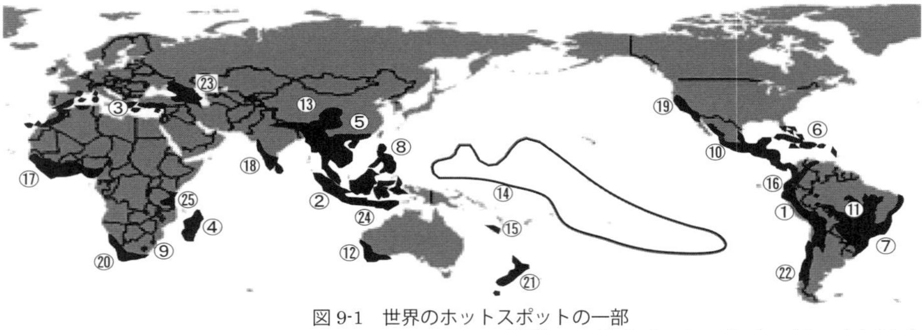

図9-1　世界のホットスポットの一部
（出所：コンサベーション・インターナショナルより作成）

①熱帯アンデス、②スンダランド、③地中海地域、④マダガスカル島とインド洋諸島、⑤インドとミャンマーの国境地域、⑥カリブ海地域、⑦ブラジルの大西洋沿岸森林地帯、⑧フィリピン、⑨南アフリカ・ケープ・フロリスティック地域、⑩中央アメリカ、⑪ブラジルのかん木草原地域、⑫オーストラリア南西部、⑬中国南部と中部の山岳地域、⑭ポリネシアとミクロネシア、⑮ニューカレドニア、⑯コロンビア・チョコとパナマ・ダリエン、西エクアドルをつなぐ緑の回廊、⑰西アフリカのギニア原生林地域、⑱インドの西ガーツ山脈とスリランカ、⑲米国カリフォルニア州の植物相豊かな地域、⑳南アフリカ、カルーの多肉植物の豊かな地域、㉑ニュージーランド、㉒中央チリ、㉓コーカサス地方、㉔ウォレス地域、㉕タンザニアからケニアのアーク山岳地域と海岸林地域
（※②、④、⑥、⑦、⑧は最重要ホットスポット5地域である）

（1）熱帯アンデス

　南アメリカ大陸のアンデス山脈地域に位置し、ベネズエラ、コロンビア、エクアドル、ボリビアにまたがる面積約 314,500km^2 の森林、草原地帯である。熱帯アンデスには世界の植物種の 15 〜 17％ に相当する 4 万から 5 万種もの植物種が生息しており、そのうちの 2 万種は固有種である。また固有鳥類種の数も世界でもっとも多く、677 種が固有種である。ラクダ科のビキューナ、アンデスコンドル、ペルーヘンディウーリーモンキー、ヤマバク、オオハチドリなどの重要な種の生息する生物多様性に富む地域である。ホットスポット内の森林面積の 25％ は原生のままの状態にある。

（2）スンダランド（最重要ホットスポット）

　インドからマレー半島に至る 5,000km に及ぶ列島の西半分の地域で、面積は 1,600 万 km^2 である。大小さまざまな島からなるスンダランドの大部分はインドネシアに属しているが、21％ はマレーシアにある。

　これらの島々は、つながりをもつ大陸の一部が海面の上昇により沈み孤立して形成されたもので、数多くの固有種が生息している。絶滅の危機に瀕するサイ 5 種類のうちの 2 種類がこの地域に生息している。また、爬虫類と両生類の生物種は 431 種、226 種と非常に豊かである。さらには、その 62％、79％ は島特有の固有種である。

（3）マダガスカル島とインド洋諸島（最重要ホットスポット）

　マダガスカル島、アフリカ大陸南東部、インド洋マスカリン諸島、コモロ・イスラム連邦共和国、セイシェル共和国などの諸島群からなる。

　この地帯は熱帯雨林に覆われた非常に豊かな動植物の多様性を育んでいる。マダガスカルは 1 万種以上もの植物種が生育しており、このうち 80％ 以上は固有種である。また、爬虫類は 300 種のうち 91％ が固有種、さらには地球上の霊長動物の 12％ がここに生息している。

インド洋諸島も同様で、アルタブラゾウガメ、モーリシャスチョウゲンボウなど904種もの固有種が生息している。

（4）ブラジルの大西洋沿岸森林地帯（最重要ホットスポット）

ブラジル最北端から最南端までの大西洋沿岸一帯で 92,000 km² の面積を有する。パラグアイおよびアルゼンチンの島々の一部にも広がる。大西洋沿岸森林地域は熱帯性、亜熱帯性の熱帯雨林に覆われるが、今ではその 7% の原生林が残されているにすぎない。

このような現状にもかかわらず、森林は非常に高い生物多様性を維持している。ゴールデンタマリンやムリキといった絶滅の危機に瀕する霊長類は、この地域の固有種である。

（5）フィリピン（最重要ホットスポット）

フィリピン北部、インドネシア西部、そしてパプアニューギニア、オーストラリアのグレートバリアリーフ南東部を結ぶコーラル・トライアングルの中に位置する。この地域は 1900 年から 1999 年の 100 年間に森林率が 70% から 3% にまで激減している。

コーラル・トライアングルは世界でもっとも生物多様性に富むサンゴ礁地帯であり、世界で確認されている約 700 種類のサンゴ種のうち 500 種以上が発見されている。また固有チョウ類種の数は世界第 2 位で、1 万種以上にも及ぶ植物種のうち 50% ほどは固有種である。ワニ類の中でもっとも絶滅が危惧されているミンドロワニも、ここに生息している。

また、サンゴ礁ホットスポットも指定されており、上位 10 海域は以下のようである。
①フィリピン
②ギニア湾（アフリカ）
③スンダランド（インドネシア）
④マスカリン諸島南部（インド洋西部）
⑤アフリカ東南部
⑥インド洋北部
⑦日本南部、台湾および中国南部
⑧カーボベルデ諸島（アフリカ最南端）
⑨カリブ海
⑩紅海とアデン湾

コンサベーション・インターナショナル（CI）がホットスポットのほかに注目している地域は、「熱帯地方の原生自然地域」である。原生自然地域は人の手が入ることなく原生の状態を保っているが、これに指定された地域の 70% 以上は人為の影響を受けたことがなく、ホットスポットに選ばれた地域よりも人為の影響が少ない貴重な地域であり、「最後の楽園」とよばれている。

9　美しき地球の姿

①南ガイアナおよびアマゾン川周辺地域

②コンゴ森林地帯

③ニューギニア

（資料：コンサベーション・インターナショナル（http：//conservation.or.jp/））

Column：コーヒーとホットスポット

　コーヒー生産地の地元農家と地球環境保全への持続的な貢献を行うことを目的とし、スターバックスコーヒー・ジャパン株式会社とコンサベーション・インターナショナルは連携を強化してきた。

　スターバックス社は生物多様性ホットスポットの保全が地元コーヒー農家の持続的経済発展と企業利益につながるとの判断から、危機的状況にある熱帯雨林を保全するため、生物多様性に配慮した伝統的な日陰栽培によるコーヒー豆の生産を復活させる試みを続けている。

　日陰栽培は、かつての自然熱帯林の木陰でコーヒーを栽培していた手法であり、熱帯林を伐採せずにコーヒー豆を収穫する方法である。コーヒーの木はバナナなどのシェイド・ツリー（陰をつくる植物）

の間に十分な間隔をあけて植えられている。そのため一本一本のコーヒーの木は大地からの栄養分を十分に吸収しながら力強く育っていくことができる。化学肥料や農薬に頼らなくてもよい栽培法である。

　このように熱帯林を守ることで生物多様性を保全し、その結果として地元農家は熱帯林からの自然の恵みを収穫することができるし、換金作物であるコーヒー豆を収穫することもできる。協同組合から土地を借り受けた女性たちは、フェアートレード向けのコーヒーを栽培することで自立する機会を得ている。

　現代の日陰栽培は持続的な経済発展と女性の自立をもたらしている。

・❖・❖・❖・❖・❖・・2. 世界自然遺産を巡る ・❖・❖・❖・❖・❖・

2−1　世界遺産とは

　世界遺産とは、私たちの祖先から受け継いできた人類共通の遺産のことであり、国際的に保護していこうとするものである。

　1972年（昭和47年）の第17回ユネスコ総会で採択された「世界の文化遺産および自然遺産の保護に関する条約（通称：世界遺産条約）」は、自然と文化は密接な関係にあることから、従来は別々に考えられてきた自然と文化を一つの条約下で保護することを目的とした国際条約である。この条約に基づいて作成されるのが、世界遺産の一覧表である「世界遺産リスト」で、これに登録されたものが「世界遺産」になる。

　ユネスコとは「国際連合教育科学文化機関」の略で、諸国間の文化的な協力のもと世界平和と安全保障に寄与することを目的とし、国連憲章により1945年（昭和20年）に設立された国際機関である。

　世界遺産条約の締約国の中から世界の異なる地域および文化が偏らないように選ばれた21ヵ国によって構成される「世界遺産委員会」が設置され、「世界遺産リスト」や後世に残すことが難しくなっている遺産の一覧表「危機にさらされている世界遺産リスト」の作

成、世界遺産の保全、監視活動などの役目を担っている。通常年1回開かれる。

　世界遺産リストに登録されたものは、世界の遺産として、それを恒久的に保存していく義務を負うことになる。大切なことは、世界遺産に登録されることではなく、そこが保護・保全のスタートになるということにある。

　世界遺産は「文化遺産」「自然遺産」と「複合遺産」の3つに分類される。

　「文化遺産」は、優れた普遍的価値をもつ建造物や遺跡など

　「自然遺産」は、優れた価値をもつ地形や生物、景観などを有する地域

　「複合遺産」は、文化遺産と自然遺産それぞれの要素を兼ね備えているもの

のことである。

　2015年（平成27年）8月現在、世界遺産リストに登録された文化遺産は802件、自然遺産は197件、複合遺産は32件の総計1,031件であり、世界遺産条約締約国191ヵ国のうち、世界遺産を保有していない国は28ヵ国となった。

　自然遺産として直接登録される「核心地域（コア・ゾーン）」は、厳格な保全・保護が義務づけられている場所であり、「核心地域」の保護のために周囲に設定される利用制限区域を「緩衝地帯（バッファ・ゾーン）」とよぶ。緩衝地帯は世界遺産でないことが多いが、登録申請にあたっては、遺跡や自然を守るのに十分な広さの緩衝地帯を設けるよう求められる。

2－2　世界遺産への登録

　世界遺産への登録は世界遺産委員会が選定するのではなく、世界遺産へ登録したい候補を有する国の政府が委員会へ登録申請を行う。申請は世界遺産条約の締約国でないとできない。

　世界遺産は、保護に対し原則として資金などの援助はないため、資金力の乏しい国においては保護したくとも申請できないという状況にある。

暫定リスト：世界遺産委員会に提出するリストで、5～10年以内に世界遺産の登録申
　　　　　　請を行う予定であるものの一覧表のこと。

ICOMOS：遺跡や建造物の保護を目的とする非政府機関で、申請された文化遺産に対し
　　　　　専門的な調査・評価を行う。

IUCN：自然環境保全に対する非政府機関で、申請された自然遺産に対し専門的な調査・
　　　　評価を行う。

（1）世界遺産登録基準（参考：日本ユネスコ連盟資料）

1）文　化　遺　産

Ⅰ．人間の創造的才能を表す傑作であること。

Ⅱ．ある期間、あるいは世界のある文化圏において、建築物、技術、記念碑、都市計画、景観設計の発展に大きな影響を与えた人間的価値の交流を示していること。

Ⅲ. 現存する、あるいはすでに消滅してしまった文化的伝統や文明に関する独特な、あるいは稀な証拠を示していること。

Ⅳ. 人類の歴史の重要な段階を物語る建築様式、あるいは建築的または技術的な集合体、あるいは景観に関するすぐれた見本であること。

Ⅴ. ある文化（または複数の文化）を特徴づけるような人類の伝統的な集落や土地利用の一例であること。とくに抗しきれない歴史の流れによってその存続が危うくなっている場合。

Ⅵ. 顕著で普遍的な価値をもつ出来事、生きた伝統、思想、信仰、芸術的作品、あるいは文学的作品と直接または実質的関連があること。

2）自 然 遺 産

Ⅰ. 生命進化の記録、地形形成における重要な進行しつつある地質学的な過程、あるいは重要な地形学的、あるいは自然地理学的特徴を含む、地球の歴史の主要な段階を代表する顕著な例であること。

Ⅱ. 陸上・淡水域・沿岸・海洋生態系、動・植物群集の進化や発展において、重要な進行しつつある生態学的・生物学的過程を代表する顕著な例であること。

Ⅲ. ひときわすぐれた自然美および美的要素をもった自然現象、あるいは地域を含むこと。

Ⅳ. 学術上、あるいは保全上の観点からみて「顕著で普遍的な価値」「絶滅のおそれのある種」「野生状態における生物の多様性の保全にとってもっとも重要な自然の生息・生育地」を含むこと。

（2）世界遺産リスト

1）日本にある世界遺産

　2015年（平成27年）8月現在、日本では19件が世界遺産リストに登録されている。文化遺産は15件、自然遺産は4件で、複合遺産はない。日本では世界遺産リストに登録されるものは、すべて国が推薦するものであり、文化財保護法や自然環境保全法、自然公園法などで保護されていなければならない。

表 9-1　日本の世界遺産（2015 年 8 月現在）

文 化 遺 産	所 在 地	登 録 年 月
法隆寺地域の仏教建造物	奈 良 県	1993 年 12 月
姫 路 城	兵 庫 県	1993 年 12 月
古都京都の文化財（京都市、宇治市、大津市）	京 都 府	1994 年 12 月
白川郷・五箇山の合掌造り集落	岐阜県、富山県	1995 年 12 月
原爆ドーム	広 島 県	1996 年 12 月
厳 島 神 社	広 島 県	1996 年 12 月
古都奈良の文化財	奈 良 県	1998 年 12 月
日光の社寺	栃 木 県	1999 年 12 月
琉球王国のグスクおよび関連遺産群	沖 縄 県	2000 年 12 月
紀伊山地の霊場と参詣道	三重県、奈良県、和歌山県	2004 年 7 月
石見銀山遺跡とその文化的景観	島 根 県	2007 年 7 月
平泉－仏国土（浄土）を表す建築・庭園及び考古学的遺跡群	岩 手 県	2011 年 6 月
富士山－信仰の対象と芸術の源泉	静岡県、山梨県	2013 年 6 月
富岡製糸場と絹産業遺産群	群 馬 県	2014 年 6 月
明治日本の産業革命遺産　製鉄・製鋼、造船、石炭産業	岩手県、静岡県、山口県、福岡県、熊本県、佐賀県、長崎県、鹿児島県	2015 年 7 月
自 然 遺 産	所 在 地	登 録 年 月
屋 久 島	鹿 児 島 県	1993 年 12 月
白 神 山 地	青森県、秋田県	1993 年 12 月
知 床	北 海 道	2005 年 7 月
小 笠 原 諸 島	東 京 都	2011 年 6 月

　日本の「暫定リスト」記載物件は、平成 27 年 9 月現在 9 件である。

①古都鎌倉の寺院・神社（平成 4 年記載）

②彦根城（平成 4 年記載）

③飛鳥・藤原の宮都とその関連資産群（平成 19 年記載）

④長崎の教会群とキリスト教関連遺産（同上）

　第 40 回世界遺産委員会にて世界遺産登録が審議される予定。

⑤国立西洋美術館本館（同上）

　第 40 回世界遺産委員会にて世界遺産登録が審議される予定。

⑥北海道・北東北を中心とした縄文遺跡群（平成 21 年記載）

⑦「神宿る島」宗像・沖ノ島と関連遺産群（同上）

⑧金を中心とする佐渡鉱山の遺産群（平成 22 年記載）

⑨百舌鳥・古市古墳群（同上）

　2）世界にある世界遺産

　世界遺産登録数が世界でもっとも多い国はイタリアで、文化遺産 47 件、自然遺産 4 件の計 51 件である。第 2 位は中国で、文化遺産 34 件、自然遺産 10 件、複合遺産 4 件の計 48 件、第 3 位はスペインで、39 件、3 件、2 件の計 44 件となっている。日本は全体の 11

位である。

表 9-2　イタリアにある世界遺産（一部）

イタリア	文化・自然・複合	登録年
ヴァルカモニカの岩絵群	文化遺産	1979
フィレンツェ歴史地区	文化遺産	1982
ピサのドゥオモ広場	文化遺産	1987
ナポリ歴史地区	文化遺産	1995
デル・モンテ城	文化遺産	1996
アマルフィ海岸	文化遺産	1997
エオリア諸島	自然遺産	2000
ヴェローナ市街	文化遺産	2000
エトナ山	自然遺産	2013
ピエモンテのブドウ園景観	文化遺産	2014

表 9-3　中国にある世界遺産（一部）

中国	文化・自然・複合	登録年
万里の長城	文化遺産	1987
秦始皇帝陵及び兵馬俑坑	文化遺産	1987
黄山	複合遺産	1990
九寨溝の渓谷の景観と歴史地域	自然遺産	1992
眉山と楽山大仏	複合遺産	1996
平遥古城	文化遺産	1997
マカオ歴史地区	文化遺産	2005
四川ジャイアントパンダ保護区群	自然遺産	2006
福建土楼	文化遺産	2008
シルクロード：長安・天山回廊の交易路網	文化遺産	2014

表 9-4　スペインにある世界遺産（一部）

スペイン	文化・自然・複合	登録年
アルハンブラ宮殿	文化遺産	1984,1994
コルドバ歴史地区	文化遺産	1984,1994
ガウディの作品群	文化遺産	1984,2005
古都トレド	文化遺産	1986
セビリア大聖堂	文化遺産	1987
メリダ遺跡群	文化遺産	1993
アタプエルカ遺跡	文化遺産	2000
アランフェス	文化遺産	2001
ヘラクレスの塔	文化遺産	2009
水銀遺産アルマデン	文化遺産	2012

3）危機にさらされている世界遺産（危機遺産）

2015 年 8 月現在、「危機遺産リスト」には 48 件が登録されている。

危機遺産は、脅威が去ったと判断されれば危機遺産リストから除外されることがある。エクアドルのガラパゴス諸島は、1978 年（昭和 53 年）に世界自然遺産第 1 号に登録された。しかし、その後の観光客の増大と観光地化による人口増加、人間の移動に伴う外来種の侵入問題などにより環境は悪化、2007 年（平成 19 年）6 月には「危機遺産」に指定された。これに対し、エクアドル政府は、ガラパゴス諸島海洋環境保全計画プロジェクトを進め、化石燃料から再生可能エネルギーへの転換促進、移住の制限、外来動植物の持ち込みを防ぐため探知犬などの取り締まり強化などが評価され、2010 年（2008 年）8 月、世界遺産委員会が会合を行い、ガラパゴス諸島を「危機にさらされている世界遺産」のリストから削除した。

表 9-5　危機にさらされている遺産

国　名	遺　産　名	危機遺産 登録年	分　類
エルサレム	エルサレムの旧市街とその城壁群	1982 年	文　化
ペ ル ー	チャン・チャン遺跡地帯	1986 年	文　化
イ ン ド	マナス野生生物保護区	1992 年	自　然
ギニア / コートジボワール	ニンバ山厳正自然保護区	1992 年	自　然
ニジェール	アイル・テネレ自然保護区	1992 年	自　然
コンゴ民主共和国	ヴィルンガ国立公園	1994 年	自　然
エチオピア	シミエン国立公園	1996 年	自　然
コンゴ民主共和国	ガランバ国立公園	1996 年	自　然
コンゴ民主共和国	オカピ野生生物保護区	1997 年	自　然
コンゴ民主共和国	カフジ＝ビエガ国立公園	1997 年	自　然
中央アフリカ共和国	マノヴォ＝グンダ・サン・フローリス国立公園	1997 年	自　然
コンゴ民主共和国	サロンガ国立公園	1999 年	自　然
イ エ メ ン	古都ザビード	2000 年	文　化
パキスタン	ラホール城とシャーラマール庭園	2000 年	文　化
エ ジ プ ト	アブ・メナ	2001 年	文　化
フィリピン	フィリピン・コルディリェーラの棚田群	2001 年	文　化
アフガニスタン	ジャームのミナレットと考古遺跡群	2002 年	文　化
アフガニスタン	バーミヤン渓谷の文化的景観と古代遺跡群	2003 年	文　化
イ ラ ク	アッシュール（カラート・シャルガート）	2003 年	文　化
コートジボワール	コモエ国立公園	2003 年	自　然
イ ラ ン	バムとその文化的景観	2004 年	文　化
タンザニア	キルワ・キシワニとソンゴ・ムナラの遺跡群	2004 年	文　化
チ　リ	ハンバーストーンとサンタ・ラウラの硝石工場群	2005 年	文　化
ベネズエラ	コロとその港	2005 年	文　化
セ ル ビ ア	コソボの中世建造物群	2006 年	文　化
イ ラ ク	サーマッラーの考古学都市	2007 年	文　化
セ ネ ガ ル	ニョコロ＝コバ国立公園	2007 年	自　然
コロンビア共和国	ロス・カティオス国立公園	2009 年	自　然
グルジア	ムツヘタの文化財群	2009 年	文　化
ベ リ ー ズ	ベリーズのバリア・リーフ保護区	2009 年	自　然
アメリカ合衆国	エヴァグレーズ国立公園	2010 年	文　化
グルジア	バグラティ大聖堂とゲラティ修道院	2010 年	文　化
マダガスカル共和国	アツィナナナの雨林	2010 年	自　然
ウガンダ共和国	カスビのブガンダ王国歴代国王の墓	2010 年	文　化
ホンジュラス	リオ・プラタノ生物圏保護区	2011 年	自　然
インドネシア	スマトラの熱帯雨林遺産	2011 年	自　然
イ ギ リ ス	海商都市リヴァプール	2012 年	文　化
パ ナ マ	パナマのカリブ海側の要塞群	2012 年	文　化
マ　リ	アスキアの墓	2012 年	文　化
マ　リ	トンブクトゥ	2012 年	文　化
パレスチナ	イエス生誕の地：ベツレヘムにある降誕教会と巡礼路	2012 年	文　化
ソロモン諸島	東レンネル	2013 年	自　然
シ リ ア	古代都市ダマスカス	2013 年	文　化
シ リ ア	古代都市ボスラ	2013 年	文　化
シ リ ア	パルミラ遺跡	2013 年	文　化
シ リ ア	古代都市アレッポ	2013 年	文　化
シ リ ア	クラック・デ・シュヴァリエとカラット・サラーフ・アッディーン	2013 年	文　化
シ リ ア	シリア北部の古代村落群	2013 年	文　化
タンザニア	セルー・ゲーム・リザーブ	2014 年	自　然
ボリビア	ポトシ市街	2014 年	文　化
パレスチナ	オリーブとワインの地パレスチナ - エルサレム地方南部バティル の文化的景観	2014 年	文　化
イ エ メ ン	サナア旧市街	2015 年	文　化
イ エ メ ン	シバームの旧城壁都市	2015 年	文　化
イ ラ ク	ハトラ	2015 年	文　化

（3）世界遺産を旅する

ここで紹介するのは、日本の自然遺産「白神山地」と「屋久島」である。

1）白神山地

白神山地は青森県南西部から秋田県北西部にまたがる標高1,000m級の山々が連なる山岳地帯である。16,971haにわたる自然遺産登録地のうち10,139haが核心地域、残りが緩衝地域である。一般的に入山できるのは緩衝地域の方で、核心地域への立ち入りは入山申請書が必要となる。

世界最大級の原生的なブナ天然林を中心とした森は生物多様性に富み、数千種類もの動植物が生息している。高山植物は500種類にものぼり、シラガミクワガタ、エゾハナシノブなどの希少種やハイイヌガヤ、ヒネアオキ等の常緑低木やアキタブキのような大型化した植物も数多く分布している。

哺乳類では東北日本に生息する16種のうち、ニホンジカ、イノシシを除く14種が確認されている。国の特別天然記念物のニホンカモシカや天然記念物のヤマネ、そして下北半島に次ぐ北限地帯に生息するニホンザル、ツキノワグマなどが生息している。鳥類も豊富で90種前後が確認されている。希少野生動植物種であり天然記念物でもあるイヌワシ、クマゲラをはじめ、クマタカ、ハイタカ、オオタカ等の猛禽類も生息している。13種類の両生類、8

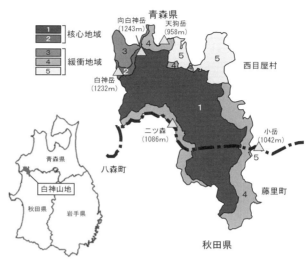

図9-3　白神山地

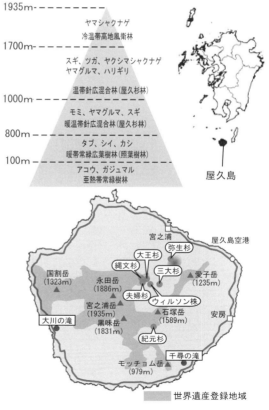

図9-4　屋久島

種類の爬虫類、昆虫類では 2,000 種以上と、実に生物多様な森を形成している。

2) 屋 久 島

九州本土の南端、佐多岬の 60km 南南西に位置する屋久島は、周囲 130km、面積約 500 km^2 のほぼ円形で円錐形の地形をなし、日本では 7 番目に大きな島である。九州最高峰の「宮之浦岳（標高 1,935m）」をはじめ 1,500m を越す峰は 20 もあり、九州の高峰の上位 7 つがこの島に集中している。そのため「洋上のアルプス」ともよばれる。

年間 4,000 〜 10,000mm もの多雨地帯である屋久島では、植生の垂直分布は海岸付近にはグンバイヒルガオが咲き、森に分け入ればガジュマル、アコウなどの亜熱帯植物が生い茂っている。山に入るとタブ、シイ、カシ等の暖帯の照葉樹林が、そしてモミ、ヤマグルマ等の温暖植物、さらにヤクザサ、シャクナゲ等の亜高山帯植物と移行していく。ウミガメが産卵のため上陸し、サンゴ礁に囲まれ、山頂は雪と氷の世界となる。この小さな島には亜熱帯から亜寒帯までの気候が凝縮されている。

島の 90% を占める神秘的な森や特異な生態系には、日本の植物種の 7 割に相当し、約 40 種の固有種を含む 1,500 種が生い茂っている。また、アカヒゲ、アカコッコなどの絶滅危急種の鳥類も生息している。

標高 500m を越える辺りから樹齢数千年に及ぶ屋久杉が姿を現す。中でも有名なのは縄文時代から生きている樹齢 7,200 年といわれる巨大な「縄文杉」である。高さ 25.3m、周囲長 16.4m の縄文杉は見る者の心を奪ってしまう神秘的な力をもっているという。

最近では、観光客が増えたり開発が進んだりしてウミガメの産卵地の砂浜が減少しているとの報告もある。屋久島の観光は、エコ・ツアー等のやり方を検討する段階に入ってきている。

Column：世界を一周する旅

「ワンワールドエクスプローラー」は北米大陸 6 回、その他のアジア、欧州、アフリカ、南米、オセアニア大陸は各 4 回まで、最大 16 回まで利用できる大陸性の世界一周航空券である。イースター島へ行ける唯一の世界一周航空券でもある。利用可能航空会社は、アメリカン航空、英国航空、キャセイパシフィック航空、カンタス航空、フィンランド航空、イベリア航空 (IB)、日本航空、マレーシア航空、スリランカ航空などがある。値段は立ち寄る大陸数により、3 大陸だとエコノミーで 34 万円前後、6 大陸で 50 万円前後である（2015 年 8 月現在）。

「スターアライアンス」はマイル制の世界一周航空券である。前旅程で 16 区間以内、途中降機は 3 〜 15 回まで、スター アライアンス加盟航空会社が乗り入れている 192 ヵ国、1,300 以上の空港を目的地として利用できる（2015 年 7 月現在）。利用可能航空会社は、全日空、エア・カナダ、ニュージーランド航空、ルフトハンザドイツ航空、スカンジナビア航空、タイ国際航空、ユナイテッド航空、オーストリア航空、シンガポール航空、アシアナ航空、中国国際航空、トルコ航空、エアインディアなどがある。エコノミーで 29,000 マイル以内 35 万円前後、39,000 マイル以内 50 万円前後である。

その他に「準世界一周航空券」としてシンガポール航空のチケットがある。ソウル発の世界一周航空券であり、北米内の発着地はサンフランシスコ、ニューヨーク、欧州内はロンドン、パリ、ローマやフランクフルトなど 14 都市で、有効期間は 6 ヵ月のチケットである。

なお、世界一周航空券の利用にあたっては使用上の注意があり、費用も変化するので、詳細は旅行代理店まで。

さあ、世界一周航空券を手にして生物多様性ホットスポットを巡る旅へ出発！

下記３区間は各自移動区間（世界一周航空券には含まれない）。
- ヨーロッパ１都市（８都市から選択）からフランクフルトまたはアムステルダム
- ニューヨークからサンフランシスコ
- ソウル ― 東京間

図 9-5　シンガポール航空が提供する準世界一周ルート

（出所：（株）世界一周堂より作成）

ISSUED BY SINGAPORE AIRLINES

ENDORSEMENTS/RESTRICTIONS (CARBON)
NO RFND/RERTE/ENDRSE
VALID SQ ONLY ②

PASSENGER TICKET AND BAGGAGE CHECK SUBJECT TO CONDITIONS OF CONTRACT ON PAGE 1
PASSENGER COUPON

ORIGIN
DESTINATION　SITI
ISSUED IN EXCHANGE FOR

DATE AND PLACE OF ISSUE
1637989 17APR91
SPORE AIRLINES
SIA TYO ⑨
TOKYO

TOUR CODE J600F8ITISQ3A97
NAME OF PASSENGER ①
NOT TRANSFERABLE
CONJUNCTION TICKETS
MRQYC

X/O	NOT GOOD FOR PASSAGE	CARRIER ④	FLIGHT ⑤	CLASS	DATE ⑥	TIME ⑦	STATUS ⑧	FARE BASIS	NOT VALID BEFORE	NOT VALID AFTER ⑩	FREE ALLOW
	FROM VOID		VOID		VOID	VOID					
	TO VOID ③		VOID		VOID	VOID					
	TO TOKYO NARITA NRT	SQ	97	Y	06MAY	1245	OK	Y　Y			20K
	TO SINGAPORE SIN	SQ	86	Y	18MAY	1045	OK	Y　Y		05JUN	20K
	TO TOKYO NARITA NRT										

BAGGAGE CHECKED / UNCHECKED　PCS　WT　UNCK'D WT

FARE JPY 244100
FARE CALCULATION 06MAY91TYO SQ SIN SQ TYO 244100 JPY244100END ROE128.7569
EQUIVALENT FARE PD.
TAX
TOTAL JPY 244100
065

CPN　AIRLINE CODE　FORM & SERIAL NUMBER　CK
618 4471831065 2

FORM OF PAYMENT
NONREF/QS/CDAD
AGT1637989
ORIGINAL ISSUE (AIRLINE, FORM NO., SERIAL NO., PLACE, DATE, AGENTS NUMERIC CODE)

DO NOT MARK OR WRITE IN THE WHITE AREA ABOVE

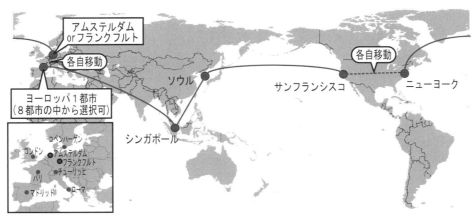

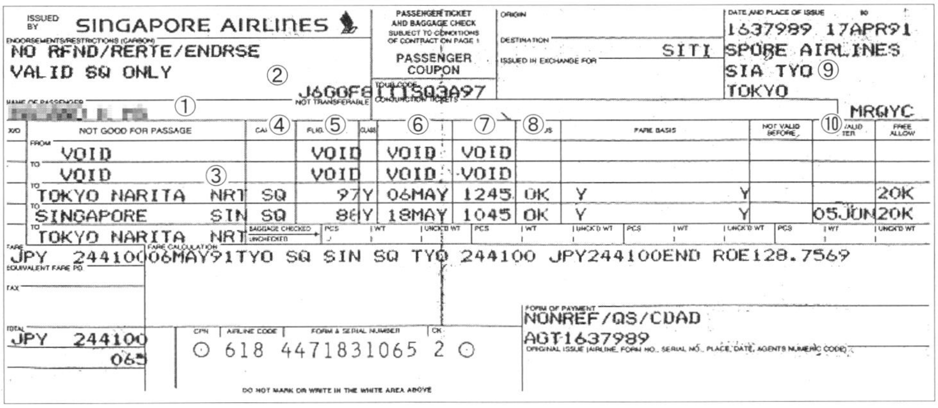

①氏名
②各種航空券の制限
- NO ENDRSE（Endorsement）：航空会社の変更不可
- NO RFND（Refundable）：払い戻し不可
- NO RERTE（Reroutable）：ルート変更不可

③出発地と到着地（見本では東京成田からシンガポールの往復）
④航空会社名（見本のSQは、シンガポール航空）　⑤便名　⑥搭乗する月日　⑦出発時刻
⑧席の予約状況（OKは予約済みを意味する）　⑨航空券を発行した会社名　⑩有効期限

図 9-6　航空券の見方

おわりに
～この美しき星に生まれて～

　生活、社会、自然そして地球の抱えている環境問題について話を進めてきた。環境問題を扱うと、どうしても負の印象が多くなり、時には悲観的に絶望的になる。しかしである、今私たちは気づきつつある。そして自然のささやく小さな声に耳を傾け始めている。

　私たちを取り巻く種々の環境は、大地、風そして水がつくり上げてきたものである。その中に私たちは新たな人工的環境を取り込んできたのである。それならば、人工的環境を見直し改善することで、自然や地球の環境の質を向上させる可能性がある。

　私たちは自分の周りの環境に耳を傾け、そして感じることをやめていたのである。朝陽を浴びささやき合う小鳥たち、冬から目覚めた虫や草花、そんな彼らに「おはよう」とささやく自分の存在が大切なのではないだろうか。

　私たちはいったいどこへ向かって走っているのだろうか。歩みを速め水平線の彼方を目指して走っている。目的地もわからないままに果てしない旅路を彷徨し続けているのだろうか。

　自分ひとりの存在はちっぽけであり、取るに足りない存在かもしれない。しかし、何気ない行動でも他の人が感動するような取組みは、心の共鳴が共鳴をよび思わぬ変化が連鎖し起こってくる。その小さな行動は有機的につながる血液の循環を通し、生活 ― 社会 ― 自然そして地球へと波及していくのである。

　どんな大河も一滴のしずくから始まるように、小さなことが共鳴し、つながり、循環し大河が形成されていく。一度つくられた大河は循環を繰り返し不変なものとなる。

　「小さなことから始める勇気、それを大河にする継続」が時代を切り拓き、新しい世界を創造すると信じている。

参 考 文 献

以下に紹介した団体等のホームページアドレスは予告なく変更される場合があります。

【1　私たちの地球】
　○磯部シュウ三著『宇宙のしくみ』（日本実業出版社）1993
　○マルコム・S. ロンゲア著『宇宙の起源　最新データが語る宇宙の誕生』（河出書房新社）1991
　○日本放送協会編『銀河宇宙オデッセイ（6）NHK サイエンススペシャル　宇宙誕生のとき』（日本放
　　送出版協会）1990
　○ジェレミー・リフキン著『エントロピーの法則―地球の環境破壊を救う英知』（祥伝社）1990
　○田中三彦 / 坪井賢一共著『複雑系の選択「カオスの緑」の自然科学と経済学』（ダイヤモンド社）
　　1997

【2　環境保護の思想　〜その流れ〜】
　○ H.D. ソロー 著『森の生活』（岩波書店　上・下巻）1995
　○福岡正信著『自然農法　わら一本の革命』（春秋社）1983
　○アルネ・ネス著『ディープ・エコロジーとは何か　―エコロジー・共同体・ライフスタイル』
　　（文化書房博文社）1997
　○マレイ・ブクチン著『エコロジーと社会』（白水社）1996
　○レイチェル・カーソン著『沈黙の春』（新潮文庫）1974
　○キャロリン・マーチャント著『自然の死』（工作舎）1985
　○ Thomas Berry『The Dream of the Earth』（San Francisco,Sierra Club Books）1988
　○ワーウィック・フォックス著『トランスパーソナル・エコロジー　―環境主義を超え―』（平凡社）
　　1994
　○ジム・ノルマン著『地球は人間のものではない』（晶文社）1992
　○ジェーン・グドール / ジャック・T・モイヤー共著『森と海からの贈りもの―二人の「自然の使者」
　　から子どもたちへ』（ティビーエスブリタニカ）2002
　○ジェーン・グドール著『チンパンジーの森へ―ジェーン・グドール自伝』（地人書館）1994
　○小原秀雄監修『環境思想の系譜・3』（東海大学出版会）1995
　○伊東俊太郎編『講座文明と環境 14・環境倫理と環境教育』（朝倉書店）1996

【3　私たちを取り巻く環境】
　○レスター・ブラウン編著『地球白書　1999–2000　ワールドウォッチ研究所』（ダイアモンド社）1999
　○レスター・ブラウン編著『地球白書　2000–01　ワールドウォッチ研究所』（ダイアモンド社）2000
　○レスター・ブラウン編著『地球白書　2001–02　ワールドウォッチ研究所』（家の光協会）2001
　○クリストファー・フレーヴィン編著『地球白書　2002–03　ワールドウォッチ研究所』（家の光協会）2002
　○クリストファー・フレーヴィン編著『地球白書　2003–04　ワールドウォッチ研究所』（家の光協会）2003
　○小西誠一著『地球の破産』（講談社ブルーバックス）1998
　○田中治彦著『南北問題と開発教育―地球市民として生きるために』（亜紀書房）1994
　○さがら邦夫著『新・南北問題―地球温暖化からみた二十一世紀の構図』（藤原書店）2000
　○地球環境研究会編集『地球環境キーワード事典』（中央法規出版）2003
　○金網均著『風力発電機製作ガイドブック』（パワー社）1997
　○世界銀行『世界開発報告』1990

○環境庁『平成 11 年版環境白書』1999

○全世界エネルギー会議 93

○ WWF『WWF　生きている地球レポート』2002

○国立社会保障・人口問題研究所『日本の将来推計人口（平成 14 年 1 月推計）』2002

○農林水産省『食料需給表』1999

○社団法人海外電力調査会資料

○北陸電力資料

○ 2000 年度版 DAC 議長報告

○外務省『2000 年版　我が国の政府開発援助（上巻）』

○ Oil & Gas Journal 97

○ OECD/NEA/IAEA 95

○ IEA『Energy Balances of OECD Countries 1999–2000』

○ IEA『Energy Balances of OECD Countries』2001

○ IEA『Energy Balances of Non–OECD Countries』2001

○トーマス・ロバート・マルサス（1885），人口の原理，中央大学出版部

○日本環境会議「アジア環境白書」編集委員会編『アジア環境白書 1997/98』東洋経済新報社

○ FAO（1996）FAOSTAT Agricultural Data

○ヴァンダナ・シヴァ（1997）緑の革命とその暴力，日本経済評論社

○スーザン・ジョージ（1984）なぜ世界の半分が飢えるのか―食糧危機の構図，朝日選書 257, 朝日新
　聞社

○農林水産省「我が国の食料自給率とその向上に向けて―平成 16 年度　食料自給率レポート―」（www.
　kanbou.maff.go.jp/www/jikyu/jikyu01_16.html）

○前田芳人（2006）国際分業論と現代世界―蓄積論から環境論・文化論へ，ミネルヴァ書房

○柳田侃他（1987）国際経済論―世界システムと国民経済，ミネルヴァ書房

○ Norman Myers（1982）The Hamburger Connection How the Central American Forests become
　North Americas hamburgers,Ambio,No.10

○ Rainforest Action Network
　（www.ran.org/new/kidscorner/kid_s_action/7_step_kids_can_take/）

【4　生き物と人のバランス　〜生活環境の問題〜】
　○公害健康被害補償予防協会『大気浄化植樹マニュアル』1995

　○環境省『公共用水域水質測定結果』2001

　○国立天文台編集『理科年表（平成 8 年版）』1996

　○鈴木静夫著『水辺の科学』（内田老鶴圃）1994

　○鈴木静夫著『大気の環境科学』（内田老鶴圃）1996

　○左巻健男著『おいしい水安全な水』（日本実業出版社）2001

　○中本信忠著『生でおいしい水道水』（築地書館）2002

　○環境省水環境部・国土交通省河川局編『川の生きものを調べよう』（河川環境管理財団）2001

　○シーア・コルボーン / ジョン・ピーターソン マイヤーズ / ダイアン・ダマノスキ共著『奪われし未来』
　　（翔泳社）2001

　○村上光正著『環境用水浄化実例集（1）』（パワー社）1997

　○河辺昌子著『やさしい水のしらべかた』（合同出版）1996

　○小倉紀雄 / 梶井公美子 / 藤森真理子 / 山田和人共著『調べる・身近な環境』（講談社ブルーバックス）

1996

○小倉紀雄著『調べる・身近な水』（講談社ブルーバックス）1996

○環境保全対策研究会編『水質汚濁対策の基礎知識』（（社）産業環境管理協会）2002

○天谷和夫著『大気の汚れ』（合同出版）1996

○石川英輔著『大江戸リサイクル事情』（講談社）1994

○中村三郎著『リサイクルのしくみ』（日本実業出版社）1999

○武末高裕著『環境リサイクル技術のしくみ』（日本実業出版社）2002

○左巻健男 / 市川智史編著『環境調査マニュアル』（東京書籍）1999

○和歌山県新宮市資料（www.city.shingu.wakayama.jp/life/gomi0.htm）

○経済産業省『紙・パルプ統計』2001

○財団法人古紙再生促進センター 2003 年度データ資料（http://www.prpc.or.jp/）

○ PET ボトルリサイクル推進協議会資料（http://www.petbottle-rec.gr.jp/movie.html）

○アルミ缶リサイクル協会資料（http://www.alumi-can.or.jp/）

【5 人と地域のバランス ～社会環境の問題～】

○エベネザー・ハワード著『明日の田園都市』（鹿島出版会）1981

○ビル・モリソン / レニー・ミア・スレイ 著『パーマカルチャー ―農的暮らしの永久デザイン』（農山漁村文化協会）1993

○農林水産省『食料・農業・農村基本法』1999

○農林水産省『農業白書』1988

○加藤敏春著『エコマネーの世界が始まる』（講談社）2000

○建設省『環境共生モデル都市制度要綱』1993

○『ファーマーズ・クラブ赤とんぼ　山形県東置賜郡』（http://akatonbo.cside5.jp/index.html）

○『水鳥と共生する水田　宮城県北部田尻町』（http://www2.odn.ne.jp/kgwa/kabukuri/j/）

○『菜の花プロジェクト　滋賀県愛東町など』（http://www.nanohana.gr.jp/）

○『森のゼロエミッション　兵庫県宍粟郡』（http://web.pref.hyogo.jp/nrrinmu/zeroemi/）

○『環境共生住宅　環境共生住宅推進協議会』（http://www.kkj.or.jp/top.html）

○ Ebenezer Howard『To-morrow：A Peaceful Path to Real Reform』（Routledge）2003

○ Ebenezer Howard『Garden Cities of Tomorrow』（Attic Press）1985

○西山八重子『イギリス田園都市の社会学』（ミネルヴァ書房）2002

○ Bill Mollison『Introduction to Permaculture』（Tagari Publications）1997

○ Permaculture Institute（www.permaculture.org/）

○ K.Ermer 他『環境共生時代の都市計画―ドイツではどう取り組まれているか』（技報堂出版）1996

○環境省自然環境局『日本の里地里山の調査・分析について（中間報告）』2001

○農林水産省エコファーマー制度（www.maff.go.jp/soshiki/nousan/kanpo/eco-namber.html）

【6 地域と生態系のバランス ～自然環境の問題～】

○畠山重篤著『漁師さんの森づくり』（講談社）2000

○日本林業技術協会 編集『森林・林業百科事典』（丸善）2001

○丸山岩三著『森林水分』（実践林業大学）1970

○畠山武道著『自然保護法講義』（北海道大学図書刊行会）2001

○栗原康著『共生の生態学』（岩波新書）1998

○イボンヌ・バスキン著『生物多様性の意味』（ダイヤモンド社）2001

○藤森隆郎 / 由井正敏 / 石井信夫共著『森林における野生生物の保護管理』（日本林業調査会）1999

○リチャード B プリマック / 小堀洋美共著『保全生物学のすすめ』（文一総合出版）1998

○四手井綱英著『森の生態学』（講談社ブルーバックス）1997

○辻井達一 / 中須賀常雄 / 諸喜田茂充共著『湿原生態系』（講談社ブルーバックス）1994

○松永勝彦著『森が消えれば海も死ぬ』（講談社ブルーバックス）1993

○総務庁統計局編『世界の統計 1996 年版』1996

○ WRI 『WORLD RESOURCES 2000-2001』2001

○環境省『新・生物多様性国家戦略』2002

○生物多様性条約第 5 回締約国会議文書（http://www.biodic.go.jp/cbd/pdf/5_resolution/ecosystem.pdf）

○環境省『環境白書平成 9 年度版』1997

○ Lalli, C. M. and T. R. Parsons『Biological Oceanography: An Introduction. 』（Pergamon Press, Oxford）1993

○国土庁長官官房水資源部『平成 10 年度版　日本の水資源』1997

○ IUFRO『第 17 回国際林業研究機関連合世界大会論文集』1981

○国土交通省河川局資料

○日本学術会議答申『地球環境・人間生活にかかわる農業及び森林の多面的な機能の評価について』2001

○林野庁『モントリオール・プロセス第 1 回国別森林レポート』2003

○環境省・自然環境保全基礎調査資料

○高知県『四万十川方式水処理技術』（http://www.pref.kochi.jp/~shimanto/4/mizu.htm）

○北海道開発局『第 4 回『釧路湿原の河川環境保全に関する検討委員会』』2000

○環境省『日本の重要湿地 500』2001

○佐賀県有明水産振興センター『有明海の漁業』1994

【7　生態系と地球のバランス　〜地球環境の問題〜】

○大石正道著『生態系と地球環境のしくみ』（日本実業出版社）1999

○東京農工大学農学部『地球環境と自然保護』編集委員会編『地球環境と自然保護』（培風館）1999

○鷲谷いずみ / 矢原徹一共著『保全生態学入門』（文一総合出版）1997

○東京大学海洋研究所編『海洋のしくみ』（日本実業出版会）1997

○原島省 / 功刀正行共著『海の働きと海洋汚染』（裳華房）1997

○ WWF Japan 監修『失われた動物たち』（広葉書林）1996

○土肥昭夫 / 岩本俊孝 / 三浦慎悟 / 池田啓共著『哺乳類の生態学』（東京大学出版）1997

○堂本暁子、岩槻邦男共著『温暖化に追われる生き物たち』（築地書館）1997

○環境庁地球環境部『酸性雨 – 地球環境の行方』（中央法規）1997

○石弘之著『酸性雨』（岩波新書）1992

○ COX,G.W.『Alien Species in North America and Hawaii: Impacts on Natural Ecosystems』（Island Press, Washington.DC,）1999

○ Clout,M., Lowe and IUCN Invasive Species Specialist Group『Draft-IUCN Gridlines for the Prevention of Biodiversity Loss due to Biological Invasion』（IUCN）1996

○鷲谷いずみ / 森本信生共著『日本の帰化生物』（保育社）1993

○環境省自然環境局『移入種検討会資料』2002

○ Watson,R.T.,Heywood,V.H.,Baste,I.,Dias,B.,Gamez,R.,Janetos,T.Reid,W.,andRuark,G.『Global Biodiversity Assessment-Sumary for Policy-Makers』（Cambridge University Press.）

1995

○エルンスト・U. フォン・ワイツゼッガー著『地球環境政策』（有斐閣）1994

○日本生態学会編 / 村上興正 / 鷲谷いづみ監修『外来種ハンドブック』（地人書館）2002

○川道美枝子 / 堂本暁子 / 岩槻邦男共著『移入・外来・侵入種―生物多様性を脅かすもの』（築地書館）
2001

○只木良也著『森林の百科事典』（丸善株式会社）1996

○丸山茂徳著『46 億年地球は何をしてきたか？』（岩波書店）1993

○日本生態学会編『日本の侵略的外来種ワースト 100』

○ IUCN『The 2000 IUCN Red List of Threatened Species』2000

○環境省『新・生物多様性国家戦略』2002

○ CITES『Trade Database』1999

○環境省『地球温暖化の日本への影響 2001　報告書』2001

○国連世界食糧農業機関（FAO）『2001 年世界森林白書』2001

○ FAO『State of World's Forests 1997』1997

○ FAO『森林資源評価 1990 プロジェクト第 2 次中間報告』1991

○ FAO『State of World's Forests 2001』2001

○ FAO『State of World's Forests 1999』1999

○松村明編『大辞林 第二版』（三省堂）1999

○日経ナショナルジオグラフィック社『ナショナルジオグラフィック（日本語版）』2003・9

○世界銀行『World Atlas 2002』2002

○平成 12 年度版林業白書（http://www.rinya.maff.go.jp/puresu/h13-4gatu/hakusyo/hakusyogaiyou3.
htm）

○林野庁編『平成 10 年度版林業白書』（日本林業協会）1999

○ WWF 編『生きている地球レポート 2002』2002

○石弘之著『地球環境報告』（岩波新書）1988

○気象庁『気候変動監視レポート』2002

○（財）日本環境協会『全国地球温暖化防止活動センター資料』（http://www.jccca.org/）

○（財）省エネルギーセンター『エネルギー・経済統計要覧 2001 年度版』2001

○米国オークリッジ国立研究所、二酸化炭素情報解析センター資料

○環境庁『地球温暖化対策の推進に関する法律第 8 条第 1 項に係る『実行計画』策定マニュアル』1999

○ IPCC『第二次評価報告書』1995（http://www.gispri.or.jp/kankyo/ipcc/ipccact2.html）

○ IPCC『第三次評価報告書第 1 次作業部会』2001（http://seminar.econ.keio.ac.jp/yamaguchi/2002/
files/IPCC1.pdf）

○ツバル国総領事館（http://www.embassy-avenue.jp/tuvalu/index-j.html）

○環境庁地球環境部企画監修『地球温暖化の重大影響 –21 世紀の日本はこうなる』1997

○地球温暖化対策推進法本部資料、2003

○気象庁『オゾン層観測報告 2000』2000

○環境省『平成 15 年版環境白書』2003

○東京都環境科学研究所編『酸性雨』（東京都環境科学研究所）1992

○神奈川県環境部大気保全課『スギの健康度の評価基準』

○環境省『平成 12 年度版大気汚染状況報告書』

○環境省『日本の自動車環境対策』1999

○ Jamstec 資料（http://www.jamstec.go.jp/jamstec-j/index-j.html）

○国際タンカー船主汚染防止連盟（http://www.itopf.com/）

○海上保安庁『全国 50 カ所の海岸における漂着ゴミの分類結果』

　（http://www.kaiho.mlit.go.jp/info/tokei/env/2001map.pdf）2002

○クリーンアップ全国事務局（JEAN）『クリーンアップキャンペーン』（http://www.jean.jp/）

○サーフライダーファウンデーション・ジャパン『海洋保護活動』（http://www.surfrider.gr.jp/ja/）

○地球生物会議（ALIVE）他『全国動物行政アンケート調査』

　（http://www.alive-net.net/companion-animal/H14-gyousei-anke.html）2002

○トラフィック・イーストアジア・ジャパン『野生動物の取引管理　』（http://www.trafficj.org/）

○国際自然保護連合（IUCN）『世界の侵略的外来種ワースト 100』

　（http://www.iucn.jp/protection/species/worst100.html）

○環境省自然環境局『移入種検討会平成 14 年資料』2002

【8　人、自然そして地球　〜つなぐ〜】

　○環境省『平成 14 年度版環境白書』2002

　○環境省『平成 13 年版循環型社会白書』2001

　○環境省『平成 14 年版循環型社会白書』2002

　○環境省『平成 15 年版循環型社会白書』2003

　○環境省『環境基本計画 − 環境の世紀への道しるべ −』2000

　○環境省自然環境局『自然再生推進法』（http://www.env.go.jp/nature/saisei/law-saisei/index.html）

　○国際フェアートレード組織連合関連（http://www.peopletree.co.jp/pages/ifat.html）

　○ OXFAM『フェアートレード』（http://www2.odn.ne.jp/oxfam/）

　○グローバル・ビレッジ『フェアートレード』（http://www.globalvillage.or.jp/）

　○オルター・トレード・ジャパン『フェアートレード』（http://www.altertrade.co.jp/index-j.htm）

　○グリーン購入ネットワーク『グリーン購入の促進』（http://eco.goo.ne.jp/gpn/）

　○『21 世紀『環の国』づくり会議報告』2001（http://www.kantei.go.jp/jp/singi/wanokuni/010710/report.html）

　○『生分解性プラスチック研究会』（http://www.bpsweb.net/05_news/detail/trial_member.htm）

【9　美しき地球の姿】

　○コンサベーション・インターナショナル『ホットスポット関係』（http://www.conservation.or.jp/）

　○ IUCN 日本委員会『世界自然遺産関係』（http://www.iucn.jp/protection/reserve/heritage.html）

　○日本ユネスコ連盟『世界遺産関係』（http://www.unesco.or.jp/contents/isan/index2.htm）

　○世界一周堂『世界一周航空券関係』（http://www.sekai1.co.jp/rtw/）

● ● ● 事 項 索 引 ● ● ●

あ 行

青潮　61
青の革命　190
赤潮　61
アグリ・ツーリズム　124
アグロ・フォレストリー　240,251,252
アジェンダ 21　85,234,248,342
アダプティブマネジメント　134
天の川銀河系　6
アルベド　247
アンブレラ種　223
イースター島の悲劇　48
硫黄酸化物　50
地球指数　243
育成単層林施業　153
育成複層林施業　152
育成林　145
移行帯　159,184
磯焼け　182
遺存種　117
一次エネルギー　28,35
一次汚染物質　49
一次生産　171
一級河川　157
一級水系　157
一般廃棄物　95
遺伝子の多様性　140
移動発生源　49
インバース・マニュファクチュアリング
　・システム　345
ウィーン条約　287
植え付け　149
魚付き林　145
失われた 10 年　41
うたせ網漁　203
宇宙の晴れ上がり　6
奪われし未来　76,87
海草　160
海草藻場　180

雨緑林　229
運搬作用　157
栄養段階　132
エキゾチック・アニマル　315
エコシステム・アプローチ　142
エコ・ツーリズム　124
エコ・トーン　159,184
エコ・ファーマー　118
エコ・フェミニズム　16
エコマーク　364
エコ・マネー　125,350
エコロード　134
エコロジカル・フットプリント　47,243
エコロジカル・リュックサック　47
枝打ち　147
越流堤　161
エネルギー自給率　30
エルニーニョ　303
エルニーニョ・南方振動　245,304
嫌気性微生物　70
エンド・オブ・パイプ　345
エントロピー　10
エントロピー増大の法則　10
塩類集積　246
オイルボール　307
奥羽山脈の回廊　154
大潮　173
屋上緑化　111
奥山　117,143
汚染者負担の原則　354,360
オゾン　283
オゾン層　226,283
オゾン層破壊物質　285
オゾン層保護法　288
オゾンホール　286
オルタネイティブ・ツーリズム　124
オルタネイティブ・トレード　352
温室効果ガス　254
温帯オールドグロス林　224

か　行

カーボンシンク　236
カーボンナノチューブ　375
外因性内分泌攪乱化学物質　86
海岸浸食　206
海岸法　204
介在木　150
海藻　160
皆伐　154
海膨　300
界面活性剤　61
海洋汚染防止条約　313
海洋管理協議会　318
外来種　330
海嶺　300
カオス　12
化学的酸素消費量　63
核心地域　384
拡大生産者責任　361
核分裂生成物　36
過耕作　246
河口干潟　172
可採年数　33
化審法　84
霞堤　163
風の道計画　113
河川管理者　157
河川区域　162
下層間伐　150
活性汚泥法　71,72
褐虫藻　193
合併浄化槽　70
家電リサイクル法　363
河道　156
可能蒸発散量　244
過放牧　246
カルタヘナ議定書　338
川裏　162
川表　162
環境　21
環境アセス　351
環境影響評価　351

環境会計　347
環境家計簿　350
環境監査　346
環境管理　346
環境技術　372
環境基本法　357
環境共生住宅　111
環境共生モデル　112
環境効率性　343,344,360
環境税　281
環境ホルモン　85
環境マネジメントシステム　346
環境問題　23
環境容量　343
環境ラベル　347,364
環境リスク　360
環礁　194
緩衝地帯　384
感潮域　172
間伐　149
キーストーン種　223
危機遺産リスト　387
危機にさらされている世界遺産　325,387
気候変動枠組条約　262
汽水域　172
議定書　314
逆工場　345
教育ファーム　109
共通だが差異のある責任　354
協定　314
共同実施　264
京都会議　264
京都議定書　264,271
京都メカニズム　264
共有地の悲劇　318
極相　144
極相林　144
極度の貧困　39
極夜渦　286
裾礁　193
近交弱勢　336
食う・食われるの関係　216
クェーサー　6

索　引

クラインガルデン　115
クリーン・エネルギー　35
クリーン開発メカニズム　264
グリーン購入法　363
グリーン・コンシューマー　349
グリーン・ツアー　123
グリーン・ツーリズム　123
グリーン・ツーリズム法　123
グリーン電力　281
グリーン電力基金　281
グリーンプラ　373
グリーンプラ・マーク　374
下水　72
結合型養殖　191
言語の多様性　228
原生林　144
建設資材リサイクル法　363
縣濁物食者　177
原油　35
荒越こし　118
光化学スモッグ　50
好気性微生物　70
高水敷　162
高層湿原　372
高度処理　72
後背湿地　184
後発開発途上国　40
高密度養殖　189
呼吸根　183,185
国際海事機構　313
国際海事機関　313
国際希少野生動植物種　221
国際自然保護連合　242
国際単位系　55
国際熱帯木材機関　233
国際熱帯木材協定　233
国際標準化機構　347
国際復興開発銀行　242
国際分業論　28
国際捕鯨委員会　320
国内希少野生動植物種　221
国内総生産　43
国民総生産　43

穀物銀行　252
国連海洋法条約　306,313
国連環境開発会議　234
国連環境計画　241,262,313
国連砂漠化防止会議　248
国連食糧農業機関　239
小潮　173
古紙利用率　98
固定発生源　49
コミュニティ・フォレストリー　241
コモンズの悲劇　318
混交林　119
混交林化　152
コンサベーション・インターナショナル　380
コンチネンタルライズ　300
ゴンドワナ大陸　301

さ　行

再生可能エネルギー　33,35
再生木材　374
採択　314
在来種　330
里地　117
里地里山　116,143
里山　117
砂漠　243
砂漠化　243
砂漠化対処条約　244,248
サバンナ　247
サヘル　246
　　──の森　249
産業廃棄物　94,95
サンゴ　192
サンゴ礁　192
サンゴ礁魚類　196
酸性雨　289
三大栄養素　68
暫定リスト　384
紫外線　226,282
資源の循環利用　154
資源有効利用促進法　362
地ごしらえ　149
施策　218

401

自然遺産 384
自然環境 21
自然環境保全法 220
自然公園法 220
自然再生 367,370
自然再生型社会 366
自然再生事業 370
自然再生推進法 367,368
自然自浄作用 158
自然林 145
持続可能な開発 234
持続可能な開発委員会 234
持続可能な社会 356
持続可能な森林経営 151,235
持続可能な発展 341
下刈り 149
支柱根 185
湿原 372
膝根 185
湿性降下物 289
実利主義 13
自動車リサイクル法 363
指標生物 56
四万十川方式 166
市民農園 115
社会環境 21
社会的企業 344
シャロウ・エコロジー 15
自由間伐 150
重債務貧困国 41
集水域 156
樹冠 152
種の多様性 140
種の保存法 219
主伐 149
循環型社会 356
循環型社会形成推進基本法 360
筍根 185
準絶滅危惧 213
順応的（な）管理 134,367
準優勢木 150
準用河川 157
浄化 82

硝化作用 68
上水 72
捷水路 156
上層間伐 150
礁池 193
消費期限 99
賞味期限 99
条約 314
照葉樹林 229
常緑針葉樹林 229
植生指標 228
食品リサイクル法 363
食物連鎖 216
除伐 149
白神山地 389
代掻き 118
新エネルギー 35
人工林 145
侵食作用 157
新・生物多様性国家戦略 170,217,370
薪炭林 145
侵入種 330
侵略的外来種 331
森林管理の認証 237
森林原則声明 151,234
森林と人との共生林 153
森林認証制度 238
水温躍層 305
水系 156
水資源賦存量 156
水質総量規制 63
水制 162
ズーストック計画 329
スピリチュアル・エコロジー 18
スペース・デブリ 91
スモーキー・マウンテン 92
生活環境 21
生活紫外線 284
生態系 132
　　——の多様性 140
生態系管理 367
生態系ピラミッド 132
政府開発援助 44

生物化学的酸素消費量　62
生物処理法　70
生物多様性　140,217
生物多様性基本法　140
生物多様性国家戦略　140,217
生物多様性条約　217,337
生物濃縮　76,87,312
生物の多様性に関する条約　140
生物ポンプ　303
生分解性　62,373
生分解性プラスチック　373
世界遺産　383
世界遺産条約　383
世界遺産リスト　383
世界気象機関　270
世界銀行　241
世界自然保護基金　243
世界食糧計画　239
世界フェアー・トレード機関　352
堰　162
赤外線　253
積算温度　161
潟潮干潟　172
絶対貧困　39
絶滅　213
絶滅カスケード　222
絶滅危惧Ⅱ類　213
絶滅危惧ⅠA類　213
絶滅危惧ⅠB類　213
ゼロ・エミッション　345
浅海域　171
蘚苔類　56
造礁サンゴ　192
ソーシャル・エコロジー　15
ソーシャル・エンタープライズ　345
ソーラークッカー　282
側帯　162
ソフィア議定書　297
粗放養殖　189

た　行

ダーウィンの箱庭　333
ダイオキシン　376

ダイオキシン類　88
タイガの森　224
大気汚染　49
大気環境指標木　294
大気環境推奨木　294
第三世界　26
第三世界ショップ　353
胎生種子　186
堆積作用　158
堆積物食者　177
代替フロン　257
太陽反射　8
太陽放射　253,284
大陸移動説　301
大陸斜面　300
大陸棚　300
タウンヤ方式　240
高潮　205
多自然型川づくり　166,168
脱水ケーキ　72
脱窒　70
脱窒菌　69
脱窒作用　69
炭素循環　302
炭素税　265,281
タンタル　38
単独浄化槽　70
地域通貨　125,350,351
地衣類　56
チェーン・オブ・カスタディー　238
地球温暖化　225,253
地球温暖化係数　256
地球温暖化対策推進大綱　280
地球温暖化対策推進法　254,265,278
地球温暖化防止行動計画　277
地球環境　21
地球環境ファシリティ　242,380
地球サミット　85,169,234,354
地球的公正　343
地球放射　8,253
窒素化合物　69
窒素酸化物　50
着生植物　56

403

中間湿原　372
中規模渦　303
中山間地域　119
中山間地域等直接支払制度　119
中水　72
潮間帯　173
長期循環育成施業　152
長距離越境大気汚染条約　296
鳥獣保護法　220
長伐期施業　153
沈黙の春　83
津波　205
ツバル王国　260
つる切り　149
ディープ・エコロジー　14
堤外地　162
締結　218
低水路　162
低層湿原　372
泥炭　372
堤内地　162
締約　314
テグファ法令　100
デトリタス　172,180,186
デュアルシステム・ドイチュラント　101
田園都市論　105
天然更新　144
天然生林　144
天然生林施業　153
天然林　144
統合的流域管理　169,207
島しょ地域　143
動物愛護法　326
動物地理区　138
特定国内希少野生動植物種　221
特定非営利活動法人　129
特定フロン　256
特定有害産業廃棄物　95
特別管理一般廃棄物　95
特別管理産業廃棄物　95
都市環境計画　115
都市生態系　109
トランスパーソナル・エコロジー　18

トリレンマの構造　342

な　行

菜の花プロジェクト　122
南方振動　304
南北問題　39
二級河川　157
二級水系　157
二国間援助　45
二酸化炭素　254
二次エネルギー　28,35
二次汚染物質　49
二次処理水　72
二次遷移　144
二次林　145
人間環境宣言　241
熱帯多雨林　229
熱帯林行動計画　233
年間総光合成量　52
濃縮比　76

は　行

バーゼル条約　97
パーマカルチャー　106
排煙脱硝装置　298
排煙脱流　298
バイオマス・エネルギー　35
バイオ・リージョナリズム　19
バイオ・レメディエーション　202,309,377
廃棄物　94
廃棄物処理法　361
排出事業者責任　361
排出量取引　264
廃水　60
排水　60
ハイブリッド自動車　375
白化現象　200
伐期　153
パックテスト　73
発効　218,314
発電機　35
バリアリーフ　193
パンゲア　301

板根　185
ハンバーガー・コネクション　28
氾濫域　156
氾濫原　167
ピート　250
ヒートアイランド現象　58
ビオトープ　132
ビオトープ・ネットワーク　133
東アジア酸性雨モニタリングネットワーク
　297
干潟　171
光害　58
光触媒　375
ビクトリア湖の悲劇　334
批准　218,314
微生物膜　158
非造礁サンゴ　192
ビッグバン　6
貧困　39
ファーマーズ・クラブ赤とんぼ　120
ファクター　4,10,347
ファラデーの法則　35
フィトンチッド　147
封じ込め　82
フェア・トレード　351
富栄養化　61
ブエノスアイレス行動計画　265,269
複合遺産　384
複雑系　12
複層化　152
複層林　119,152
腐食連鎖　180
普通河川　157
ブッシュ・ミート　316,317
腐敗菌　68
浮遊粒子状物質　50
ブラキストン線　137
ブリーディング・ローン　329
ブルー・ツーリズム　124
ブループラネット賞　380
プルームテクトニクス説　301
プレートテクトニクス　301
フロック　71

フロン　226,256
フロン回収破壊法　288,289,377
文化遺産　385
ヘルシンキ議定書　296
ヘルシンキ・プロセス　235
ベルリンマンデート　264
偏西風　303
返送汚泥　72
ベントス　172
貿易風　304
萌芽林　145
放水路　156
保護林　154
堡礁　193
ホットスポット　379
ボランティア　129
ホルモン　85
ボン条約　326

ま　行

マイクロキャッチメント　250
前浜干潟　172
マクロベントス　177
マニフェスト制度　361
マラケシュ会議　267
マルチング　250
マングローブ　183
実生苗　186
水辺林　145
ミッシング・シンク　302
緑の革命　26
緑のサヘル　249
緑のダム　146,148
ミランコビッチ・サイクル　9
無機物　60
無光層　298
無農薬栽培　61
メイオベントス　177
メタン　256
メタンハイドレード　304
藻場　179
モントリオール議定書　287
モントリオール・プロセス　151,236

や　行

屋久島　390
野生絶滅　213
谷戸　117
有害化学物質　83
有害紫外線　284
有害大気汚染物質　58
有機　60
有機塩素化合物　60
有機栽培　61
有機水銀　77
有機物　60
有光層　302
湧昇流　303,305
優勢木　148
優勢木間伐　150
優占種法　73
ユネスコ　383
陽イオン交換反応　293
容器包装リサイクル法　362
溶存酸素　62
4つのR　98,349
ヨハネスブルク・サミット　354
予防的な方策　360

ら・わ行

落葉広葉樹林　229
落葉針葉樹林　229
ラグーン　193
ラベリング制度　237
ラムサール条約　207,217
乱獲　315
リオ宣言　85
リスクコミュニケーション　84
リストレーション　165
リターナブルビン　98
リター・フォール　159
リナチュラリゼーション　167
リハビリテーション　167
流路　156
緑化施設整備計画認定制度　111
レジンペレット　310

劣勢木　150
レッドデータブック　214
レッドリスト　214,242
老齢林　145
ローラシア　301
ロンドン条約　313
ワイズ・ユース　207
ワシントン条約　217,218
渡瀬線　137
我ら共有の未来　234,342
ワンウェイビン　98

acid rain　289
Adaptive Management　135
alien species　330
Allotment Garden　115
Beck-Tsuda法の生物指数　73
Bioremediation　202
BOD　62
Buckの汚濁指数　73
CDM　264
COC認証　238
COD　63
COP1　264
CSD　234
C重油　307
DDT　77
DO　62
DSD　101
Eco –efficiency　343
Eco Road　134
EMS　346
ENSO　245,304
Environmental Space　343
ESCO　378
ESCO事業　282
FAO　229,239,318
FM認証　237
FSC　237
Garden City　105
GDP　43
GEF　242,380
GNP　43

ICOMOS　384
IBRD　241
IMO　307,313
Integrated River Basin Management　169
IPCC　259,262
ISO　347
ISO14000 シリーズ　347
ITTA　233,234
ITTO　233
IUCN　242,317,384
Kleingarten　115
nature species　330
NDVI　227
NGO　129
NOx　50
NPO　129
NPO 法人　129
ODA　44
OPRC 条約　313
PCB　77
Permaculture　106
pH　285
PI　135
POPs 条約　85
ppb　54
ppm　54
PPP　360
ppt　87
PRTR 法　84
Public Involvement　135
SI　55
SOx　50
SPA　285
SPF　285
SPM　50
Sustainable Development　341
TFAP　233
UNCED　234
UNEP　241,262,313
Urban Ecosystem　109
UV-A　284
UV-B　284
UV-C　284

WFTO　352
WFP　239
WMO　270
WWF　243

● ● ● 人名索引 ● ● ●

あ・か・さ行

エマーソン , ラルフ・ウォルドー　13
エンデ , ミヒャエル　125
カーソン , レイチェル　16,83
キング , イネストラ　16
グドール , ジェーン　18
ゲゼル , シルビオ　125
コルボーン , シーア　76,87
スワロー , ヘレン　16
ソロー , ヘンリー・デヴィッド　13

た・な・は行

ドボンヌ , フランソワーズ　16
ネス , アルネ　14
ノルマン , ジム　18
ハワード , エベネザー　105
ピンショー , ギフォード　13
フォックス , ワーウィック　18
福岡正信　14
ブクチン , マレイ　16
ベリー , トーマス　18
ボーローグ , ノーマン　26

ま・ら行

マーチャント , キャロリン　16
マーラー , アルフレート　148
マイアーズ , ノーマン　28
マルサス , トーマス・ロバート　26
ミュアー , ジョン　13
モリソン , ビル　106
ライムヘン , トム　160

≪著者略歴≫

中山　智晴（なかやま　ともはる）

1988 年　早稲田大学大学院理工学研究科博士後期課程資源工学専攻修了。
工学博士（早稲田大学）。
現在、文京学院大学人間学部教授
業績：『東京の大深度地下　具体的提案と技術的検討』（共著、早稲田大学出版部）など

【改訂版】地 球 に 学 ぶ —— 人、自然、そして地球をつなぐ

2009 年 4 月 20 日　初版第 1 刷発行
2014 年 5 月 10 日　改訂版第 2 刷発行
2016 年 4 月 10 日　第 3 版第 1 刷発行
2022 年 4 月 15 日　第 3 版第 4 刷発行

著　者　中 山 智 晴
発行者　木 村 慎 也

・定価はカバーに表示

印刷　新灯印刷　／製本　川島製本所

発行所　株式会社 北 樹 出 版

http://www.hokuju.jp

〒 153-0061　東京都目黒区中目黒 1-2-6
TEL：03-3715-1525（代表）　FAX：03-5720-1488

© Tomoharu Nakayama 2016, Printed in Japan

ISBN　978-4-7793-0480-4

（乱丁・落丁の場合はお取り替えします）